"十三五"江苏省高等学校重点教材

基础工程

（第 2 版）

Foundation Engineering

主 编　齐永正　姜朋明

中国建设科技出版社有限责任公司
China Construction Science and Technology Press Co., Ltd.
北　京

图书在版编目（CIP）数据

基础工程/齐永正，姜朋明主编. -- 2版. --北京：中国建设科技出版社有限责任公司，2025.2. -- ISBN 978-7-5160-4360-8

Ⅰ.TU47

中国国家版本馆CIP数据核字第2025019K08号

基础工程（第2版）
JICHU GONGCHENG (DI ER BAN)
主　编　齐永正　姜朋明

出版发行：中国建设科技出版社有限责任公司
地　　址：北京市西城区白纸坊东街2号院6号楼
邮　　编：100054
经　　销：全国各地新华书店
印　　刷：北京印刷集团有限责任公司
开　　本：787mm×1092mm　1/16
印　　张：19
字　　数：470千字
版　　次：2025年2月第2版
印　　次：2025年2月第1次
定　　价：66.00元

本社网址：www.jskjcbs.com，微信公众号：zgjskjcbs
请选用正版图书，采购、销售盗版图书属违法行为
版权专有，盗版必究。本社法律顾问：北京天驰君泰律师事务所，张杰律师
举报信箱：zhangjie@tiantailaw.com　　举报电话：(010)63567684
本书如有印装质量问题，由我社事业发展中心负责调换，联系电话：(010)63567692

本书编委会

主　编　齐永正　姜朋明
副主编　刘顺青　王艳芳　梅　岭　马文刚
　　　　　王炳辉　王玉英　周爱兆　王丽艳

再版前言

该《基础工程》教材于2016年立项江苏科技大学规划教材，2019年列为"十三五"江苏省高等学校重点教材，第一版于2020年8月出版，至今已连续使用四年。随着科技的飞速发展，根据"新工科""新基建""新质生产力"和"课程思政"等新时代的要求，以及在教学过程中教师和学生的反馈情况，为了使教材内容能反映学科的最新进展，使学生学到适应新时代建设需要的知识，我们对本书主要内容进行了修订。增加了"课程思政"内容，增加了现代大型工程视频数据库，更新了规范、标准和技术指南；增加和调整了多媒体资料和工程视频数据库，更新了规范参数、数据，增加了工程实例解析及典型习题解析内容。全书可通过扫描书中二维码查阅视频数据库、课件、习题解析等内容，以利于读者学习和理解章节内容，利于授课老师使用该教材。

本书修订后仍为9章，其中第1章、第2章、第3章、第4章、第9章由齐永正负责，第5章由马文刚（南京工程学院）负责，第6章由王炳辉和王丽艳共同负责，第7章由王艳芳（金陵科技学院）和周爱兆共同负责，第8章由刘顺青和梅岭共同负责，姜朋明在本书修订过程中提供了重要指导并参与了全书修订。

本书修订过程中，学校和岩土工程团队的许多老师对这一工作给予了多方面的支持和帮助，多位读者对本书内容提出了宝贵的意见和建议，王文达和陈建浩参与了本书的修订，在此一并向他们表示衷心的感谢。

虽然在修订过程中细致和认真地校正了每一个细节，但限于时间和水平，疏漏与差错之处仍在所难免，敬请读者能继续给予批评指正，使教材质量得以不断提高。

编 者
江苏科技大学长山校区
2024年12月

第一版前言

基础工程既是一门古老的工程技术，又是一门年轻的应用科学。基础是整个建筑工程体系不可分割的组成部分，它用来将其所承受的上部荷载及其自重传递至其下伏的土层或岩层。

基础工程是土木工程学科的一门重要课程，具有很强的实践性，为土木工程专业一门必修的学科基础课，与土力学和结构工程密切相关。基础工程既是一门科学也是一门艺术，它不同于结构工程，因为我们需要处理的对象是天然材料而非人工产品。这门课程不仅包括理论知识，还包括大量的实践经验。基础工程主要讲授建筑地基基础的基本概念、基础设计原理、浅基础类型及设计计算；柱下条形基础、筏形基础及箱形基本知识和设计计算；桩基础分类、基本知识和设计计算；沉井基础基本知识和设计计算；基础抗震设计基本知识和基本理论；基坑围护结构基本知识和设计计算；特殊地基基础基本知识和基本理论；工程地质勘察基本知识和原位测试技术。

通过本课程的学习，使学生具有一般工程基础设计、从事基础工程施工管理和解决简单基础工程事故的能力。

本书根据高等院校土木工程专业基础工程教学大纲的要求，结合最新颁布的国家和行业标准、规范编写而成。

本书共9章，其中第1章、第3章、第4章、第9章由姜朋明和齐永正共同编写，第2章由王玉英和齐永正共同编写，第5章由马文刚和徐军平共同编写，第6章由王丽艳和王炳辉共同编写，第7章由王艳芳（金陵科技学院）和周爱兆共同编写，第8章由刘顺青和梅岭共同编写，全书由齐永正统稿，姜朋明定稿。

本书成稿引用了大量专家、学者的成果，由于篇幅所限，参考文献可能未全部列出，在此一并表示衷心的感谢！

本书编写过程中，岩土工程团队给予了很多支持和帮助，书中插图由袁梓瑞、张国付和王逸参与绘制，同时得到了中国建材工业出版社的大力支持，在此向他们表示衷心的感谢。

由于编者水平所限，书中内容难免有欠缺和不妥之处，恳请读者批评指正。

编　者

江苏科技大学南山校区

2020年6月

目　　录

第 1 章　绪论 ··· 1

　　1.1　现代基础工程的出现 ··· 1
　　1.2　基础工程的概念与分类 ·· 2
　　1.3　基础设计的不确定性和方法 ·· 3
　　1.4　规范、标准与技术指南 ··· 14
　　1.5　本课程特点和学习要求 ··· 15
　　思考题与习题 ··· 15

第 2 章　浅基础 ·· 18

　　2.1　概述 ·· 18
　　2.2　浅基础的类型 ··· 19
　　2.3　基础埋置深度的选择 ·· 25
　　2.4　地基承载力 ·· 28
　　2.5　基础尺寸的确定 ·· 34
　　2.6　无筋扩展基础 ··· 41
　　2.7　钢筋混凝土扩展基础 ·· 44
　　2.8　减轻不均匀沉降措施 ·· 59
　　思考题与习题 ··· 63

第 3 章　连续基础 ·· 67

　　3.1　地基基础上部结构共同作用 ··· 67
　　3.2　地基计算模型 ··· 71
　　3.3　连续基础分析方法 ··· 75
　　3.4　柱下条形基础 ··· 79
　　3.5　筏形基础 ··· 91
　　3.6　箱形基础 ··· 102
　　思考题与习题 ··· 106

第 4 章　桩基础 … 110

4.1　概述 … 110
4.2　桩的分类和选桩原则 … 112
4.3　单桩轴向受压荷载的传递 … 116
4.4　轴向受压单桩承载力 … 122
4.5　桩的抗拔承载力与桩的负摩擦力 … 129
4.6　水平荷载下桩的承载力 … 133
4.7　群桩及群桩效应 … 140
4.8　桩基软弱下卧层承载力和沉降验算 … 142
4.9　桩基础设计 … 147
思考题与习题 … 163

第 5 章　沉井基础 … 166

5.1　沉井概述 … 166
5.2　沉井的设计与计算 … 167
5.3　沉井施工 … 176
思考题与习题 … 184

第 6 章　基础抗震设计 … 186

6.1　概述 … 186
6.2　场地与地基 … 197
6.3　场地与桩基地震反应分析 … 209
6.4　地基抗震承载力与基础抗震验算 … 215
思考题与习题 … 222

第 7 章　基坑围护工程 … 225

7.1　概述 … 225
7.2　基坑围护结构形式 … 226
7.3　作用于围护结构上的荷载 … 228
7.4　排桩围护 … 231
7.5　重力式水泥土墙围护结构 … 243
7.6　基坑稳定性分析 … 250
思考题与习题 … 254

第8章 特殊土基础工程 ... 257

8.1 湿陷性黄土地基 ... 257
8.2 膨胀土地基 ... 263
8.3 冻土地区基础工程 ... 268
8.4 盐渍土地区地基 ... 271
思考题与习题 ... 273

第9章 工程地质勘察 ... 276

9.1 工程地质勘察的目的和任务 ... 276
9.2 岩土工程勘察分级 ... 277
9.3 不同阶段勘察的内容与要求 ... 279
9.4 工程地质勘探及土样取样 ... 282
9.5 工程地质原位测试 ... 284
9.6 岩土工程勘察报告 ... 287
思考题与习题 ... 288

参考文献 ... 291

第 1 章 绪 论

基础工程是土木工程学科的一门重要课程，具有很强的实践性，为土木工程专业一门必修的学科基础课，与土力学和结构工程密切相关。基础工程既是一门科学也是一门艺术，它不同于结构工程，因为我们需要处理的对象是天然材料而非人工产品。这门课程不仅包括理论知识，还包括大量的实践经验。基础工程主要讲授建筑地基基础的基本概念、基础设计原则、浅基础类型及设计计算；柱下条形基础、筏形基础及箱形基本知识和设计计算；桩基础分类、基本知识和设计计算；沉井基础基本知识和设计计算；基础抗震设计基本知识和设计计算；基坑围护结构基本知识和设计计算；特殊地基基础基本知识和设计计算；工程地质勘察基本知识和设计计算。通过本课程的学习，使学生具有一般工程基础设计、从事基础工程施工管理和解决复杂基础工程事故的能力。

1.1 现代基础工程的出现

基础工程既是一门古老的工程技术，又是一门年轻的应用科学。基础是整个工程体系不可分割的组成部分，它用来将其所承受的上部荷载及其自重传递至其下伏的土层或岩层。

使用基础的历史可以追溯到几千年前，生活在高山湖泊的先民已经知道用木桩支撑他们的房子。比如，7000 年前的钱塘江南岸河姆渡文化遗址中就发现了打入沼泽地带木结构建筑下基础中成排的圆形、方形和板状木桩。闻名于世、始建于隋朝的赵州桥非常合理地将桥台基础砌置于密实的粗砂层中。近年我国众多古城遗址考古发掘，均发现有土台夯筑痕迹或石础，如图 1-1 所示。

(a) (b)

图 1-1 基础图
(a) 夯筑；(b) 石础

早期的基础设计与施工基于经验、直觉和常识。人们通过经验的方法选择合理的地基与基础。比如，西方20世纪以前，对于砌体墙下的大放脚宽度，规定当建造在密实的砾石层上时设计为墙宽的1.5倍，当建造在砂或硬黏土层上时设计为墙宽的3倍。当我们遇到的场地和建筑情况有相似的经验时是没有问题的，但当我们遇到的场地和建筑结构都比较陌生时，建筑设计往往会出现严重的后果，特别是新材料和新结构的出现，这种情况越加严重。钢筋和混凝土的出现，使得建筑结构采用柱而不是墙体承重，建筑空间变得灵活起来，而且，建筑高度和建筑重量也比过去大大增加，如果建筑场地很差，基础的设计与施工就会更加困难，过去的基础设计经验和施工方法也不再适用。

19世纪后期，建筑新材料的出现必须有相适应的设计理论和方法。建筑结构与场地的复杂性导致了建筑分工的细化，越来越多的合理的设计理论和方法引入到建筑结构设计中，并逐渐扩展到建筑基础和地基的设计中。20世纪20年代开始的岩土工程，让我们进一步认识了基础与地基和向地基中传递上部荷载的机理和过程。因此，学者们不再依靠简单的经验，而是开始研究基础和地基的承载行为，进而给出新的合理的设计理论和施工方法。这种转变从19世纪末开始，在20世纪得到迅猛发展，一直延续到本世纪。

建筑设备和施工方法的巨大进步也进一步地促进设计理论和实践的发展。例如，现代桩机能够施工超大承载力的桩，远远超过木桩的承载能力，因此，现代超高层、超大桥梁、超复杂施工环境与场地的建筑成为可能。现在，即使建造在非常不利的场地上的建筑，工程师们都可以为结构提供一个可靠、高性价比、高质量的基础和地基。随着建筑科学技术的发展，未来的岩土工程师们的能力会越来越强。不管怎样，对于工程师而言，经验、直觉和工程常识依然重要，并将在现代地基与基础工程中发挥着不可替代的作用。

1.2 基础工程的概念与分类

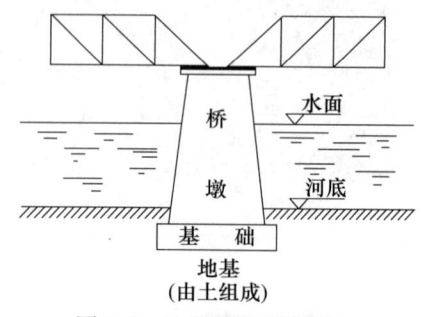

1.2 地基分类

建筑物的全部荷载均由底部的地层来承担，如图1-2所示。支承基础的土体或岩体称为地基。地基可分为天然地基（即未经加固处理的地基，有土质、岩石及特殊土地基）和人工地基（即用换土、夯实、化学加固、加筋技术等方法处治的地基）。结构所承受的各种作用传递到地基上的结构组成部分称为基础。工程师们根据基础的埋置深度通常将基础分为浅基础和深基础两类。

一般把埋置深度小于5m的基础（如墙基和柱基）以及埋深虽然超过5m，但埋深与基础的宽度之比不大于1的基础（如筏形基础和箱形基础），称为浅基础，如图1-3（a）所示。最常见的浅基础形式为扩展基础，可迅速将上部结构荷载传递到基底土中。浅基础容易施工且造价不高，使用比较广泛，在计算承载力时常常不考虑基础侧面的摩擦力。当埋置深度大于5m或埋置深度大于基础宽度（如桩基础、沉井、地

图1-2 地基基础示意图

 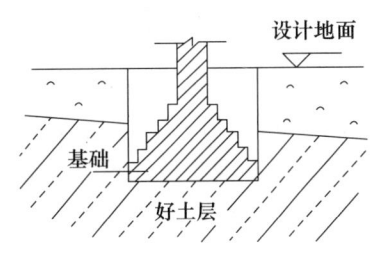

(a)

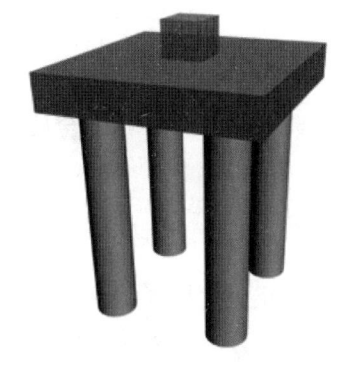 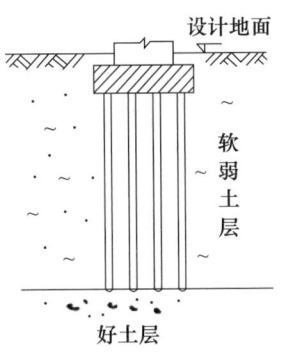

(b)

图 1-3 基础形式

(a) 浅基础；(b) 深基础

下连续墙)，特别是埋深与宽度之比不小于 4 时，这类基础称为深基础，如图 1-3 (b) 所示。最常见的深基础形式为桩基础，可将上部结构荷载传递到深部土层中，在计算承载力时往往需要考虑基础侧壁摩擦力的影响。

基础工程的特点有因地制宜、常无标准图可套，隐蔽工程事故多，施工困难、处理难，受地下水影响大，理论与实践性强。

地基基础设计必须满足以下要求：

(1) 强度要求：$p < f_a$，即作用于地基上的荷载效应（基底压应力）不得超过地基承载力（特征值或容许值）；

(2) 变形要求：$s < [s]$，控制地基的变形，使之不超过建筑物的地基变形允许值；

(3) 稳定要求：挡土墙、边坡以及地基基础保证具有足够防止失稳破坏的安全储备。

1.3 基础设计的不确定性和方法

地基基础的设计，必须坚持因地制宜、就地取材、保护环境和节约资源的原则。应该根据地质勘探资料，综合考虑结构类型、材料供应与施工条件等因素，精心设计，以保证建筑物在规定使用年限内安全适用，而且经济合理。随着建筑科学技术的发展，地基基础的设计方法也在不断改进。

1.3.1 允许承载力设计方法

建筑物荷载通过基础传递至地基岩土上，作用在基础底面单位面积上的压力称为基底压力。设计中要求基底压力不能超过地基的极限承载力，而且要有足够的安全度；同时引起的地基变形不能超过建筑物的允许变形值。满足这两项要求，地基单位面积上所能承受的最大压力就称为地基的允许承载力。如果地基允许承载力[R]确定了，则要求的基础底面积A就可用下式计算。

$$A = \frac{S}{[R]} \tag{1-1}$$

式中：S——作用在基础上的总荷载，包括基础自重；
$[R]$——地基的允许承载力。

允许承载力采用安全系数的方式，这种完全按经验的设计方法，安全度有多大，不得而知。

1.3.2 极限状态设计方法

地基稳定和允许变形是对地基的两种不同要求，要充分发挥地基承载作用，并不能简单地用一个允许承载力概括。更好的做法应该是分别验算，了解控制的因素，对薄弱环节采取必要的工程措施，才能真正充分发挥地基的承载能力，在保证安全可靠的前提下达到最为经济的目的，这就是极限状态设计方法的本质。按极限状态设计方法，地基必须满足如下两种极限状态的要求。

1. 承载能力极限状态或稳定极限状态

其意是让地基土最大限度地发挥承载能力，荷载超过此种限度时，地基土即发生强度破坏而丧失稳定或发生其他任何形式的危及人们安全的破坏。表达式为

$$\frac{S}{A} = p \leqslant \frac{p_u}{F_s} \tag{1-2}$$

式中：p——基底压力；
p_u——地基的极限承载力，或称极限荷载，计算方法参见土力学教材；
F_s——安全系数。

2. 正常使用极限状态或变形极限状态

正常使用极限状态是指地基受载后的变形应该小于建筑物地基变形的允许值，表达式为

$$s < [s] \tag{1-3}$$

式中：s——建筑物地基的变形；
$[s]$——建筑物地基的允许变形值。

极限状态设计方法原则上既适用于建筑物的上部结构，也适用于地基基础，但是由于地基与上部结构是性质完全不同的两类材料，对两种极限状态的验算要求也就有所不同。结构构件的刚度远远比地基土层的刚度大，在荷载作用下，构件强度破坏时的变形往往并不大，而地基土则相反，常常已经产生很大的变形但不容易发生强度破坏而丧失

稳定。已有大量地基工程事故资料表明，绝大多数地基事故都是由于变形过大而且不均匀造成的。所以上部结构的设计首先是验算强度，必要时才验算变形，而地基设计则相反，首先是验算变形，必要时才验算因强度破坏而引起的地基失稳。

以上两种设计方法，地基的安全程度都是用单一的安全系数表示，可称之为单一安全系数的极限状态设计方法。

1.3.3　可靠度设计方法

可靠度设计方法也称为以概率理论为基础的极限状态设计方法。

1. 基本概念

前面所讲的两种设计方法，都是把荷载和抗力当成一个确定的量；当然，衡量建筑物安全度的安全系数也是一个确定值。如果我们稍微深入思索就会发现，无论是荷载还是抗力，实际上都有很大的不确定性，很难确定其准确的数值。譬如，以试验研究某土层的内摩擦角 φ 值为例，进行几次试验，每次试验结果都不会完全一致，因为取样的位置、试验的具体操作都不可能完全一样。就是说，内摩擦角 φ 这个土的重要力学指标不是一个能够完全确定的数值，它的变化是随机的，称为随机变量。随机变量并不是变化莫测、毫无规律，因为是属于同一层土，基本性质应该大致相同，其变化服从于某一统计规律。内摩擦角是这样，土的其他特性指标也是这样；推而广之，其他材料的特性指标以至于作用在建筑物上的荷载以及很多的事物和现象也都是这样。

另一方面，工程上对安全系数数值的确定，仅是根据以往的工程经验，比较粗糙，而且不同方法之间，要求也不尽相同。例如用式（1-2）验算地基稳定性时，要求安全系数达到 2~3；而改用圆弧滑动法验算地基稳定性时，一般要求安全系数则为 1.3~1.5。但这完全不表示前者地基的安全度高于后者，仅仅是采用方法不同、准确性不一样，所以要求不同而已。以上说明这种用确定数量的荷载和抗力以单一的安全系数所表征的设计方法尚有不够科学之处。于是另一种新的分析方法，即可靠度分析方法就逐渐发展起来。

可靠度的研究早在 20 世纪 30 年代就已开始，当时是围绕飞机失效所进行的研究。如果飞机设计师按以往的设计方法得到安全系数是 3 或者更大，这对安全飞行提供的只是一个很模糊的概念，因为再大的安全系数也避免不了飞行事故的可能性。如果采用新的方法，提供的结果是每飞行一小时，失事的可能性为百万分之几的概率，则人们对飞行安全性的认识就要具体得多，这种以失效概率为表征的分析方法就是可靠度分析方法。为了说明这种方法，首先就得对随机变量的概率统计分析有一个最基本的了解。

2. 随机变量概率分布的基本概念

概率是指一组相互关联事件（称随机事件）中某一事件发生的可能性。概率论就是研究这种可能性内在规律的理论。如前所述，研究土的内摩擦角 φ 是一个随机事件，φ 是一个随机变量。现在我们从现场取 27 个土样，做 27 组抗剪强度试验，得到 27 个 φ 值。为便于统计，按大小把 φ 值分成若干组，每组差值为 1°。属于某组的个数 m 称为频数。频数 m 与总个数 n 之比 m/n 就称为概率。为了消除差限的影响，将概率除以差限，其值称为概率密度。将本次试验的结果，列于表 1-1。以横坐标表示随机变量，纵坐标表示概率密度。根据表 1-1 中数据，绘制概率密度曲线，如图 1-4 所示。

表 1-1　内摩擦角 φ 值试验结果统计表（$n=27$）

φ 值变化范围/（°）	频数 m	出现频率 m/n	频率密度/%
20.5～21.5	1	0.037	0.037
21.5～22.5	7	0.259	0.259
22.5～23.5	11	0.407	0.407
23.5～24.5	6	0.222	0.222
24.5～25.5	2	0.074	0.074

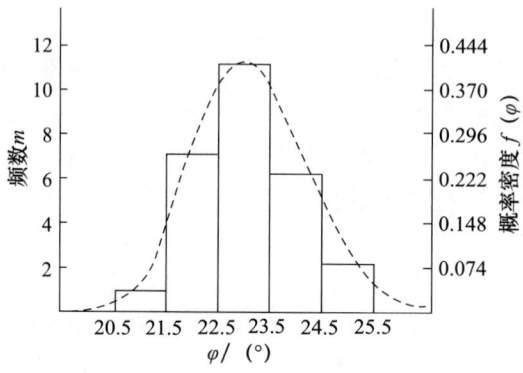

图 1-4　内摩擦角 φ 的概率密度曲线

图 1-4 中虚线表示内摩擦角 φ 的概率密度曲线 $f(\varphi)$。因为各组出现的概率之和为 1.0，则概率密度曲线与 x 轴所包围的总面积也应该等于 1.0，即 $\int_{-\infty}^{+\infty} f(\varphi) \mathrm{d}x = 1.0$。相应地，$\int_{-\infty}^{\varphi_1} f(\varphi) \mathrm{d}x$ 称为 φ 小于 φ_1 值时的概率，$\int_{\varphi_1}^{+\infty} f(\varphi) \mathrm{d}x$ 则称为 φ 大于 φ_1 值时的概率。

概率分布函数有许多不同的形态，通常材料特性和永久荷载的分布曲线为正态分布曲线。若以 X 代表某一随机变量，X_m 为随机变量的均值，正态分布曲线的特点是以通过均值的竖线为中轴线呈左右对称分布，且当 $X=+\infty$ 和 $X=-\infty$ 时，$f(X)=0$。正态分布概率密度函数的数学表达式为

$$f(X) = \frac{1}{\sqrt{2\pi}\sigma_X} \exp\left[-\frac{1}{2}\left(\frac{X-X_\mathrm{m}}{\sigma_X}\right)^2\right] \tag{1-4}$$

式中：X——随机变量，可以是内摩擦角 φ，也可以是任意的随机变量；

X_m——X 的均值，$X_\mathrm{m} = \dfrac{\sum\limits_{i=1}^{n} X_i}{n}$；

σ_X——X 的标准差，$\sigma_X = \sqrt{\dfrac{\sum\limits_{i=1}^{n} X_i^2 - n X_\mathrm{m}^2}{n-1}}$

随机变量的标准差 σ_X 越大，则随机变量的分散程度就越高。另外，由于标准差是有量纲数，对于不同事物，量纲不同时，不好进行比较，因此又引入另一个反映随机变量相对离散程度的参数，即变异系数 δ_X，$\delta_X = \dfrac{\sigma_X}{X_\mathrm{m}}$。

如果均值 $X_m=0$，即概率密度曲线对称于坐标轴，且标准差 $\sigma_X=1.0$，则式（1-4）变成

$$f(X)=\frac{1}{\sqrt{2\pi}}\exp\left(-\frac{1}{2}X^2\right) \tag{1-5}$$

$f(X)$ 称为标准正态分布的概率密度函数，其函数值如图1-5（a）所示。

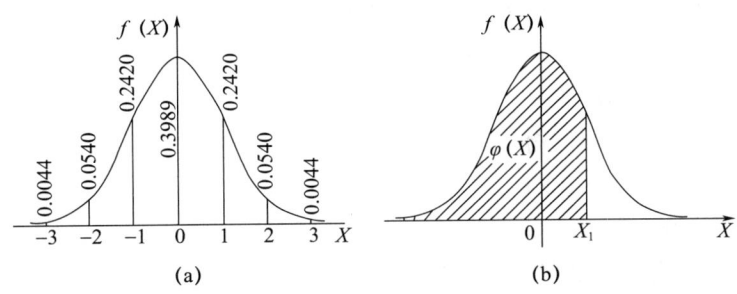

图 1-5 标准正态概率分布曲线
(a) 概率密度函数；(b) 概率分布函数

概率密度函数的积分称为概率分布函数，标准正态概率分布函数表示为

$$\varphi(X_1)=\frac{1}{\sqrt{2\pi}}\int_{-\infty}^{X_1}\exp\left(-\frac{1}{2}X^2\right)\mathrm{d}X \tag{1-6}$$

$\varphi(X_1)$ 函数值与 X_1 的关系见图1-5（b）和表1-2。

表 1-2 标准正态分布数值表

X_1	0	0.50	1.00	1.50	2.00	2.50	3.00	3.50	4.00	4.50	∞
$\varphi(X_1)$	0.50	0.6915	0.8413	0.9332	0.9773	0.9938	0.9987	0.9998	0.9999	0.9999	1.00

因为曲线对称于纵坐标轴，所以当 X_1 为负值时，可取为

$$\varphi(-X_1)=1-\varphi(|X_1|) \tag{1-7}$$

$|X_1|$ 表示 X_1 的绝对值。例如 $X_1=-2$，则 $\varphi(-2)=1-\varphi(2)=1-0.9773=0.0227$。

3. 可靠度设计原理简介

结构的工作状态可以用荷载（或称作用）或者荷载效应（或称作用效应）S 与抗力 R 的关系来描述。所谓荷载（作用）效应就是指荷载在结构或构件内所引起的内力或位移。荷载效应与抗力的关系为

$$Z=R-S \tag{1-8}$$

Z 称为功能函数。

当 $Z>0$ 或 $R>S$ 时，抗力大于荷载效应，结构处于可靠状态；
当 $Z<0$ 或 $R<S$ 时，抗力小于荷载效应，结构处于失效状态；
当 $Z=0$ 或 $R=S$ 时，抗力与荷载效应相等，结构处于极限状态。

1.3.3 可靠度

由于影响荷载效应和结构抗力的因素很多，且各个因素都有不确定性，都是一些随机变量，故 S 和 R 也就是随机变量。经过对荷载效应和抗力的很多统计分析表明，S 和 R 的概率分布通常属于正态分布。根据概率理论，功能函数 Z 也应该是正态分布的随机变量。这样按照式（1-4），以功能函数 Z 为随机变量，则它的概率密度函数应为

$$f(Z) = \frac{1}{\sqrt{2\pi}\sigma_Z} \exp\left[-\frac{1}{2}\left(\frac{Z-Z_m}{\sigma_Z}\right)^2\right] \quad (1-9)$$

根据概率理论,有

$$Z_m = R_m - S_m \quad (1-10)$$

$$\sigma_Z = \sqrt{\sigma_S^2 - \sigma_R^2} \quad (1-11)$$

式中：Z_m——功能函数 Z 的均值；
S_m——荷载或荷载效应的均值；
R_m——抗力的均值；
σ_Z——功能函数 Z 的标准差；
σ_S——荷载效应的标准差；
σ_R——抗力的标准差。

这样,如果荷载效应和抗力的均值 S_m 和 R_m 以及标准差 σ_S 和 σ_R 均已求得,则由式（1-9）即可绘出功能函数 Z 的概率密度分布曲线,如图 1-6（a）所示,它是一般形式的正态分布曲线。图中的阴影面积表示 $Z<0$ 的概率,也就是结构处于失效状态的概率,称为失效概率 P_f。当然 P_f 可以由概率密度函数积分求得,即

$$P_f = \int_{-\infty}^{0} f(Z)dZ = \int_{-\infty}^{0} \frac{1}{\sqrt{2\pi}\sigma_Z} \exp\left[-\frac{1}{2}\left(\frac{Z-Z_m}{\sigma_Z}\right)^2\right]dZ \quad (1-12)$$

但是直接计算 P_f 比较麻烦,通常可以把一般正态分布转换成标准正态分布,并利用表 1-2 以简化计算。按照标准正态分布的定义有 $Z_m=0$，$\sigma_Z=1.0$，因此把纵坐标轴移到均值 Z_m 位置,再把横坐标的单位值除以 σ_Z，于是横坐标经过这样变换后就可以描绘出相应的标准正态分布曲线,如图 1-6（b）所示。

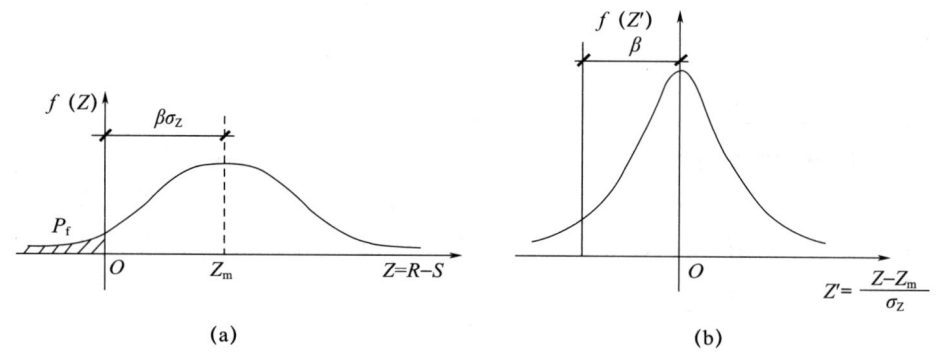

图 1-6 功能函数的概率密度
(a) 一般正态分布；(b) 标准正态分布

因为变换坐标后, $Z' = \dfrac{Z-Z_m}{\sigma_Z}$，故 $dZ' = \dfrac{dZ}{\sigma_Z}$，并且当 $Z=0$ 时, $Z' = -\dfrac{Z_m}{\sigma_Z}$，代入式（1-12）得

$$P_f = \int_{-\infty}^{-Z_m/\sigma_Z} \frac{1}{\sqrt{2\pi}} \exp\left(-\frac{1}{2}Z'^2\right)dZ' \quad (1-13)$$

与式（1-6）对比，显然式（1-13）是标准正态概率分布函数，令 $-\dfrac{Z_m}{\sigma_Z}=\beta$，可知，失效概率由 β 唯一确定，也就是说规定了失效概率 P_f 也就是等于确定了 β 值，反之亦然。例如 $\beta=3$，则

$$P_f = \int_{\infty}^{-3} \dfrac{1}{\sqrt{2\pi}} \exp\left(-\dfrac{1}{2} Z'^2\right) dZ' = \varphi(-3) = 1-\varphi(3)$$

查表 1-2，当 $X_1=\beta=3$ 时，$\varphi(3)=0.9987$，则 $P_f=1-0.9987=0.0013$。

因为 β 也是一个表示失效概率的指标，而且应用起来比 P_f 还要方便，所以在结构可靠度的设计中，它被用来作为表示结构可靠性的指标，称为可靠指标。许多国家的有关部门都制定 β 值代替安全系数作为设计的控制指标。

可靠度设计方法的要点归纳如下。

（1）结构物在规定的时间内和条件下完成预定功能的概率称为结构可靠度。所谓规定时间就是指设计基准期，一般房屋建筑设计基准期为 50 年。规定条件就是指施工和应用各种工况的工作条件。完成预定功能就是要满足结构物功能函数 Z 的要求，即 $Z\geqslant 0$，或者说满足极限状态的设计要求。这种以概率理论为基础，以极限状态为分析方法，以可靠指标 β 值为安全标准的设计方法称为可靠度设计方法或以概率理论为基础的极限状态设计方法，以下简称为概率极限状态设计方法。

（2）按可靠度设计方法，必须先对作用于结构物上的全部荷载或荷载效应以及所有的抗力进行统计分析，得到总荷载的均值和标准差以及全部抗力的均值和标准差。在此基础上，建立功能函数的概率密度函数表达式，如式（1-9）、式（1-10）和式（1-11），然后才能确定结构的可靠度。显然，这种方法的精确度取决于参与分析的诸多变量概率分布的规律性和试验点的数量。概率分布规律越简明，参与统计的试验点数越多，精确度就越高。在工程所涉及的荷载和抗力中，很多都属于简单的正态分布，但是也有少数属于非正态分布，必须通过概率理论进行转换。人工配制的材料，特性指标的离散性小而且常能提供大量的试验数据，而像岩土等天然形成的材料，特性指标的离散性大而且不易获得大量的试验数据，与前者比较难以采用可靠度的设计方法。

【例题 1-1】 对某建筑物地基持力层做了一批现场载荷试验，经统计分析，试验结果符合正态分布，承载力特征值的均值为 121kPa，标准差为 12kPa。荷载组合后的基底压力也符合正态分布，均值为 8kPa，标准差为 4kPa。若地基设计要求可靠指标 $\beta=3.0$，问该地基是否满足要求？其失效概率多大？

【解】

（1）计算可靠指标

功能函数均值 $Z_m=R_m-S_m=121-81=40$（kPa）

功能函数标准差

$$\sigma_Z=\sqrt{\sigma_R^2-\sigma_S^2}=\sqrt{12^2+4^2}=12.65 \text{（kPa）}$$

可靠指数 $\beta=\dfrac{Z_m}{\sigma_Z}=\dfrac{40}{12.65}=3.162>3.0$。$\beta$ 值满足要求。

(2) 计算失效概率

$$P_f = \varphi(-\beta) = 1 - \varphi(\beta)$$

按 $\beta=3.162$ 查表 1-2，$\varphi(3.162)=0.99906$

$$P_f = 1 - 0.99906 = 0.00094$$

4. 概率极限状态设计的实用方法——分项系数法

在新近颁布的有关标准与规范中，都用作用代替荷载。所谓作用，包括直接作用（施加在结构上的集中力与分布力）与间接作用（引起结构外加变形或约束变形的原因），比如地震就是一种间接作用。

如前所述，一般的可靠度设计方法需要对结构物所涉及的每个作用和抗力都进行统计分析，工作量十分巨大，不是通常的工程设计所能负担的。为了使可靠度分析在设计中实用化，将极限状态表达式写成分项系数的形式，即

$$\gamma_R R_K = \gamma_S S_K \tag{1-14}$$

式中：R_K——抗力标准值；

S_K——荷载效应标准值；

γ_R——抗力分项系数；

γ_S——荷载效应分项系数。

作用按其性质可分成两大类，即永久作用 G 和可变作用 Q，对应于其效应分别为 S_G 与 S_Q。故式（1-14）可进一步表示为

$$\gamma_R R_K = \gamma_G S_{GK} + \sum_{i=1}^{n} \gamma_{Qi} S_{QiK} \tag{1-15}$$

式中：S_{GK}——永久作用效应的标准值；

S_{QiK}——第 i 个可变作用 Q_{iK} 的作用效应标准值；

γ_G——永久作用的分项系数；

γ_{Qi}——第 i 个可变作用的分项系数。

分项系数与安全系数的性质不同，安全系数是一个规定的工程经验值，不随抗力和作用效应的离散程度而变化。分项系数是根据变量的概率分布形态，经过统计分析而得到的，其值与变异系数和可靠指标有关，可分别表示为

$$\begin{gathered}\gamma_R = 1 - 0.75\delta_R\beta \\ \gamma_G = 1 + 0.5626\delta_G\beta \\ \gamma_Q = 1 + 0.5626\delta_Q\beta\end{gathered} \tag{1-16}$$

式中：δ_R、δ_G、δ_Q——分别为抗力、永久作用和可变作用的变异系效。

1.3.3 荷载代表值

5. 作用的代表值和设计值

作用的代表值是极限状态设计所采用的作用值，例如标准值、组合值、准永久值等。对于承载能力极限状态设计，作用的代表值与作用分项系数的乘积称为作用的设计值。永久作用可看成是不随时间变化的作用，如结构的自重、固定设备的重量等作用。可变作用则随时间而变化，种类很多，如活荷载、风荷载、雪荷载、吊车荷载等。这些作用均应看成随机变量，但其概率分布规律并不一样，应分别选用合适的概率模型进行统计分析。在概率分布形式确定以后，就可以选择作用的代表值。作用的代表值有多种，在地基基础工程设计中常用的有如下三种：

（1）作用的标准值。它是作用的基本代表值，相当于设计基准期内最大作用统计分布的特征值，可以取均值或某个分位值。例如按照《建筑结构荷载规范》(GB 50009—2012)，对结构自重，可按结构构件的设计尺寸乘以材料单位体积的自重；对于雪荷载可按50年一遇的雪压乘以屋面积雪分布系数等。其他类型的作用均有相应的规定，可直接由《建筑结构荷载规范》(GB 50009—2012)查用。

（2）作用的准永久值。对于可变作用，在设计基准期内，其超越的总时间约为设计基准期一半的荷载值。具体而言，对于某一随时间而变化的作用，如果设计基准期是T，则在T时间内大于和等于准永久值的时间约为$0.5T$。作用准永久值实际上是考虑可变作用的间歇性和分布不均匀的一种折减。例如对于地基沉降计算，短时间、随机施加的作用一般不会引起充分的地基固结沉降，可变作用就应该采用作用的准永久值。荷载的准永久值等于标准值乘以准永久值系数ψ_q，各种作用的准永久值系数ψ_q可以从《建筑结构荷载规范》(GB 50009—2012)中查用。

（3）作用的组合值。两种或两种以上的可变作用同时出现的概率会减小，因而当结构承受两种或两种以上的可变作用时，应采用作用的组合值，如$\psi_c S_Q$，ψ_c称为组合值系数，也是一个小于1.0的系数，可从《建筑结构荷载规范》(GB 50009—2012)中查用。

6. 作用的组合

设计时为了保证结构的可靠性，需要确定同时在结构上有几种作用，每种作用采用何种代表值，这一工作称为作用组合。在地基基础设计中，一般遇到的有如下几种作用组合：

（1）基本组合。按承载力极限状态计算时最常用的一种组合就是基本组合。它包括永久作用和可变作用共同作用的组合，由可变作用控制的基本组合的设计值S_d表达式为

$$S_d = \gamma_G S_{GK} + \gamma_{Q1} S_{Q1K} + \sum_{i=1}^{n} \gamma_{Qi} \psi_{ci} S_{QiK} \tag{1-17}$$

式中：S_{GK}、S_{Q1K}、S_{QiK}——永久作用效应、第1个可变作用效应和第i个可变作用效应的标准值；

γ_G、γ_{Q1}、γ_{Qi}——永久作用、第1个可变作用、第i个可变作用的分项系数，因为可变作用的离散性高于永久作用，统计表明，$\gamma_G=1.2$，而γ_Q可取1.4；

ψ_{ci}——第i个可变作用的组合值系数，按《建筑结构荷载规范》(GB 50009—2012)的规定值；

n——可变作用的个数。

式（1-17）是针对由可变作用控制的情况，其中的第1个可变作用是最主要的可变作用。如果判断为永久作用控制时，则该式变成：

$$S_d = \gamma_G S_{GK} + \sum_{i=1}^{n} \gamma_{Qi} \psi_{ci} S_{QiK} \tag{1-18}$$

这时γ_G应取为1.35，其他系数不变。

对于这种情况，《建筑地基基础设计规范》(GB 50007—2011)推荐一种简化的规定，作用效应的基本组合的设计值S_d也可按式（1-19）计算：

$$S_d = 1.35 S_K \tag{1-19}$$

式中：S_K——作用效应的标准组合值，见式（1-20）。

（2）标准组合。这是按正常使用极限状态计算时常用的一种作用组合。作用效应的标准组合值 S_K 用式（1-20）表示：

$$S_K = S_{GK} + S_{Q1K} + \sum_{i=2}^{n} \psi_{ci} S_{QiK} \tag{1-20}$$

对比式（1-17）与式（1-20）可以发现，当 γ_G、γ_Q 均取 1.0 时，基本组合就成为标准组合，或者如式（1-19）所示，标准组合乘以分项系数 1.35 就得到基本组合设计值。

（3）准永久组合。在地基变形计算中，应采用荷载效应的准永久组合值 S_K，用式（1-21）计算：

$$S_K = S_{GK} + \sum_{i=1}^{n} \psi_{qi} S_{QiK} \tag{1-21}$$

如上所述，地基变形计算中以永久作用为主，可变作用的施加时间是间断的，所引起的变形效应较弱，所以在准永久组合中，用准永久值系数 ψ_{qi} 可代替组合值系数 ψ_{ci}，ψ_{qi} 可在《建筑结构荷载规范》（GB 50009—2012）中查取。因为限制变形属于正常使用极限状态的范畴，所以作用效应均取标准值而不必乘以分项系数。

作用组合确定以后，满足承载力极限状态，按作用效应的基本组合，应采用（1-22）进行计算：

$$\gamma_0 \left(\gamma_G S_{GK} + \gamma_{Q1} S_{Q1K} + \sum_{i=2}^{n} \gamma_{Qi} \psi_{ci} S_{QiK} \right) \leqslant R \tag{1-22}$$

式中：γ_0——结构重要性系数；

R——抗力的设计值。例如对于钢筋混凝土结构，有：

$$R = R(f_c, f_s, a_k) \tag{1-23}$$

式中：f_c、f_s——混凝土、钢筋强度的设计值；

a_k——几何参数标准值，当参数的变异性对结构有不利影响时，可另增减一个附加值，具体值均可从相应规范中查用。

目前，结构可靠度设计方法已经成为一种工程设计的实用方法。我国 1992 年颁布了《工程结构可靠度设计统一标准》（GB 50153—1992），2008 年又对该标准进行了修改补充，2001 年建设部又颁布了《建筑结构可靠度设计统一标准》（GB 50068—2001）（下文简称《可靠度设计标准》），它规定，制定建筑结构荷载规范以及钢结构、薄壁型钢结构、混凝土结构、砌体结构、木结构等设计规范均应遵守该标准的规定，这说明，可靠度设计已经成为我国建筑结构设计的统一依据。岩土由于是自然界漫长地质年代中天然形成的产物，性质复杂多变，所以岩土的抗力，无论是强度指标或变形指标，系统的统计资料尚少，短期内完全应用可靠度设计有一定的困难。《可靠度设计标准》规定"制定建筑地基基础和建筑抗震等规范时，宜遵守本标准规定的原则。"也就是说原则上应力求按照本标准的规定，但允许考虑不同行业与对象的特点。我国的《建筑地基基础设计规范》（GB 50007—2011）则属于遵循可靠度设计原则的同时，保留自身特点的设计方法。

7. 地基基础设计时，作用组合的效应设计值应符合下列规定：

（1）正常使用极限状态下，标准组合的效应设计值（S_K）应按下式确定：

$$S_K = S_{GK} + S_{Q1K} + \psi_{c2} S_{Q2K} + \cdots + \psi_{cn} S_{QnK} \tag{1-24}$$

式中：S_{GK}——永久作用标准值（G_K）的效应；

S_{QiK}——第 i 个可变作用标准值（Q_{iK}）的效应；

ψ_{ci}——第 i 个可变作用（Q_i）的组合值系数，按国家标准《建筑结构荷载规范》（GB 50009—2012）的规定取值。

（2）准永久组合的效应设计值（S_K）应按下式确定：

$$S_K = S_{GK} + \psi_{q1} S_{Q1K} + \psi_{q2} S_{Q2K} + \cdots + \psi_{qn} S_{QnK} \tag{1-25}$$

式中：ψ_{qi}——第 i 个可变作用的准永久值系数，按国家标准《建筑结构荷载规范》（GB 50009—2012）的规定取值。

（3）承载能力极限状态下，由可变作用控制的基本组合的效应设计值（S_d），应按下式确定：

$$S_d = \gamma_G S_{GK} + \gamma_{Q1} S_{Q1K} + \gamma_{Q2} \psi_{c2} S_{Q2K} + \cdots + \gamma_{Qi} \psi_{ci} S_{QiK} + \cdots + \gamma_{Qn} \psi_{cn} S_{QnK} \tag{1-26}$$

式中：γ_G——永久作用的分项系数，按国家标准《建筑结构荷载规范》（GB 50009—2012）的规定取值；

γ_{Qi}——第 i 个可变作用的分项系数，按国家标准《建筑结构荷载规范》（GB 50009—2012）的规定取值。

（4）对由永久作用控制的基本组合，也可采用简化规则，基本组合的效应设计值（S_d）可按式（1-19）确定。

【例题 1-2】某工厂工作平台静重 5.4kN/m，活载 2.0kN/m。求：荷载组合设计值。

【解】

（1）以永久荷载控制，静载分项系数取 1.35，活载分项系数取 1.4，荷载组合值系数取 0.7，$1.35 \times 5.4 + 1.4 \times 0.7 \times 2 = 9.25$（kN/m²）

（2）以可变荷载控制，静载分项系数取 1.2，活载分项系数取 1.4，$1.2 \times 5.4 + 1.4 \times 2 = 9.28$（kN/m²）

【例题 1-3】某办公楼面板，计算跨度为 3.18m，沿板长每米永久荷载标准值为 3.1kN/m，可变荷载只有一种，标准值为 1.35kN/m，该可变荷载组合系数为 0.7，准永久值系数为 0.4，结构安全等级为二级。求：用于计算承载能力极限状态和正常使用极限状态所需的荷载组合。

【解】

1. 承载能力极限状态

可变荷载控制的组合

$M = 1 \times (1.2 \times 3.1 \times 3.18^2 \div 8 + 1.4 \times 1.35 \times 3.18^2 \div 8) = 7.07$（kN·m）

永久荷载控制的组合

$M = 1 \times (1.35 \times 3.1 \times 3.18^2 \div 8 + 1.4 \times 0.7 \times 1.35 \times 3.18^2 \div 8) = 6.96$（kN·m）

2. 正常使用极限状态

按标准组合计算

$M = 3.1 \times 3.18^2 \div 8 + 1.35 \times 3.18^2 \div 8 = 5.63$（kN·m）

按准永久组合计算

$M = 3.1 \times 3.18^2 \div 8 + 0.4 \times 1.35 \times 3.18^2 \div 8 = 4.60$（kN·m）

1.4 规范、标准与技术指南

基础设计和施工受各种规范标准条款的约束，规范规定了基础荷载计算的方法，不同的规范规定了不同结构和材料的承载能力、性能要求和构造要求。有些条款适用范围较广，而有些条款只适用于基础工程。我国标准规范种类繁多，很多规范都有单独章节涉及基础与地基。学习基础工程所需要了解和熟悉的我国相关规范和标准如下：

1. 《岩土工程勘察规范》（GB 50021—2001，2009 年版）
2. 《建筑工程地质勘探与取样技术规程》（JGJ/T 87—2012）
3. 《工程岩体分级标准》（GB/T 50218—2014）
4. 《工程岩体试验方法标准》（GB/T 50266—2013）
5. 《土工试验方法标准》（GB/T 50123—1999，2019 年版）
6. 《水利水电工程地质勘察规范》（GB 50487—2008）
7. 《水运工程岩土勘察规范》（JTS 133—2013）
8. 《公路工程地质勘察规范》（JTG C20—2011）
9. 《铁路工程地质勘察规范》（TB 10012—2019）
10. 《城市轨道交通岩土工程勘察规范》（GB 50307—2012）
11. 《工程结构可靠性设计统一标准》（GB 50153—2008）
12. 《建筑结构荷载规范》（GB 50009—2012）
13. 《建筑地基基础设计规范》（GB 50007—2011）
14. 《水运工程地基设计规范》（JTS 147-1—2017）
15. 《公路桥涵地基与基础设计规范》（JTG D63—2019）
16. 《铁路桥涵地基和基础设计规范》（TB 10093—2017）
17. 《建筑桩基技术规范》（JGJ 94—2008）
18. 《建筑地基处理技术规范》（JGJ 79—2012）
19. 《碾压式土石坝设计规范》（DL/T 5395—2007）
20. 《公路路基设计规范》（JTG D30—2015）
21. 《铁路路基设计规范》（TB 10001—2016）
22. 《土工合成材料应用技术规范》（GB/T 50290—2014）
23. 《生活垃圾卫生填埋处理技术规范》（GB 50869—2013）
24. 《铁路路基支挡结构设计规范》（TB 10025—2019）
25. 《建筑边坡工程技术规范》（GB 50330—2013）
26. 《建筑基坑支护技术规程》（JGJ 120—2012）
27. 《铁路隧道设计规范》（TB 10003—2016）
28. 《公路隧道设计规范》（JTG D70—2018）
29. 《湿陷性黄土地区建筑规范》（GB 50025—2018）
30. 《膨胀土地区建筑技术规范》（GB 50112—2013）
31. 《盐渍土地区建筑技术规范》（GB/T 50942—2014）

32. 《铁路工程不良地质勘察规程》(TB 10027—2012)
33. 《铁路工程特殊岩土勘察规程》(TB 10038—2012)
34. 《煤矿采空区岩土工程勘察规范》(GB 51044—2014)
35. 《地质灾害危险性评估规范》(DZ/T 0286—2015)
36. 《建筑抗震设计规范》(GB 50011—2010,2016 版)
37. 《水电工程水工建筑物抗震设计规范》(NB 35047—2015)
38. 《公路工程抗震规范》(JTG B02—2013)
39. 《建筑地基检测技术规范》(JGJ 340—2015)
40. 《建筑基桩检测技术规范》(JGJ 106—2014)
41. 《建筑基坑工程监测技术规范》(GB 50497—2009)
42. 《建筑变形测量规范》(JGJ 8—2016)
43. 《城市轨道交通工程监测技术规范》(GB 50911—2013)
44. 《公路桥梁抗震设计细则》(JTG/T B02-01—2008)

1.5 本课程特点和学习要求

基础工程课程涉及工程地质、土力学、结构设计和土木工程施工技术等几个学科领域，内容广泛、综合性强，学习时应突出重点，兼顾全面。学习本课程前，应有工程地质的基本知识，应有土的应力、变形、强度和地基计算等土力学基本原理和概念的知识，应有结构设计理论和土木工程施工方面的知识。

学习本课程的要求，应掌握地基基础设计计算的基本原理和方法，对一般工程的地基基础具有设计和施工管理能力，对常见的基础工程事故做出合理的分析和评价，应有能使用工程地质勘察资料分析解决基础工程问题的能力。

学习中应注意理论联系实际，注意掌握基本原理和计算方法，淡化具体规范、规程；课程设计中应注意熟悉和掌握各专业方向的行业规范。

思考题与习题

思考题与习题
参考答案

1-1 什么叫基础工程？基础工程有哪些？基础设计有哪些要求？

1-2 早期的基础设计与现代的基础设计有什么区别与联系？

1-3 基础设计的方法有哪些？可靠度设计的要点是什么？

1-4 作用有几种组合？作用组合的效应设计值应符合哪些规定？

1-5 对位于非地震区的某大楼横梁进行内力分析。已求得在永久荷载标准值、楼面活荷载标准值、风荷载标准值的分别作用下，该梁梁端荷载标准值分别为：$N_{gk}=40$kN，$N_{qk}=4$kN，$N_{wk}=1$kN。楼面活荷载的组合值系数为 0.7，风荷载的组合值系数为 0.6。求该横梁按承载能力极限状态基本组合时的梁端荷载设计值 N。

1-6 有一在非地震区的办公楼顶层柱。经计算，已知在永久荷载标准值、屋面活荷载标准值、风荷载标准值及雪荷载标准值分别作用下引起的该柱轴向力标准值为 $N_{gk}=40$kN，

$N_{qk}=12kN$,$N_{wk}=4kN$,$N_{sk}=1.5kN$。屋面活荷载、风荷载和雪荷载的组合值系数分别为 0.7、0.6、0.7。求该柱在按承载能力极限状态基本组合时的轴向压力设计值 N。

附：

中国基础工程与伟大复兴

很多人认为基础工程仅仅只是土木工程的一门重要课程，殊不知基础工程对我们中华民族的伟大复兴有重要意义。地基与基础的设计与施工质量影响整个结构物质量；基础工程是隐蔽工程，如有缺陷，较难发现，也较难弥补或修复；基础工程施工的进度，经常控制整个结构物施工进度；基础工程的造价，通常在整个结构物造价中占相当大的比重。经济起飞离不开基础设施建设的助推。沿海地区经济快速发展和某些区域开发的成功，一条共同的经验就是通过率先启动大规模的基础设施建设，为经济高速增长奠定坚实的基础。经过这些年的超常规发展，中国的基础设施面貌有了翻天覆地的变化，促进了全国经济社会的快速持续增长。进入 21 世纪，我国的现代化建设正在如火如荼的进行，涌现出了一系列的超级工程，而这些超级工程在某些程度上促进了伟大复兴的进程。

中国，一个拥有悠久历史和丰富文化传统的国家，正在经历着前所未有的巨大变革。它以惊人的速度和技术能力，向全世界展示着自己干大事的能力。

首先，中国在铁路建设方面取得了令人瞩目的成就。北京—上海高铁作为全球最长的一期内建成的高速铁路工程，投资了 350 亿美元。这条高铁不仅缩短了北京和上海之间的距离，还提供了高速、舒适和便捷的交通方式，为两地的经济发展和人员流动提供了便利。由中国、坦桑尼亚和赞比亚三个国家共同修筑的铁路——坦赞铁路，全长 1860.5km，贯通东非和中南非，是东非交通上一个大动脉，这是我国最大的援外项目之一。中国不仅仅在自己的领土内进行基建建设，还帮助邻国以及其他国家修建工程。

在射电望远镜领域，中国也展现出了自己独特的科技实力。平塘射电望远镜，被誉为"中国天眼"，是世界最大单口径、最灵敏的射电望远镜，总投资达到了 1.1 亿美元。它的综合性能是著名的阿雷西博射电望远镜的十倍，标志着中国在天文学领域取得了重要突破。

不仅如此，中国在隧道建设方面也取得了巨大进展。终南山下的秦岭隧道是中国目前最长的一条高速隧道，全长超过 17.7km，总投资为 4.73 亿美元。这条隧道不仅为山区交通提供了便利，也为中国的交通基础设施建设树立了典范。

中国中央广播电视总部大楼的建设投资达到了 7.6 亿美元，由 6 个水平和垂直的区域组成，被誉为全球最佳高层建筑。这座大楼不仅是中国广播电视业的标志性建筑，也是中国现代建筑技术的杰出代表。

中国的影响力和实力也在国际舞台上得到了体现。位于俄罗斯圣彼得堡的"波罗的海明珠"（Baltic Pearl）项目是中国最大的海外开发项目，总投资为 13 亿美元。该项目包括住宅和商业两部分功能，为中俄两国之间的经济合作提供了重要支撑。

在交通运输领域，中国的火车站不仅拥有全球最快的火车，还投资了 21.2 亿美元建设武汉火车站，为旅客提供了高速、安全和便捷的出行体验。此外，中国还打造了全球首个高寒高速铁路——哈尔滨—大连高铁，总投资为 140 亿美元。这条高铁能够在高纬度和低温条件下顺利运行，为中国北方地区的经济发展和人员流动提供了便利。青岛胶州湾大桥作为全球最长的跨海大桥，全长 36.48km，总投资达到了 160 亿美元。这座跨海大桥不仅成为了中国交通基础设施建设的重要里程碑，也成为了青岛地区的新地标。

中国还积极参与共建亚洲高速公路网的合作，总投资达到了 430 亿美元。这个高速公路网络将连接 32 个国家，横跨大洲，连至欧洲，为亚洲各国之间的经贸合作和人员流动提供了重要支撑。中国的巨大变革正吸引着全世界的目光，无论是在科技、交通、建筑还是城市发展方面，中国都展现出自己的实力和雄心。作为一个拥有悠久历史和丰富文化传统的国家，中国正在以令人瞩目的速度和能力向世界证明自己的实力和领导地位。相信不久的将来，我们会见证中国继续创造历史的壮举！而中国的这些巨大变革与发展进一步推动着中华民族的伟大复兴。

总之，基础工程是建筑和其他结构物的核心基础，直接关系到安全、可靠、经济和环境等多方面的问题。良好的基础工程能够保证建筑物和其他结构物的安全和稳定，减少维护成本和对环境的影响，同时也能够促进城市发展和提高居民的生活质量。因此，我们应该重视基础工程的建设和维护，确保它们能够为未来的城市化进程提供可靠的基础设施。此外，随着科技的不断进步和城市化进程的加速，基础工程也需要不断创新和发展。例如，可持续的基础工程和智能化的基础工程可以更好地适应未来的城市发展，减少对环境的影响，提高生产效率和质量。因此，我们需要不断研发和创新，推动基础工程的发展，以适应未来城市化进程的需求。

最后，基础工程的建设和维护需要政府、企业和公众的共同努力。政府需要加大对基础工程建设的投资和监管，企业需要负起社会责任，保证基础工程建设的质量和可靠性，公众也需要关注基础工程的建设和维护，积极参与和监督，共同推动基础工程的建设和发展。基础工程的发展与中华民族的伟大复兴息息相关，基础工程发展得好了，中华民族伟大复兴的进程就能进一步加快，而民众对于祖国的自信心与骄傲感也会大大加强。

第2章 浅 基 础

2.1 概述

在建筑物的设计和施工中,地基和基础占有很重要的地位,它对建筑物的安全使用和工程造价有很大的影响,正确选择地基基础的类型十分重要。在选择地基基础类型时,既要考虑建筑物的性质(包括建筑物的用途、重要性、结构形式、荷载性质和荷载大小等),又要考虑地基的工程地质性质和水文地质情况(包括土层的分布与物理力学性质、地下水类型和分布等)。

2.1.1 浅基础的概念

一般而言,如果地基内是良好的土层或上部有较厚的良好土层时,一般将基础直接做在天然土层上,这种地基叫作天然地基。置于天然地基上,当基础底面的埋置深度超过5m但小于短边宽度(如筏形和箱形基础),或从施工角度考虑,埋置深度小于5m的一般基础(柱基或墙基),可以用比较简单的施工方法(如常用的明挖法)施工,基础在设计计算时可以忽略基础侧面土体对基础的影响,基础结构形式也较简单,统称为天然地基上的浅基础。

由于天然地基上浅基础埋深浅、结构形式简单、施工方法简单、造价较低,在满足地基承载力和变形要求的前提下,应优先选用。因此,天然地基上的浅基础广泛应用于工业和民用建筑工程中,是一种经济又实用的基础形式。

2.1.2 地基基础设计资料

地基与基础设计要根据当地的地质条件和水文地质条件,并结合建筑物类型、结构特点、荷载性质和使用要求、材料情况,以及施工要求等因素综合考虑,选择确定合理的设计方案和有关的参数。一般情况下,工业与民用建筑基础设计前应收集的有关资料如下:

(1)场地地形图与建筑总平面图。
(2)建筑场地的工程地质勘察报告。
(3)建筑物情况:建筑物类型,建筑物平、立、剖面图,作用在基础上的荷载大小、性质、分布特点,设备基础、各种管道布置与标高、使用要求。
(4)场地及其周围环境条件,有无临近建筑及地下管线等设施。
(5)建筑材料的来源及供应情况,施工单位的设备和技术条件。

对于以上资料的要求,根据具体的情况应有所区别,特别是对大型建筑物可能需要更多、更全面的资料,对地震区还应收集相关地震资料。

2.1.3 浅基础设计内容和步骤

对于一般天然地基上的浅基础,常规的设计方法通常把上部结构、基础和地基作为独立的单元考虑,把上部结构看成是底端固定的结构进行内力计算,把求得的固定端支座反力作为外荷载作用于基础之上对基础进行结构设计;在进行地基计算时,将基底压力视为施加于地基外荷载对地基进行承载力验算及必要的变形和稳定性验算。

这种常规方法满足静力平衡条件,但是没有考虑上部结构、基础和地基之间的共同工作和协调变形条件,使得到的计算结果与实际情况存在一定误差,但在沉降较小或较均匀、基础刚度较大时,常规方法可以认为是可行的。所以,目前在浅基础中的一般扩展基础设计中广泛采用这种常规方法.对于大型或复杂的浅基础,宜用常规方法做初步设计,在此基础上,根据具体情况考虑上部结构、基础与地基之间的相互作用。

设计天然地基上的浅基础时,应阅读分析建筑场地的地质勘察资料和上部结构的设计资料,进行现场勘察和调查,综合各方面的因素,遵循上述设计要求,进行浅基础设计。

浅基础设计内容和步骤如下:
(1) 选择基础所用材料及结构形式,进行基础平面布置。
(2) 确定基础的埋置深度。
(3) 确定地基承载力特征值。
(4) 确定基础的底面尺寸,并验算承载力;若地基持力层下部存在软弱下卧层时,尚需验算软弱下卧层的承载力。
(5) 地基基础设计等级为甲级、乙级和有特殊要求的丙级建筑物应进行地基变形验算;对经常受水平荷载作用的高层建筑、高耸结构和挡土墙等,建造在斜坡上或边坡附近的建筑物和构筑物,基坑工程等尚应验算其稳定性。
(6) 确定基础剖面尺寸,进行基础结构和构造设计。
(7) 绘制基础施工图,编写施工说明。

2.2 浅基础的类型

浅基础按照所用材料的性能分为无筋扩展基础和钢筋混凝土基础,旧称刚性基础和柔性基础。按照基础结构形式分为刚性扩大基础、单独基础和联合基础、条形基础(包括十字交叉条形基础)、筏形基础、箱形基础及壳体基础等类型。

2.2.1 无筋扩展基础

无筋扩展基础是指由砖、毛石、混凝土或毛石混凝土、灰土和三合土等材料组成的无需配置钢筋的墙下条形基础或柱下独立基础,如图 2-1 所示。由于地基承载能力的限制,当基础承受墙或柱传来的荷载后,为使其单位面积所传递的力与地基的允许承载能力相适应,便以台阶的形式逐渐扩大基础传力面积,这种逐渐扩展的台阶称为大放脚。

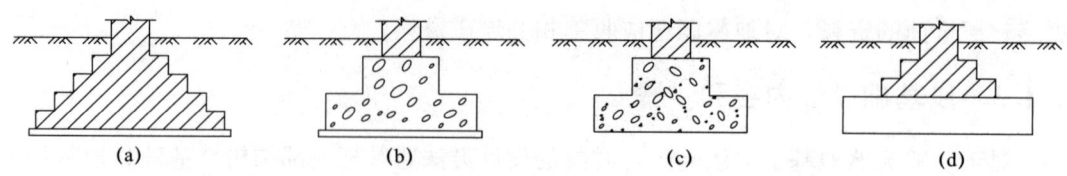

图 2-1 无筋扩展基础

(a) 砖基础；(b) 毛石基础；(c) 混凝土基础或毛石混凝土基础；(d) 灰土或三合土基础

当基础的材料都具有较好的抗压性能，但抗拉、抗剪强度都不高，为了使基础内产生的拉应力和剪力不超过相应材料的强度设计值，设计时通常保证基础每个台阶的宽度与高度之比都不超过相应的允许值。每个台阶的宽度和高度的比值为图 2-2 中所示 α 角的正切值，台阶宽度与高度比值的允许值所对应的角度 α 称为刚性角。设计时要求基础的外伸宽度和基础高度的比值在一定的限度内，否则基础会产生破坏。不同材料基础的允许高宽比不同，见表 2-1。允许高宽比值与基础材料及基底反力大小有关。允许高宽比的限制下，基础的高度相对都比较大，几乎不发生挠曲变形，这种由素混凝土、砖、毛石等材料砌筑，高度由刚性角控制的基础称为无筋扩展基础，又称刚性基础。

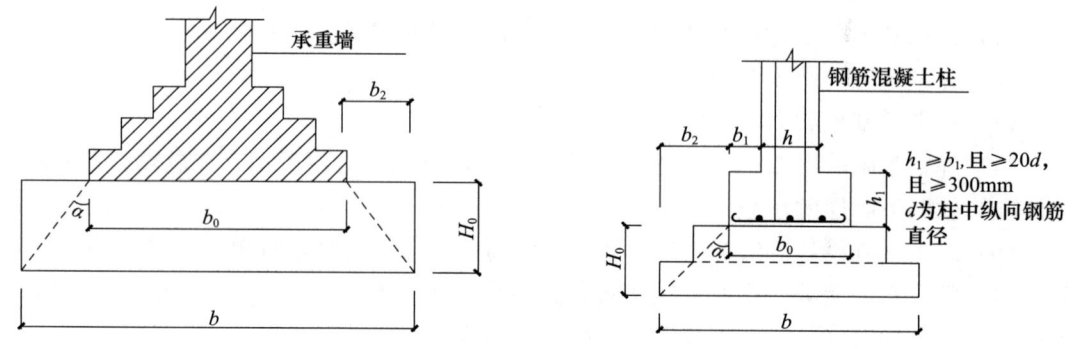

图 2-2 无筋扩展基础构造示意图

(a) 基础受力在刚性角范围以内；(b) 基础宽度受力特点

表 2-1 无筋扩展基础台阶宽高比的允许值

基础材料	质量要求	台阶宽高比的允许值		
		$p_K \leqslant 100$	$100 < p_K \leqslant 200$	$200 < p_K \leqslant 300$
混凝土基础	C15 混凝土	1:1.00	1:1.00	1:1.25
毛石混凝土基础	C15 混凝土	1:1.00	1:1.25	1:1.50
砖基础	砖不低于 MU10，砂浆不低于 M5	1:1.50	1:1.50	1:1.50
毛石基础	砂浆不低于 M5	1:1.25	1:1.50	—
灰土基础	体积比为 3:7 或 2:8 的灰土，其最小干密度：粉土 1550kg/m³，粉质黏土 1500kg/m³，黏土 1450kg/m³	1:1.25	1:1.50	—
三合土基础	体积比 1:2:4～1:3:6（石灰：砂：骨料），每层约虚铺 220mm，夯至 150mm	1:1.50	1:2.00	—

当建筑物的荷载较大而地基承载力较小时，基础底面必须加宽，如果仍采用刚性基础，则需加大基础的深度，如此增加了挖土工作量和材料用量、增长工期、增加造价。

1. 砖基础

砖基础是以砖为砌筑材料形成的建筑物基础。砌筑时可分阶梯状，即上述所称的大放脚。在砖基础底面以下，一般应先做100mm厚的C10混凝垫层。砖基础取材容易、应用广泛，一般可用于6层及6层以下的民用建筑和砖墙承重的厂房。

砖基础的砌筑形式可分为两皮一收和二一间隔收，如图2-1（a）所示。两皮一收是指每次砌筑两层砖，然后收四分之一砖长。二一间隔收是间隔砌筑两层砖或一层砖收四分之一砖长。两种砌筑方式的最底部必须砌筑两层。

2. 毛石基础

毛石基础是用强度等级不低于MU30的毛石和强度等级不低于M5的砂浆砌筑而成。砌筑是分阶砌筑，每一阶梯宜用三排或三排以上的毛石，阶梯形毛石基础的每阶伸出宽度不宜大于200mm，地下水位以上可以混合砂浆，水位以下用水泥砂浆（强度等级按规范要求），如图2-1（b）所示。毛石基础能就地取材、价格低，但施工劳动强度大。

3. 混凝土或毛石混凝土基础

混凝土基础是采用混凝土浇筑而成的基础。常做成台阶式，台阶高度为300mm。混凝土的抗压强度、耐久性、抗冻性都比砖好，且便于机械化施工，但水泥耗量较大，造价稍高，且一般需要支模板，较多用于地下水位以下的基础。强度等级一般常采用C10～C15。为了节约水泥用量，可以在混凝土中掺入不超过基础体积20%～30%的毛石，称为毛石混凝土基础，如图2-1（c）所示。

4. 灰土基础

为节约砖石材料，常在砖石大放脚下面做一层灰土垫层，这种垫层习惯上称灰土基础，如图2-1（d）所示。一般将配置好的灰土分层压实或夯实，每层虚铺220～250mm，压实至150mm。灰土基础适用于5层或5层以下、地下水位以上的混合结构房屋和砖墙承重的轻型厂房（3层及以上采用三步灰土，3层以下采用两步灰土）。灰土基础施工方便，造价低，可节约水泥和砖石材料。灰土吸水逐渐硬化，年代越久强度越高，但灰土基础抗水性及抗冻性均较差，在地下水位以下不宜采用，同时应设在冻结深度以下。

5. 三合土基础

三合土基础是在砖石大放脚下面做一层三合土垫层，这个垫层习惯上称三合土基础。其特点与灰土类似，适用于4层以下的混合结构房屋及砖墙承重的轻型厂房。

刚性基础的特点是稳定性好，施工简便，因此只要地基承载力能够满足要求，它是房屋、桥梁、涵洞等结构物首要考虑的基础形式。其主要缺点是用料多，自重大。当基础承受荷载较大，按地基承载力确定的基础底面宽度也较大时，为满足刚性角要求，则需要较大的基础高度，导致其基础埋深增大。因此，刚性基础一般适于6层以下（三合土不宜超过4层）的民用建筑和砌体承重的厂房及荷载较小的桥梁基础。

2.2.2 钢筋混凝土扩展基础

当不便于采用刚性基础或采用刚性基础不经济时，可以做成钢筋混凝土基础，包括柱（墙）下钢筋混凝土独立基础和墙（柱）钢筋混凝土条形基础。这类基础用扩大基础底面积的方法来满足地基承载力的要求，因依靠钢筋承受拉力使基础弯曲时不致破坏，所以该基础不受刚性角的限制，可将底面尺寸在较小的基础高度内扩展较大，能得到合适的基础埋深，故钢筋混凝土基础也称作扩展基础，具有较好的抗剪能力和抗弯能力，通常也称柔性基础或有限刚度基础。与无筋基础相比，其基础高度较小，更适宜在基础埋置深度较小时使用。

1. 柱下钢筋混凝土独立基础

桥梁中的桥墩、建（构）筑物中的柱下常采用钢筋混凝土独立基础，其构造如图2-3所示。现浇柱的独立基础可做成锥形或阶梯形；预制柱则采用杯口基础，杯口基础常用于装配式单层工业厂房。

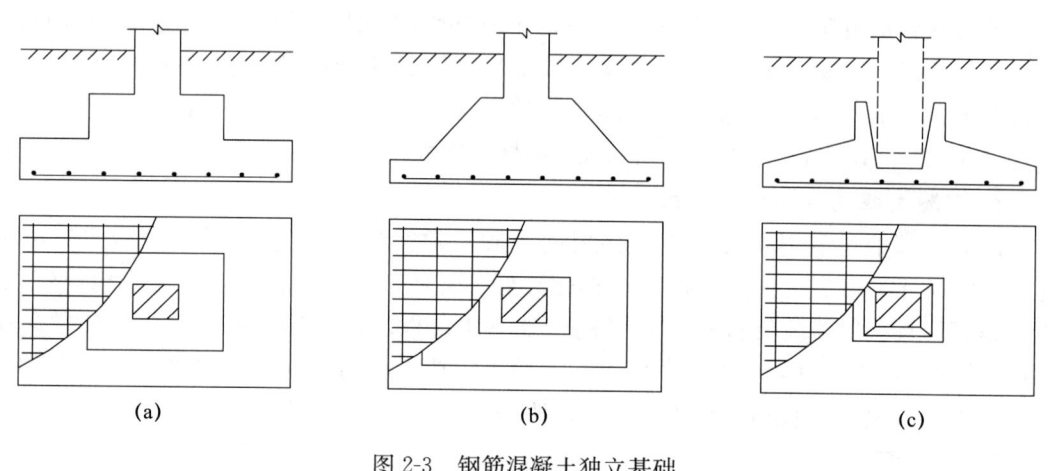

图 2-3 钢筋混凝土独立基础
（a）台阶型；（b）锥台型；（c）杯口型

2. 墙下钢筋混凝土条形基础

墙下钢筋混凝土条形基础是砌体承重结构墙体及挡土墙、涵洞下常用的基础形式，其构造如图2-4所示。如地基不均匀，为了增强基础的整体性和抗剪能力，可以采用有肋的墙基础，如图2-4（b）所示，肋部配置足够的纵向钢筋和箍筋，以承受由不均匀沉降引起的弯曲应力。

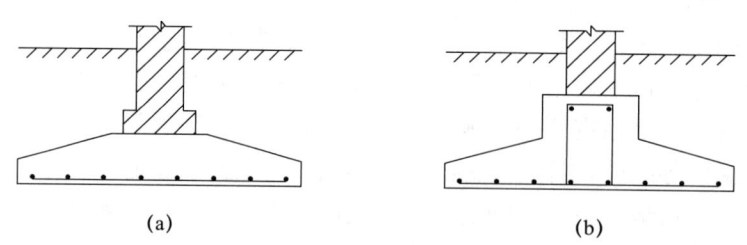

图 2-4 墙下钢筋混凝土条形基础
（a）无肋的；（b）有肋的

3. 墙下钢筋混凝土独立基础

墙下独立基础是在当土层土质松散而在不深处有较好的土层时，为了节省基础材料和减少开挖量而采取的一种基础形式。在单独基础之间放置钢筋混凝土过梁，以承受上部结构传来的荷载，如图2-5所示。

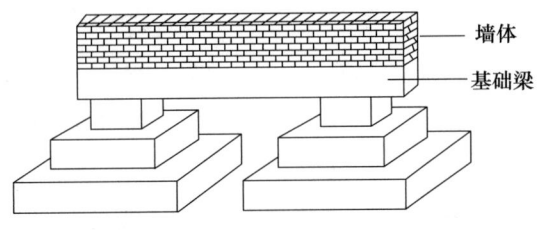

图 2-5　墙下钢筋混凝土独立基础

4. 柱下钢筋混凝土条形基础

当地基承载力较低且柱下钢筋混凝土独立基础的底面积不能承受上部结构荷载的作用时，常把若干柱子的基础连成一条，从而构成柱下条形基础。柱下钢筋混凝土条形基础设置的目的是将承受的集中荷载较均匀地分布到条形基础底面积上，以减小地基反力，并通过形成的基础整体刚度来调整可能产生的不均匀沉降。把一个方向的单列柱基连在一起便成为单向条形基础，其截面形式一般为倒 T 字形，由肋梁和翼板组成，如图 2-6 所示。

5. 十字交叉条形基础

当上述单向条形基础的底面积仍不能承受上部结构荷载的作用时，可把纵横柱的基础均连在一起，形成为十字交叉条形基础，如图 2-7 所示。十字交叉条形基础具有较大的整体刚度，在多层厂房、荷载较大的多层及高层框架结构基础中常被采用。

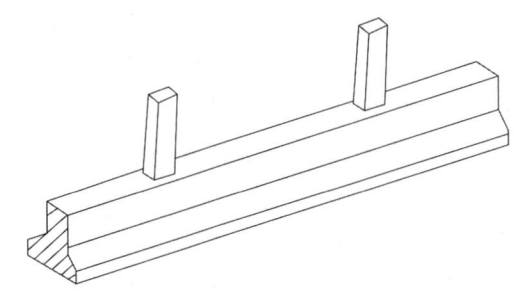

图 2-6　柱下单向条形基础

图 2-7　柱下十字交叉条形基础

6. 筏板基础

当地基承载力低，而上部结构的荷载又较大，以致十字交叉条形基础仍不能提供足够的底面积来满足地基承载力的要求时，可采用钢筋混凝土满堂基础，这种满堂基础称为筏板基础。它类似一块倒置的楼盖。其优点是比十字交叉条形基础有更大的整体刚度（刚度大）常用于地下室的房屋或大型贮液结构，如水池、油库等，筏板基础是一种比较理想的基础结构。

筏板基础有柱下筏板基础和墙下筏板基础。又可分为平板式和梁板式两种类型。平板式筏板基础是一块等厚度（0.5~2.5m）的钢筋混凝土平板［图 2-8（a）］，厚度不小于 200mm，当柱荷载较大时，设墩基以防止筏板被冲剪破坏［图 2-8（b）］。当柱距较大，柱荷载相差也较大时，板内会产生较大的弯矩，宜在板上沿柱轴纵横向设置基础梁，即形成梁板式筏板基础。梁板式基础分为下梁板式［图 2-8（c）］和上梁板式［图 2-8（d）］。梁板式的基础板的厚度虽比平板式小得多，但其刚度较大，能承受更大的弯矩。

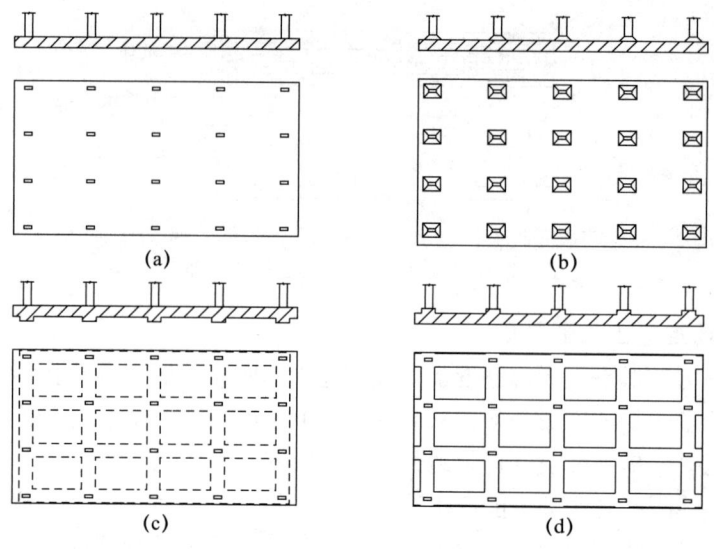

图 2-8 筏板基础
(a) 平板式；(b) 平板式；(c) 下梁板式；(d) 上梁板式

7. 箱形基础

当地基承载力较低，上部结构荷载较大，采用十字交叉基础无法满足承载力要求，又不允许采用桩基时，可采用箱形基础。箱形基础是由钢筋混凝土底板、顶板和纵横墙组成，形似一只刚度较大的箱子。箱形基础具有较大的基础底面、较深的埋置深度和中空的结构形式，使开挖卸去的土补偿了上部结构传来的部分荷载在地基中引起的附加应力，与一般实体基础（扩展基础和柱下条形基础）相比，能显著提高地基稳定性，降低基础沉降量。与筏板基础相比，有更大的抗弯刚度，可视为绝对刚性基础，能调整基底的承压力，常用于高层建筑中。

箱形基础材料消耗量较大，对施工技术要求高，还有深基坑开挖问题。箱形基础通常如图 2-9（a）所示。为了加大底板刚度，可采用"套箱式"箱形基础，如图 2-9（b）所示。

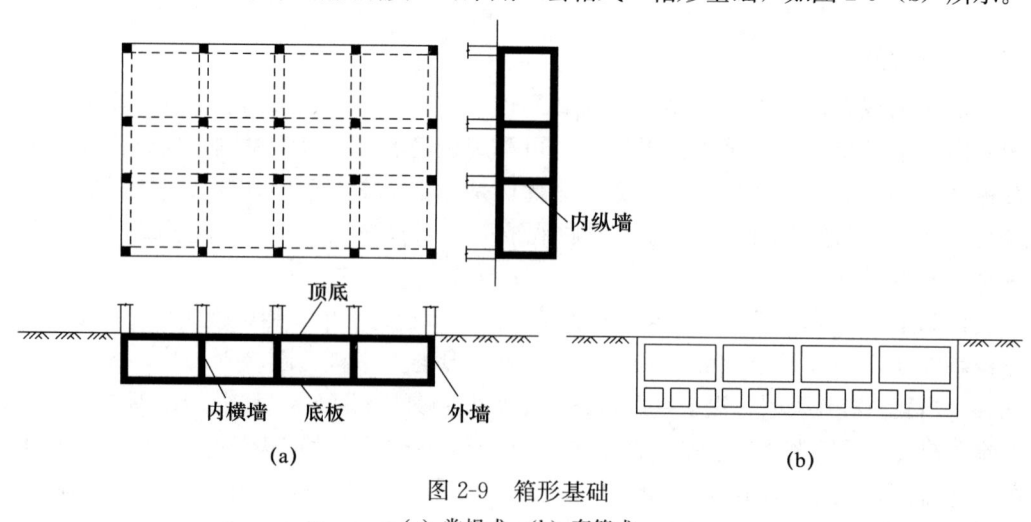

图 2-9 箱形基础
(a) 常规式；(b) 套箱式

2.3 基础埋置深度的选择

2.3.1 基础埋置深度的确定

基础埋置深度一般指基础底面到室外设计地面的距离，简称基础埋深，如图2-10所示。确定基础的埋置深度是地基基础设计中的重要步骤，它涉及建筑物的牢固、稳定及正常使用问题，以及地基基础优劣、施工的难易和造价的高低。为了保证基础的安全，同时减小基础的尺寸，要尽量把基础放在良好的土层上；另外，基础埋置不宜过深，减少施工不便和提高基础的造价。因此，应该根据实际情况选择一个合理的埋置深度。基础埋深的确定原则是：在保证地基稳定和变形要求的前提下，基础应尽量浅埋（当地基表层土的承载力大于下层土时，宜利用表层土作为持力层）。基础埋深应大于因气候变化或树木生长导致地基土胀缩及其他生物活动形成孔洞等可能到达的深度，除岩石地基外，不宜小于0.5m。为了保护基础，一般基础顶面距设计地面的距离宜大于0.1m。影响基础埋深的选择因素可归纳为四个方面，对某一项具体工程来说，基础埋深的选择往往取决于下述其中一两种决定性因素。

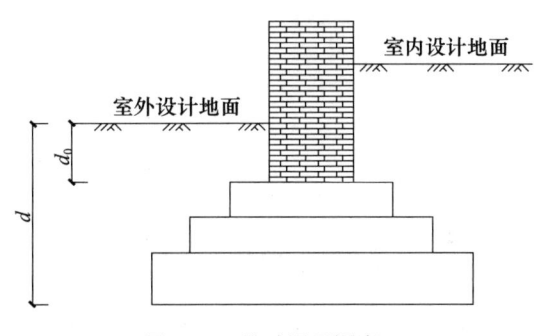

图2-10 基础埋置深度

2.3.2 确定基础埋深应考虑的因素

1. 建筑物本身的情况

建筑物自身特征包括建筑物用途、类型、规模与性质，这些特征对建筑物的基础布置和型式提出了要求，也成为基础埋深选择的先决条件，如必须设置地下室、带有地下设施、属于半埋式结构物等，通常基础埋深首先要考虑满足建筑物使用功能上提出的埋深要求。高层建筑物中常设置电梯，在设置电梯处，自地面向下需有至少1.4m电梯缓冲坑，该处基础埋深需要局部加大。

高层建筑筏基和箱形基础的埋置深度应满足地基承载力、变形和稳定性要求。在抗震设防区，除岩基外，天然地基上的箱形和筏形基础埋置深度不宜小于建筑物高度的1/15；桩箱或桩筏基础的埋置深度（不计桩长）不宜小于建筑物高度的1/20～1/18。位于基岩地基上的高层建筑物基础埋置深度，还要满足抗滑要求。

建筑物荷载的性质和大小影响基础埋置深度的选择，如荷载较大的高层建筑和对不均匀沉降要求严格的建筑物，往往为减小沉降，而把基础埋置在较深的良好土层上，这样，基础埋深相应较大。此外，承受水平荷载较大的基础，应有够大的埋深，以保证地基的稳定性。

在靠近原有建筑物修建新基础时，为了保证在施工期间原有建筑物的安全和正常使用，减小对原有建筑物的影响，新建建筑物的基础埋深不宜大于原有建筑的基础埋深。

否则两基础间应保持一定净距,其数值应根据原有建筑物荷载大小、基础形式、土质情况及结构刚度大小而定,且不宜小于相邻两基础面高差的1~2倍,如图2-11所示。如不满足上述要求时,应采取分段施工,采取设置临时加固支撑、打板桩、地下连续墙等施工措施,或加固原有建筑物地基。

建筑外墙常有上下水、煤气等各种管道,这些管道的标高往往受城市管网的控制,不易更改,这些管道一般不可以设置在基础底面以下,该外墙基础需要局部加深。另外,为满足建筑物各部分的使用要求,基础需有不同的埋深(如地下室和非地下室连接段纵墙的基础)时,应将基础做成台阶形,逐步由浅到深,台阶高度或宽度之比应小于1/2,且每级台阶高度不超过0.5m,如图2-12所示。

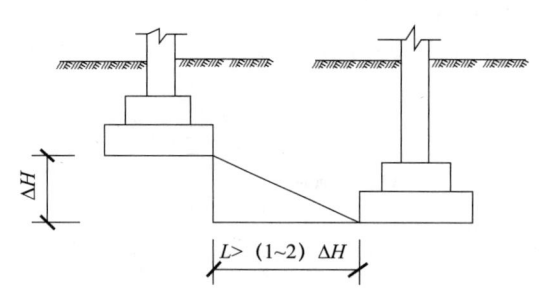

图2-11 相邻基础的埋深

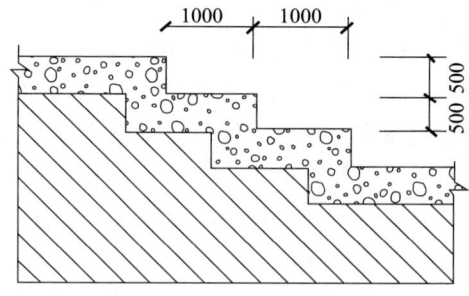

图2-12 阶形过渡基础

位于稳定土坡顶上的建筑,靠近土坡边缘的基础与土坡边缘应具有一定距离。当垂直于坡顶边缘线的基础底面边长大于或等于3m时,其基础底面边缘线至坡顶的水平距离(图2-13)应符合下式要求,但不得小于2.5m。

条形基础

$$a \geq 3.5b - \frac{d}{\tan\beta} \quad (2-1)$$

矩形基础

$$a \geq 2.5b - \frac{d}{\tan\beta} \quad (2-2)$$

当不满足式(2-1)和式(2-2)的要求时,应进行地基稳定性验算。

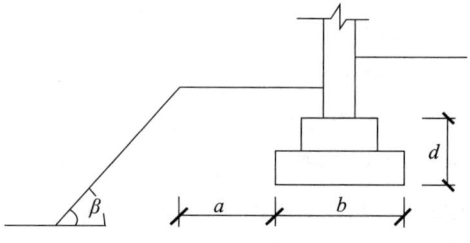

图2-13 基础底面边缘线至坡顶的水平距离

2. 工程地质条件

地质条件是影响基础埋置深度的重要因素之一。为了建筑物的安全,必须根据荷载的大小和性质给基础选择可靠的持力层。通常地基由多层土组成,直接支撑基础的土层称为持力层,其下的各土层称为下卧层。在满足地基稳定和变形要求的前提下,基础应尽量浅埋,利用浅层土作为持力层。当上层土的承载力低于下层土时,若取下层土为持力层,所需基底面积较小而埋深较大;而取上层土为持力层则情况恰好相反。此时,应做方案比较后才能确定基础的埋置深度。若持力层下有软弱土层时,则应验算软弱下卧层的承载力是否满足要求,并尽可能增大基底至软弱下卧层的距离。

对于在基础延伸方向土性不均匀的地基,同一建筑物的基础埋深可不相同,以调整基础的不均匀沉降,各埋深台阶的分段长度不宜小于 1000mm,底面标高差异不宜大于 500mm,如图 2-12 所示。

当基础埋置在易风化的软质岩层上时,施工时应在基坑开挖之后立即铺垫层,以免岩层表面暴露时间过长而被风化。

基础在风化岩层中埋置深度应根据其风化程度、冲刷深度及相应的承载力来确定。如岩层表面倾斜时,应尽可能避免将基础同时置于基岩和土层,以避免基础由于不均匀沉降而发生倾斜甚至断裂。在陡峭山坡上修建桥台时,还应注意岩体的稳定性。

3. **水文地质条件**

选择基础埋深时,应注意地下水埋藏条件和动态,以及地表水的情况。对于天然地基土上的浅基础的设计,首先应尽量考虑将基础置于地下水位以上,以免施工排水等造成的麻烦。当基础必须埋在地下水位以下时,除应考虑基坑的排水、坑壁围护等措施以保护地基土不受扰动外,还要考虑可能出现的其他施工与设计问题,如出现涌土、流砂的可能性,地下水对基础材料的化学腐蚀作用,地下室防渗,轻型结构物由于地下水顶托的上浮托力,地下水上浮托力引起基础底板的内力变化等,并采取相应的措施。

对埋藏有承压含水层的地基,选择基础埋深时必须考虑承压水的作用,以免在开挖基坑时坑底土被承压水冲破,引起突涌现象。因此,必须控制基坑开挖的深度,使承压含水层的顶部静水压力 u 小于该处由坑底土产生的总覆盖压力 σ,一般取 $u/\sigma<0.7$,如图 2-14 所示;当满足该要求时,应采取措施降低承压水头。u、σ 的具体意义:$u=\gamma_w h$,γ_w 为水的重度,h 为承压水头;$\sigma=\sum \gamma_i h_i$,γ_i 分别为各层土的重度,对于水位以下的土取饱和重度;h_i 为各土层的厚度。

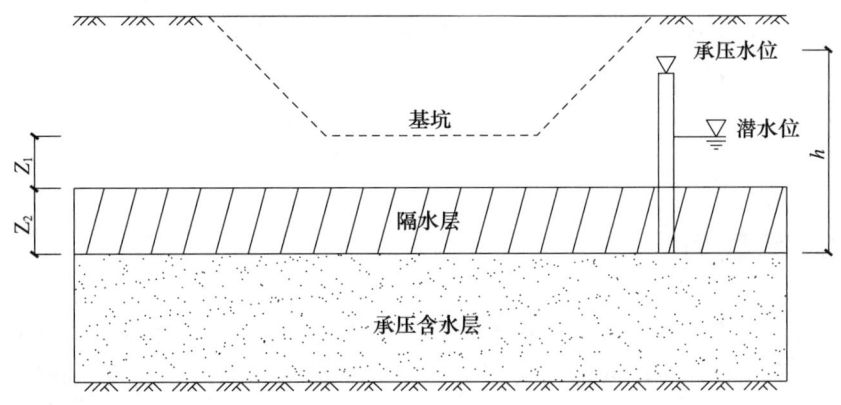

图 2-14 基坑下埋藏有承压含水层的情况

4. **地基冻融条件**

地表下一定深度的地层温度随大气温度而变化。当地基土中的温度处于 0℃ 以下时,其中含有冰的各种土称为冻土。冻土又分为多年冻土和季节性冻土。季节性冻土层是冬季冻结、天暖解冻的土层,在我国北方地区分布广泛。若冻胀产生的上抬力大于基础荷重,基础就有可能被上抬,土层解冻时,土体软化,强度降低,地基产生融陷。地基土的冻胀与融陷通常是不均匀的,因此,容易引起建筑开裂损坏。季节性冻土的冻胀性与融陷性是相互关联的，常以冻胀性加以概括。《建筑地基基础设计规范》（GB 50007—2011）根据冻土层的平均冻胀率的大小，将地基土划分为不冻胀、弱冻胀、冻胀、强冻胀和特强冻胀五类。为避免受冻胀区土层的影响，基础底面宜设置在冻结线以下。当建筑物基础地面土层为不冻胀、弱冻胀、冻胀土时，基础埋置深度可以浅于冻结线，但基础底面下允许留存的冻土厚度应不足以给上部结构造成危害。

当建筑基础底面以下允许有一定厚度的土层时，可用下式计算基础的最小埋深。

$$d_{\min}=z_d-h_{\max} \tag{2-3}$$

式中：$h_{\max}$——基础底面下允许残留冻土层的最大厚度，m；

z_d——设计冻深，m，季节性冻土地区，基础冻深可按式（2-3）、式（2-4）确定：

$$z_d=z_0\psi_{zs}\psi_{zw}\psi_{ze} \tag{2-4}$$

式中：z_0——标准冻深，系用在地面平坦、裸露、城市之外的空旷场地中不少于10年实测最大冻深的平均值；

ψ_{zs}——土的类别对冻结深度的影响系数；

ψ_{zw}——土的冻胀性对冻结深度的影响系数；

ψ_{ze}——环境对冻结深度的影响系数。

式（2-3）和式（2-4）中的z_0、ψ_{zs}、ψ_{zw}、ψ_{ze}和$h_{\max}$可按《建筑地基基础设计规范》（GB 50007—2011）中的规定取值。对于冻胀性地基上的建筑物，此规范还指明了所宜采取的防冻害措施。

【例题 2-1】某地区标准冻深为1.9m，地基由均质粉砂土组成，是冻胀土，基底平均压力为130kPa，建筑物为民用住宅，矩形基础，尺寸为2m×1m，试确定基础最小埋深。

【解】

查《建筑地基基础设计规范》得：地基为粉砂土，$\psi_{zs}=1.2$；

地基土为冻胀土，$\psi_{zw}=0.9$；场地位于城市，$\psi_{ze}=0.9$。

$$z_d=z_0\,\psi_{zs}\,\psi_{zw}\,\psi_{ze}=1.9\times1.2\times0.9\times0.9=1.85\text{（m）}$$

$$d_{\min}=z_d-h_{\max}=1.85-0.7=1.15\text{（m）}$$

2.4 基础承载力的确定

2.4 地基承载力

地基承载力是指地基土单位面积上承受荷载的能力。为了满足地基强度和稳定性的要求，设计时必须控制基础底面最大压力不得大于某一界限值。按照不同的设计思想，可以从不同的角度控制安全准则的界限位——地基承载力。地基承载力可以按三种不同的设计原则进行，即总安全系数设计原则、容许承载力设计原则和概率极限状态设计原则。不同的设计原则遵循各自的安全规则，按不同的规则和不同的公式进行设计。

将安全系数作为控制设计的标准，在设计表达式中出现极限承载力的设计方法，称为安全系数设计原则，为了与分项安全系数相区别，通常称为总安全系数设计原则，设计表达式为式（2-5）。

$$p=\frac{p_u}{K} \tag{2-5}$$

式中：p——基础底面的压力，kPa；

p_u——地基极限承载力，kPa；

K——总安全系数。

地基极限承载力可由理论公式计算或荷载试验获得。

《建筑地基基础设计规范》（GB 50007—2011）采用概率法确定地基承载力特征值，各级各类建筑物浅基础的地基承载力验算均应满足下列要求：

$$p_k \leqslant f_a \tag{2-6}$$

$$p_{kmax} \leqslant 1.2 f_a \tag{2-7}$$

式中：p_k——相应于作用的标准组合时，基础底面处的平均压力值，kPa；

p_{kmax}——相应于作用的标准组合时，基础底面边缘的最大压力值，kPa；

f_a——修正后的地基承载力特征值，kPa。

容许承载力设计原则是我国最常用的方法之一，也积累了丰富的工程经验。《公路桥涵地基与基础设计规范》（JTG D63—2019）采用容许承载力设计原则。《建筑地基基础设计规范》（GB 50007—2011）虽然采用概率极限状态设计原则确定地基承载力，采用特征值形式，但由于在地基基础设计中有些参数统计困难和统计资料不足，很大程度上还要凭经验确定。地基承载力特征值含义即为在发挥正常使用功能时所允许采用的抗力设计值，因此，地基承载力特征值实质上就是地基容许承载力，其确定方法可归纳为三类：①按土的抗剪强度指标以理论公式计算；②按地基载荷试验或触探试验确定；③按有关规范提供的承载力或经验公式确定。

2.4.1 按土的抗剪强度指标确定

1. 按《地基规范》推荐的理论公式

对于荷载偏心距 $e \leqslant 0.033b$（b 为偏心方向基础边长）时，以浅基础地基的临界荷载为基础理论公式计算地基的承载力特征值。

$$f_a = M_b \gamma b + M_d \gamma_m d + M_c c_k \tag{2-8}$$

式中：f_a——由土的抗剪强度指标确定的地基承载力特征值，kPa；

M_b、M_d、M_c——承载力系数，按表 2-2 查取；

b——基础底面宽度，大于 6m 时按 6m 取值，对于砂土，当 $b<3m$ 时，按 3m 考虑；

c_k——基底下 1 倍短边宽度的深度范围内土的黏聚力标准值，kPa；

γ——基础底面以下土的重度，地下水位以下取值有效重度，kN/m³；

γ_m——基础埋深范围内各层土的加权平均重度，kN/m³。

表 2-2　承载力系数 M_b、M_d、M_c

土的内摩擦角标准值 φ_k/(°)	M_b	M_d	M_c
0	0	1.00	3.14
2	0.03	1.12	3.32
4	0.06	1.25	3.51

续表

土的内摩擦角标准值 φ_k/(°)	M_b	M_d	M_c
6	0.10	1.39	3.71
8	0.14	1.55	3.93
10	0.18	1.73	4.17
12	0.23	1.94	4.42
14	0.29	2.17	4.69
16	0.36	2.43	5.00
18	0.43	2.72	5.31
20	0.51	3.06	5.66
22	0.61	3.44	6.04
24	0.80	3.87	6.45
26	1.10	4.37	6.90
28	1.40	4.93	7.40
30	1.90	5.59	7.95
32	2.60	6.35	8.55
34	3.40	7.21	9.22
36	4.20	8.25	9.97
38	5.00	9.44	10.80
40	5.80	10.84	11.73

注：φ_k 为基底下1倍短边宽度的深度范围内土的内摩擦角标准值（°）。

2. 魏锡克公式

国外曾有很多学者致力于极限载力的研究工作，取得了很多有价值的成果，例如汉森（B. Hanson）、魏锡克（Vesic）、太沙基（K. Terzaghi）、斯肯普顿（Skempton）等。其计算公式有解析解，或半经验公式。德国规范利用太沙基公式、魏锡克公式、汉森公式引入极限状态表达式，如采用安全系数法，则用极限承载力除以安全系数，安全系数计算式为：

$$K=\frac{p_u A'}{f_a A} \tag{2-9}$$

式中：A'——与土接触的有效基底面积；

p_u——地基土极限承载力；

f_a——修正后的地基承载力特征值；

A——基底面积。

我国《水运工程地基设计规范》（JTS 147—2017）、《公路桥涵地基与基础设计规范》（JTG D 63—2019）和其他地区性规范已推荐采用汉森承载力公式，它与魏锡克公式的形式完全一致，只是系数的取值有所不同。此类公式比较全面地反映了影响地基承载力的各种因素，在国外应用很广泛。其中，安全系数的取值与建筑物的安全等级、荷载的性质、土的抗剪强度指标的可靠程度以及地基条件等因素有关，对长期承载力一般取 $K=2\sim3$。

【例题 2-2】 某条形基础,受中心荷载作用,宽度 $b=3$m,基础埋深 1.5m,已知该场地土层为黏土,重度 $\gamma=18.5$kN/m³,黏聚力和内摩擦角标准值分别为 $c_k=18$kPa,$\varphi_k=18$。试按《建筑地基基础设计规范》(GB 50007—2011)计算修正后地基承载力特征值。

【解】

查表 2-2 可得 $M_b=0.43$,$M_d=2.72$,$M_c=5.31$。

代入式(2-8)可得

$$f_a = M_b\gamma b + M_d\gamma_m d + M_c c_k = 0.43 \times 18.5 \times 3 + 2.72 \times 18.5 \times 1.5 + 5.31 \times 18 = 194.9 \text{ (kPa)}$$

2.4.2 按地基荷载试验确定

地基土载荷试验是工程地质勘察工作中的一项原位测试。主要包括浅层荷载试验、深层平板荷载试验与螺旋板荷载试验,通过利用荷载试验记录整理而成的 p-s 曲线来确定地基承载力特征值。

对于密实砂土、硬塑黏土等低压缩性土,其 p-s 曲线通常有比较明显的起始直线段和极限值,即呈稳进破坏的"陡降型",如图 2-15(a)所示。考虑到低压缩性土的承载力特征值一般由强度安全控制,可取图中 p_1(比例界限荷载)作为承载力特征值。此时,地基的沉降量很小,能为一般建筑物所允许,强度安全储备也足够,因为从 p_1 发展到破坏还有很长的过程。但是,对于少数呈现"脆弱"破坏的土,从 p_1 发展到破坏(极限荷载)过程较短,从安全角度出发,当 $p_u < 2.0 p_1$ 时,$p_u/2$ 作为地基承载力特征值。

对于松砂、较软的黏性土,其 p-s 曲线无明显转折点,但曲线的斜率随荷载的增大而逐渐增大,最后稳定在某个最大值,即呈渐进性破坏的"缓变型",如图 2-15(b)所示。此时,极限荷载可取曲线斜率开始到达最大值时所对应的荷载。但要取得 p_u 值,必须把荷载试验进行到荷载板有很大的沉降,而实践往往因受加荷设备的限制,或出于对试验安全的考虑,不便使沉降过大,从允许沉降的角度出发来确定承载力。《建筑地基基础设计规范》(GB 50007—2011)总结了许多实测资料,当承压板面积为 0.25~0.5m² 时,可取 $s/b=0.01$~0.015(b 为承压板的宽度)所对应的荷载为承载力特征值,但其值不应大于最大加载量的一半。

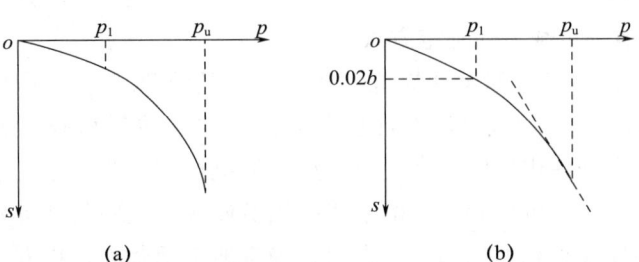

图 2-15 载荷试验成果确定地基承载力特征值
(a)低压缩性土;(b)高压缩性土

对同一土层，试验点数宜选取 3 个以上，且基本值的极差（即最大值减最小值）不超过平均值的 30%，取此平均值作为该土层的地基承载力标准值 f_k。另外，将计算值 f_a 与 $1.1f_k$ 比较，取大值作为地基承载力设计值。

荷载板的尺寸一般比实际基础小，影响深度较小，试验只反映这个范围内土层的承载力。如果荷载板影响深度之下存在软弱下卧层，而该层又处于基础的主要受力层内时，如图 2-16 所示，除非采用大尺寸荷载板做试验，否则意义不大。

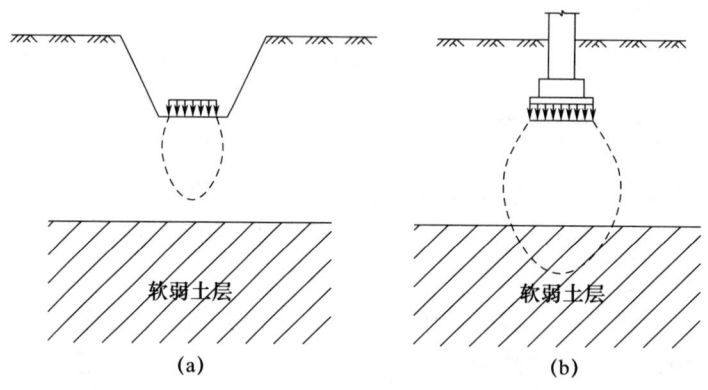

图 2-16 荷载板与基础荷载影响深度比较
(a) 载荷试验；(b) 实际基础

现场荷载试验所测得的结果一般能反映相当于 1～2 倍荷载板宽度的深度以内土体的平均性质，《建筑地基基础设计规范》（GB 50007—2011）列入的深层平板荷载试验，可测得较深下卧层土的力学性质。另外，对于成分或结构很不均匀的土层，无法取得原状土样，荷载试验方法显示出难以代替的作用。荷载试验比较可靠，但该方法费时、耗资相对较大。

2.4.3 按地基规范承载力表确定

有些土的物理、力学指标与地基承载力之间存在良好的相关性。根据大量工程实践经验、原位试验和室内土工试验数据，以确定地基承载力为目的进行了大量的统计分析，我国许多地基规范制订了便于查用的表格，由此可查得地基承载力。主要介绍《建筑地基基础设计规范》（GB 50007—2011）和《公路桥涵地基与基础设计规范》（JTG D63—2019）关于地基承载力的确定方法。

1974 年版《建筑地基基础设计规范》建立了土的物理力学性质与地基承载力之间的关系，1989 年版《建筑地基基础设计规范》仍保留了地基承载力表，并在使用上加以适当限制。承载力表使用方便是其主要优点，但也存在一些问题。承载力表是用大量的试验数据，通过统计分析得到的。由于我国幅员辽阔，土质条件各异，用几张表格很难概括全国的土质地基承载力规律。用查表法确定地基承载力，在大多数地区可能基本适合或偏于保守，但也不排除个别地区可能不安全。此外，随着设计水平的提高和对工程质量要求的趋于严格，变形控制已是地基设计的重要原则。因此，作为国标，如仍沿用承载力表，显然已不再适应当前的要求。现行的《建筑地基基础设计规范》取消了地基承载力表，新的规范规定地基承载力特征值可由载荷试验或其他原位测试、公式计算并结合工程实践经验等方法综合确定。

考虑增加基础宽度和埋置深度，地基承载力也将随之提高，所以，应将地基承载力对不同的基础宽度和埋置深度进行修正，才适合供设计之用。《建筑地基基础设计规范》（GB 50007—2011）规定，当基础宽度大于3m或埋置深度大于0.5m时，从载荷试验或其他原位测试、经验值等方法确定的地基承载力特征值，尚应按式（2-10）进行基础宽度和深度修正。

$$f_a = f_{ak} + \eta_b \gamma (b-3) + \eta_d \gamma_m (d-0.5) \tag{2-10}$$

式中：f_a——修正后的地基承载力特征值；

f_{ak}——由载荷试验或其他原位测试、经验等方法确定的地基承载力特征值，kPa；

η_b、η_d——基础宽度和埋深的地基承载力修正系数，按基底下土类查表2-3；

γ——基础底面以下土的重度，地下水位以下取有效重度，kN/m³；

b——基础底面宽度，当基础底面宽度小于3m时按3m取值，大于6m时按6m取值；

γ_m——基础底面以上土的加权平均重度，地下水位以下土层取有效重度，kN/m³；

d——基础埋置深度，宜自室外地面标高算，m（在填方整平地区，可自填土地面标高算起，但填土在上部结构施工完成时，应从自然地面标高算起。对于地下室，如采用箱形基础或筏基时，基础埋置深度自室外地面标高算起；如果采用独立基础或条形基础时，应从室内地面标高算起）。

表 2-3 承载力修正系数

土的类别		η_b	η_d
淤泥和淤泥质土		0	1.0
人工填土 e 或 I_L 大于等于0.85的黏性土		0	1.0
红黏土	含水比 $a_w > 0.8$	0	1.2
	含水比 $a_w \leq 0.8$	0.15	1.4
大面积压实填土	压实系数大于0.95、黏粒含量 $\rho_c \geq 10\%$ 粉土	0	1.5
	最大干密度大于 2100kg/m³ 的级配砂石	0	2.0
粉土	黏粒含量 $\rho_c \geq 10\%$ 的粉土	0.3	1.5
	黏粒含量 $\rho_c < 10\%$ 的粉土	0.5	2.0
e 或 I_L 均小于0.85的黏性土粉砂、细砂（不包括很湿与饱和时的稍密状态）中砂、粗砂、砾砂和碎石土		0.3 2.0 3.0	1.6 3.0 4.4

注：1. 强风化和全风化的岩石，可参照所风化成的相应土类取值，其他状态下岩石不修正；
2. 地基承载力特征值按《建筑地基基础设计规范》附录D深层平板载荷试验确定时 η_d 取0；
3. 含水比是指土的天然含水量与液限的比值；
4. 大面积压实填土是指填土范围大于2倍基础宽度的填土。

【例题 2-3】 某独立基础，底面尺寸为 $l \times b = 4\text{m} \times 4\text{m}$，基础埋深 2m，已知该场地土层为粉质黏土，孔隙比 $e=0.82$，液性指数 $I_L=0.76$，重度 $\gamma=19.5\text{kN/m}^3$，天然地基承载力特征值 $f_{ak}=140\text{kPa}$，试按《建筑地基基础设计规范》(GB 50007—2011) 计算修正后的地基承载力特征值。

【解】

根据地基土条件查表 2-3 可得 $\eta_b=0.3$，$\eta_d=1.6$。

代入式 (2-10) 可得

$$f_a = f_{ak} + \eta_b \gamma (b-3) + \eta_d \gamma_m (d-0.5)$$
$$= 140 + 0.3 \times 19.5 \times (4-3) + 1.6 \times 19.5 \times (2-0.5) = 192.7 \text{ (kPa)}$$

2.5 基础尺寸的确定

基础底面尺寸设计包括基础形状及基础底面长度和宽度尺寸确定，尺寸确定恰当，可以减少重复设计计算的工作量。设计基础尺寸一般要考虑上部结构形式、荷载大小、初定的基础埋置深度、地基承载力特征值、施工情况及墩台底面形状的尺寸等因素。所设计的基础尺寸，应是在可能的最不利荷载组合条件下，能保证基础本身有足够的结构强度，并能使地基与基础的承载力和稳定性均满足规定要求，并且是经济合理的。根据地基基础设计的承载力极限状态和正常使用极限状态的要求，合适的基础底面尺寸需要满足以下三个条件：

(1) 通过基础底面传至地基持力层上的压力应小于地基承载力的设计值，以满足承载极限状态。

(2) 若持力层下存在软弱下卧层，则下卧层顶面作用的压力应小于下卧层的承载能力，以满足承载力极限状态要求。

(3) 合适的基础底面尺寸应保证地基变形量小于变形容许值，以满足正常使用极限状态要求，且地基基础的整体稳定性得到满足。

2.5.1 按地基持力层的承载力计算基底尺寸

地基基础设计时，要求作用在基础底面上的压力标准值 p_k 小于或等于修正后的地基承载力特征值 f_a，即满足式 (2-6) 和式 (2-7)。

1. 轴心受压基础底面尺寸的确定

当基础轴心受压时 (图 2-17)，作用在基础底面上的平均压应力应小于或等于基础承载力设计值。

$$p_k = \frac{F_k + G_k}{A} \quad (2-11)$$

式中：p_k——相应于作用的标准组合时，基础底面处的平均压力，kPa；

F_k——相应于作用的标准组合时，上部结构传至基础顶面的竖向力，kN；

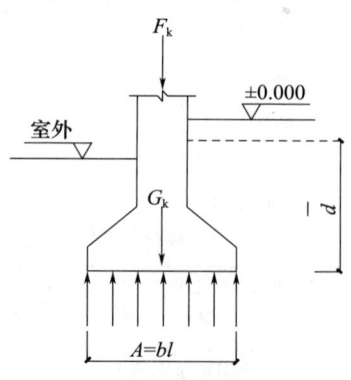

图 2-17 轴心受压荷载

G_k——基础自重和基础上的土重，kN；

A——基础底面面积，m^2。

对于矩形基础：
$$A=lb \geqslant \frac{F_k}{f_a-\gamma_G d} \tag{2-12}$$

式中：γ_G——基础及其回填土的平均重度，可取 $20kN/m^3$，当有地下水时，取为有效重度 $10kN/m^3$。

一般来说，对于柱下独立矩形基础，基础底面长、短边的比值 n（$n=l/b$，l 表示长边，b 表示短边）一般取 $1.5\sim2.0$。基础底面宽度可表示为 $b=\sqrt{nA}=\sqrt{\frac{nF_k}{f_a-\gamma_G}}$，基础底面长度可表示为 $l=b/n$。

对墙下条形基础，通常沿墙长度方向取 1m 进行计算，此时可得基础宽度为：
$$b \geqslant \frac{F_k}{f_a-\gamma_G d} \tag{2-13}$$

2. 偏心受压基础底面尺寸的确定

在工程实践中，框架桩和排架柱基础通常是典型的偏心受压基础，基底压力呈梯形分布，如图 2-18 所示。当呈梯形分布时，基础底面边缘的最大、最小压力值分别为：

$$p_{kmax}=\frac{F_k+G_k}{A}+\frac{M_{yk}}{W_y} \tag{2-14}$$

$$p_{kmin}=\frac{F_k+G_k}{A}-\frac{M_{yk}}{W_y} \tag{2-15}$$

式中：W_y——基础底面抵抗矩；

M_{yk}——相应于作用的标准组合时，作用于基础底面的力矩值，如图 2-18 中的受力情况，$M_{yk}=M_k+Q_k d$。

当基础底面形状为矩形且偏心矩 $e=\frac{M_k}{F_k+G_k} \geqslant l/6$（图 2-19）时，$p_{kmax}$ 应按下式计算：

$$p_{kmax}=\frac{2(F_k+G_k)}{3ba} \tag{2-16}$$

式中：b——垂直于力矩作用方向的基础底面边长，m；

a——合力作用点至基础底面最大压力边缘的距离，m。

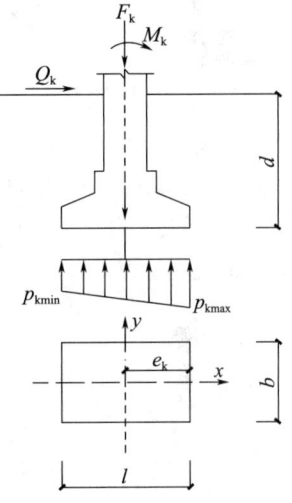

图 2-18 偏心荷载作用下的基础

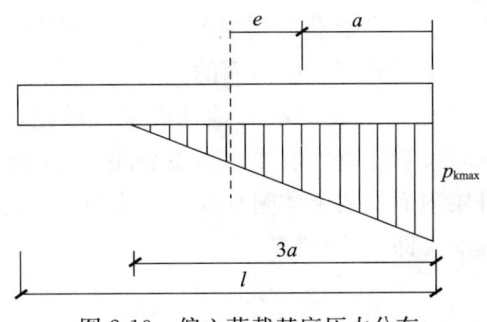

图 2-19 偏心荷载基底压力分布

在偏心荷载作用下，基础底面面积通常采用试算的方法确定，其具体步骤如下：

(1) 假定基础底宽 $b \leqslant 3$m 进行承载力修正，初步确定承载力特征值 f_a。

(2) 选按轴心受压估算底面积 A_0，然后考虑偏心影响将 A_0 扩大 10%～40%，即

$$A = (1.1 \sim 1.4) A_0 = (1.1 \sim 1.4) \frac{F_k}{f_a - \gamma_G d} \tag{2-17}$$

(3) 承载力验算：对于矩形基础，基底长、短边之比取 $l/b = 1.5 \sim 2.0$，初步确定基底的边长尺寸，并计算基底边缘的最大和最小压力，要求最大压力满足 $p_{kmax} \leqslant 1.2 f_a$，同时基底的平均压力满足 $\bar{p} = \frac{p_{kmax} + p_{kmin}}{2} \leqslant f_a$。如不满足地基承载力要求，需要重新调整基底尺寸，直至符合要求。

必须指出，基底压力 p_{kmax} 和 p_{kmin} 相差过大则易使基础倾斜，为了减少因地基应力不均匀引起过大的不均匀沉降，p_{kmax} 和 p_{kmin} 相差不宜悬殊。一般认为，在中、高压缩性土上的基础，或有吊车的厂房柱基础，偏心距 e 不宜大于 $l/6$；对于低压缩性地基土上的基础，当考虑短暂作用的偏心荷载时偏心距 e 应控制在 $l/4$ 以内。当上述条件不能满足时，则应调整基础尺寸，使基底形心与荷载重心尽量重合，做成非对称基础。

【例题 2-4】某独立基础（图 2-20）底面尺寸为 2.5m×2.0m，埋深 2.0m，$F = 700$kN，$\gamma_G = 20$kN/m³，$M = 260$kN·m，$H = 190$kN，求基底最大压力。

【解】

(1) 基础及其上土重
$G_k = \gamma_G bld = 20 \times 2 \times 2.5 \times 2 = 200$（kN）

(2) 基础底面的力矩
$M_k = 260 + 190 \times 1 = 450$（kN·m）

(3) 偏心矩
$e = \frac{M_k}{F_k + G_k} = \frac{450}{700 + 200} = 0.5 > \frac{l}{6} = 0.42$（大偏心）

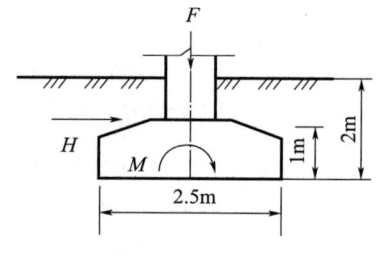

图 2-20 基础尺寸图

(4) 最大压力

$$p_{k,max} = \frac{2(F_k + G_k)}{3ba} = \frac{2 \times (700 + 200)}{3 \times 2 \times \left(\frac{2.5}{2} - 0.5\right)} = 400 \text{（kPa）（大偏心）}$$

2.5.2 地基软弱下卧层验算

2.5.2 地基软弱下卧层验算

在地基的持力层以下，若存在承载力明显低于持力层的土层时，称为软弱下卧层。若软弱下卧层埋藏不够深，扩散到下卧层顶面的应力大于下卧层的承载力时，地基仍然有失效的可能，如图 2-19 所示。如我国沿海地区表层土较硬，在其下有很厚一层较软的淤泥、淤泥质土层，此时仅满足持力层要求是不够的，还需要验算软弱下卧层的承载力，要求传递到软弱下卧层顶面处的土体附加应力与自重应力之和不超过软弱下卧层以深度修正后的承载力特征值。即

$$p_z + p_{cz} \leqslant f_{az} \tag{2-18}$$

式中：p_z——相应于作用的标准组合时，软弱下卧层顶面处的附加应力值，kPa；

p_{cz}——软弱下卧层顶面处土的自重压力值,kPa;
f_{az}——软弱下卧层顶面处经深度修正后的地基承载力特征值,kPa。

根据弹性半空间体理论,下卧层顶面土体的附加应力,在基础底面中轴线处最大,向四周扩散呈非线性分布,如果考虑上下层土的性质不同,应力分布规律就更为复杂。《建筑地基基础设计规范》通过试验研究并参照双层地基中附加应力分布的理论解答提出了简化方法:当持力层与下卧软弱土层的压缩模量比值 $E_{s1}/E_{s2} \geqslant 3$ 时,对矩形和条形基础,式(2-18)中 p_z 可按压力扩散角的概念计算。假设基底处的附加压力($p_0=p_k-p_c$)在持力层内往下传递时按某一角度 θ(图 2-21)向外扩散,且均匀分布于较大的面积上,根据扩散前作用于基底平面处附加压力合力与扩散后作用于下卧层顶面处附加压力合力相等的条件,得到 p_z 的表达式为

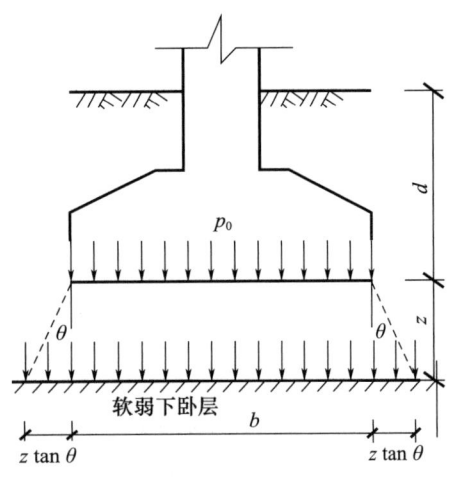

图 2-21 软弱下卧层顶面附加应力计算

对于矩形基础

$$p_z = \frac{(p_k-p_c)lb}{(l+2z\tan\theta)(b+2z\tan\theta)} \tag{2-19}$$

对于条形基础

$$p_z = \frac{(p_k-p_c)b}{b+2z\tan\theta} \tag{2-20}$$

式中:l、b——基础的长度和宽度,m;
p_c——基础底面处土的自重应力,kPa;
z——基础底面到软弱下卧层顶面的距离,m;
θ——压力扩散角,可按表 2-4 查取。

表 2-4 地基压力扩散角 θ

E_{s1}/E_{s2}	z/b	
	0.25	0.50
3	6°	23°
5	10°	25°
10	20°	30°

注:1. E_{s1} 为上层土压缩模量,E_{s2} 为下层土压缩模量。
2. $z/b<0.25$ 时取 $\theta=0°$,必要时,宜由试验确定;$z/b>0.50$ 时,θ 值不变。
3. z/b 在 0.25 与 0.50 之间插值使用。

按双层地基中应力分布的概念,当上层土较硬、下层土软弱时,应力分布将更向四周扩散,也就是说持力层与下卧层的压缩模量比 E_{s1}/E_{s2} 越大,应力扩散越快,故 θ 值越大。另外,按均质弹性体应力扩散的现象,荷载的扩散程度,随深度的增加而增加,表 2-4 中压力扩散角 θ 的大小就是根据这种规律确定的。

【例题 2-5】 某地基土层，上层土为黏性土，厚度 2.5m，重度 $\gamma_1=18\text{ kN/m}^3$，$E_{s1}=9\text{MPa}$；下层土为淤质土，$E_{s2}=1.8\text{MPa}$。现修建一建筑物的条形基础，基础顶面轴心荷载标准组合值 $F=300\text{kN/m}$，基础埋深 0.5m，底宽 2m，软弱下卧层地基承载力特征值 $f_{az}=90\text{kPa}$。试验算该基础软弱下卧层。

【解】

$$p_k = \frac{F}{b} + 20d = \frac{300}{2} + 20 \times 0.5 = 160 \text{ (kPa)} < f_a = 165 \text{ (kPa)}$$

$p_k - p_c = 160 - 18 \times 0.5 = 151$ (kPa)

$E_{s1}/E_{s2} = 9/1.8 = 5$

$z/b = 2/2 = 1 > 0.5$

查表 2-4 得，$\theta = 25°$

$$P_z = \frac{b(p_k - p_c)}{b + 2z\tan\theta} = \frac{2 \times 151}{2 + 2 \times 2 \times \tan 25°} = 78.1 \text{ (kPa)}$$

$P_{cz} = \gamma_0(d+z) = 18 \times (0.5+2) = 45$ (kPa)

$P_z + P_{cz} = 78.1 + 45 = 123.1$ (kPa) $< f_{az} = 90$ (kPa)

该基础软弱下卧层验算满足。

2.5.3 地基变形计算

2.5.3 地基变形计算

按地基承载力选定了适当的基础底面尺寸，一般可保证建筑物在防止剪切破坏方面具有足够的安全度。但是，在荷载作用下，地基土总要产生压缩变形，使建筑物产生沉降。由于不同建筑物的结构类型、整体刚度、使用要求的差异，对地基变形的敏感程度、危害、变形要求也不同。因此，对于各类建筑结构，如何控制对其不利的沉降形式——"地基变形特征"，使之不会影响建筑物的正常使用甚至破坏，也是地基基础设计必须予以充分考虑的一个基本问题。

1. 地基变形特征

地基变形特征一般分为建筑物的沉降量、沉降差、倾斜和局部倾斜。

（1）沉降量。指基础某点的沉降值，如图 2-22（a）所示。对于单层排架结构，在低压缩性地基上一般不会因沉降而损坏，但在中、高压缩性地基上，应该限制柱基沉降量，尤其是要限制多跨排架中受荷载较大的中排柱基的沉降量不宜过大，以免支承于其上的相邻屋架发生对倾而使端部相碰。

（2）沉降差。一般指相邻柱基中点的沉降量之差，如图 2-22（b）所示。框架结构主要因柱基的不均匀沉降而使结构受剪扭曲而损坏，也称为敏感性结构。通常认为填充墙框架结构的相邻柱基沉降差按不超过 $0.002l$ 设计时，是安全的。

（3）倾斜。指基础倾斜方向两端点的沉降差与其距离的比值，如图 2-22（c）所示。对于高耸结构以及长高比很小的高层建筑，其地基变形的主要特征是建筑物的整体倾斜。高耸结构的重心较高，基础倾斜使重心侧向移动引起的偏心力矩荷载，不仅使基底边缘压力增加而影响倾覆稳定性，还会引起高烟囱等筒体结构的附加弯矩。因此，高耸结构基础的倾斜允许值随结构高度的增加而递减。一般地，地基土层的不均匀分布以及邻近建筑物的影响是高耸结构产生倾斜的重要原因；如果地基的压缩性比较均匀，且无邻近荷载的影响，对高耸结构，只要基础中心沉降量不超过允许值（表2-5），可不做倾斜验算。高层建筑横向整体倾斜容许值主要取决于其对人们视觉的影响，高大的刚性建筑物倾斜值达到明显可见的程度时大致为1/250（0.004），而结构损坏大致当倾斜值达到1/150时才开始。

（4）局部倾斜。指砌体承重结构沿纵向6～10m基础两点的沉降差与其距离的比值，如图2-22（d）所示。一般砌体承重结构房屋的长高比不太大，因地基沉降所引起的损坏，最常见的是房屋外纵墙内于相对挠曲引起的拉应变形成的裂缝，有裂缝呈现正"八"字形的墙体正向挠曲（下凹）和呈倒"八"字形的反向挠曲（凸起）。但是，墙体的相对挠曲不易计算，一般以沿纵墙一定距离范围（6～10m）基础两点的沉降量计算局部倾斜，作为砌体承重墙结构的主要变形特征。

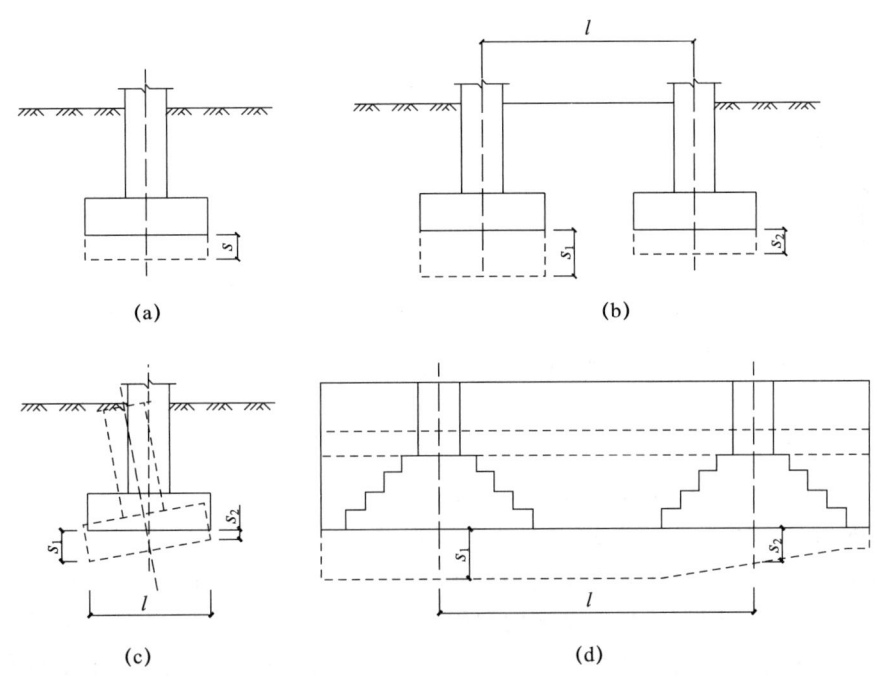

图2-22 地基变形特征
(a) 沉降量 s；(b) 沉降差 s_1-s_2；(c) 倾斜 $(s_1-s_2)/l$；(d) 局部倾斜 $(s_1-s_2)/l$

表2-5 建筑物的地基变形允许值

变形特征	地基土类别	
	中、低压缩性土	高压缩性土
砌体承重结构基础的局部倾斜/mm	0.002	0.003
工业与民用建筑相邻柱基的沉降差 　框架结构 　砌体墙充填的边排柱 　当基础不均匀沉降时不产生附加应力的结构	 0.002l 0.007l 0.005l	 0.003l 0.001l 0.005l
单层排架结构（柱距为6m）柱基的沉降量/mm	(120)	200

续表

变形特征	地基土类别	
	中、低压缩性土	高压缩性土
桥式吊车轨面的倾斜（按不调轨道考虑）	纵向 横向	0.004 0.003
多层和高层建筑物的整体倾斜/mm	$H_g \leqslant 24$ $24 < H_g \leqslant 60$ $60 < H_g \leqslant 100$ $H_g > 100$	0.004 0.003 0.0025 0.002
体型简单的高层建筑基础的平均沉降量/mm	200	
高耸结构基础的倾斜/mm	$H_g \leqslant 20$ $20 < H_g \leqslant 50$ $50 < H_g \leqslant 100$ $100 < H_g \leqslant 150$ $150 < H_g \leqslant 200$ $200 < H_g \leqslant 250$	0.008 0.006 0.005 0.004 0.003 0.002
高耸结构基础的沉降量/mm	$H_g \leqslant 100$ $100 < H_g \leqslant 200$ $200 < H_g \leqslant 250$	400 300 200

注：有括号者仅适用于中压缩性土；l 为相邻柱基中心距离，m；H_g 为自室外地面算起的建筑物的高度，m。

2. 地基变形验算

《建筑地基基础设计规范》（GB 50007—2011，以下简称《地基规范》）按不同建筑物的地基变形特征，要求建筑物的地基变形计算值不应大于地基变形允许值，即

$$s \leqslant [s] \tag{2-21}$$

式中：s——地基变形计算值；

$[s]$——地基变形允许值，查表 2-5 得到。

地基变形允许值 $[s]$ 的确定涉及的因素很多，它与对地基不均匀沉降反应的敏感性、结构强度储备、建筑物的具体使用要求等条件有关，很难全面、准确地确定。《地基规范》综合分析了国内外各类建筑物的相关资料，提出了表 2-5 供设计时采用。对表中未包括的其他建筑物的地基变形允许值，可根据上部结构对地基变形的适应能力和使用要求确定。进行地基变形验算，必须具备比较详细的勘察资料和土工试验成果。这对于建筑安全等级不高的大量中、小型工程来说，往往不易得到，而且也没有必要。为此，《地基规范》在确定各类土的地基承载力时，已经考虑了一般中、小型建筑物在地质条件比较简单的情况下对地基变形的要求。所以，对满足表 2-5 要求的丙级建筑物，在按承载力确定基础底面尺寸之后，可不进行地基变形验算。

凡属以下情况之一者，在按地基承载力确定基础底面尺寸后，仍应做地基变形验算：

（1）地基基础设计等级为甲、乙级的建筑物；

（2）表 2-6 所列范围以内有下列情况之一的丙级建筑物：

① 地基承载力特征值小于 130kPa，且体型复杂的建筑；

② 在基础上及其附近有地面堆载或相邻基础荷载差异较大，可能引起地基产生过大的不均匀沉降时；

③ 软弱地基上的相邻建筑存在偏心荷载时；
④ 相邻建筑距离过近，可能发生倾斜时；
⑤ 地基土内有厚度较大或厚薄不均的填土，其自重固结尚未完成时。

表 2-6 可不做地基变形计算的丙级建筑物

地基主要受力情况	地基承载力特征值 f_{ak}/kPa		$80 \leqslant f_{ak}$ <100	$100 \leqslant f_{ak}$ <130	$130 \leqslant f_{ak}$ <160	$160 \leqslant f_{ak}$ <200
	各土层坡度/%		≤5	≤10	≤10	≤10
建筑类型	砌体承重结构、框架结构（层数）		≤5	≤5	≤6	≤6
	单层排架结构（6m柱距）	单跨 吊车额定起重量/t	10～15	10～20	20～30	30～50
		多跨 厂房跨度/m	≤18	≤24	≤30	≤30
	烟囱	高度/m	≤40	≤50	≤75	≤100
	水塔	高度/m	≤20	≤30	≤30	≤30
		容积/m³	50～100	100～200	200～300	300～500	500～1000

注：1. 地基主要受力层指条形基础底面深度为 3b（b 为基础底面宽度），独立基础下为 1.5b，且厚度均不小于 5m 范围（二层以下一般的民用建筑除外）。
2. 地基主要受力层中如有承载力特征值小于 130kPa 的土层，表中砌体承重结构的设计应符合《地基规范》的有关要求。
3. 表中砌体承重结构和框架结构均指民用建筑，对于工业建筑，可按厂房高度、荷载情况折合成与其相当的民用建筑层数。
4. 表中吊车额定起重量、烟囱和水塔容积的数值是指最大值。

地基特征变形验算结果如果不满足式（2-21）的条件，可以先通过适当调整基础底面尺寸或埋深，如仍不满足要求，再考虑从建筑、结构、施工等方面采取有效措施，以防止不均匀沉降对建筑物的损害，或改用其他地基基础设计方案。

2.6 无筋扩展基础

根据前面所述的基础类型与基础埋置深度的选择、持力层承载力和基底尺寸的确定，以及必要的软弱下卧层验算和地基变形验算通过后，就可以按地基承载力和作用在基础上的荷载，计算基础高度和各部位的剖面构造尺寸，完成基础设计。

刚性基础由于抗拉强度和抗剪强度较低，因此，必须控制基础内的拉应力和剪应力。工程上通常采用较大的截面尺寸（即限制台阶宽高比）来保证基础的抗拉和抗剪，而无需再进行内力分析和截面强度计算。

2.6.1 基础的高宽比

根据《建筑地基基础设计规范》（GB 50007—2011）规定，无筋扩展基础的高度应满足下式要求（图 2-23），即

$$H_0 \geqslant \frac{b-b_0}{2\tan\alpha} \tag{2-22}$$

式中：b——基础底面宽度，m；

b_0——基础顶面的墙体宽度和柱脚宽度，m；

H_0——基础高度，m；

$\tan\alpha$——基础台阶宽高比 b_2/H_0，其允许值可按表 2-1 取值。

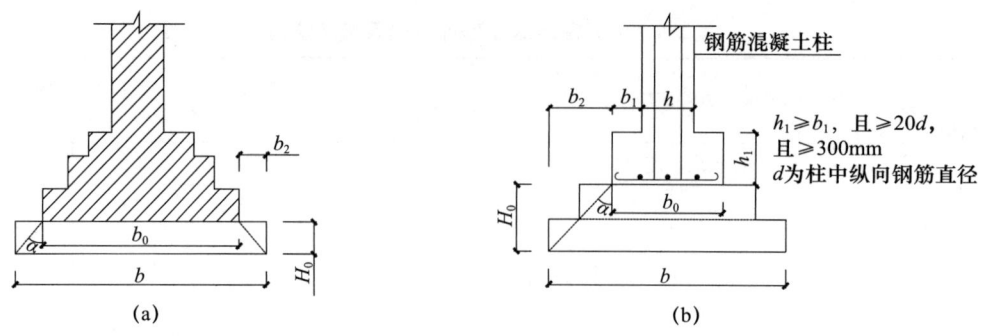

图 2-23 无筋扩展基础宽度比示意
(a) 砖与灰土基础；(b) 带柱脚的混凝土基础

但对混凝土基础，当基础底面平均压力超过 300kPa 时，应按下式验算沿墙（柱）边缘或台阶变化处的受剪承载力。

$$V_s \leqslant 0.366 f_t A \tag{2-23}$$

式中：V_s——相应于作用的基本组合时的地基土平均净反力产生沿墙（柱）边缘或台阶变化处单位长度的剪力设计值，kN/m；

f_t——混凝土的轴心抗拉强度设计值，kN/m²；

A——沿墙（柱）边缘或变阶处混凝土基础单位长度面积。

2.6.2 基础的形状、材料及构造要求

为方便施工，无筋扩展基础断面形状通常做成台阶状（或锥状），有时也做成梯形断面。材料多为一种，也可由两种叠加而成。

对采用无筋扩展基础的钢筋混凝土柱，其柱脚高度 h_1 不得小于 b_1［图 2-23（b）］，并不应小于 300mm 且不小于 $2d$（d 为柱中的纵向受力钢筋的最小直径）。当纵向钢筋在柱脚内的竖向锚固长度不满足锚固要求时，可沿水平方向弯折，弯折后的水平锚固长度不应小于 $10d$ 也不应大于 $20d$。

砖基础是工程中最常见的一种无筋扩展基础，各部分的尺寸应符合砖的尺寸模数。砖基础两种砌筑方式（图 2-24）见基础类型所述。两种砌法都能符合式（2-22）的台阶宽高比要求。

为了保证砖基础的砌筑质量，并能起到平整和保护基坑作用，砖基础施工时，常常在砖基础底面以下先做垫层。垫层材料可选用灰土、二合土和混凝土。垫层每边伸出基础底面 50～100mm，厚度一般为 100mm。设计时，这样的薄垫层一般作为构造垫层，不作为基础结构部分考虑。因此，垫层的宽度和高度都不计入基础的底部 b 和埋深 d 之内。

有时，无筋扩展基础是由两种材料叠合组合，如上层用砖砌体，下层用混凝土。下层混凝土的高度如果在 200mm 以上，且符合表 2-1 的要求，则混凝土层可作为基础结

构部分考虑。

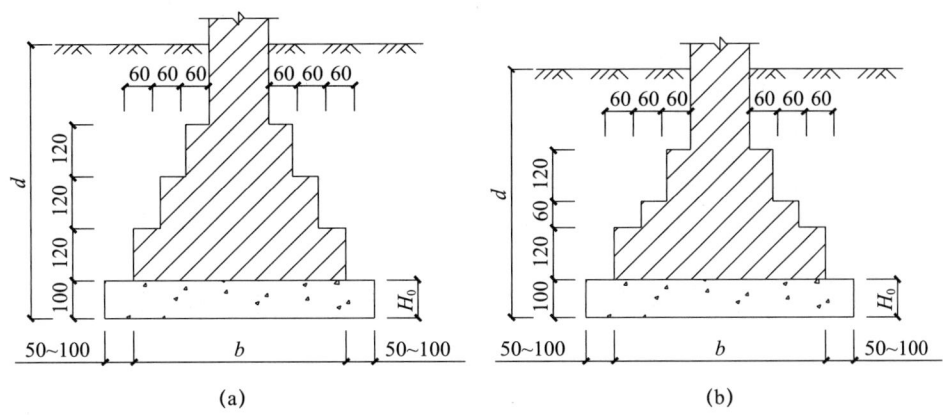

图 2-24 砖基础剖面图
(a)"二皮一收"砌法；(b)"二一间隔收"砌法

2.6.3 抗压强度验算

设计刚性基础断面时，各部位尺寸确定后，为使刚性基础在荷载作用下基础材料本身不发生受压破坏，还必须验算基础材料本身的抗压强度。验算部位包括墙与基础接触面以及叠合基础不同材料接触面。

2.6.4 无筋扩展基础设计步骤

(1) 确定基底面积。
(2) 选择无筋扩展基础类型。
(3) 按宽高比决定台阶高度与宽度：从基底开始向上逐步收小尺寸，使基础顶面低于室外地面至少 0.1m，否则应修改尺寸或基底埋深。
(4) 基础材料强度小于柱的材料强度时，应验算基础顶面的局部抗压强度，如不满足，应扩大柱脚的底面面积。
(5) 为了节省材料，刚性基础通常做成台阶形。基础底部常做成一个垫层，垫层材料一般为灰土、三合土或素混凝土，厚度大于或等于 100mm。薄垫层不作为基础考虑，对于厚度为 150～250mm 的垫层，可以看成基础的一部分。

【例题 2-6】某住宅楼高 18m。地基土为粉土，黏粒含量大于 10%，重度 18.5 kN/m³，地基承载力特征值为 $f_{ak}=250$kPa。上部结构传至基础上的荷载为 $F=200$kN/m。室内地坪±0.00m 高于室外地面 0.45m，基底高程为 −1.6m，墙宽 360mm。设计该刚性条形基础。

【解】
(1) 基础埋深
由室外地面高程算起 $d=1.60-0.45=1.15$ (m)
(2) 地基承载力深度修正
查表得承载力修正系数 $\eta_b=0.3$，$\eta_d=1.5$
$$f_a=f_{ak}+\eta_d\gamma_m(d-0.5)=250+1.5\times18.5\times(1.15-0.5)=268 \text{ (kPa)}$$

(3) 计算条形基础宽度

$$b \geqslant \frac{F}{f_a - \gamma_G d} = \frac{200}{268 - 20 \times 1.15} = 0.82 \text{ (m)}$$

取基础宽度 $b = 1.0$m。

(4) 基础材料设计

基础底部采用 C15 的素混凝土，高度为 $H_0 = 300$mm；

其上用砖，质量要求不低于 MU10，高度 360mm，3 级台阶，每级台阶高度为 120mm，宽度为 80mm。

(5) 基础刚性角验算

砖基础验算：

采用 M5 砂浆，基础台阶宽高比允许值为 1 : 1.5。

设计底部砖基础底部宽度 $b_0 = b'_0 + 2 \times 4 \times 60 = 840$ (mm)

根据刚性角允许底宽

$b'_0 + 2H_0 \tan\alpha = 360 + 2 \times 360 \times 1/1.5 = 840$ (mm) $= b_0$，满足要求。

混凝土基础验算：

根据基底压力 $p = (F+G)/b = (200 + 20 \times 1.15b)/b = 223$ (kPa)

则：基础台阶的允许宽高比为 1 : 1.25，

基础允许底宽为

$b_0 + 2H_0 \tan\alpha = 840 + 2 \times 300 \times 1/1.25 = 1320$ (mm) $> b = 1000$ (mm)

故，设计基础宽度安全。

2.7 钢筋混凝土扩展基础

2.7 钢筋混凝土扩展基础

钢筋混凝土扩展基础是指柱下钢筋混凝土独立基础和墙下钢筋混凝土条形基础。

2.7.1 构造要求

1. 一般要求

(1) 基础边缘高度。锥形基础的边缘高度不宜小于 200mm，且两个方向的坡度不宜大于 1 : 3 [图 2-25 (a)]；阶梯形基础的每阶高度，宜为 300~500mm [图 2-25 (b)]。

(2) 基底垫层。通常在基底下浇筑一层素混凝土垫层。垫层的厚度不宜小于 70mm，一般为 100 mm，垫层混凝土强度等级不宜低于 C10。

(3) 钢筋。扩展基础受力钢筋最小配筋率不应小于 0.15%，底板受力钢筋的最小直径不宜小于 10mm，间距不宜大于 200mm，也不宜小于 100mm。墙下钢筋混凝土条形基础纵向分布钢筋的直径不宜小于 8mm；间距不宜大于 300mm；每延米分布钢筋的面积应不小于受力钢筋面积的 15%。当柱下钢筋混凝土独立基础的边长和墙下钢筋混凝土条形基础的宽度大于或等于 2.5m 时，底板受力钢筋的长度可取边长或宽度的 0.9 倍，并宜交错布置 [图 2-25 (c)]。当有垫层时钢筋保护层的厚度不应小于 40mm；无垫层时不应小于 70mm。

(4) 混凝土。混凝土强度等级不应低于 C20。

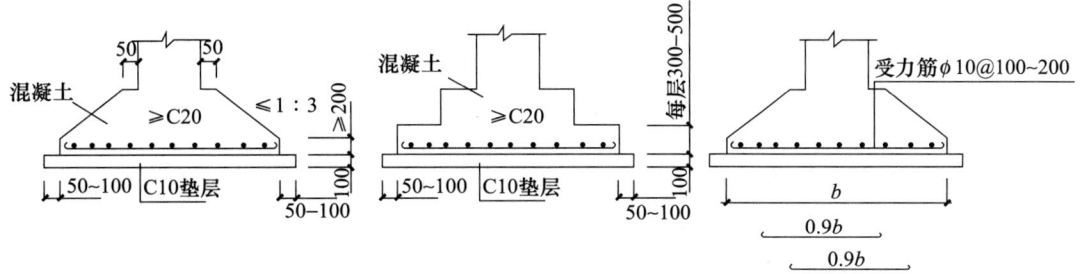

图 2-25 扩展基础构造的一般要求（单位：mm）
(a) 锥形基础；(b) 阶梯形基础；(c) 钢筋配置

2. 现浇柱下独立基础的构造要求

锥形基础和梯形基础构造所要求的剖面尺寸在满足"一般要求"时，可按图 2-26 的要求设计。

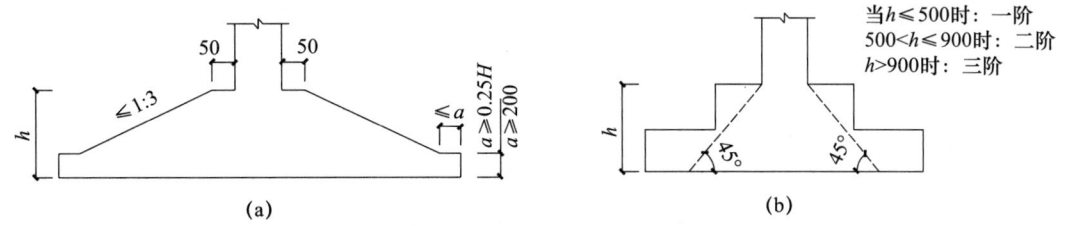

图 2-26 现浇钢筋混凝土柱基础剖面尺寸
(a) 锥形基础；(b) 阶梯形基础

现浇柱基础中应伸出插筋，插筋在柱内的纵向钢筋连接宜优先采用焊接或机械连接的接头，插筋在基础内应符合下列要求：

（1）插筋的数量、直径，以及钢筋种类应与柱内的纵向受力钢筋相同。

（2）插筋锚入基础的长度等应满足（图 2-27）：

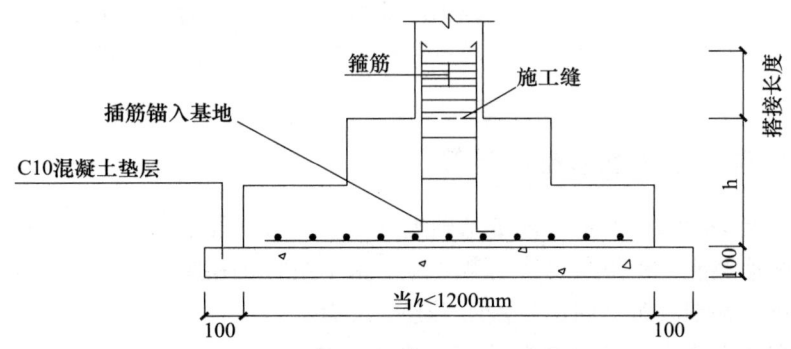

图 2-27 现浇钢筋混凝土柱与基础的连接

① 当基础高度 h 较小时，轴心受压和小偏心受压柱 $h<1200mm$，大偏心受压柱 $h<1400mm$；所有插筋的下端宜做成直钩放在基础底板钢筋网上，并满足锚入基础长度应大于锚固长度 l_a 或 l_{aE} 的要求（l_a 应符合相关规范的规定；l_{aE} 为考虑地震作用时的锚固长度。有抗震设防要求时：一、二级抗震等级 $l_{aE}=1.15l_a$，三级抗震等级 $l_{aE}=1.05l_a$，四级

抗震等级 $l_{aE}=l_a$）。

② 当基础高度 h 较大时，轴心受压和小偏心受压柱 h>1200mm，大偏心受压柱 h>1400mm；可仅将四角插筋伸至基础底板钢筋网上，其余插筋只锚固于基础顶面下 l_a 或 l_{aE} 处。

③ 基础中插筋至少需分别在基础顶面下 100mm 和插筋下端设置箍筋，且间距不大于 800mm，基础中箍筋直径与柱中同。

3. 墙下条形基础的构造要求

墙下钢筋混凝土条形基础按外形不同，分为无纵肋板式条形基础和有纵肋板式条形基础两种。

墙下无纵肋板式条形基础的高度 h 应按剪切计算确定。一般要求 h>300mm（≥b/8，b 为基础的宽度）。当 b<1500mm 时，基础高度可做成等厚度；当 b>1500mm 时，可做成变厚度，且板的边缘厚度不应小于 200mm，坡度 i≤1:3（图 2-28）。板内纵向分布钢筋大于等于 ϕ8@300，且每延米分布钢筋的面积应不小于受力钢筋面积的 15%。

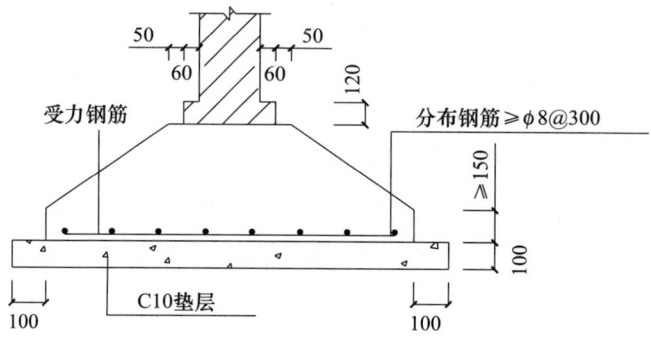

图 2-28 墙下钢筋混凝土条形基础的构造

当墙下的地基土质不均匀或沿基础纵向荷载分布不均匀时，为了抵抗不均匀沉降和加强条形基础的纵向抗弯能力，可做成有肋板条形基础。肋的纵向钢筋和箍筋一般按经验确定。

2.7.2 钢筋混凝土扩展基础的计算

在进行扩展基础结构计算，确定基础配筋和验算材料强度时，上部结构传来的荷载效应组合应按承载能力极限状态下荷载效应的基本组合；相应的基底反力为净反力（不包括基础自重和基础台阶上回填土重所引起的反力）。

1. 墙下钢筋混凝土条形基础的底板厚度和配筋

墙下条形基础，应验算墙与基础交接处的基础受剪切承载力；基础底板的配筋，应按抗弯计算确定。

（1）中心荷载作用

墙下钢筋混凝土条形基础在均布线荷载 F（kN/m）作用下的受力分析可简化为图 2-29 所示。它的受力情况如同一受 p_n 作用的倒置悬臂梁。p_n 是指由上部结构设计荷

载 F 在基底产生的净反力（不包括基础自重和基础台阶上回填土重所引起的反力）。若取沿墙长度方向 $l=1.0$m 的基础板分析，则

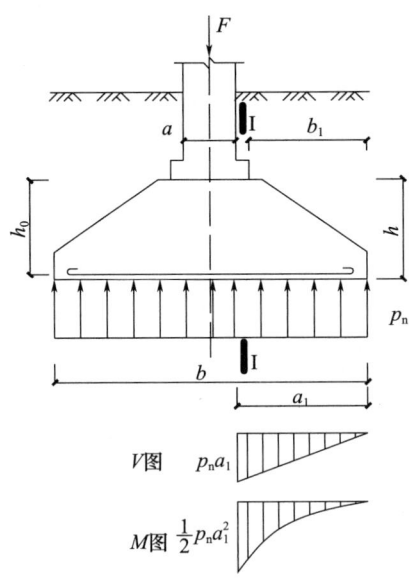

图 2-29 墙下钢筋混凝土条形基础受力分析

$$p_n=\frac{F}{bl}=\frac{F}{b} \quad (2\text{-}24)$$

式中：p_n——相应于荷载效应基本组合时的地基净反力设计值，kPa；

F——上部结构传至地面标高处的荷载设计值，kN/m；

b——墙下钢筋混凝土条形基础宽度，m。

在 p_n 作用下，将在基础底板内产生弯矩 M、剪力 V，其值在图中 Ⅰ-Ⅰ 截面（悬臂板根部）最大。

$$V=p_n a_1 \quad (2\text{-}25)$$

$$M=\frac{1}{2}p_n a_1^2 \quad (2\text{-}26)$$

式中：V——基础底板根部的剪力设计值，kN/m；

M——基础底板根部的弯矩设计值，kN/m；

a_1——截面 Ⅰ-Ⅰ 至基础边缘的距离，m（对于墙下钢筋混凝土条形基础，其最大弯矩、剪力的位置符合下列规定：当墙体材料为混凝土时，取 $a_1=b_1$，如砖墙且放脚不大于 1/4 砖长，取 $a_1=b_1+1/4$ 砖长）。

为了防止 V、M 使基础底板发生剪切破坏和弯曲破坏，基础底板应有足够的厚度和配筋，具体如下：

① 基础底板厚度。墙下钢筋混凝土条形基础底板属不配置箍筋和弯起钢筋的受弯钢筋，应满足混凝土的抗剪切条件：

$$V\leqslant 0.7\beta_{hs}f_t h_0 \text{ 或 } h_0\geqslant\frac{V}{0.7\beta_{hs}f_t} \quad (2\text{-}27)$$

式中：f_t——混凝土轴心抗拉强度设计值；

h_0——基础底板有效高度，mm（即基础板厚度减去钢筋保护层厚度：有垫层40mm、无垫层70mm，和1/2倍的钢筋直径）；

β_{hs}——截面高度影响系数，$\beta_{hs}=(800/h_0)^{\frac{1}{4}}$（当$h_0<800$mm时，取$h_0=800$mm；当$h_0>200$mm时，取$h_0=2000$mm）。

②基础底板配筋。应符合《混凝土结构设计规范》（GB 50010—2010）正截面受弯承载力计算公式，也可按简化矩形截面单筋板，当取$\xi=x/h_0=0.2$时，按下式简化计算：

$$A_s = \frac{M}{0.9 h_0 f_y} \tag{2-28}$$

式中：A_s——每米长基础底板受力钢筋截面面积；

f_y——钢筋抗拉强度设计值。

(2) 偏心荷载作用

计算基底净反力的偏心距e_0（应小于$b/6$，否则为大偏心问题）：

$$e_0 = M/F \tag{2-29}$$

基础边缘处的最大和最小净反力为：

$$p_{\min}^{\max} = \frac{F}{bl}\left(1 \pm \frac{6e_0}{b}\right) \tag{2-30}$$

悬臂根部截面Ⅰ-Ⅰ（图2-30）处净反力为：

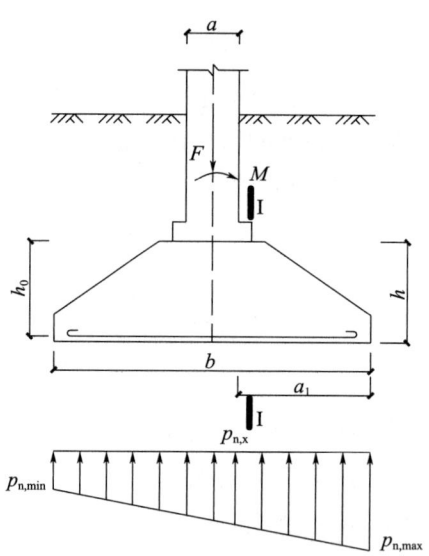

图2-30 墙下条形基础偏心荷载作用

$$p_{\mathrm{I}} = p_{\min} + \frac{b-a_1}{b}(p_{\max}-p_{\min}) \tag{2-31}$$

基础的高度和配筋计算仍按式（2-27）和式（2-28）进行。一般考虑p按$p_{\max}$取值，这样计算的V、M偏大，偏于安全。也可在计算V、M时将式（2-25）和式（2-26）中的p_n改为$(p_{\max}+p_{\min})/2$。这样计算，当$p_{\max}/p_{\min}$值较大时，计算M值略偏小，结果偏于经济和不安全。

墙下条形基础的受弯计算和配筋应符合下列规定：
（1）任意截面每延米宽度的弯矩，可按下式进行计算。

$$M_1 = \frac{1}{6}a_1^2\left(2p_{\max}+p-\frac{3G}{A}\right) \qquad (2\text{-}32)$$

（2）其最大弯矩截面的位置，应符合下列规定：
① 当墙体材料为混凝土时，取 $a_1=b_1$；
② 如为砖墙且放脚不大于 1/4 砖长时，取 $a_1=b_1+1/4$ 砖长。
③ 墙下条形基础底板每延米宽度的配筋除满足计算和最小配筋率要求外，尚应符合《建筑地基基础设计规范》（GB 50007—2011）第 8.2.1 条第 3 款的构造要求。

【例题 2-7】某办公楼为砖混承重结构，外砖墙厚 370mm，上部结构传至 ±0.000m 处荷载效应标准组合值为，$F_k=220$kN/m，$M_k=45$kN，基础埋深 1.0m（从室内地面算起，室内外高差 0.5m），地基承载力特征值为 $f_a=132$kPa，试设计此基础。

【解】
因为基础埋深较浅，故采用钢筋混凝土条形基础。选用 C25 混凝土，$f_t=1.27$ N/mm²，选用 HRB400 钢筋，查得 $f_y=360$ N/mm²。

（1）求基础底面宽度

基础的平均埋深 $d=1.0+0.5/2=1.25$（m），则

$$b=\frac{F_k}{f_a-20d}=\frac{220}{132-20\times1.25}=2.06\ (\text{m})$$

$$b=1.2\times2.0=2.47\ (\text{m})，初选 b=2.5\text{m}。$$

地基承载力验算

$$p_k=\frac{F_k+G_k}{b}=\frac{220+20\times1.25\times2.5}{2.5}=113\ (\text{kPa})$$

$$p_{k,\max}=\frac{F_k+G_k}{b}+\frac{6M_k}{b^2}$$

$$=\frac{220+20\times1.25\times2.5}{2.5}+\frac{6\times45}{2.5^2}$$

$$=156.2\ (\text{kPa})<1.2f_a=158.4\ (\text{kPa})（满足要求）。$$

地基净反力计算

$$p_{n,\max}=\frac{F}{b}+\frac{6M}{b^2}=\frac{220\times1.35}{2.5}+\frac{6\times45\times1.35}{2.5^2}=177.12\ (\text{kPa})$$

$$p_{n,\min}=\frac{F}{b}-\frac{6M}{b^2}=\frac{220\times1.35}{2.5}-\frac{6\times45\times1.35}{2.5^2}=60.48\ (\text{kPa})$$

（2）底板配筋计算

按 $h=\frac{b}{8}=\frac{2500}{8}=312.5$（mm），初选基础高度，取 $h=350$mm，边缘厚度取 200mm。采用 C15，100mm 厚的混凝土垫层，基础保护层取 40mm，基础 $h_0=350-40-20/2=300$（mm）。

计算截面选在墙的边缘，则 $a_1=(2.5-0.37)/2=1.07$（m）。

该截面处地基净反力

$$p_{n,\mathrm{I}} = p_{n,\min} + \frac{b-a_1}{b}(p_{n,\max} - p_{n,\min})$$

$$= 60.48 + \frac{2.5-1.07}{2.5}(177.12-60.48) = 127.20 \text{ (kPa)}$$

验算墙与基础底板交接处截面受剪承载力：

$$0.7\beta_{hs}f_t A_0 = 0.7 \times 1 \times 1270 \times 0.3 \times 1 = 266.70 \text{kN/m} < V_{s\mathrm{I}}$$

$$= \frac{1}{2}(p_{n,\min} + p_{n,\mathrm{I}})a_1 = \frac{(127.20+177.12)}{2} \times 1.07$$

$$= 162.81 \text{ (kN/m)}$$

满足要求。

配筋计算

$$M_{\mathrm{I}} = \frac{1}{6}(2p_{n,\max} + p_{n,\mathrm{I}})a_1^2 = \frac{1}{6}(2 \times 177.12 + 127.20) \times 1.07^2$$

$$= 91.87 \text{ (kN·m)}$$

$$A_s = \frac{M_{\mathrm{I}}}{0.9f_y h_0} = \frac{91870000}{0.9 \times 360 \times 300} = 946 \text{ (mm}^2\text{)}$$

配置的 $\phi 12@120$ 垂直于墙长度方向的受力钢筋，$A_s = 1017\text{mm}^2 > \rho_{\min} lh = 0.15\% \times 1000 \times 350 = 525\text{mm}^2$，满足最小配筋率要求。纵向分布钢筋 $\phi 8@250$（$A_s = 504\text{mm}^2$）。验算每延米分布钢筋截面面积与受力钢筋截面面积之比，$504/1017 \times 100\% = 49.56\% > 15\%$，钢筋分布如图 2-31 所示，满足要求。

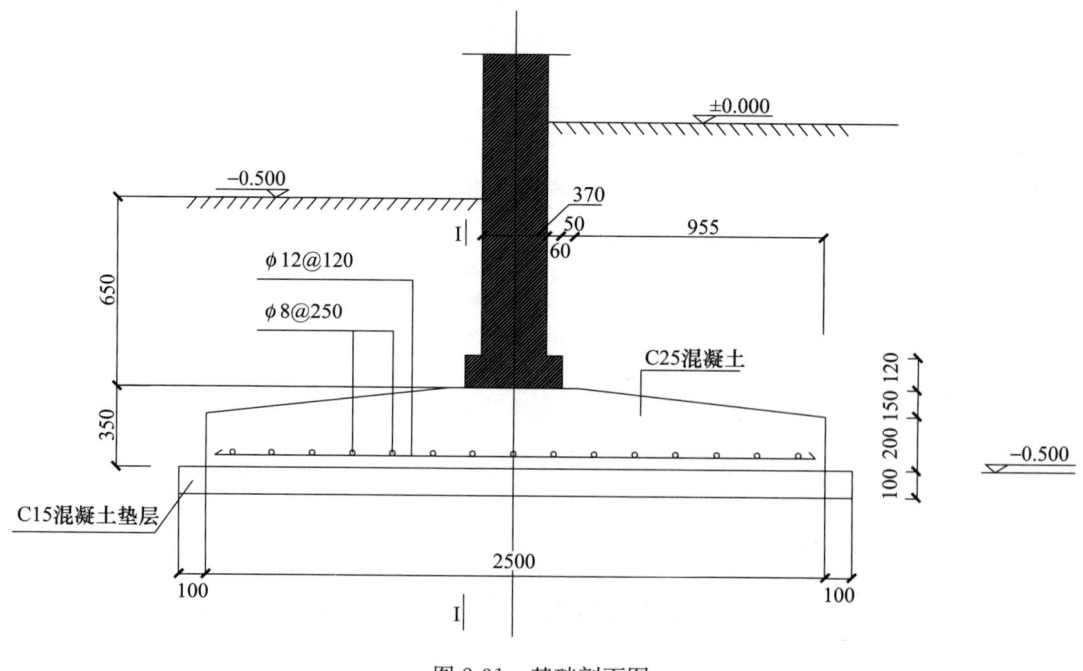

图 2-31 基础剖面图

【例题 2-8】 已知某住宅楼楼外墙厚 240mm，传至基础顶面的竖向荷载标准值 F_k=288kN/m，基础埋深 1.0m，地基承载力特征值 f_a=150kPa。试设计该墙下钢筋混凝土条形基础。

【解】

(1) 求基础宽度

$$b \geqslant \frac{F_k}{f_a - 20d} = \frac{288}{150 - 20 \times 1.0} = 2.21 \text{ (m)}$$

取基础宽度 b=2.30m=2300mm。

(2) 确定基础底板厚度

考虑构造要求：$h = \frac{b}{8} = \frac{2300}{8}$ 取 300mm，根据墙下钢筋混凝土基础构造要求，初步绘制基础剖面如图 2-32 所示。

(3) 荷载和内力计算

按《建筑地基基础设计规范》第 3.0.5 条，由荷载标准值计算荷载设计值，取荷载综合分项系数 1.35，因此，结构计算时上部结构传至基础顶面的竖向荷载设计值 F 简化计算：

$$F = 1.35 F_k = 1.35 \times 288 = 389 \text{ (kN)}$$

计算地基净反力设计值：

$$p_n = \frac{F}{b} = \frac{389}{2.3} = 169.1 \text{ (kPa)}$$

计算 Ⅰ-Ⅰ 截面的剪力设计值：

$$V = p_n a_1 = 169.1 \times (2300/2 - 240/2) = 174.2 \text{ (kPa)}$$

计算 Ⅰ-Ⅰ 截面弯矩设计值：

$$M = \frac{1}{2} p_n a_1^2 = \frac{1}{2} \times 169.1 \times 1.03^2 = 89.7 \text{ (kPa)}$$

(4) 基础抗剪切验算

选用 C25 混凝土，f_t=1.27 N/mm²

计算基础至少所需有效高度：

$$h_0 = \frac{V}{0.7 \beta_h l f_t} = \frac{174.2 \times 10^3}{0.7 \times 1.0 \times 1.27 \times 1000} = 196 \text{ (mm)}$$

实际上基础有效高度 h_0=300-40-20/2=250mm>196mm（按有垫层并暂按 ϕ20 底板筋直径计），可以。

(5) 底板配筋计算

选用 HPB235 钢筋，f_y=210 N/mm²。

$$\alpha_s = \frac{M}{\alpha_1 f_c l h_0^2} = \frac{89.7 \times 10^6}{1.0 \times 11.9 \times 1000 \times 250^2} = 0.121$$

由 $\alpha_s = \xi(1 - 0.5\xi)$，得：

$$\xi = 0.114$$

求 A_s 得：

$$A_s = \frac{M}{0.9 h_0 f_y} = \frac{89.7 \times 10^6}{0.9 \times 250 \times 210} = 1898 \text{ (mm}^2\text{)}$$

选用中 $\phi 20@150$（实配 $A_s = 2093 \text{ mm}^2$），分布钢筋选 $\phi 8@250$。基础剖面图如图 2-32 所示。

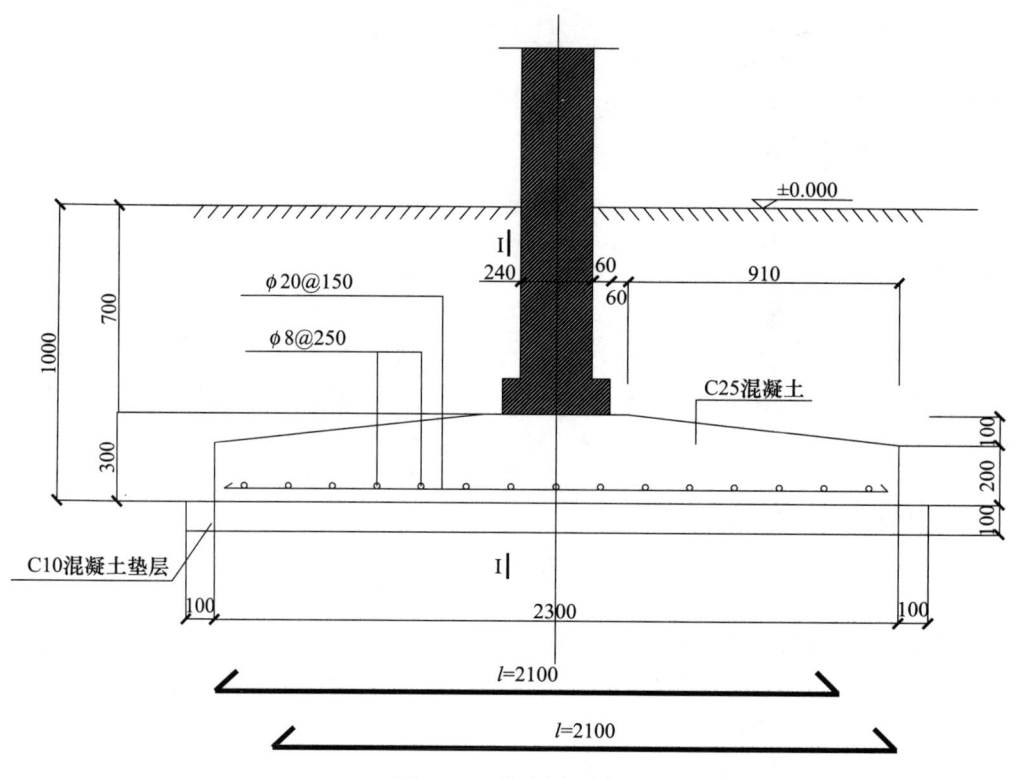

图 2-32 基础剖面图

2. 柱下钢筋混凝土独立单独基础底板厚度和配筋计算

对柱下独立基础，当冲切破坏锥体落在基础底面宽度尺寸以内时，应验算柱与基础交接处以及基础变阶处的受冲切承载力；基础底板的配筋，应按抗弯计算确定。

（1）中心荷载作用

① 基础底板厚度。在柱中心荷载 F（kN/m）作用下，如果基础高度（或阶梯高度）不足，则将沿着柱周边（或阶梯高度变化处）产生冲切破坏，形成 45°斜裂面的角锥体（图 2-33）。因此，由冲切破坏锥体以外（A_j）的地基反力所产生的冲切力（F_l）应小于冲切面处混凝土的抗冲切能力。对于矩形基础，柱短边一侧冲切破坏较长边一侧危险，所以，一般只需根据短边一侧冲切破坏条件来确定底板厚度，即要求对矩形截面柱的矩形基础，应验算柱与基础交接处 [图 2-34（a）] 以及基础变阶处的受冲切承载力，按式（2-33）验算：

$$\begin{cases} F_l \leqslant 0.7 \beta_{hp} f_t a_m h_0 \\ a_m = (a_t + a_b)/2 \\ F_l = p_n A_l \end{cases} \quad (2\text{-}33)$$

式中：β_{hp}——受冲切承载力截面高度影响系数，当 $h<800mm$ 时，β_{hp} 取 1.0；当 $h>2000mm$ 时，β_{hp} 取 0.9；其间按线性内插法取值；

f_t——混凝土轴心抗拉强度设计值，kPa；

h_0——基础冲切破坏锥体的有效高度，m；

a_m——基础冲切破坏锥体最不利一侧计算长度，m；

a_t——基础冲切破坏锥体最不利一侧斜截面的边长，m，当计算柱与基础交接处的受冲切承载力时，取柱宽；当计算基础变阶处的受冲切承载力时，取上阶宽；

a_b——基础冲切破坏锥体最不利一侧斜截面在基础底面积范围内的下边长（m），当冲切破坏锥体的底面落在基础底面以内，$b \geqslant a_t+2h_0$ 如图 2-34（b）所示，计算柱与基础交接处的受冲承载力时，取柱宽加两倍基础有效高度；当计算基础变阶处的受冲切承载力时，取上阶宽加两倍该处的基础有效高度；

F_l——相应于荷载效应基本组合时作用在 A_l 上的地基土净反力设计值，kPa；

p_n——扣除基础自重及其上土重后相应于荷载效应基本组合时的地基土单位面积净反力，kPa；

A_l——冲切验算时取用的部分基底面积，m^2 ［图 2-34（b）］中的阴影面积 ABCDEF。

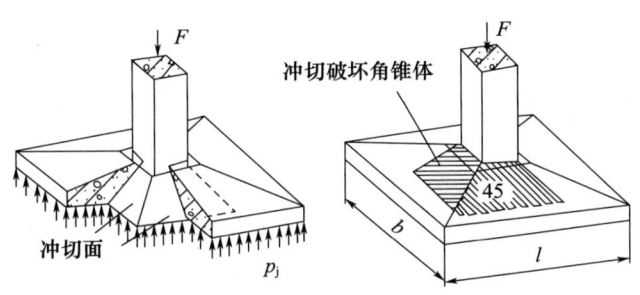

图 2-33 冲切破坏

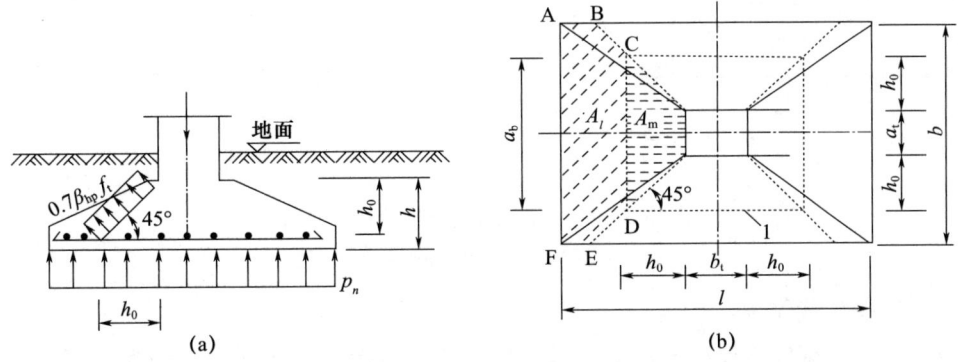

图 2-34 中心受压柱基础底板厚度的确定（1-冲切破坏锥体的底面线）

(a) 柱与基础交接处；(b) $b \geqslant a_t+2h_0$

② 基础底板配筋。由于单独基础底板在地基净反力 p_n 作用下，在两个方向均发生弯曲，所以两个方向都要配受力钢筋，钢筋面积按两个方向的最大弯矩分别计算。计算

时，应符合《混凝土结构设计规范》(GB 50010—2010) 正截面受弯承载力计算公式，也可按式（2-28）简化计算。

图 2-35 中各种情况的最大弯矩计算公式：

柱边（Ⅰ-Ⅰ截面）

$$M_{\mathrm{I}} = \frac{p_n}{24}(l-a_0)(2b+b_0) \tag{2-34}$$

柱边（Ⅱ-Ⅱ截面）

$$M_{\mathrm{II}} = \frac{p_n}{24}(b-b_0)^2(2l+a_0) \tag{2-35}$$

阶梯高度变化处（Ⅲ-Ⅲ）

$$M_{\mathrm{III}} = \frac{p_n}{24}(l-a_0)^2(2b+b_1) \tag{2-36}$$

阶梯高度变化处（Ⅳ-Ⅳ）

$$M_{\mathrm{IV}} = \frac{p_n}{24}(b-b_0)^2(2l+a_1) \tag{2-37}$$

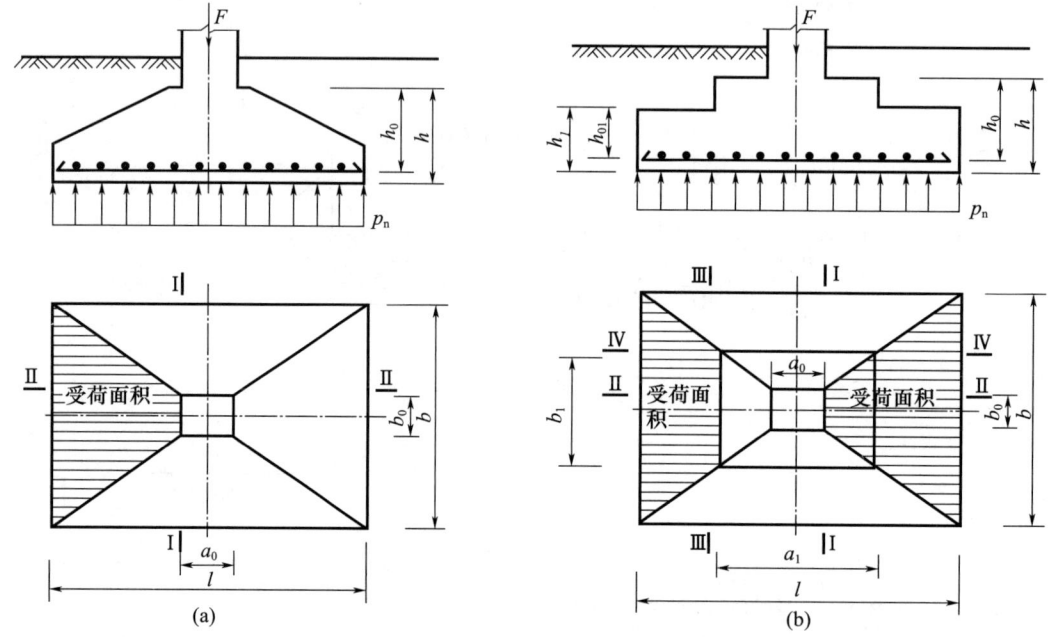

图 2-35 中心受压柱基础底板配筋计算
(a) 锥形基础；(b) 阶梯形基础

(2) 偏心荷载作用

偏心受压基础底板厚度和配筋计算与中心受压情况基本相同。偏心受压基础底板厚度计算时，只需将式（2-24）中的 p_n 用偏心受压时基础边缘处最大设计净反力 $p_{n\max}$ 代替即可，如图 2-36 所示，按式（2-38）计算。

$$p_{n\max} = \frac{F}{bl}\left(1+\frac{6e_0}{l}\right) \tag{2-38}$$

式中：e_0——净偏心距，$e_0=M/F$。

偏心受压基础底板配筋计算时，只需将式（2-34）～式（2-37）中的 p_n 换成偏心受压时柱边处（或变阶处）基底设计反力 $p_{n,\mathrm{I}}$（或 $p_{n,\mathrm{II}}$）与 $p_{n,\max}$ 的平均值 $\frac{1}{2}(p_{n,\max}+p_{n,\mathrm{I}})$ 或 $\frac{1}{2}(p_{n,\max}+p_{n,\mathrm{II}})$ 即可，如图 2-37 所示。

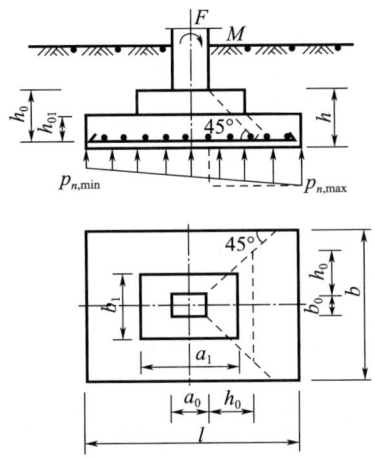

图 2-36 偏心受压柱基底板厚度计算

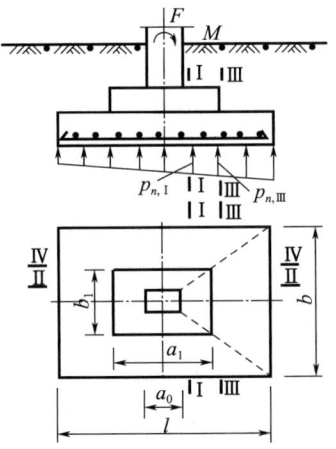

图 2-37 偏心受压柱基底板配筋计算

当冲切破坏锥体落在基础底面宽度尺寸以外时，应按式（2-39）验算柱与基础交接处的基础受剪切承载力；基础底板的配筋，应按抗弯计算确定。

$$V_s \leqslant 0.7\beta_{\mathrm{hs}}f_tA_0$$
$$\beta_{\mathrm{hs}}=(800/h_0)^{1/4} \tag{2-39}$$

式中：V_s——柱与基础交接处的剪力设计值，kN，图 2-38 中的阴影面积乘以基底平均净反力 $\overline{p_j}$；

β_{hs}——受剪切承载力截面高度影响系数，当 $h_0<800\mathrm{mm}$ 时，取 $h_0=800\mathrm{mm}$；当 $h_0>2000\mathrm{mm}$ 时，取 $h_0=2000\mathrm{mm}$；

p_j——扣除基础自重及其上土重后相应于作用的基本组合时的地基土单位面积净反力（kPa），对偏心受压基础可取基础边缘处最大地基土单位面积净反力；

A_0——验算截面处基础的有效截面面积，m²。当验算截面为阶形或锥形时，可将其截面折算成矩形截面，截面的折算宽度和截面的有效高度按《建筑地基基础设计规范》（GB 50007—2011）附录 U 计算。

基础底板配筋除满足计算和最小配筋率要求外，尚应符合《建筑地基基础设计规范》（GB 50007—2011）第 8.2.1 条第 3 款的构造要求。基础底板钢筋计算过程同墙下条形基础。计算最小配筋率时，对阶梯形或锥形基础截面，可将其截面折算成矩形截面，截面的折算宽度和截面的有效高度，应符合下列规定：

对于阶梯形承台应分别在变阶处（A_1-A_1，B_1-B_1）及柱边处（A_2-A_2，B_2-B_2），如图 2-39 所示；

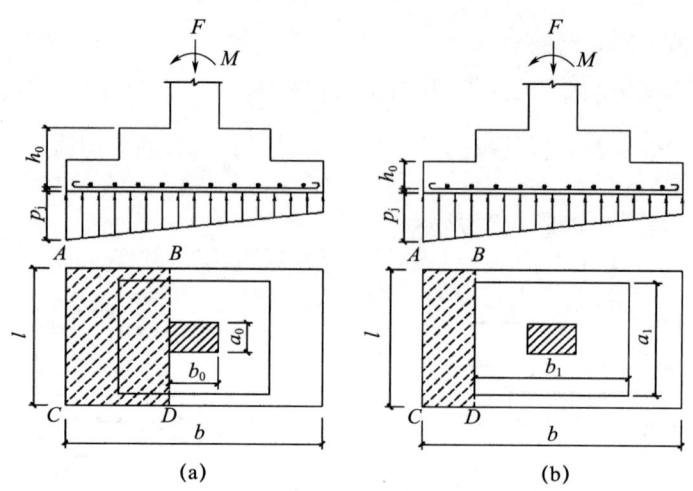

图 2-38 验算阶形基础受剪切承载力示意图
(a) 柱与基础交接处；(b) 基础变阶处

① 计算变阶处截面 A_1-A_1、B_1-B_1 的斜截面受剪承载力时，其截面有效高度均为 h_{01}，截面计算宽度分别为 b_{y1} 和 b_{x1}。

② 计算柱边截面 A_2-A_2 和 B_2-B_2 处的斜截面受剪承载力时，其截面有效高度均为 $h_{01}+h_{02}$，截面计算宽度按下式进行计算：

对 A_2-A_2
$$b_{y0}=\frac{b_{y1}h_{01}+b_{y2}h_{02}}{h_{01}+h_{02}} \qquad (2\text{-}40)$$

对 B_2-B_2
$$b_{x0}=\frac{b_{x1}h_{01}+b_{x2}h_{02}}{h_{01}+h_{02}} \qquad (2\text{-}41)$$

对于锥形承台 A-A 及 B-B 两个截面，如图 2-40 所示，截面有效高度均为 h_0，截面的计算宽度按下式计算：

对 A-A
$$b_{y0}=\left[1-0.5\frac{h_1}{h_0}\left(1-\frac{b_{y2}}{b_{y1}}\right)\right]b_{y1} \qquad (2\text{-}42)$$

对 B-B
$$b_{x0}=\left[1-0.5\frac{h_1}{h_0}\left(1-\frac{b_{x2}}{b_{x1}}\right)\right]b_{x1} \qquad (2\text{-}43)$$

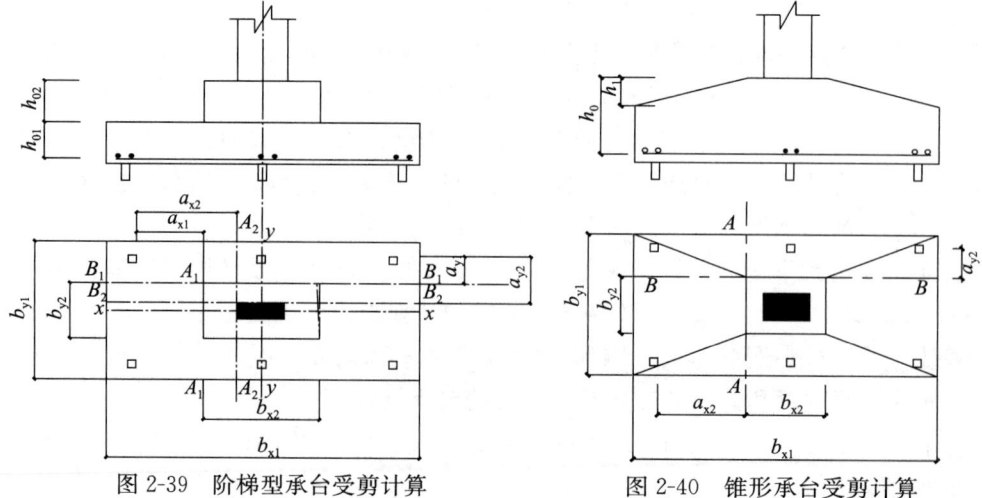

图 2-39 阶梯型承台受剪计算　　图 2-40 锥形承台受剪计算

说明：当基础的混凝土强度等级小于柱的混凝土强度等级时，尚应验算柱下基础顶面的局部受压承载力。

【例题 2-9】 某框架柱截面为 300mm×400mm，相应于荷载效应标准组合时，柱传至地面处的荷载值 F_k=1100kN，M_k=120kN·m 和水平荷载 V_k=46kN。基础埋深（自室外地面起算）为 1.3m，室内地面（标高±0.000）高于室外 0.50m，f_{ak}=210kPa，η_d=1.6，η_b=0.3，γ_m=18.75 kN/m³。试进行基础设计（材料选用：C25 混凝土，f_t=1.27 N/mm²；HRB400 钢筋，f_y=360 N/mm²）。

【解】

（1）确定基础底面积

$$f_a = f_{ak} + \eta_b \gamma (b-3) + \eta_d \gamma_m (d-0.5)$$
$$= 210 + 1.6 \times 18.75 \times (1.3 - 0.5) = 234 \text{ (kPa)}$$

计算基础和基础上的土重时，基础的平均埋深为 $\bar{d} = 1.3 + \dfrac{0.5}{2} = 1.55$ (m)，则

$$A = (1.1 \sim 1.4) \dfrac{F_k}{f_a - \gamma_G d}$$
$$= (1.1 \sim 1.4) \dfrac{1100}{234 - 20 \times 1.55} = 5.96 \sim 7.59 \text{ (m}^2\text{)}$$

取 b=3m，l=2m，A=2×3=6m²。因基础宽度小于 3m，故不必进行承载力宽度修正。

（2）验算承载力

$$p_k = \dfrac{F_k + G_k}{bl} = \dfrac{1100 + 20 \times 3 \times 2 \times 1.55}{3 \times 2} = 214.33 \text{ (kPa)} < f_a = 234 \text{ (kPa)}$$

$$e = \dfrac{\sum M_k}{\sum F_k + G_k} = \dfrac{120 + 46 \times 1.3}{1100 + 20 \times 3 \times 2 \times 1.55} = 0.14 \text{ (m)} < b/6 = 0.5 \text{ (m)}$$

$$p_{k,\min}^{k,\max} = \dfrac{F_k + G_k}{bl}\left(1 \pm \dfrac{6e}{b}\right) = \dfrac{1100 + 20 \times 3 \times 2 \times 1.55}{3 \times 2}\left(1 \pm \dfrac{6 \times 0.14}{3}\right)$$

$p_{k,\max}$=274.35（kPa）<$1.2f_a$=280.8（kPa），$p_{k,\min}$=154.32（kPa）>0，（满足要求）

（3）确定基础高度

地基净反力计算

$$e_0 = \dfrac{\sum M}{\sum F} = \dfrac{(120 + 46 \times 1.3) \times 1.35}{1100 \times 1.35} = 0.16 \text{ (m)}$$

$$p_{n,\min}^{n,\max} = \dfrac{F}{A}\left(1 \pm \dfrac{6e_0}{b}\right) = \dfrac{1100 \times 1.35}{3 \times 2}\left(1 \pm \dfrac{6 \times 0.16}{3}\right)$$

$p_{n,\max}$=326.70（kPa），$p_{n,\min}$=168.30（kPa）

① 验算柱边冲切

初步选择台阶式基础，基础总高 h=700mm，分两级，每阶 350mm，有垫层，计算柱与基础交接处时，a_t=0.3m，b_t=0.4m，基础有效高度 h_0=700-40-20/2=650mm。

$$F_l = p_{n,\max} A_l = p_{n,\max}\left[\left(\dfrac{b}{2} - \dfrac{b_t}{2} - h_0\right)l - \left(\dfrac{l}{2} - \dfrac{a_t}{2} - h_0\right)^2\right]$$
$$= 326.70 \times \left[\left(\dfrac{3}{2} - \dfrac{0.4}{2} - 0.65\right) \times 2 - \left(\dfrac{2}{2} - \dfrac{0.3}{2} - 0.65\right)^2\right] = 411.64 \text{ (kN)}$$

$$0.7\beta_{hp}f_t a_m h_0 = 0.7\times1.0\times1270\times(0.3+0.65)\times0.65$$
$$=548.96\ (kN)>F_l=411.64\ (kN)\ (满足要求)$$

② 验算台阶处冲切

$a_t=12m$,$b_t=1.8m$,$h_0=350-40-20/2=300mm$,故

$$F_l=p_{n,max}A_l=326.70\times\left[\left(\frac{3}{2}-\frac{1.8}{2}-0.3\right)\times2-\left(\frac{2}{2}-\frac{1.2}{2}-0.3\right)^2\right]=192.75\ (kN)$$

$$0.7\beta_{hp}f_t a_m h_0 = 0.7\times1.0\times1270\times(1.2+0.3)\times0.3$$
$$=400.05\ (kN)>F_l=192.75\ (kN)$$

③ 基础底板配筋计算

(a) 基础长边方向

Ⅰ-Ⅰ截面（柱边）

柱边净反力：$p_{n,\mathrm{I}}=p_{n,min}+\dfrac{b+b'}{2b}(p_{n,max}-p_{n,min})$

$$=168.3+\frac{3+0.4}{2\times3}(326.7-168.3)=258.06\ (kPa)$$

弯矩：$M_\mathrm{I}=\dfrac{1}{48}(b-b')^2\left[(2l+a')(p_{n,max}+p_{n,\mathrm{I}})+(p_{n,max}-p_{n,\mathrm{I}})l\right]$

$$=\frac{1}{48}\times(3-0.4)^2\left[(2\times2+0.3)(326.7+258.06)+(326.7-258.06)\times2\right]$$
$$=373.45\ (kN\cdot m)$$

Ⅲ-Ⅲ 截面（变阶处）

$$p_{n,\mathrm{III}}=p_{n,min}+\frac{b+b'}{2b}(p_{n,max}-p_{n,min})$$
$$=168.3+\frac{3+1.8}{2\times3}(326.7-168.3)=295.02\ (kPa)$$

$$M_\mathrm{III}=\frac{1}{48}\times(3-1.8)^2\left[(2\times2+1.2)(326.7+295.02)+(326.7-295.02)\times2\right]$$
$$=98.89\ (kN\cdot m)$$

比较由 M_I、M_III 计算的配筋面积 $A_{s\mathrm{I}}$、$A_{s\mathrm{III}}$ 因为 $A_{s\mathrm{I}}>A_{s\mathrm{III}}$，所以按 $A_{s\mathrm{I}}$ 进行配筋。配置 $\phi14@160$ ($A_s=2000mm^2>1773mm^2$，$A_s=2000mm^2>p_{n,min}A_\mathrm{I}=0.15\%\times0.35\times(2+1.2)=0.00168m^2=1680mm^2$，满足最小配筋率要求），即基础 2m 宽度范围配筋为 $13\phi14$。

(b) 基础短边方向

因该基础受单向偏心荷载作用，所以，在基础短边方向的基底反力可按均匀分布计算。与长边方向配筋计算方法相同，可得Ⅱ-Ⅱ截面（柱边）的计算配筋 $A_{s\mathrm{II}}$ 及Ⅳ-Ⅳ截面（变阶处）的计算配筋 $A_{s\mathrm{IV}}$，因为 $A_{s\mathrm{II}}>A_{s\mathrm{IV}}$，所以按 $A_{s\mathrm{II}}$ 进行配筋。

$$M_\mathrm{II}=\frac{1}{48}(l-a')^2(2b+b')(p_{n,max}+p_{n,min})$$
$$=\frac{1}{48}\times(2-0.3)^2\times(2\times0.3+0.4)\times(326.7+168.3)=190.74\ (kN\cdot m)$$

$$A_{s\mathrm{II}}=\frac{M_\mathrm{II}}{0.9f_y h_0}=\frac{190.74\times1000}{0.9\times360\times0.65}=906\ (mm^2)$$

配置钢筋 $\phi10@200$（$A_s=1257mm^2>906mm^2$），$A_s=1257mm^2<p_{n,\min}A_{II}=0.15\%\times(3+1.8)\times0.35=0.00252m^2=2520mm^2$，不满足最小配筋率要求，故按最小配筋率计算，配置 $17\phi14@180$（$A_s=2617mm^2>2520mm^2$），即基础 3m 长度范围配筋为 $13\phi14$，配筋如图 2-41 所示。

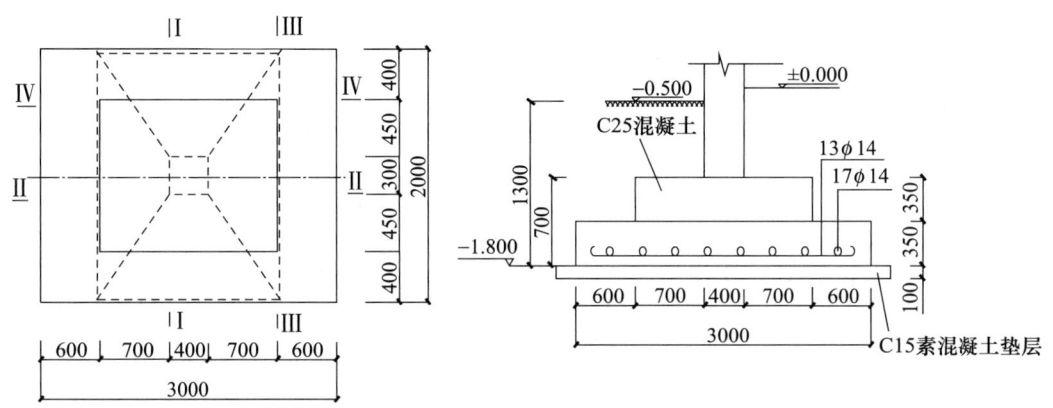

图 2-41 基础平面图及剖面图

2.8 减轻不均匀沉降的措施

2.8 减轻不均匀沉降措施

当建筑物的不均匀沉降过大，超过建筑物承受的限度时，将使建筑物开裂损坏并影响其使用，甚至倒塌，危及人民生命及财产的安全。这种情况下，一方面可采取合适的地基处理措施，同时还要加强结构设计和施工等方面采取相应的措施，以减小不均匀沉降对建筑物带来的危害。

减轻建筑物不均匀沉降通常的办法有：

(1) 为了减少总沉降量，采用桩基础或其他深基础；
(2) 对地基进行处理，以提高原地基的承载力和压缩模量；
(3) 在建筑、结构和施工上采取措施。

2.8.1 建筑措施

建筑措施的目的是提高建筑物的整体刚度，以增强抵抗不均匀沉降危害性的能力。

1. 建筑物体型力求简单

建筑物的体型系指建筑物的平面及立面形式而言。在一些民用建筑中，因建筑功能或美观要求，往往采用多单元的组合形式，平面形状复杂，立面高差悬殊，因此使地基受力状态很不一致，差异沉降也就增大，很容易导致建筑物产生裂缝与破坏。

当建筑物体型比较复杂时，如"L""T""H"形等建筑物（图 2-42），宜根据其平面形状和高度差异情况，在适当部位用沉降缝将其划分成若干个刚度较好的单元；当高度差异或荷载较大时，可将两者隔开一定的距离，当拉开距离后的两个单元必须连接时，应采用能自由沉降的连接构造，如图 2-43 所示。

2. 设置沉降缝

建筑物的某些特定的部位，设置沉降缝是减少由于地基不均匀变形对建筑物造成危害的有效方法之一。沉降缝从檐口到基础把建筑物各单元断开，将建筑物分成若干个长高比较小、整体刚度较好、自成沉降体系的单元，这些单元具有调整地基不均匀变形的能力。

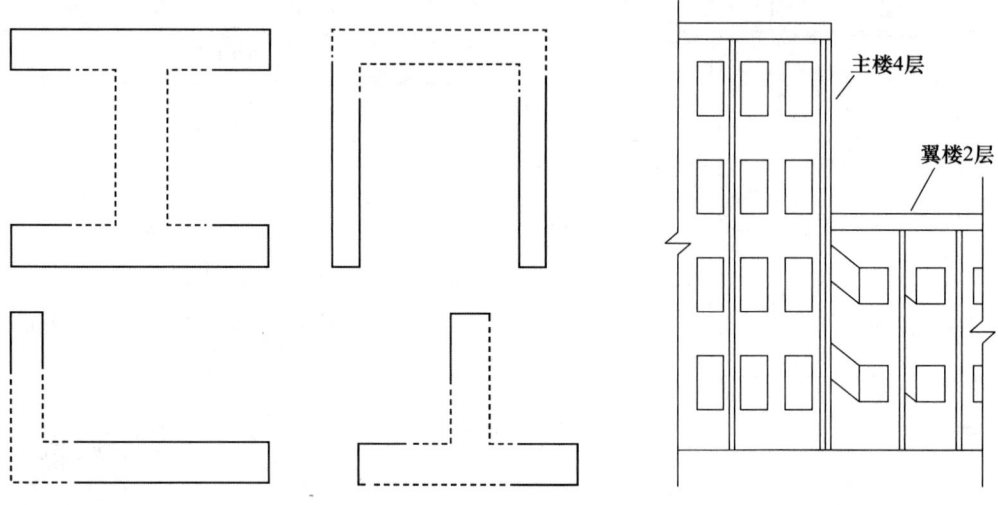

图 2-42 建筑物平面复杂，易因不均匀沉降产生开裂的部位示意图（虚线处）

图 2-43 建筑物因高差太大而开裂

工程实践证明，在建筑物的下列部位宜设置沉降缝：
（1）地基土的压缩性有显著差异处；
（2）地基基础处理方法不同处；
（3）平面形状复杂的建筑转折部位；
（4）建筑物高度或荷载差异处；
（5）建筑结构类型不同处；
（6）过长的砖石承重结构或钢筋混凝土框架结构的适当部位；
（7）局部地下室的边缘处；
（8）分期建造房屋的分界处。

沉降缝要求有足够的宽度，以防止缝的两侧单元有可能内倾而造成挤压破坏，软弱地基上建筑物沉降缝宽度可参照表 2-7 确定。

表 2-7 房屋沉降缝宽度

房屋层数	沉降缝宽度/cm
2～3	5～8
4～5	8～12
5 层以上	≥12

注：当沉降缝两侧单元层数不同时，缝宽按高层取用。

沉降缝内一般不要填塞任何材料，因为当缝的两侧单元内倾时，填塞的材料会起传递压力的作用，使沉降缝失去作用。在北方地区，为考虑防寒，应采取必要的构造措施，如做成锯齿形砖缝等,并只在缝内填塞松软材料,以保证缝的上端不致因建筑物内倾而相互挤压。沉降缝的造价颇高,且要增加建筑及结构上处理的困难,所以不宜轻率多用。

3. 相邻建筑物基础间保持合适的净距

相邻建筑物的影响主要表现为裂缝或倾斜。为了减少建筑物的相邻影响,应使建筑物之间相隔一定的距离,这个距离应根据影响建筑物荷载大小、受荷面积和被影响建筑物的刚度以及地基的压缩性等条件而定。这些因素可以归纳成为影响建筑物的沉降量和被影响建筑物的长高比两个综合指标。相邻建筑物的间隔距离应按规范的标准确定,见表2-8。

表 2-8 相邻建筑基础间的间距

被影响建筑的长高比		$2.0 \leqslant L/H_f < 3.0$	$3.0 \leqslant L/H_f < 5.0$
影响建筑的预估平均沉降量 s/mm	70~150	2~3	3~6
	160~250	3~6	6~9
	260~400	6~9	9~12
	>400	9~12	≥12

注:1. 表中 L 为建筑物长度或沉降缝分割的单元长度,m;H_f 为自基础底面标高算起的建筑物高度,m。
2. 当被影响建筑的长高比为 $1.5 \leqslant L/H_f < 2.0$ 时,其净距可适当缩小。

4. 建筑物标高的控制与调整

由于基础的沉降引起建筑物各组成部分的标高发生变化,常常影响建筑物的正常使用。在软土地区,经常可以看到由于沉降过大造成室内地坪低于室外地坪、地下管道被压坏,设计时,就应根据基础的预估沉降值,适当调整建筑物或其各部分的标高。如:

(1) 适当提高室内地坪(不包括单层工业厂房的地坪)和地下设施的标高。
(2) 建筑物各部分(或设备之间)有联系时,可将沉降较大者提高。
(3) 建筑物与设备之间应留有足够的净空。
(4) 建筑物有管道穿过时,应预留足够尺寸的孔洞,管道采用柔性接头。

2.8.2 结构措施

1. 增强砖石承重结构建筑物刚度和强度的措施

增强建筑物刚度和强度的措施,常用的有下列几方面。

(1) 控制建筑物的长高比

建筑物的长度和高度的比值称为长高比,长高比是衡量建筑物结构刚度的一个指标。长高比越大,整体刚度就越差,抵抗弯曲变形和调整不均匀沉降的能力也就越差。根据软土地基的经验,砖石承重的混合结构建筑物,长高比控制在3以内,一般可避免不均匀沉降引起的裂缝。当房屋的最大沉降小于或等于120mm时,长高比适当大些也可以避免不均匀沉降引起的裂缝。

(2) 设置圈梁

对于砖石承重墙房屋,不均匀沉降的损害主要表现为墙体的开裂。因此,常在墙内设置钢筋混凝土圈梁来增强其承受弯曲变形的能力。当墙体弯曲时,圈梁主要承受拉应力,弥补了砌体抗拉强度不足的弱点,增加了墙体的刚度,能防止墙体出现裂缝及阻止裂缝的开展。

圈梁的设置，通常是在多层房屋的基础和顶层各设置一道，其他各层可隔层设置，必要时也可层层设置，圈梁常设在窗顶或楼板下面。对于单层工业厂房、仓库，可结合基础梁、连系梁、过梁等酌情设置。每道圈梁应设置在外墙、内纵墙和主要内横墙上，并应在平面内形成封闭系统。如果圈梁在墙体门窗洞口处无法连通，应按图 2-44 所示要求，利用搭接圈梁进行搭接处理，搭接圈梁可用原有的门窗过梁。当开洞过大使墙体削弱时，宜在削弱部位按梁通过计算适当配筋或采用构造柱及圈梁加强。圈梁截面及构造要求见《混凝土结构设计规范》（GB 50010—2010），地震区的圈梁设置及构造要求详见《建筑抗震设计规范》（GB 50011—2010）。

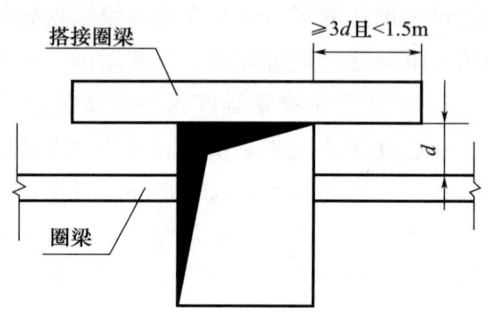

图 2-44　设置圈梁

（3）合理布置纵横墙

砖石混合结构房屋的纵向刚度较弱，地基的不均匀沉降主要损害纵墙。内外墙的中断转折都将削弱建筑物的纵向刚度。为此，在软弱地基上建造砖石混合结构房屋，应尽量使内外纵墙都贯通。缩小横墙的间距，能有效地改善整体性，进而增强了调整不均匀沉降的能力。不少小开间的集体宿舍，尽管沉降较大，但由于其长高比较小，内外纵墙贯通，而横墙间距较小，房屋结构仍能保持完好无损。所以，可以通过控制长高比和合理布置墙体来增强房屋结构的刚度。

（4）加强基础的刚度和强度

对于建筑体形复杂、荷载差异较大的上部结构，可采用加强基础刚度的方法，如采用箱基、厚度较大的筏基、桩箱基础以及桩筏基础等，以减少不均匀沉降。

2. 关于减轻或调整荷载的措施

建筑物给地基的荷载大小及其分布形式对地基变形有直接的影响，为减少建筑的沉降，必须设法减轻或调整荷载。

（1）选用合适的结构形式

上部结构应选用当支座发生相对变位时不会在结构内引起很大的附加应力的结构形式，如排架、三铰拱（架）等非敏感性结构。并注意采用这些结构后，还应当采取相应的防范措施，如避免用连续吊车梁及刚性屋面防水层，在墙内加设圈梁等。

（2）减轻建筑物和基础的自重

① 采用轻型结构。如预应力钢筋混凝土结构、轻型屋面板、轻型钢结构及各种轻型空间结构。

② 减少墙体重量。如采用空心砌块、轻质砌块、多孔砖以及其他轻质高强度墙体材料。非承重墙可用轻质隔墙代替。

③ 减少基础及覆土的重量。可选用自重轻、回填土少的基础形式，如壳体基础、空心基础等。如室内地坪标高较高时可用架空地板代替室内厚填土。

（3）减小或调整基底附加压力

① 设置地下室（或半地下室）。利用挖取的土重补偿一部分甚至全部建筑物的质

量，使基底附加压力减小，达到减小沉降的目的。有较大埋深的箱形基础或具有地下室的筏板基础便是理想的基础形式。还可以在建筑物的重、高部位以下设局部地下室。

② 改变基础底面尺寸。对不均匀沉降要求严格的建筑物，可通过改变基础底面尺寸来获得不同的基底附加压力，对不均匀沉降进行调整。

2.8.3　施工措施

在软弱地基上进行工程建设时，合理安排施工程序，注意施工方法，也能减小或调整部分不均匀沉降。

(1) 合理安排施工顺序。当拟建的相邻建筑物之间轻（低）重（高）相差悬殊时，一般应先建重（高）建筑物，后建轻（低）建筑物，先施工主体结构，后施工附属结构。

(2) 建筑物施工前使地基预先沉降。活荷载较大的建筑物，如料仓、油罐等，条件许可时，在施工前采用控制加载速率的堆载预压措施，使地基预先沉降，以减少建筑物施工后的沉降及不均匀沉降。

(3) 注意沉桩、降水对邻近建筑物的影响。在拟建的密集建筑群内若有采用桩基础的建筑物，沉桩工作应首先进行；若必须同时建造，则应采取合理的沉桩路线、控制沉桩速率、预钻孔等方法来减小沉桩对邻近建筑物的影响。在开挖深基坑并采用井点降水措施时，可采用坑内降水、坑外回灌或采用能隔水的围护结构等措施，来减小深基坑开挖对邻近建筑的不良影响。

(4) 基坑开挖坑底土的保护。基坑开挖时，要注意对坑底土的保护，特别是坑底土为淤泥和淤泥质土时，应尽可能不扰动土的原状结构，通常在坑底保留 20cm 厚的原土层，等浇捣混凝土垫层时才予以挖除，以减少坑底土扰动产生的不均匀沉降。当坑底土为粉土或粉砂时，可采用坑内降水和合适的围护结构，以避免产生流砂现象。

思考题与习题

2-1　何谓浅基础？简述天然地基上浅基础设计的主要内容和一般步骤。

2-2　天然地基上的浅基础有哪些类型？各有什么特点？各适用于什么条件？

2-3　无筋扩展基础与钢筋混凝土扩展基础有什么区别？

2-4　确定基础埋深时应考虑哪些因素？

2-5　确定地基承载力的方法有哪些？地基承载力深、宽修正系数与哪些因素有关？

2-6　为什么要考虑地基变形？地基变形特征有哪些？

2-7　有一条形基础，宽度 $b=2\text{m}$，埋置深度 $d=1\text{m}$，地基土的湿重度 $\gamma=19\,\text{kN/m}^3$，$\gamma_w=9.8\,\text{kN/m}^3$，$c=9.8\,\text{kPa}$，饱和重度 $\gamma_{sat}=20\,\text{kN/m}^3$，$\varphi=10°$ 承载力系数 $M_b=0.18$，$M_d=1.73$，$M_c=4.17$，试求：(1) 地基的承载力特征值。(2) 若地下水位上升至基础底面，假设 $\varphi=10°$ 不变，承载力有何变化？

2-8　已知某拟建建筑物场地地质条件，第一层：杂填土，层厚 1.0m，$\gamma_w=18\text{kN/m}^3$；第二层：粉质黏土，层厚 4.2m，$\gamma_w=18.5\text{kN/m}^3$，$e=0.92$，$I_L=0.94$ 地基土承载力特征值 $f_{ak}=136\text{kPa}$，试按以下基础条件分别计算修正后的地基承载力特征值：

（1）基础底面为 4.0m×2.6m 的矩形独立基础，埋深 $d=1.0$m；

（2）基础底面为 9.5m×4.2m 的箱形基础，埋深 $d=3.5$m。

2-9 图 2-45 中的双柱基础，相应于作用的标准组合时，Z_1 的柱底轴力 1680kN，Z_2 的柱底轴力 4800kN，假设基础底面压力线性分布，试计算基础边缘 A 的压力值（基础及其上土平均重度取 20kN/m3）。

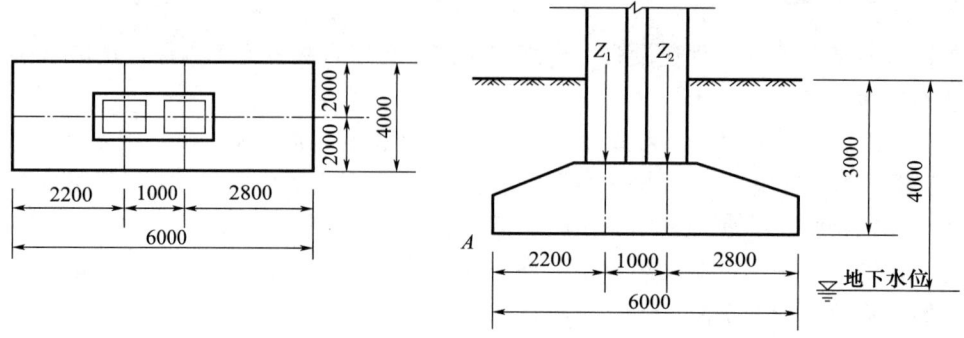

图 2-45 双柱基础图

2-10 已知矩形基础尺寸 4m×2m，上层土为黏性土，厚度 2m，重度 $\gamma_1=18$ kN/m³，压缩模量 $E_{s1}=8.5$MPa；下层土为淤质土，厚度 4m，$\gamma_{sat}=19.0$ kN/m³，$E_{s2}=1.7$MPa。基础顶面轴心荷载标准组合值 $F=680$kN/m，软弱下卧层地基承载力特征值 $f_{az}=90$kPa。试验算该基础软弱下卧层。

2-11 某学校教学楼承重墙厚 240mm，地基第一层为 0.8m 厚的杂填土，重度为 17kN/m³；第二层为粉质黏土层，厚 5.4m，重度为 18kN/m³。$\eta_b=0.3$，$\eta_d=1.6$。已知上部墙体传来的竖向荷载值 $F_K=210$kN/m，室内外高差为 0.45m，试设计该承重墙下条形基础。

2-12 已知某楼外墙厚 370mm，传至基础顶面的竖向荷载标准值 $F_K=267$kN/m，室内外高差为 0.90m，基础埋深按 1.30m 计算（以室外地面起算），地基承载力特征值 $f_a=130$kPa（已对其进行深度修正）。试设计该墙下钢筋混凝土条形基础。

2-13 设计如图 2-46 所示的柱下独立基础。已知相应于荷载效应基本组合时的柱荷载 $F=700$kN，$M=87.8$kN·m，柱截面尺寸为 300mm×400mm，基础底面尺寸为 1.6m×2.4m。

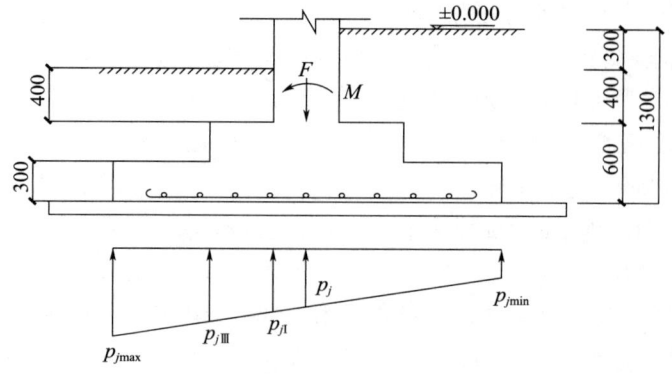

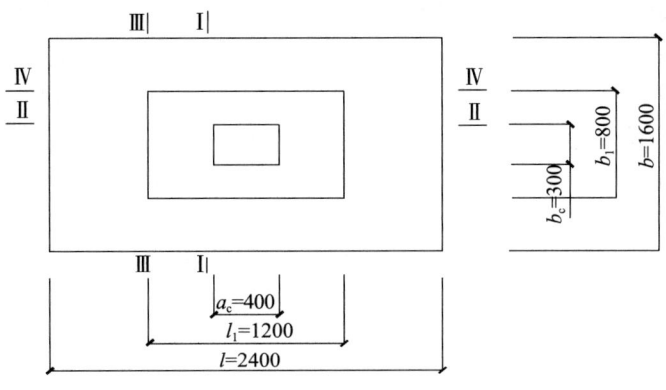

图 2-46 基础剖面图及平面图

附：

茅以升：中国巨匠·光影百年

西南交通大学跨越三个世纪的百年历史长河中，人才辈出，群星灿烂。茅以升（1896年1月9日—1989年11月12日），出生于江苏丹徒（今镇江），著名科学家、教育家、社会活动家，中国现代桥梁的奠基人，就是他们当中最为杰出的代表。清宣统三年（1911年）茅以升考入西南交通大学，在预科、本科攻读五年，成绩连年第一。他曾四度任校长，精心擘画，殚精竭虑，为他母校的建设和发展做出了历史性的伟大贡献。他的事业、他的家庭、他的一生都与其母校紧紧相连。他的影响波及海外，是我国最具知名度的科学家之一。茅以升一生追求科学，追求真理，追求光明。他以91岁高龄光荣加入中国共产党，实现了毕生的夙愿。他把自己的一切奉献给了深爱的祖国和人民，是共和国"最美奉献者""铁路楷模"。"爱国、科学、奋斗、奉献"的茅以升精神已成为全校师生和全国人民共同的精神财富。

1911年夏，茅以升从南京江南商业学堂毕业，原想赴京报考清华学堂以便出国深造。由于讯息不畅错过考期，心有不甘的他和同学裴荣转往天津，报考唐山路矿学堂。他曾回忆："本人未考前，闻北方唐院成绩优良，为吾国唯一工程学府，所以决心来考，既考入校，因为入学成绩不甚理想，到校后被分在预科，住东新宿舍，看到每日课本，都已学过，毫无兴趣，自忖此次投考，非常失望，故致函家中，意在离开此校。家母获悉，立即回信，严行斥责，定要我在校读书，倘成绩不够，或不毕业，就不必回家。经此刺激，甚为感动，遂树发愤力学信念，专心致志，结果成绩不坏。此事虽然平淡无奇，但凭以往事实经验，自信力坚强与否，关系个人社会及国家的前途，愿与诸同学共勉。"

茅以升总结出自己在唐山母校的学习经验："我研究出两项求学的方法：（一）所学功课如数学、物理、化学等，在南京时已学过一遍，当时懂得不透彻，现在在预科，等于重读，因而省悟出一条道理，原来各门功课，表面上好像各自独立，实际上彼此联系的，可以相互启发，有一把共同的钥匙，需要掌握，便是其中的逻辑性。（二）唐山考试频繁，平时小考，从不预告，可能一个上午，四门功课都要考，因而我定出一个学习计划表，每天晚上把当天的功课温习好，于是每天有准备，从来不怕考。"茅以升对自己记笔记颇有体会，他说："唐山有很多功课，不用教科书，而是堂上先生讲，学生记笔记，一门功课听下来，做笔记时，要参考不少书，因而所学的东西，都是最新的，不受教科书的限制，我的知识，也更为广博。我因笔记做得全，五年中做过二百本笔记，学习时间有计划表的控制，考试常得满分。我在唐山五年，经过无数次的考试，每次大考发榜，都是全班第一名。"

茅以升对数学兴味浓厚，当时对于复杂数学计算的辅助工具只有计算尺，他就琢磨着如何将计算尺加以改进发明，使之更有效、更快速。1915年大四的时候，他终于设计出了一种这样的计算尺。即便后来兴起了计算器、计算机，茅以升对改进计算尺、图算法等还是竭力提倡，十分执着。他七十多岁的时候，还在搞新型计算尺的发明。1916年，为检验中国高等教育的办学成果，教育部首次组织全国71所学校成绩展览评比。包括茅以升的课程设计作业等代表学校参评，获得土木科的最高分，唐山工业专门学校以总评第一名的成绩获得特等奖状，教育总长范源濂特颁"竢实扬华"匾额以资奖励。"竢实扬华"奖章为今日西南交通大学在校学生的最高荣誉。

他在教学工作中，治学严谨，实事求是，素以认真、严格、诲人不倦著称。授课时讲求概念清楚，逻辑严密，注意深入浅出，根据学生的知识水平，用事例解释理论概念，力求讲清每一理论原则的实践意义，使学生透彻领悟，融会贯通。课外与学生交流，尽心辅导，并征求意见，以改进教学。他在工程教育中，始创启发式教育法，坚持理论联系实际，致力于教育改革。

茅以升先生是中国土力学的开拓者。20世纪30年代，国际上对土力学的研究还刚刚开始。茅以升先生在钱塘江大桥施工中遇到桩打不下和沉井下沉发生歪斜等现象，经过对钱塘江流沙的研究，他感到土力学是当前迫切需要研究的课题，立即开始刻苦钻研，很快掌握了这门新兴学科。1948年，他在上海发起"中国土力学及基础工程学会"。中华人民共和国建立后，基本建设工作全面铺开，面临许多复杂的地基基础问题，急需土力学与基础工程方面的人才与技术。这时，茅以升先生认为应尽一切努力普及并提高土力学知识，他于1952年在中国土木工程学会组织成立了土力学小组，举办土力学学术交流和普及讲座。在他的倡议下，这种土力学学术活动逐渐传播到天津、上海、南京各地。1957年，茅以升先生主持成立了全国土力学及基础工程学术委员会，并成为国际土协的团体会员。同年，他代表我国土力学学会参加了在伦敦举行的第四届国际土力学及基础工程学术会议，为我国土力学界在国际上争得了应有的地位。几十年来，我国土力学与基础工程科学技术已有显著的提高与发展，这一切与茅以升先生的长期领导和关怀是分不开的，他对我国这一科学技术的开拓、发展有着不可磨灭的贡献。

茅以升先生终身奋斗、追求不息，正如他总结自己的一生所说，人生征途"崎岖多于平坦，忽深谷，忽洪涛，幸赖桥梁以渡。桥何名欤？曰奋斗"。他终身坚持实事求是的科学精神，治学严谨，善于独立思考，勇于开拓创新；他谦虚谨慎，平易近人，严于律己，宽以待人；他数十年如一日，艰苦奋斗，呕心沥血，把毕生精力、知识和智慧毫无保留地奉献给了祖国的教育、科技和桥梁建设事业，赢得了广大知识分子的敬佩和爱戴。他的崇高形象永远是中国科技工作者的楷模。

第3章 连 续 基 础

单向或双向连续设置于柱列或柱网之下的条形基础，以及整片连续设置于建筑物之下的筏板基础和条形基础，统称为连续基础。这类基础的采用是为了扩大基础底面面积以满足地基承载力的要求，并依靠基础的连续性和刚度来加强建筑物的整体刚度，以利于调整不均匀沉降或改善建筑物的抗震性能。

设计刚性基础和普通扩展基础时，由于建筑物较小，结构较简单，计算分析中将上部结构、基础与地基简单地分割成彼此独立的三个组成部分，分别进行设计和验算，三者之间仅满足静力平衡条件，这种设计称为常规设计。由此引起的误差较小，通常是偏于安全的，常规设计计算分析简单，工程界易于采用。

连续基础在地基平面上一个或两个方向的尺度与竖截面高度相比较大，一般可看成是地基上的受弯构件——梁或板。它们的挠曲特征、基底反力和截面内力分布都与地基、基础以及上部结构的相对刚度特征有关，应该从三者相互作用的观点出发，采用适当的方法进行设计。

对于柱下条基、筏、箱等基础，将上部结构、基础和地基简单地分开，仅满足静力平衡条件而不考虑三者之间的相互作用，则常常会引起较大的误差。与刚性基础和扩展基础相比，设计柱下条形、筏形、箱形基础的最主要特点就是，要考虑上部结构、基础与地基的共同作用，使三者不但各自都满足静力平衡条件，且彼此之间还满足变形协调条件，以保证整个建筑物与地基变形的连续性。

3.1 地基基础上部结构共同作用

上部结构通过墙、柱与基础相连结，基础底面直接与地基相接触，三者组成一个完整的体系，在接触处既传递荷载，又相互约束和相互作用。若将三者在界面处分开，则不仅各自要满足静力平衡条件，还必须在界面处满足变形协调、位移连续条件。它们之间相互作用的效果主要取决于它们的刚度。下面分别分析上部结构、基础和地基如何通过各自的刚度在体系的共同工作中发挥作用。

3.1.1 上部结构与基础的共同作用

先不考虑地基的影响，假设地基是变形体且基础底面反力均匀分布，如图3-1（a）所示。若上部结构为绝对刚性体（例如刚度很大的现浇剪力墙结构），基础为刚度较小的条形或筏形基础，当地基变形时，由于上部结构不发生弯曲，各柱只能均匀下沉，约束基础不能发生整体弯曲。这种情况，基础犹如支承在把柱端视为不动铰支座上的倒置连续梁，以基底反力为荷载，仅在支座间发生局部弯曲。

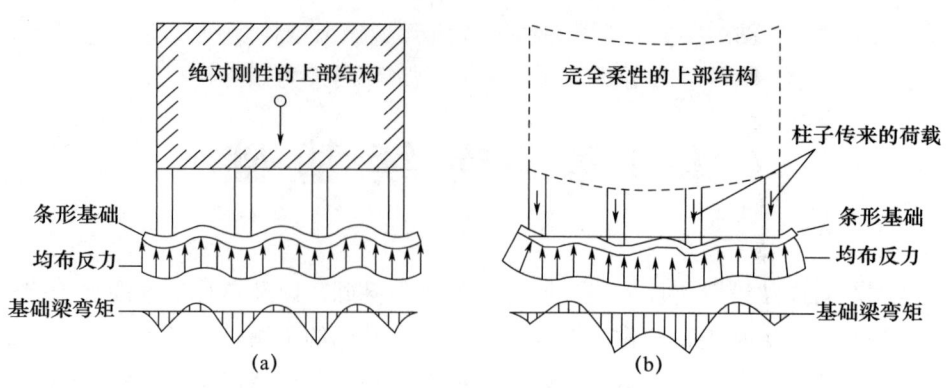

图 3-1 结构刚度对基础变形的影响
(a) 结构完全刚性；(b) 结构完全柔性

如图 3-1（b）所示，若上部结构为柔性结构（例如整体刚度较小的框架结构），基础也是刚性较小的条、筏基础，这时上部结构对基础的变形没有或仅有很小的约束作用。因而基础不仅因跨间受地基反力而产生局部弯曲，同时还要随结构变形而产生整体弯曲，两者叠加将产生较大的变形和内力。

若上部结构刚度介于上述两种极端情况之间，在地基、基础和荷载条件不变的情况下，显然，随着上部结构刚度的增加，基础挠曲和内力将减小，与此同时，上部结构因柱端的位移而产生次生应力。进一步分析，若基础也具有一定的刚度，则上部结构与基础的变形和内力必定受两者的刚度所影响，这种影响可以通过接点处内力的分配来进行分析。

3.1.2 地基与基础的共同作用

现在把地基的刚度也引入体系中，所谓地基的刚度就是地基抵抗变形的能力，表现为土的软硬或压缩性。若地基土不可压缩，则基础不会产生挠曲，上部结构也不会因基础不均匀沉降而产生附加内力，这种情况，共同作用的相互影响很微弱，上部结构、基础和地基三者可以分割开来分别进行计算，岩石地基和密实的碎（砾）石及砂土地基的建筑物就接近于这种情况，如图 3-2（b）所示。通常地基土都有一定的压缩性，在上部结构和基础刚度不变的情况下，地基土越软，基础的相对挠曲和内力就越大，而且相应对上部结构引起较大次应力，如图 3-2（a）所示。

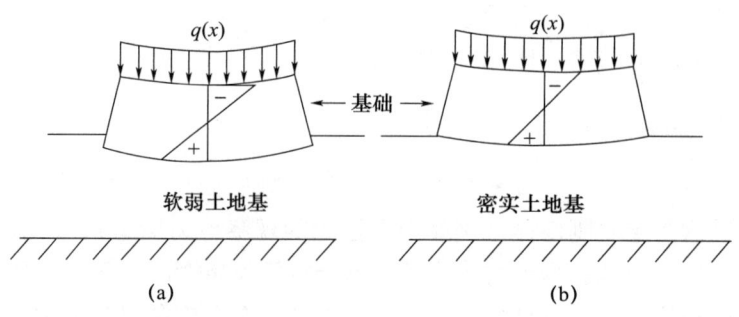

图 3-2 不同压缩性地基对基础挠曲与内力的影响

当地基压缩土层非均匀分布，如图 3-3 所示，显然，两种不同的非均布形式对基础与上部结构的挠曲和内力将产生两种完全不同的结果。因此对于压缩性大的地基或非均匀性地基，考虑地基与基础的共同作用就很有必要。

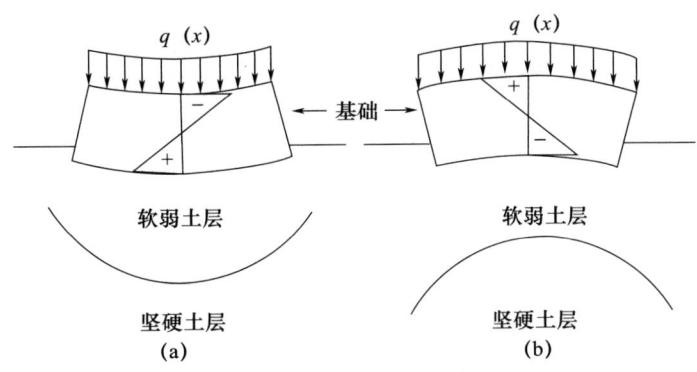

图 3-3 非均匀地基对基础挠曲与内力的影响

基础将上部结构的荷载传递给地基，在这一过程中，通过自身的刚度，对上调整上部结构荷载，对下约束地基变形，使上部结构、基础和地基形成一个共同受力、变形协调的整体，在体系的工作中起承上启下的关键作用。为便于分析，先不考虑上部结构的作用，假设基础是完全柔性，这时荷载的传递不受基础的约束也无扩散的作用，则作用在基础上的分布荷载 $q(x,y)$ 将直接传到地基上，产生与荷载分布相同、大小相等的地基反力。当荷载均匀分布时，反力也均匀分布，如图 3-4（a）所示。但是地基上的均布荷载，将引起地表呈图中所示的凹曲变形，显然，要使基础沉降均匀，则荷载与地基反力必须按中间小两侧大的抛物线形分布，如图 3-4（b）所示。

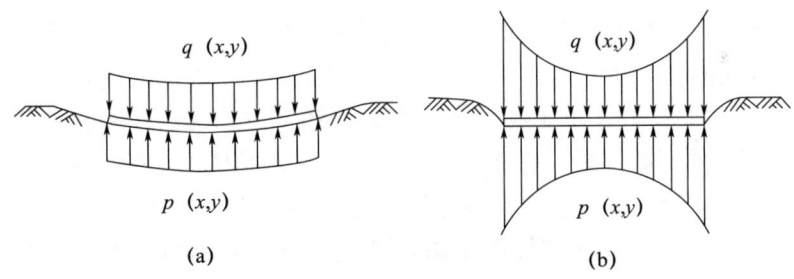

图 3-4 柔性基础基底反力

刚性基础对荷载的传递和地基的变形要起约束与调整作用。假定基础绝对刚性，在其上方作用有均布荷载，为适应绝对刚性基础不可弯曲的特点，基底反力将向两侧边缘集中，迫使地基表面变形均匀以适应基础的沉降。当把地基土视为完全弹性体时，基底的反力分布将呈图 3-5（a）的抛物线分布形式。由于土的强度有限，基础边缘处的应力太大，土要屈服以至发生破坏，部分应力将向中间转移，于是反力的分布呈图 3-5（b）即马鞍形的分布。就承受剪应力的能力而言，基础下中间部位的土体高于边缘处的土体，因此当荷载继续增加时，基础下面边缘处土体的破坏范围不断扩大，反力进一步从边缘向中间转移。其分布形式就成为图 3-5（c）即钟形的分布。如果地基土是无黏性土，没有黏结强度，且基础埋深很浅，边缘外侧自重压力很小，则该处土体几乎不具有抗剪强度，也就不能承受任何荷载，因此反力的分布就可能成为图 3-5（d）即倒抛物线的分布。

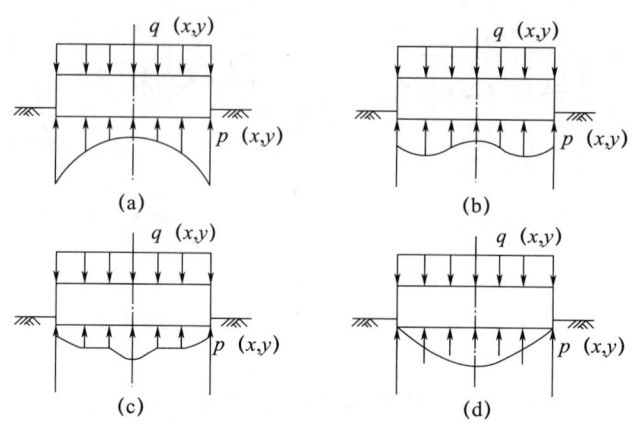

图 3-5 刚性基础基底反力的分布

如果基础不是绝对刚性体而是有限刚性体，在上部结构传来荷载和地基反力共同作用下，基础要产生一定程度的挠曲，地基土在基底反力作用下产生相应的变形。根据地基和基础变形协调的原则，理论上可以根据两者的刚度求出反力分布曲线。曲线的形式同样是图 3-5 中的某一种分布曲线。显然实际的分布曲线的形状决定于基础与地基的相对刚度。基础的刚度越大，地基的刚度越小，则基底反力向边缘集中的程度越高。

3.1.3 上部结构、基础和地基的共同作用

进一步设想，若把上部结构等价成一定的刚度，叠加在基础上，然后用叠加后的总刚度与地基进行共同作用的分析，求出基底反力分布曲线，这根曲线就是考虑上部结构-基础-地基共同作用后的反力分布曲线。将上部结构和基础作为一个整体，将反力曲线作为边界荷载与其他外荷载一起加在该体系上，就可以用结构力学的方法求解上部结构和基础的挠曲和内力。反之，把反力曲线作用于地基上，就可以用土力学的方法求解地基的变形。也就是说，原则上考虑上部结构-基础-地基的共同作用，分析结构的挠曲和内力是可能的，其关键问题是求解考虑共同作用后的基底反力分布。

求解基底的实际反力分布是一个很复杂的问题。因为真正的反力分布图受地基基础变形协调这一要求所制约。其中基础的挠曲决定作用于其上的荷载（包括基底反力）和自身的刚度。地基表面的变形则决定于全部地面荷载（即基底反力）和土的性质。即便把地基土当成某种理想的弹性材料，利用基底各点地基与基础变位协调条件以推求反力分布就已经是一个不简单的问题，更何况土并非理想的弹性材料，变形模量随应力水平而变化，而且还容易产生塑性破坏，破坏后的模量将进一步降低，因而使问题的求解变得十分复杂。因此直至目前，共同作用的问题原则上都可以求解，而实用上则尚没有一种完善的方法能够对各类地基条件均给出满意的解答，其中最重要的困难，就是选择正确的地基模型。

3.2 地基计算模型

基础设计最大的难点是如何描述地基对基础作用的反应，即确定基底反力与地基变形之间的关系。这就需要建立能较好反映地基特性又能便于分析不同条件下基础与地基共同作用的地基模型。地基上梁和板的分析，首先必须建立某种理想化的地基计算模型（或图式）。这种模型应尽可能准确地模拟地基与基础相互作用时所表现的主要力学性状，同时又要便于利用已有的数学方法进行分析。随着人们认识的发展，曾经提出过不少地基模型，目前这类地基计算模型很多，依其对地基土变形特性的描述可分为三大类：线性弹性地基模型、非线性弹性地基模型和弹塑性地基模型。然而，由于问题的复杂性，不管哪一种模型都难以反映地基工作性状的全貌，因而各具有一定的局限性。这里只介绍目前较为常用的三种属于线性变形体的地基计算模型。

3.2.1 文克尔地基模型

文克尔地基模型是由文克尔（E. Winkler）于1867年提出的。该模型假定地基上任一点的变形 s_i 与该点所承受的地基压力强度 p_i 成正比，而与其他点的压力无关，即：

$$p_i = k s_i \tag{3-1}$$

式中：k——地基抗力系数，也称基床系数，kN/m^3。

显然，该模型实质上就是将地基土体看成是由一系列相互独立的、侧面无摩擦的土柱组成的，并且由于荷载与位移有线性关系，当然就可以用一系列弹簧来模拟了，如图 3-6 (a) 所示。所以文克尔地基模型又可称为弹簧地基模型。其特征是地基仅在荷载作用区域下发生与压力成正比例的变形，在区域外的变形为零。

文克尔地基模型的基底反力分布与地基表面的竖向位移分布相似。由于刚性基础受力后不能发生挠曲，所以刚性基础的基底反力一定是直线分布的，如图 3-6 (c) 所示，如果受的是中心荷载，则 p 就是均匀分布。

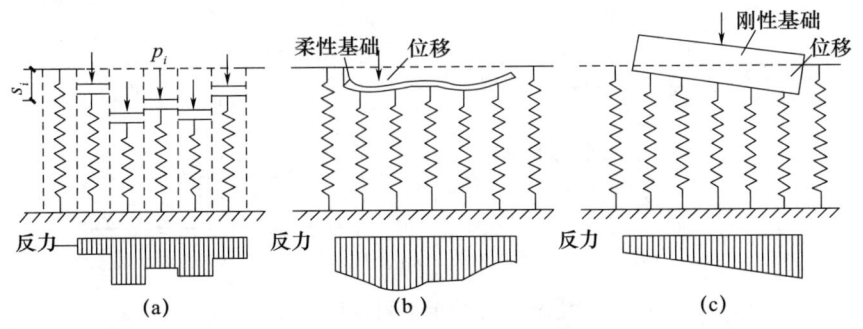

图 3-6 文克尔地基模型示意图
(a) 侧面无摩阻力的土柱弹簧体系；(b) 柔性基础下的弹簧地基模型；(c) 刚性基础下的弹簧地基模型

真实的地基都是比较宽广的连续介质，表面任意点的变形不仅取决于直接作用在该点上的荷载，而且与整个地面荷载有关，因此，严格符合文克尔地基模型的实际地基是不存在的。

对于①抗剪强度较低的软土地基（如淤泥、软黏土等），或基底塑性区较大时，②地基压缩层较薄，其厚度不超过基础短边的一半，荷载基本上不向外扩散的情况，比较符合文克尔地基模型。

对于其他情况，误差较大；但可以在选择基床系数时，通过适当的办法来减小误差，以扩大文克尔地基模型的应用范围。

该模型表述简单，应用方便，在条形、筏形和箱型基础的设计中，得到广泛的应用，并积累了丰富的设计资料和经验，可供设计时参考。

3.2.2 弹性半空间地基模型

该模型假设地基是一个均质、连续、各向同性的半无限空间弹性体。

1. 集中力下的地表沉降

由弹性力学知，若弹性半空间表面上作用一竖向集中力 P，如图 3-7（a）所示，则在半空间表面上离作用点半径 r 处的地表变形值（沉降）s 为：

$$s = \frac{1-\mu^2}{\pi E} \cdot \frac{P}{r} \tag{3-2}$$

式中：μ——土的泊松比；

E——土的变形模量。

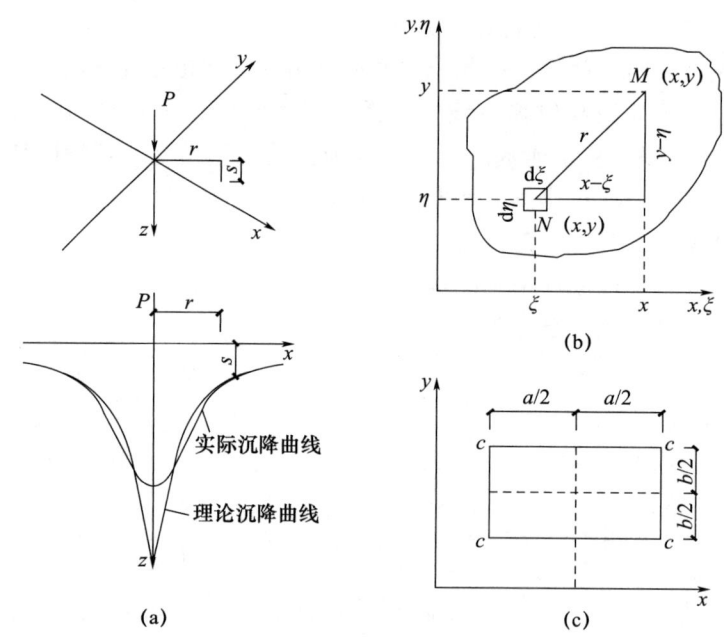

图 3-7 弹性半空间地基模型
（a）集中荷载作用下任意点地面沉降 s；（b）任意有限面积上作用连续荷载 P；
（c）矩形面积上作用分布荷载 P

2. 有限面积 A 上的连续分布荷载 P

在表面各点的变形可以通过对式（3-2）积分求得。例如通过积分可以求得均匀分布在矩形面积 $l \times b$ 上的荷载 [图 3-7（a）] 在矩形角点处的变形值为：

$$s_c = \frac{Pb(1-\mu^2)}{E} I_c \tag{3-3}$$

式中：I_c——角点影响系数，见表 3-1。

表 3-1 基础角点影响系数 I_c

基础刚度	基础形状									
	圆形	矩形（边长 $m=a/b$）								
		1.0	1.5	2.0	3.0	5.0	10	20	50	100
刚性	0.79	0.88	1.07	1.21	1.42	1.70	2.10	2.46	3.00	3.43
柔性	0.64	0.56	0.68	0.77	0.89	1.05	1.27	1.49	1.80	2.00

3. 考虑相互作用后的弹性半空间解答

用弹性半空间地基模型计算地基中的应力与变形方法在土力学中已经讲过。但在计算中要考虑基础与地基的变形协调就相当繁杂，只能借助于数值方法。如图 3-8 所示，将基础底面划分为 n 个 $a_j \cdot b_j$ 的微元。

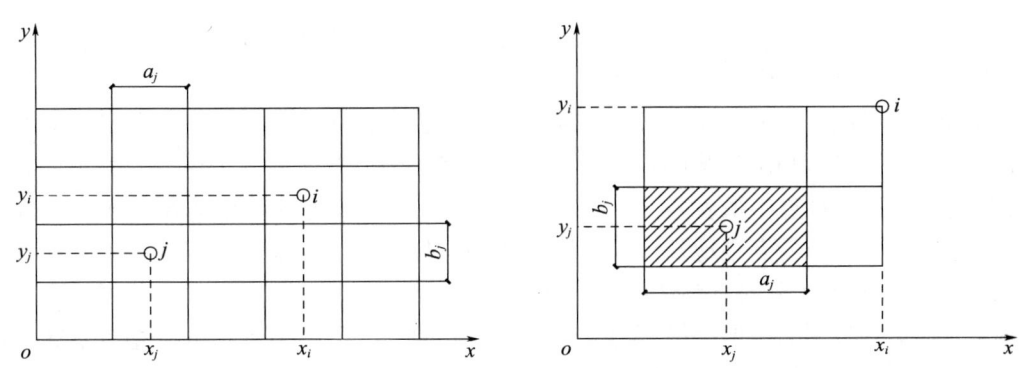

图 3-8 弹性半空间地基模型地表变形计算
(a) 基底网格划分；(b) 网格中点坐标

分布于微元之上的荷载用作用于微元中心点上的集中力 P_j 表示。以中心点为结点，则作用于各结点上的等效集中力就是 $\{P\}$。P_j 对地基表面任一结点 i 所引起的变形为 s_{ij}。各结点上的变形为 $\{s\}$，可表示为：

$$\begin{Bmatrix} s_1 \\ s_2 \\ \vdots \\ s_n \end{Bmatrix} = \begin{bmatrix} \delta_{11} & \delta_{12} & \cdots & \delta_{1n} \\ \delta_{21} & \delta_{22} & \cdots & \delta_{2n} \\ \vdots & \vdots & \vdots & \vdots \\ \delta_{n1} & \delta_{n2} & \cdots & \delta_{nn} \end{bmatrix} \begin{Bmatrix} P_1 \\ P_2 \\ \vdots \\ P_n \end{Bmatrix} \tag{3-4}$$

可简写为：

$$\{s\} = [\boldsymbol{\delta}]\{P\} \tag{3-5}$$

式中：$[\boldsymbol{\delta}]$——地基的柔度矩阵，其中的元素 δ_{ij} 表示 j 结点上单位集中力 $P_j=1$ 在 i 结点引起的变形，可以用式（3-2）计算，得：

$$\delta_{ij} = s_{ij} = \frac{1-\mu^2}{\pi E} \frac{1}{\sqrt{(x_j-x_i)^2+(y_j-y_i)^2}} \tag{3-6}$$

式中：x_i、y_i 与 x_j、y_j——结点 i、j 的坐标；

δ_{ij}——j 结点上单位集中力在 i 结点引起的变形。

式（3-5）就是用矩阵表示的弹性半空间地基模型中地基反力与地基变形的关系式。与文克尔地基模型不同，弹性半空间地基模型清楚表明，地基表面一点的变形量不仅取决于作用在该点的荷载，而且与全部地面荷载有关。对于常见情况，基础宽度比地基土层厚度小，土层并非十分软弱，较之文克尔地基模型，弹性半空间地基模型更接近实际情况。

但是，弹性半空间地基模型假定 E、μ 是常数，同时深度无限延伸，而实际的地基都只有一定厚度的压缩土层，且变形模量 E 随深度而增加。因此，如果说文克尔地基模型因为没有考虑计算点以外荷载对计算点变形的影响，从而导致变形量偏小的话，则半空间模型由于夸大了地基的深度和土的压缩性而常导致计算得到的变形量过大。

3.2.3 有限压缩层地基模型（分层地基模型）

当地基土层分布比较复杂时，上述的文克尔地基模型或弹性半空间地基模型均有较大差异。这时可以采用有限压缩层地基模型。

有限压缩层地基模型（又称分层地基模型）：把地基当成侧限条件下有限深度的压缩土层，并以分层总和法为基础，来建立地基压缩层变形与地基作用荷载的关系。有限压缩层地基模型的计算参数就是土的压缩模量 E_s，它可以比较容易的在现场或室内试验中得到。该模型的特点是地基可以分层，地基土是在完全侧限条件下受压缩。地基计算压缩层厚度 H 仍按分层总和法的规定确定。

为了应用有限压缩层地基模型建立地基反力与地基变形的关系，可以先将基底平面划分成 n 个网络，并将其覆盖的地基划分成对应的 n 个土柱，土柱的下端终止于压缩层的下限，如图3-9所示。将第 i 个土柱按沉降计算方法的分层要求再划分为 m 个土层，单元编号为 $t=1,2,3,\cdots,m$。

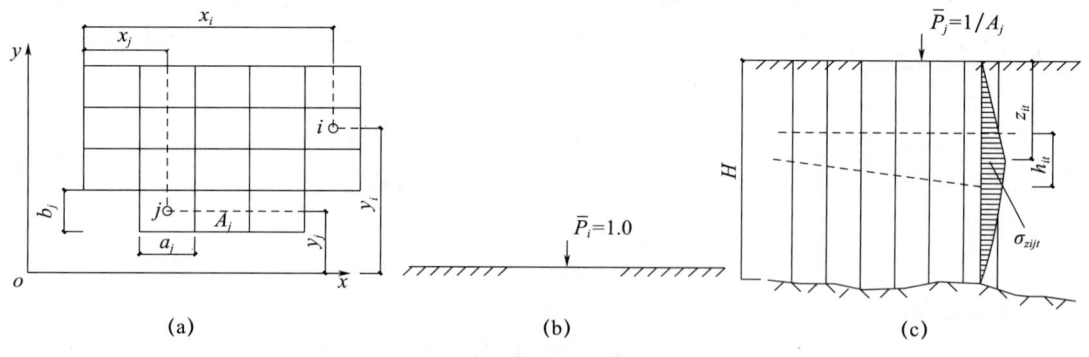

图 3-9 有限压缩层地基模型
(a) 基底平面网格图；(b) y_j 剖面结点荷载 P_j 的分布；(c) 地基剖面与分割的土柱

假设在面积为 A_j 的第 j 个网格中心上，作用 1 个单位的集中力 $\overline{P}_j=1$，则网格上的竖向均布荷载 $\overline{P}_j=1/A_j$。该荷载在第 i 网格下（土柱）第 t 层土中点 z_{it} 处产生的竖向应力为σ_{zitj},可用角点法求解。那么第j个网格上的单位集中荷载在第i个土柱上部中心位置产生的沉降为:

$$\delta_{ij} = \sum_{t=1}^{m} \frac{H_{it}\sigma_{zijt}}{E_{sit}} \quad (3-7)$$

式中:E_{sit}——第i个土柱中第t层土的压缩模量;

H_{it}——该土层的厚度。

δ_{ij}是反映作用在微元j上的单位荷载对基底i点的变形影响,因此称为变形系数或柔度矩阵$[\boldsymbol{\delta}]$的元素。实际上,在整个基底范围内都作用着荷载,都将产生沉降,各等价集中荷载下的沉降可以用矩阵表示为:

$$\begin{Bmatrix} s_1 \\ s_2 \\ \vdots \\ s_n \end{Bmatrix} = \begin{Bmatrix} \delta_{11} & \delta_{12} & \cdots & \delta_{1n} \\ \delta_{21} & \delta_{22} & \cdots & \delta_{2n} \\ \vdots & \vdots & & \vdots \\ \delta_{n1} & \delta_{n2} & \cdots & \delta_{nn} \end{Bmatrix} \begin{Bmatrix} P_1 \\ P_2 \\ \vdots \\ P_n \end{Bmatrix} \quad (3-8)$$

可简写为:

$$\{s\} = [\boldsymbol{\delta}]\{P\} \quad (3-9)$$

式(3-9)表达了有限压缩层地基模型基底荷载与地基变形的关系。

有限压缩层地基模型原理简明,适应性也较好,但带有分层总和法的优缺点,并且计算工作烦琐,是其推广使用的主要困难。

3.3 连续基础分析方法

基础分析方法大致分为有三种类型的方法,即不考虑共同作用分析法、考虑基础-地基共同作用分析法、考虑上部结构-基础-地基共同作用分析法。

3.3.1 不考虑共同作用分析法

该法是假定基础底面反力呈直线分布的结构力学方法。分析时将上部结构、基础与地基按静力平衡条件分割成三个独立部分求解。先把上部结构看成为柱端固接于基础上的独立结构,用结构力学方法求出柱底反力与结构内力,如图3-10(b)所示;再以求出的柱端作用力反向作用于基础上,并按基底反力为直线分布的假定,求出基底反力,然后用结构力学方法求基础的内力,如图3-10(c)所示;最后,不考虑基础刚度的调节作用,直接把基底反力反向作用于地基表面以计算地基的变形,如图3-10(d)所示。

这种方法只满足静力平衡条件,但完全不考虑三个部分在连接处因需要满足变形协调条件而引起的支座与基底反力的重分配和调整。对于地基刚度很大、变形量很小,或结构刚度很大、基础的挠曲很小时,近似于这种情况。其他情况,就有不同程度的误差,甚至导致计算结果与实测资料很不一致。但该方法计算容易,且积累了较丰富的工程实用经验,仍然是工程中常用的计算方法,除用于刚性基础和扩展基础外,在上部结构对变形不敏感等情况下的条形、筏形和箱形基础上也有不少应用。在这类方法中,常用的有静定分析法、倒梁法和倒楼盖法等。

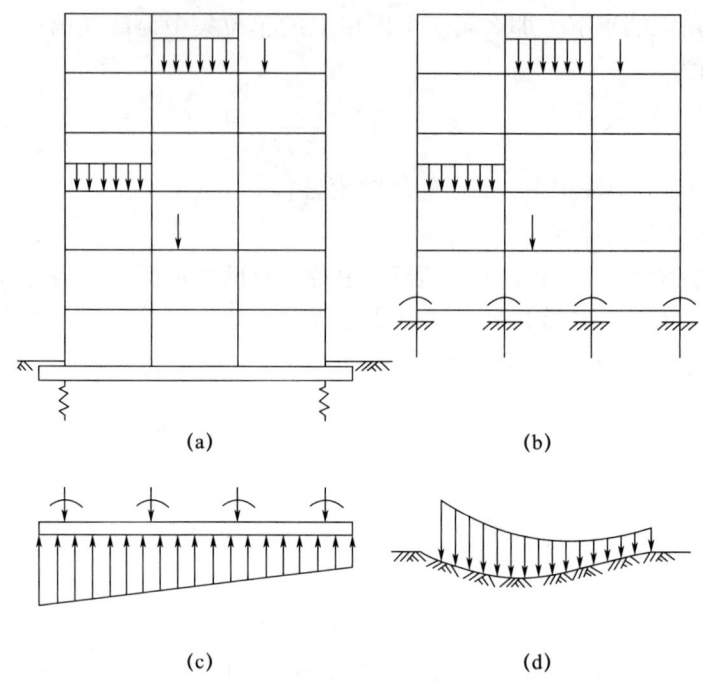

图 3-10 不考虑共同作用的分析方法
(a) 框架结构系统；(b) 上部结构；(c) 基础结构；(d) 地基计算

静定分析法把梁、板当成静定结构，柱子只传递荷载，对基础不起约束作用，在柱荷载和地基反力作用下，梁、板可以产生整体弯曲，因此这种方法用于上部结构不约束基础变形，相当于上部结构为柔性结构的情况。倒梁法和倒楼盖法则假定柱端为不动支座，在地基反力作用下，梁、板只产生局部弯曲，不产生整体弯曲，相当于上部结构整体刚度很大的情况。

3.3.2 考虑基础、地基共同作用分析法

分析时，根据地基土层情况选用上述某种地基模型。同时，按静力平衡条件将上部结构与基础分割开，用结构力学方法求出柱端作用力，并反向作为荷载加于基础上。于是基础成为设置在某种地基模型上的承载结构或构件。然后根据选用的地基模型，分别求得这一体系中基底反力 P 和地基变形 s 的关系。因此必须应用体系的变形条件，基础-地基共同作用必须满足两者变形协调的要求，或者说在上部结构荷载和地基反力 P 的作用下基础各点的位移 w 与地表该点的变形 w 相同，即 $w=s$。根据式 $w=s=\delta'P$（δ' 为基础的柔度矩阵），可求解基底的反力 P。

将基底反力与上部结构的荷载（例如通过柱端传递）一起加在基础上就可以用结构力学方法求基础的内力。将基础反力反向作用于地基上，用所选用的地基模型，就可求解地基的变形，即为建筑物的沉降，如图 3-11 所示。

以上就是不考虑上部结构刚度，仅考虑基础-地基共同作用时进行基础计算的简要概念。显然，无论采用什么地基模型，考虑基础-地基共同作用的基础计算，都要比完全不考虑共同作用的单纯结构力学方法要复杂得多。

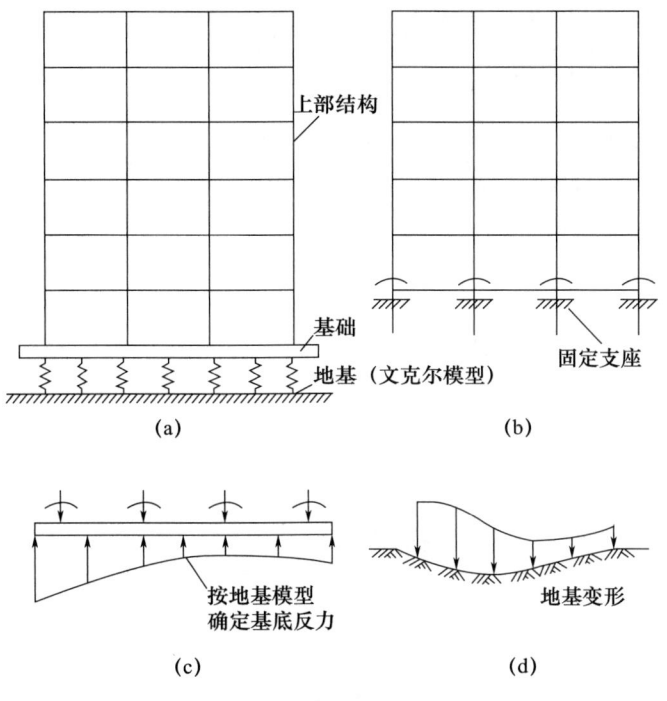

图 3-11 考虑共同作用的分析方法
(a) 整体；(b) 上部结构；(c) 基础；(d) 地基

根据选用地基模型不同，基础梁、板计算方法主要有文克尔地基上的梁、板计算，弹性半空间地基上的梁、板计算（其简化方法如链杆法）以及有限压缩层上的梁板计算等，业已发展形成了梁、板、箱形基础的设计理论与方法，成为当前设计的常规方法。这类方法的计算结果与实际情况仍然有所差别。一是因为不考虑上部结构的刚度贡献，导致地基变形量偏大，因而基础内力也偏高，这是偏于安全方面；二是没有考虑基础的变形会引起上部结构产生附加应力与变形，这是偏于不安全方面，因此这类方法较适用于上部结构刚性较小而基础刚度较大的情况。

3.3.3 考虑上部结构-基础-地基共同作用分析法

这种方法的基本原则是要求上部结构、基础和地基相互之间在连接点处不仅要满足静力平衡条件，而且都必须满足变形协调条件，即上部结构柱端的位移 s_i 与该点基础上表面的位移 w_i 相一致；基底任一点的位移 w_j 与该点的地基变形 s_j 也相一致。解法与上述考虑基础地基共同作用的方法相似，但在求地基反力时要考虑上部结构刚度的影响，可以用空间子结构方法解决（具体内容请参见相关书籍）。通过该方法可得基础于结构的结点位移和结点力。基础底面结点的位移与结点力即为地基的变形与基底的反力。基础顶面边界结点的位移与结点力，即为上部结构柱端的支座位移与支座反力。如果将其自下而上向上部结构的子结构回代，即可得到上部结构各结点的位移与内力。

某单层框架的基础梁应用三种方法计算，结果对比见图 3-12 和表 3-2。

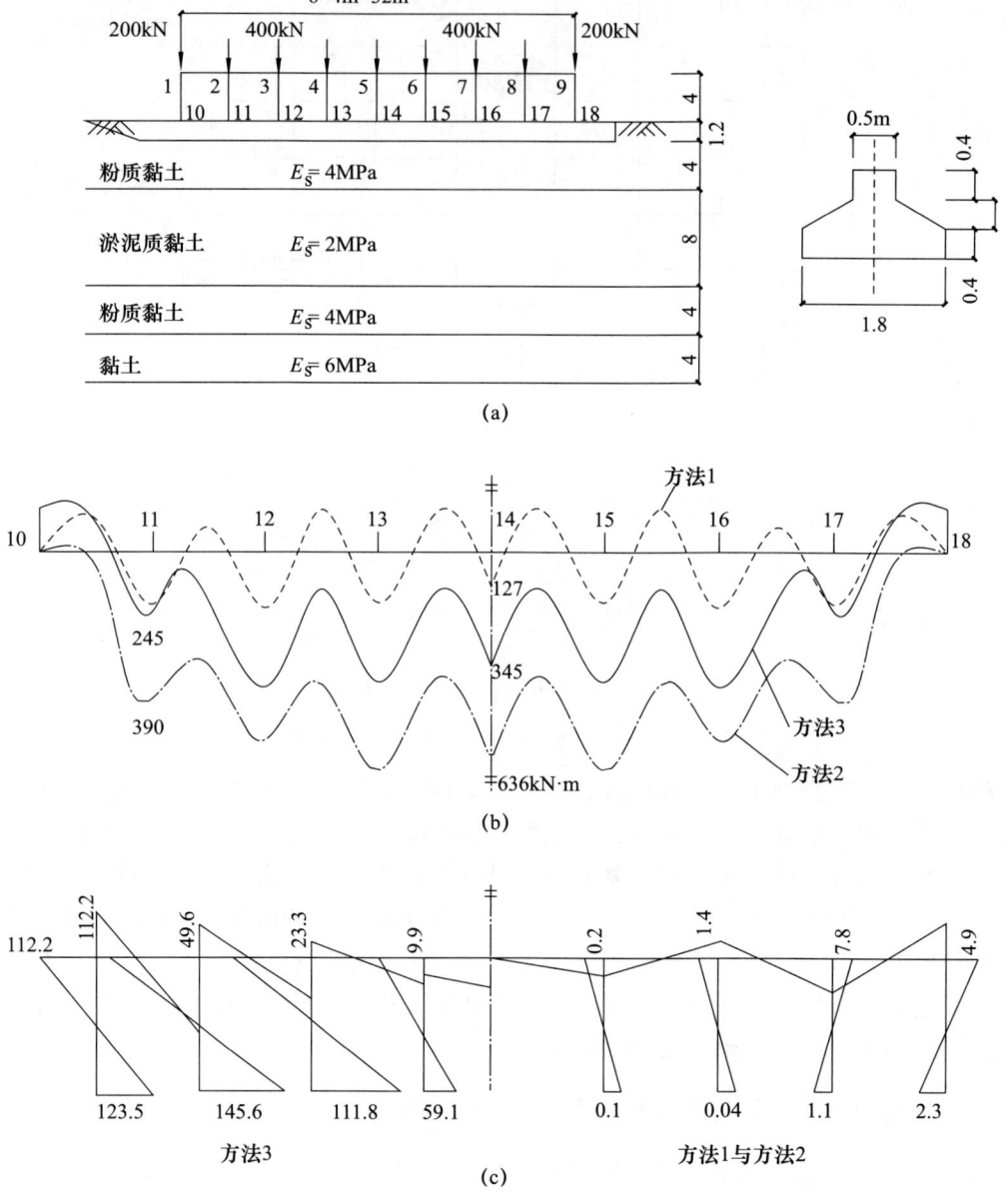

图 3-12 三种方法计算结果比较
(a) 计算简图；(b) 基础梁弯矩；(c) 单层框架弯矩

表 3-2 三种方法结果比较

计算方法	基础梁弯矩/(10kN·m)						基础相对挠曲/‰	柱子轴向力/kN				
	柱间跨中			柱下处								
	11~12	12~13	13~14	12	13	14		10	11	12	13	14
方法1	−5.27	−7.35	−7.35	12.7	12.7	12.7	0					
方法2	30.22	40.93	43.73	57.24	62.68	63.66	0.055	20.32	39.52	40.19	39.97	40.01
方法3	4.86	5.15	8.84	35.19	36.51	34.51	0.022	25.04	38.24	38.95	38.50	38.95

三种方法计算结果比较：

1. 方法1

为不考虑共同作用。把柱端看作不动铰支座，柱下基础梁呈正弯矩，柱间为负弯矩，梁中点处弯矩为127kN·m，仅为完全考虑共同作用的37%，对于基础梁偏不安全。由于没有反映基础沉降在上部结构中产生次应力，对上部结构也偏不安全。另外，计算中没有考虑地基变形对基础挠曲影响，将基础视为绝对刚性，相对挠曲为零，也不符合基础发生整体挠曲的实际情况。

2. 方法2

为考虑部分共同作用。不考虑上部结构刚度的贡献，基础梁仅依靠自身与地基的刚度抵抗挠曲，故整体挠曲较大。除两端外，基础梁受正弯矩作用，中点弯矩值为全部共同作用计算结果的184%，说明此法计算的相对挠曲偏大，内力偏高，设计的基础梁偏于浪费。另一方面，此法也没有考虑基础沉降在结构内部引起的次应力，就结构而言，则偏于不安全。

3. 方法3

为考虑全部共同作用。计算结果表明基础梁的弯矩介于上述两种方法之间，整体挠曲仍占有较大比重，除端部外，基础梁也都承受正弯矩。条形和筏形基础常采用端部外伸的方法扩大基础底面积，可起调整与改善梁的弯矩分布的作用。由于考虑了基础的挠曲对上部结构将产生次应力和上部荷载由中柱向边柱的转移，与前两种方法相比，边柱荷载增大25%，中柱减少5%，较为符合实际的判断。

3.4 柱下条形基础

柱下条形基础常用做软弱地基上框架或排架结构的基础。与墙下条形扩展基础的不同在于，在柱荷载作用下，基础要产生纵向挠曲。此时，最好考虑基础-地基共同作用来分析基础梁的挠曲和内力。柱下条形基础是软弱地基上框架或排架结构常用的一种基础类型，分为沿柱列一个方向延伸的条形基础（图2-6）和沿两个正交方向延伸的交叉基础（图2-7）。本节主要介绍柱下条形基础的主要的结构布置和构造要求及几个常用分析方法。

3.4.1 柱下条形基础的构造要求

(1) 柱下条形基础通常是钢筋混凝土梁，由中间的矩形肋梁与向两侧伸出的翼板所组成，形成既有较大的纵向抗弯刚度，又有较大基底面积的倒T形梁的结构，典型的构造如图3-13（d）所示。

(2) 为增大边柱下梁基础的底面积，改善梁端地基的承载条件，同时调整基底形心与荷载重心相重合或靠近，使基底反力分布更为均匀合理，以减少挠曲作用，条形基础的端部宜向外伸出，其长度宜为第一跨距的0.25倍，如图3-13（a）所示，$l_0 \leqslant 0.25 l_1$。

(3) 柱下条形基础梁的高度宜为柱距的1/4～1/8。翼板厚度不应小于200mm。当翼板厚度大于250mm时，宜采用变厚度翼板，其顶面坡度宜小于或等于1:3，如图3-13（d）所示。

(4) 现浇柱与条形基础梁的交接处,基础梁的平面尺寸应大于柱的平面尺寸,且柱的边缘至基础梁边缘的距离不得小于50mm,如图3-13(e)所示;应验算柱边缘处基础梁的受剪承载力;当存在扭矩时,尚应做抗扭计算。

(5) 条形基础梁顶部和底部的纵向受力钢筋除应满足计算要求外,顶部钢筋应按计算配筋全部贯通,底部通长钢筋不应少于底部受力钢筋截面总面积的1/3[图3-13(b)、(c)],基础梁内柱下支座受力筋宜布置在支座下部,柱间跨中受力筋宜布置在跨中上部。梁的下部纵向筋的搭接位置宜在跨中,而梁的上部纵向筋的搭接位置宜在支座处,且都要满足搭接长度要求。

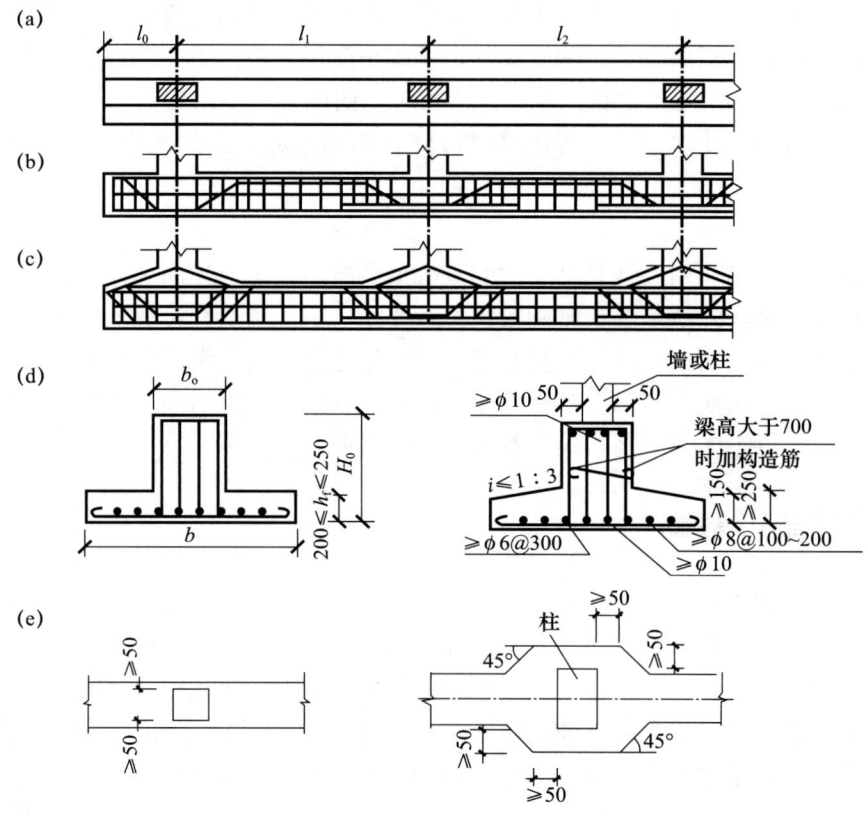

图 3-13 柱下条形基础的构造(单位:mm)
(a) 平面图;(b)、(c) 纵剖面图;(d) 横剖面;(e) 柱与梁交接处平面尺寸

(6) 柱下条形基础的混凝土强度等级,不应低于C_{20}。当条形基础的混凝土强度等级小于柱的混凝土强度等级时,应验算柱下条形基础梁顶面的局部受压承载力。

(7) 在比较均匀的地基上,上部结构刚度较好,荷载分布较均匀,且条形基础梁的高度不小于1/6柱距时,地基反力可按直线分布,条形基础梁的内力可按连续梁计算,此时边跨跨中弯矩及第一内支座的弯矩值宜乘以1.2的系数;否则,宜按弹性地基梁计算。

(8) 对交叉条形基础,交点上的柱荷载,可按静力平衡条件及变形协调条件进行分配。其内力可按上述规定,分别进行计算。

3.4.2 静力平衡法

静力平衡法是假定地基反力按直线分布，不考虑上部结构刚度的影响，根据基础上所有的作用力，按静定梁计算基础梁内力的简化计算方法。静力平衡法计算图示如图3-14所示。

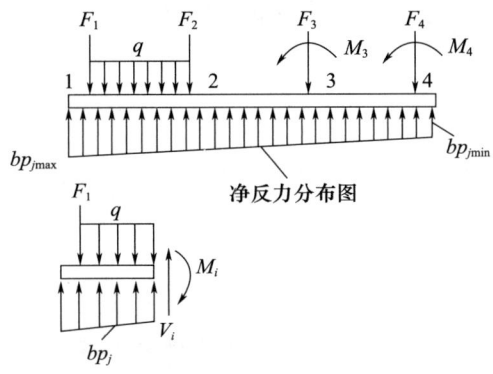

图3-14 静力平衡法计算图示

静力平衡法适用于地基压缩性和基础荷载分布都比较均匀，基础高度大于柱距的1/6或平均柱距l_m满足$l_m \leqslant 1.75/\lambda$，且上部结构为柔性结构时的柱下条形基础和联合基础，用此法计算比较接近实际。

$$\lambda = 4\sqrt{\frac{k_s b_0}{4E_c I}} \tag{3-10}$$

式中：k_s——基床系数，可按$k_s = p_0/S_0$计算（p_0为基础底面平均附加压力标准值，S_0为以p_0计算的基础平均沉降量），也可参照各地区性规范按土类名称及其状态给出的经验值；

b_0、I——基础梁的宽度和截面惯性矩；

E_c——混凝土的弹性模量。

静力平衡法计算步骤如下：

（1）先确定基础梁纵向每米长度上地基净反力设计值，其最大值为$b \times p_{jmax}$，最小值为$b \times p_{jmin}$，若地基净反力为均布则为$b \times p_j$，如图3-15中虚线所示。

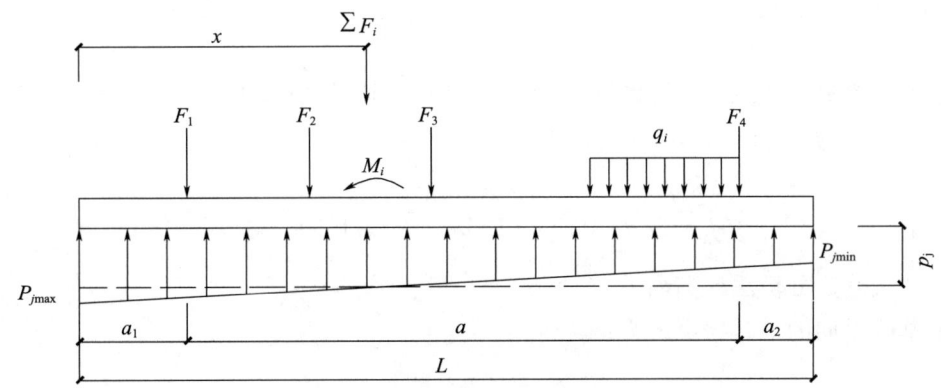

图3-15 静力平衡法地基净反力

(2) 对基础梁从左至右取分离体，列出分离体上竖向力平衡方程和弯矩平衡方程，求解梁纵向任意截面处的弯矩 M_s 和剪力 V_s，一般设计只求出梁各跨最大弯矩和各支座弯矩及剪力即可（图 3-16）。

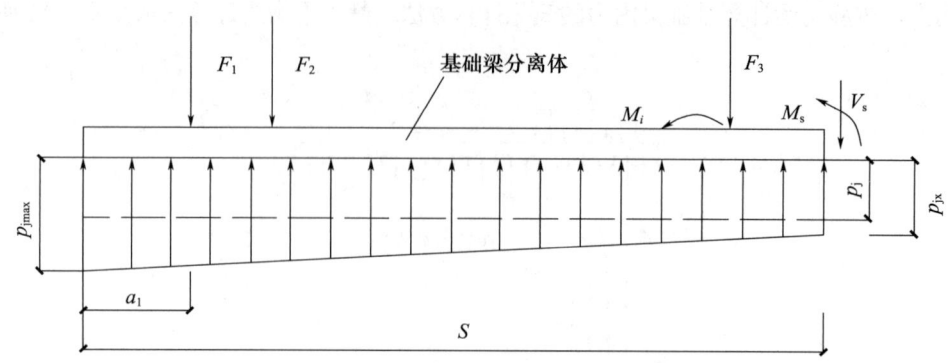

图 3-16 静力平衡法基础梁分离体

由于静力平衡法不考虑基础与上部结构的相互作用，因而在荷载和直线分布的基底反力作用下可能产生整体弯曲。与其他方法比较，这样计算所得的基础梁不利截面的弯矩绝对值一般还是偏大。

上述适用条件中要求上部结构为柔性结构。如何判断上部结构为柔性结构，从绝大多数建筑的实际刚度来看均介于绝对刚性和完全柔性之间，目前还难以定量计算。在实践中往往只能定性地判断其比较接近哪一种极端情况，例如，剪力墙体系的高层建筑是接近绝对刚性的，而以屋架-柱-基础为承重体系的排架结构和木结构以及一般静定结构，是接近完全柔性的。具体应用上，对于中等刚度偏下的建筑物也可视为柔性结构，如中、低层轻钢结构，柱距偏大而柱断面不大且楼板开洞又较多的中、低层框架结构，以及体型简单、长高比偏大（一般大于 5 以上）的结构，等等。

【例题 3-1】如图 3-17 所示的柱下条形基础，已知选取基础埋深为 1.5m，修正后的地基承载力特征值为 126.5kPa，图中的柱荷载均为设计值，标准值可近似取为设计值的 74%。试确定基础底面尺寸，并用静定分析法计算基础梁的内力。

【解】

(1) 确定基础底面尺寸

设基础端部外伸长度为边跨跨距的 20%，即 1.0m，则基础总长度 $l = 2 \times (1+5) = 18$ (m)，于是基底宽度为：

$$b = \frac{\sum F_k}{l(f_a - 20d)} = \frac{2 \times (850 + 1850) \times 0.74}{18 \times (126.5 - 20 \times 1.5)} = 2.3 \text{ (m)}$$

(2) 按静定分析法计算内力

沿基础纵向的地基净反力为：

$$bp_n = \frac{\sum F_k}{l} = \frac{5400}{18} = 300 \text{ (kN/m)}$$

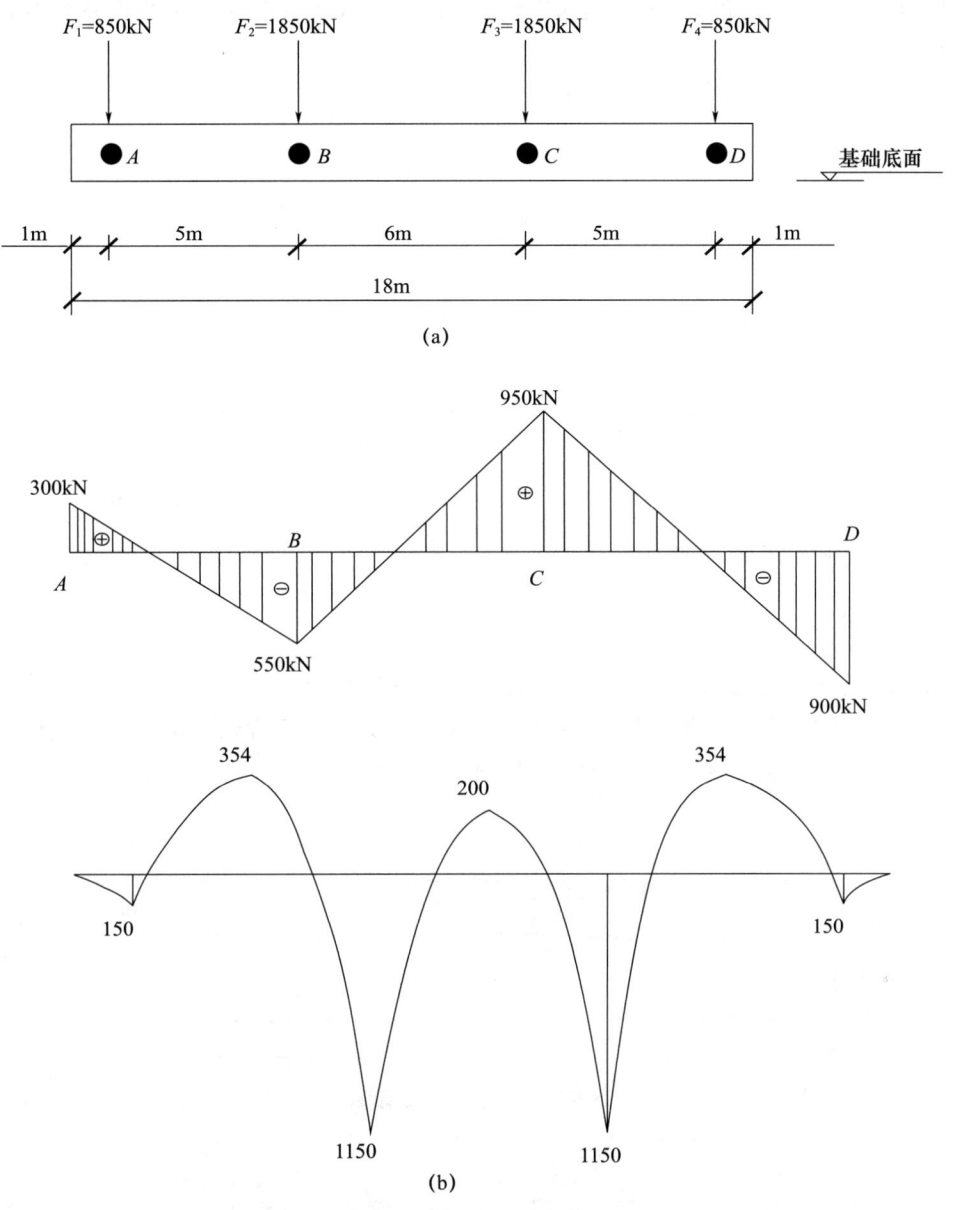

图 3-17 柱下条形基础
(a) 柱下条形基础受力分布图；(b) 剪力图与弯矩图

先计算支座处剪力：

$$V_A^l = bp_n l_0 = 300 \times 1 = 300 \text{ (kN)}$$
$$V_A^r = V_A^l - F_1 = 300 - 850 = -550 \text{ (kN)}$$
$$V_B^l = bp_n(l_0 + l_1) - F_1 = 300 \times 6 - 850 = 950 \text{ (kN)}$$
$$V_B^r = V_B^l - F_2 = 950 - 1850 = -900 \text{ (kN)}$$

再计算截面弯矩：

$$M_A = \frac{1}{2} bp_n l_0^2 = \frac{1}{2} \times 300 \times 1^2 = 150 \text{ (kN·m)}$$

按剪力 $V=0$ 的条件，确定边跨跨中最大负弯矩的截面位置，x 为至条形基础左端点的距离：

$$x=\frac{F_1}{bp_n}=\frac{850}{300}=2.83 \text{ (m)}$$

于是

$$M_1=\frac{1}{2}bp_nx^2-F_1(x-l_0)=\frac{1}{2}\times 300\times 2.83^2-850\times 1.83=-354.2 \text{ (kN·m)}$$

$$M_B=\frac{1}{2}bp_n(l_0+l_1)^2-F_1l_1=\frac{1}{2}\times 300\times (1+5)^2-850\times 5=1150 \text{ (kN·m)}$$

中跨最大负弯矩在跨中央：

$$M_2=\frac{1}{2}bp_n\left(l_0+l_1+\frac{l_2}{2}\right)^2-F_1\left(l_1+\frac{l_2}{2}\right)-F_2\left(\frac{l_2}{2}\right)$$

$$=\frac{1}{2}\times 300\times 9^2-850\times 8-1850\times 3=-200 \text{ (kN·m)}$$

由此可绘制弯矩图和剪力图。

3.4.3 倒梁法

倒梁法是假定上部结构完全刚性，各柱间无沉降差异，将柱下条形基础视为以柱脚作为固定支座的倒置连续梁，以线性分布的基础净反力作为荷载，按多跨连续梁计算法求解内力的计算方法。倒梁法计算图示如图 3-18 所示。

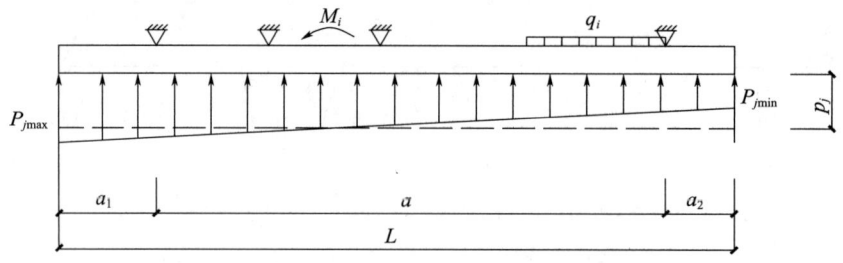

图 3-18　倒梁法计算图示

倒梁法适用于：

（1）地基压缩性和基础荷载分布都比较均匀，基础高度大于柱距的 1/6 或平均柱距 l_m 满足 $l_m \leqslant 1.75/\lambda$（符号同静力平衡法所述），且上部结构刚度较好时的柱下条形基础，可按倒梁法计算。

（2）基础梁的线刚度大于柱子线刚度的 3 倍，即：

$$\frac{E_C I_L}{L} > 3 \frac{E_C I_Z}{H} \tag{3-11}$$

式中：E_C——混凝土弹性模量；

I_L——基础梁截面惯性矩；

H、I_Z——分别为上部结构首层柱子的计算高度和截面惯性矩。

同时，各柱的荷载及各柱柱距相差不多时，也可按倒梁法计算。

倒梁法计算步骤如下，参见图 3-19：

（1）先用弯矩分配法或弯矩系数法计算出梁各跨的初始弯矩和剪力。弯矩系数法比弯矩分配法简便，但它只适用于梁各跨度相等且其上作用均布荷载的情况，它的计算内力表达式为：

$$M=弯矩系数 \times p_j \times b \times l^2 ; \quad V=剪力系数 \times p_j \times b \times l$$

式中：$p_j \times b$ 为基础梁纵向每米长度上地基净反力设计值。其中弯矩系数和剪力系数按所计算的梁跨数和其上作用的均布荷载形式，直接从建筑结构静力计算手册中查得，l 为梁跨长度，其余符号同前述。

（2）调整不平衡力。由于倒梁法中的假设不能满足支座处静力平衡条件，因此应通过逐次调整消除不平衡力。

首先，由支座处柱荷载 F_i 和求得的支座反力 R_i 计算不平衡力 ΔR_i，

$$\Delta R_i = F_i - R_i ; \quad R_i = V_{左i} - V_{右i}$$

式中：ΔR_i——支座 i 处不平衡力；

$V_{左i}$，$V_{右i}$——支座 i 处梁截面左、右边剪力。

其次，将各支座不平衡力均匀分布在相邻两跨的各 1/3 跨度范围内，如图 3-19（实际上是调整地基反力使其呈阶梯形分布，更趋于实际情况，这样各支座上的不平衡力自然也就得到了消除），Δq_i 按下式计算：

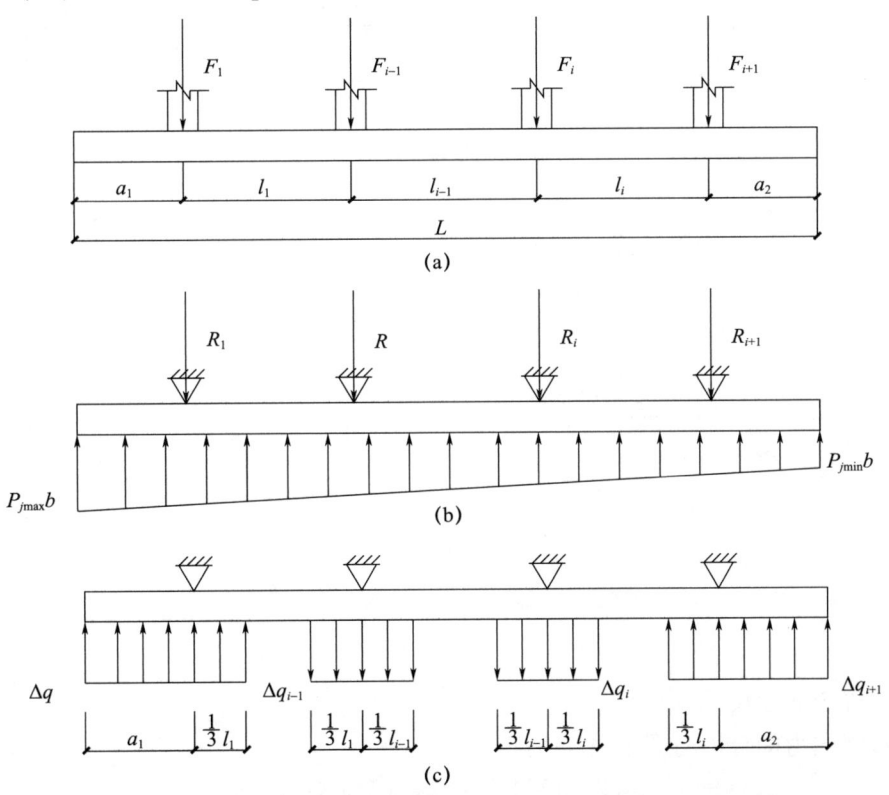

图 3-19　倒梁法计算步骤示意图

（a）柱荷载 F_i 和柱距图；（b）计算简图和支座反力 R_i；（c）调整不平衡力荷载 Δq_i

对于边跨支座：　　$\Delta q_i = \Delta R_1 / (a_1 + l_1/3)$

对于中间支座：　　$\Delta q_i = \Delta R_i / (l_{i-1}/3 + l_i/3)$

式中：Δq_i——支座 i 处不平衡均布力；

l_{i-1}、l_i——支座 i 左右跨长度。

继续用弯矩分配法或弯矩系数法计算出此情况的弯矩和剪力，并求出其支座反力与原支座反力叠加，得到新的支座反力。

（3）重复步骤（2），直至不平衡力在计算容许精度范围内。一般经过一次调整就基本上能满足所需精度要求了（不平衡力控制在不超过 20%）。

（4）将逐次计算结果叠加即可得到最终弯矩和剪力。

【例题 3-2】试定出图 3-20 所示条形基础的底面尺寸，并用倒梁法计算内力。基础各点承受的竖向荷载分别为：$P_A = 554 \text{kN}$，$P_B = 1740 \text{kN}$，$P_C = 1754 \text{kN}$，$P_D = 960 \text{kN}$。基础埋深 $d = 1.5 \text{m}$，经理深修正后的地基承载力设计值 $f = 150 \text{kPa}$。因受条件限制，基础左端只能伸出 A 点以外 0.5m。

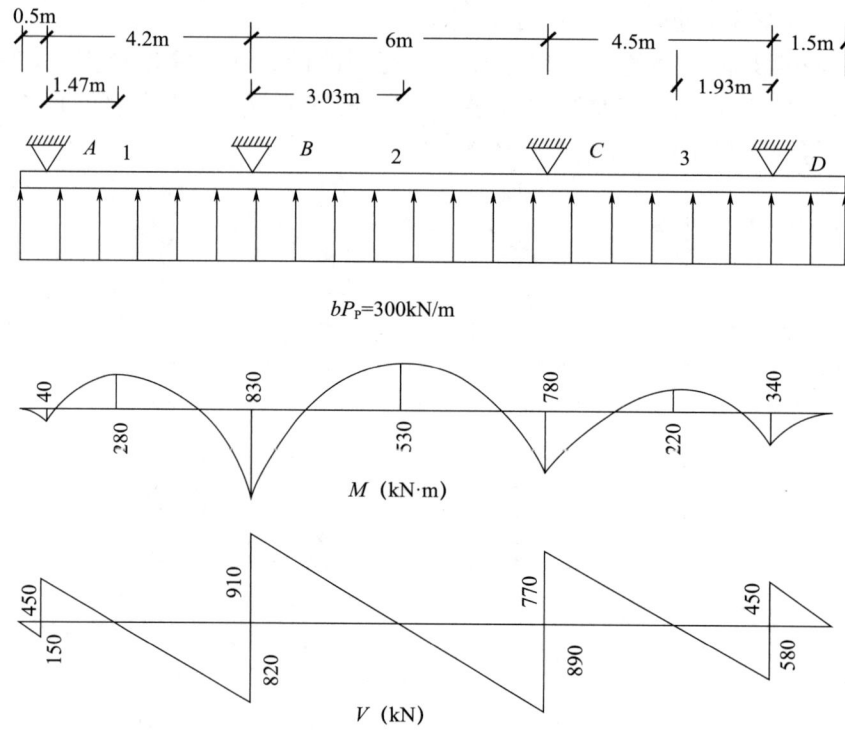

图 3-20　条形基础内力计算（按倒梁法）

【解】

（1）确定底面尺寸

各柱竖向力的合力与图中 A 点的距离为：

$$x = \frac{960 \times 14.7 + 1754 \times 10.2 + 1740 \times 4.2}{960 + 1754 + 1740 + 554} = 7.85 \text{ (m)}$$

如果要求荷载的合力通过基底形心，则基础必须伸出图中 D 点之外：

$$L_0 = 2(x+0.5) - (14.7+0.5) = 2 \times (7.85+0.5) - (14.7+0.5) = 1.5 \text{ (m)}$$

（该值等于柱列边跨的 1/3，不算太大）

于是，基础的总长度为

$$L = 14.7 + 0.5 + 1.5 = 16.7 \text{ (m)}$$

按地基承载力的要求计算所需的底面积：

$$A = \frac{960+1754+1740+554}{150-20 \times 1.5} = 41.7 \text{ (m}^2\text{)}$$

故基底宽度为

$$b = \frac{41.7}{16.7} = 2.5 \text{ (m)} \quad (<3\text{m}, f \text{ 值不必再修正，以上计算成立})$$

（2）内力分析

因荷载的合力通过基底形心，故地基反力是均匀的，沿基础每米长度上的净反力值为：

$$bp_p = \frac{960+1754+1740+554}{16.7} = 300 \text{ (kN/m)}$$

以柱为支座，分析三跨连续梁，其最大正、负弯矩及剪力值见图 3-20（因属简化分析，故只取整数）。

【例题 3-3】 基础梁长 24m，柱距 6m，受柱荷载 F 作用，$F_1=F_2=F_3=F_4=F_5=800$kN。基础为 T 形截面，尺寸见图 3-21，采用混凝土强度等级为 C20。试用倒梁法求地基净反力分布和截面弯矩。

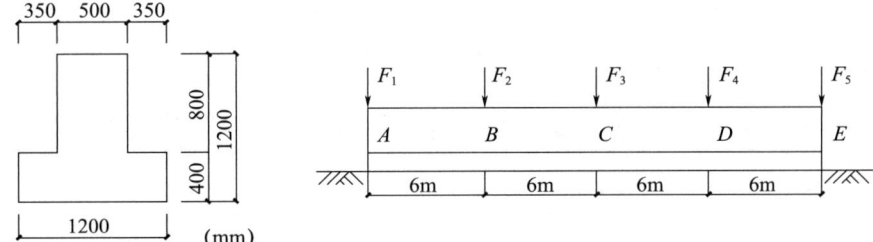

图 3-21 基础梁简图

【解】

1. 计算梁的截面特性

（1）轴线至梁底的距离

$$y_1 = \frac{cH^2 + d^2(b-c)}{2(bd+hc)} = \frac{0.5 \times 1.2^2 + 0.4^2 \times (1.2-0.5)}{2 \times (1.2 \times 0.4 + 0.8 \times 0.5)} = \frac{0.832}{2 \times 0.88} = 0.473 \text{ (m)}$$

$$y_2 = H - y_1 = 1.2 - 0.473 = 0.727 \text{ (m)}$$

（2）梁的截面惯性矩

$$I = \frac{1}{3} [cy_2^3 + by_1^3 - (b-c)(y_1-d)^3]$$

$$= \frac{1}{3} [0.5 \times 0.727^3 + 1.2 \times 0.473^3 - (1.2-0.5) \times (0.473-0.4)^3]$$

$$= 0.106 \text{ (m}^4\text{)}$$

(3) 梁的截面刚度

混凝土弹性模量 $E_c = 2.55 \times 10^7$ （kN/m²）

截面刚度 $E_c I = 2.55 \times 10^7 \times 0.106 = 2.7 \times 10^6$ （kN/m²）

2. 按倒梁法计算地基的净反力和基础梁的截面弯矩

（1）假定基底净反力均匀分布，如图 3-22（a）所示，每米长度基底净反力值为

$$\bar{p}_j = \frac{\sum F}{L} = \frac{5 \times 800}{4 \times 6} = 166.7 \text{ (kN/m)}$$

若根据柱荷载和基底均布净反力，按静定梁计算截面弯矩，则结果如图 3-22（b）所示。它相当于梁不受柱端约束可以自由挠曲的情况。

（2）倒梁法则把基础梁当成以柱端为不动支座的四跨连续梁，当底面作用以均布净反力 $\bar{p}_j = 166.7 \text{kN/m}$ 时，各支座反力为

$$R_A = R_E = 0.393 \bar{p}_j l = 0.393 \times 166.7 \times 6 = 393 \text{ (kN)}$$
$$R_B = R_D = 1.143 \bar{p}_j l = 1.143 \times 166.7 \times 6 = 1143 \text{ (kN)}$$
$$R_C = 0.928 pl = 0.928 \times 166.7 \times 6 = 928 \text{ (kN)}$$

（3）由于支座反力与柱荷载不相等，在支座处存在不平衡力。各支座的不平衡力为

$$\Delta R_A = \Delta R_E = 800 - 393 = 407 \text{ (kN)}$$
$$\Delta R_B = \Delta R_D = 800 - 1143 = -343 \text{ (kN)}$$
$$\Delta R_C = 800 - 928 = -128 \text{ (kN)}$$

把支座不平衡力均匀分布于支座两侧各 1/3 跨度范围。对 A、E 支座，有

$$\Delta q_A = \Delta q_E = \frac{1}{l/3} \Delta R_A = \frac{3}{6} 407 = 203.5 \text{ (kN/m)}$$

B、D 支座有

$$\Delta q_B = \Delta q_C = \left(\frac{1}{l/3 + l/3}\right) \Delta R_B = \frac{1}{4} \times (-343) = -85.8 \text{ (kN/m)}$$

对 C 支座，有

$$\Delta q_C = \left(\frac{1}{l/3 + l/3}\right) \Delta R_C = \frac{1}{4} \times (-128) = -32 \text{ (kN/m)}$$

（4）把均布不平衡力 Δq 作用于连续梁上，如图 3-22（c）所示，求支座反力 $\Delta R'_A$、$\Delta R'_B$、$\Delta R'_C$、$\Delta R'_D$、$\Delta R'_E$。

（5）将均布净反力 $\bar{p}_j$ 和不平衡力 Δq 所引起的支座反力叠加，得第一次调整后的支座反力为

$$R'_A = R_A + \Delta R'_A$$
$$R'_B = R_B + \Delta R'_B$$
$$R'_C = R_C + \Delta R'_C$$
$$R'_D = R_D + \Delta R'_D$$
$$R'_E = R_E + \Delta R'_E$$

（6）比较调整后的支座反力与柱荷载，若差值在容许范围以内，将均布净反力 $\bar{p}_j$ 与不平衡力 Δq 相叠加，即为满足支座竖向力平衡条件的地基净反力分布。用叠加后的地基净反力与柱荷载作为梁上荷载，求梁截面弯矩分布图。若经调整后的支座反力与柱荷

载的差值超过容许范围，则重复（3）～（6）步骤，直至满足要求。

本例题经过两轮计算，满足要求的地基净反力如图 3-22（d）所示，相应的梁截面弯矩分布如图 3-22（e）所示。图 3-22（e）表示基础梁在柱端处受完全约束，不产生挠度时的截面弯矩分布。与梁完全自由不受柱端约束的静定梁弯矩分布图 3-22（b）比较，差别很大。说明上部结构刚度很大，基础梁不能产生整体弯曲，仅产生局部弯曲时梁上的弯矩，比起上部结构刚度很小，基础梁可产生整体弯曲时要小得多，分布的规律也很不一样。

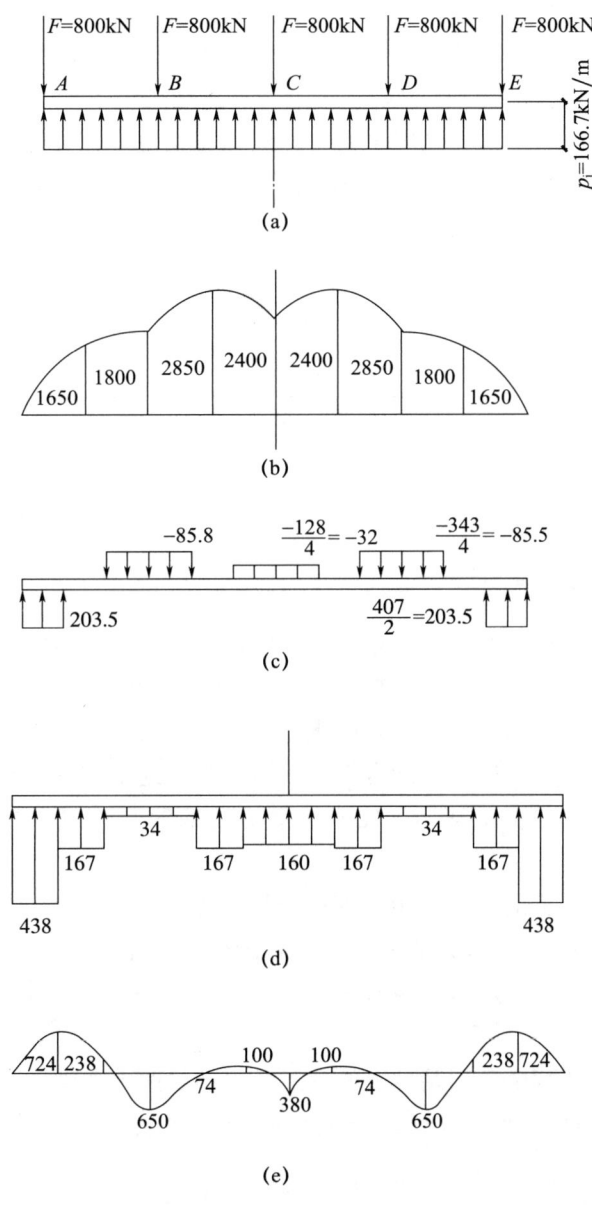

图 3-22　内力示意图

(a) 均匀分布反力（kN/m）；(b) 静定梁截面弯矩（kN·m）；(c) 梁上不平衡力分布（kN/m）；(d) 反梁法最终地基反力（kN/m）；(e) 反梁法最终截面弯矩（kN·m）

由于倒梁法假定中忽略了各支座的竖向位移差且反力按直线分布,因此在采用该法时,相邻柱荷载差值不应超过20%,柱距也不宜过大,尽量等间距。另外,基础与地基相对刚度越小,柱荷载作用点下反力会过于集中成"钟形",与假定的线性反力不符;相反,如软弱地基上基础的刚度较大或上部结构刚度大,由于地基塑性变形,反力重分布成"马鞍形",趋于均匀,此时用倒梁法计算内力比较接近实际。

实际工程中,有一些不需要算得很精很细,有时往往粗略地将第一步用弯矩分配法或弯矩系数法计算出的弯矩和剪力直接作为最终值,不再调整不平衡力,这对于中间支座及其中间跨中来说是偏于安全的,而对于边跨及其支座是偏于不安全的,从几个等跨梁算例来看,一般情况下,多次调整不平衡力(此项较烦琐),结果使中间支座的内力(指弯矩、剪力)及其跨中弯矩有所减小,边跨支座剪力及其跨中弯矩有所增加,但增减幅度都不大。因此,若不进行调整平衡力,建议根据地区设计经验适当增大边跨纵向抗弯钢筋,其幅度5%左右,这在某些精度范围内一般可以满足设计要求,另外,由于各支座剪力值相差不大(除边支座外),如图3-23所示,也可取各支座最大剪力值设计抗剪横向钢筋,当然每跨的中间可以放宽。

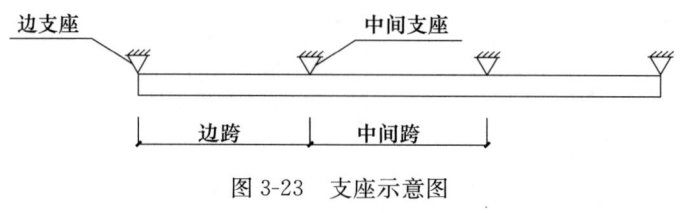

图3-23 支座示意图

3.4.4
十字交叉
基础

3.4.4 柱下十字交叉基础

当上部荷载较大、地基土较软弱,只靠单向设置柱下条形基础已不能满足地基承载力和地基变形要求时,可采用沿纵、横柱列设置的交叉条形基础,也称十字交叉基础。十字交叉基础将荷载扩散到更大的基底面积上,减小基底附加压力,并且可提高基础整体刚度、减少沉峰差,因此这种基础常作为多层建筑或地基较好的高层建筑的基础,对于较软弱的地基,还可与桩基连用。柱下十字交叉基础梁的构造要求与柱下条形基础类同。

柱下十字交叉基础上的荷载是由柱网通过柱端作用在交叉节点上,如图3-24所示。柱下十字交叉基础的设计计算关键是节点荷载的分配。十字交叉基础计算的基本原理是把节点荷载分配给两个方向的基础梁,然后分别按单向柱下条形基础计算方法进行。

节点荷载在正交的两个条形基础上的分配必须满足两个条件:

(1) 静力平衡条件,即在节点处分配给两个方向条形基础的荷载之和等于柱荷载,即:

$$P_i = P_{ix} + P_{iy} \tag{3-12}$$

节点上的弯矩 M_x、M_y 直接加于相应方向的基础梁上,不必进行分配,也就是不考虑基础梁承受扭矩作用。

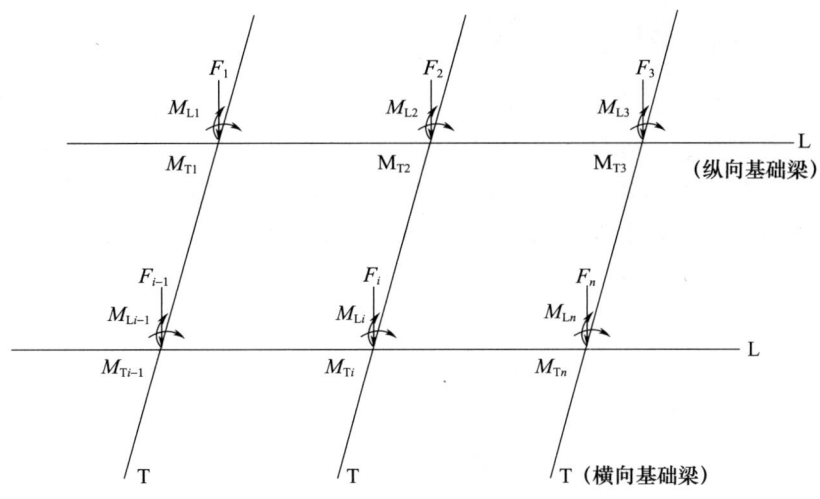

图 3-24　十字交叉基础节点受力图

（2）变形协调条件，即分离后两个方向的条形基础在交叉节点处的竖向位移应当相等。

$$w_{ix}=w_{iy} \tag{3-13}$$

具体的节点荷载的分配方法详见相关文献。

【例题 3-4】十字交叉梁基础，某中柱节点承受荷载 $P=2000\text{kN}$，一个方向基础宽度 $b_x=1.5\text{m}$，抗弯刚度 $EI_x=750\text{N}\cdot\text{m}^2$，另一个方向基础宽度 $b_y=1.2\text{m}$，抗弯刚度 $EI_y=500\text{N}\cdot\text{m}^2$，基床系数 $k=4.5\text{MN/m}^3$，试计算两个方向分别承受的荷载 P_x、P_y（要求：只进行初步分配，不做调整）。

【解】

因为是中柱，故两个方向均可视为无限长梁，其特征长度为：

$$S_x=4\sqrt{\frac{4EI_x}{b_xk}}=4\sqrt{\frac{4\times750000}{1.5\times4500}}=4.59 \text{ (m)}$$

$$S_y=4\sqrt{\frac{4EI_y}{b_yk}}=4\sqrt{\frac{4\times500000}{1.2\times4500}}=4.39 \text{ (m)}$$

则

$$P_x=\frac{b_xS_x}{b_xS_x+b_yS_y}P=\frac{1.5\times4.59}{1.5\times4.59+1.2\times4.39}\times2000=1133 \text{ (kN)}$$

$$P_y=P-P_x=2000-1133=867 \text{ (kN)}$$

3.5　筏形基础

筏形基础亦称筏板基础、片筏基础或满堂红基础，主要应用于：①采用十字交叉基础不能满足承载力或变形要求；②虽能满足，但基底间净距很小；③虽能满足，但需要加强基础刚度。

3.5.1 筏形基础的结构类型和优缺点

筏形基础按其与上部结构联系的特点可分为墙下筏形基础（图 3-25）与柱下筏形基础；按其自身结构特点，可分为平板式筏形基础和梁板式筏形基础，如图 2-8 所示。一般情况下，墙下筏形基础多为平板式筏形基础，而柱下筏形基础多为梁板式筏形基础。其选型应根据地基土质、上部结构体系、柱距、荷载大小、使用要求以及施工条件等因素确定。框架-核心筒结构和筒中筒结构宜采用平板式筏形基础。

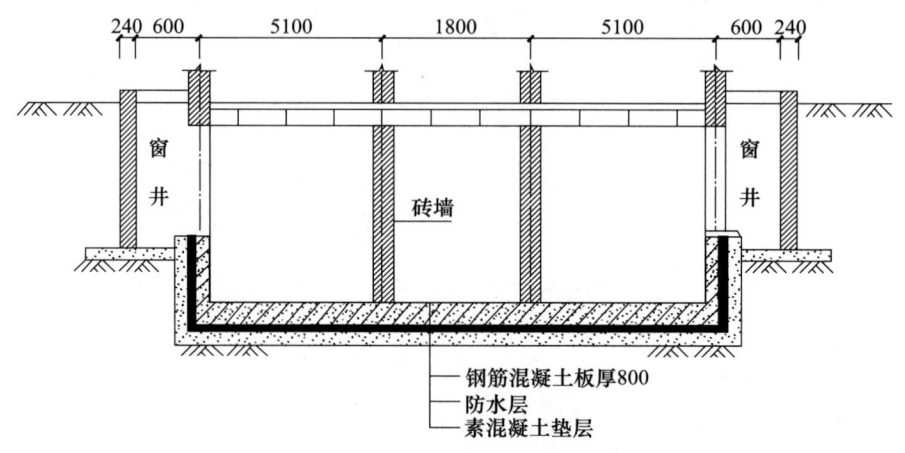

图 3-25 地下室筏形基础

筏形基础的优点有：①筏形基础具有较大的基础面积，通常比一般基础埋置深度大，因而不但增加基底承载面积，而且提高地基土的承载能力，比较容易满足地基承载力的要求；②筏板把上部结构联合成整体，可以充分利用结构物刚度，以调整基底压力分布，减小不均匀沉降；③对于地基内有局部软弱土层或沟槽、洞穴，筏基有跨越作用，可避免发生局部破坏而对整体结构造成危害；④对于带有地下室的建筑物，筏板可作为地下室的底板，与侧墙及顶板组成一个具有相当刚度的地下空间结构，供地下车库、公共设施及其他多种目的使用，比箱式基础有更宽敞的利用空间；⑤由于从地下挖去的土方量大，可有效减小基底压力，起补偿性作用，减小建筑物的沉降。

筏形基础的缺点有：①由于筏板的覆盖面积大而厚度和抗弯刚度有限，无能力调整过大的沉降差，因此对局部范围地基土差异过大，结构物对差异变形敏感的情况，使用筏形基础时要慎重研究，必要时，可辅以对地基进行局部处理或使用桩筏基础。②由于土基上筏板的工作条件复杂，内力分析方法难以完全反映实际情况，设计中往往需要双向配置受力钢筋，从而提高工程造价。因此，需要经过认真的技术经济比较才能确定是否选用这种型式的基础。

3.5.2 筏形基础的构造要求

筏形基础的平面尺寸，应根据工程地质条件、上部结构的布置、地下结构底层平面以及荷载分布等因素确定，需尽量使基底形心与总荷载的重心相重合。对单幢建筑物，在地基土比较均匀的条件下，基底平面形心宜与结构竖向永久荷载重心重合。当不能重合时，在作用的准永久组合下，偏心距 e 宜符合下式规定：

$$e \leqslant 0.1W/A \tag{3-14}$$

式中：W——与偏心距方向一致的基础底面边缘抵抗矩，m^3；

A——基础底面积，m^2。

为扩大基底面积、调整形心位置减小偏心距，或者为了减小边角端基底反力对基础弯矩的影响，筏板可适当外伸。

对四周与土层紧密接触带地下室外墙的整体式筏基和箱基，当地基持力层为非密实的土和岩石，场地类别为Ⅲ类和Ⅳ类，抗震设防烈度为8度和9度，结构基本自振周期处于特征周期的1.2～5倍范围时，按刚性地基假定计算的基底水平地震剪力、倾覆力矩可按设防烈度分别乘以0.90和0.85的折减系数。

筏形基础的混凝土强度等级不应低于C_{30}，当有地下室时应采用防水混凝土。防水混凝土的抗渗等级应按表3-3选用。对重要建筑，宜采用自防水并设置架空排水层。

表 3-3　　防水混凝土抗渗等级

埋置深度 d/m	设计抗渗等级	埋置深度 d/m	设计抗渗等级
$d<10$	P6	$20\leqslant d<30$	P10
$10\leqslant d<20$	P8	$30\leqslant d$	P12

地下室底层柱、剪力墙与梁板式筏基的基础梁连接的构造应符合：(1) 柱、墙的边缘至基础梁边缘的距离不应小于50mm（图3-26）；(2) 当交叉基础梁的宽度小于柱截面的边长时，交叉基础梁连接处应设置八字角，柱角与八字角之间的净距不宜小于50mm〔图3-26（a）〕；(3) 单向基础梁与柱的连接，可按图3-26（b）、(c) 采用；(4) 基础梁与剪力墙的连接，可按图3-26（d）采用。

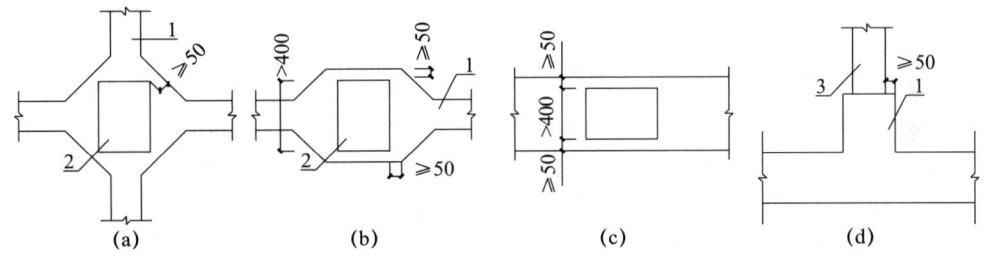

图 3-26　地下室底层柱或剪力墙与梁板式筏基的基础梁连接的构造要求（单位：mm）
1—基础梁；2—柱；3—墙

梁板式筏基的底板和基础梁的配筋除满足计算要求外，纵横方向的底部钢筋尚应有不少于1/3贯通全跨，顶部钢筋按计算配筋全部连通，底板上下贯通钢筋的配筋率不应小于0.15%。

平板式筏基柱下板带中，柱宽及其两侧各0.5倍板厚且不大于1/4板跨的有效宽度范围内，其钢筋配置量不应小于柱下板带钢筋数量的一半，且应能承受部分不平衡弯距 $\alpha_m M_{unb}$。M_{unb}为作用在冲切临界截面重心上的不平衡弯矩，α_m应按式（3-15）进行计算。平板式筏基柱下板带和跨中板带的底部支座钢筋应有不少于1/3贯通全跨，顶部钢筋应按计算配筋全部连通，上下贯通钢筋的配筋率不应小于0.15%。

$$\alpha_m = 1 - \alpha_s \tag{3-15}$$

式中：α_m——不平衡弯矩通过弯曲来传递的分配系数；

α_s——按式 $\alpha_s = 1 - \dfrac{1}{1+\dfrac{2}{3}\sqrt{(c_1/c_2)}}$ 计算。

3.5.3 筏形基础内力计算

当地基土比较均匀、地基压缩层范围内无软弱土层或可液化土层、上部结构刚度较好、柱网和荷载较均匀、相邻柱荷载及柱间距的变化不超过20%，且梁板式筏基梁的高跨比或平板式筏基板的厚跨比不小于1/6时，筏形基础可仅考虑局部弯曲作用。筏形基础的内力，可按基底反力直线分布进行计算，计算时基底反力应扣除底板自重及其上填土的自重。当不满足上述要求时，筏基内力可按弹性地基梁板方法进行分析计算。按基底反力直线分布计算的梁板式筏基，其基础梁的内力可按连续梁分析，边跨跨中弯矩以及第一内支座的弯矩值宜乘以1.2的系数。按基底反力直线分布计算的平板式筏基，可按柱下板带和跨中板带分别进行内力分析。梁板式筏基基础梁和平板式筏基的顶面应满足底层柱下局部受压承载力的要求。对抗震设防烈度为9度的高层建筑，验算柱下基础梁、筏板局部受压承载力时，应计入竖向地震作用对柱轴力的影响。

筏形基础分析方法也分为不考虑共同作用分析法、考虑基础-地基共同作用分析法、考虑上部结构-基础-地基共同作用分析法三种。

1. 不考虑共同作用

当柱距相同，相邻柱荷载差异不超过20%，地基土质均匀且压缩性大，建筑物有足够大的相对刚度时，基底反力分布可以不考虑基础-地基的共同作用，而按直线分布看待。

（1）静定分析法——条带法（截条法）

如果上部结构属于软弱结构，而筏板较厚，相对于地基可视为刚性板，这种情况下的内力分析要考虑筏板承担整体弯曲的作用。采用静定分析法，将柱荷载和直线分布的地基反力作为条带上的荷载，直接求截面的内力。将筏板截分为互相垂直的条带，条带以相邻柱列间的中线为分界线，如图3-27所示，假定各条带都是独立、彼此不相互影响（忽略板带间切应力的影响），条带上面作用柱荷载，下面作用基底反力，用静定分析法计算截面内力。

在这种计算方法中，纵向条带和横向条带都用全部柱荷载和地基反力而不考虑纵横向的分担作用，计算结果内力偏大。如果因柱荷载或柱距不均需考虑相邻条带间荷载的传递影响或考虑纵横向的分担作用，可参考十字交叉基础梁的荷载分配方法进行纵横向荷载分配。

（2）倒楼盖法

如果上部结构刚性较大，筏板刚度较小，整体弯曲产生的内力大部分由上部结构承担，筏板主要承受局部弯曲作用时，则用倒楼盖法计算筏板内力。

类似于条形基础中的倒梁法，将地基上的筏板简化为倒置的楼盖，基础上的柱或墙视为该楼盖的支座，地基净反力视为作用在该楼盖上的外荷载。

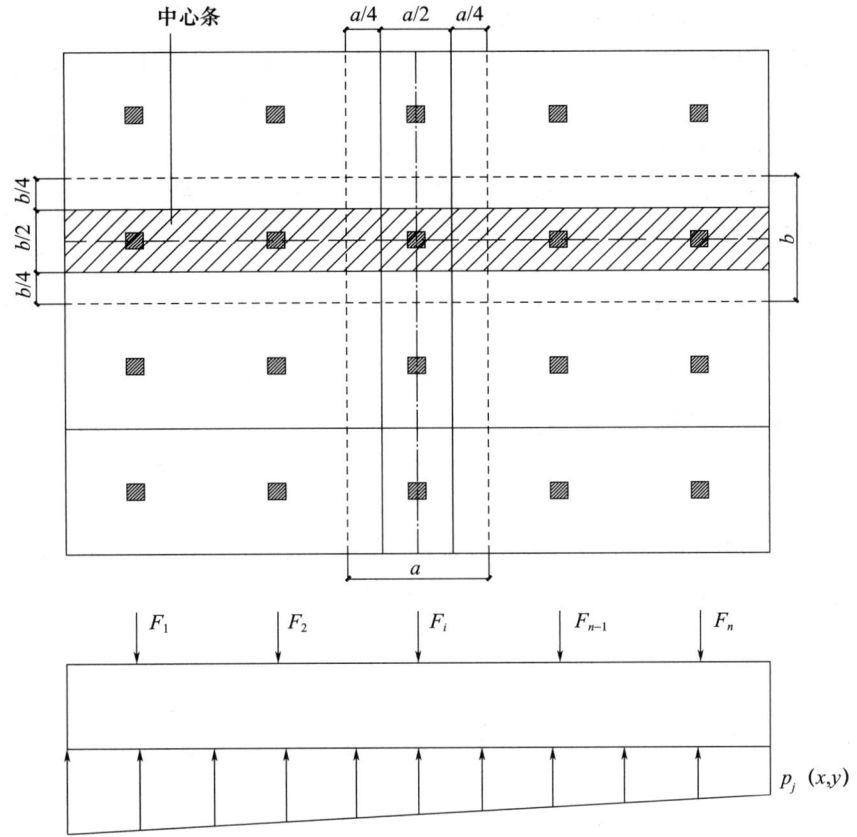

图 3-27 条带法分析筏形基础

筏板被基础梁分割为不同条件的双向板或单向板。如果板块两个方向的尺寸比值小于 2，则可将筏板视为承受地基净反力作用的双向多跨连续板。图 3-28 所示的筏板被分割为多列连续板。各板块支承条件可分为三种情况：①为二邻边固定、二邻边简支；②为三边固定、一边简支；③为四边固定。根据计算简图查阅弹性板计算公式或手册，即可求得各板块的内力。

筏形基础梁上的荷载可将板上荷载沿板角 45°分角线划分范围，分别由纵横梁承担，荷载分布成三角形或梯形，如图 3-29。基础梁上的荷载确定后即可采用倒梁法进行梁的内力计算。

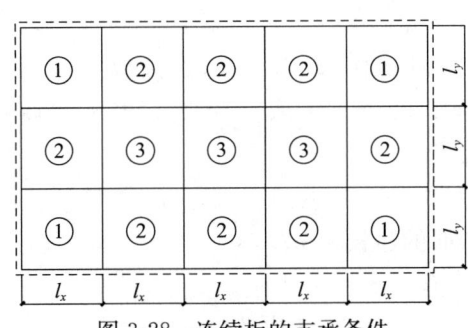

图 3-28 连续板的支承条件

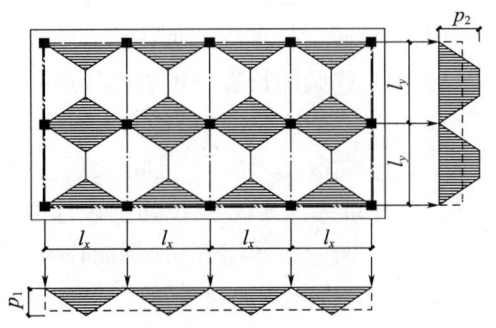

图 3-29 筏板反力在基础梁上的分配

2. 考虑上部结构-基础-地基共同作用

一般筏板属有限刚度板，与上部结构、地基共同作用。共同作用的主要标志就是基底反力非直线分布。应按弹性地基上的梁板进行分析。先求地基反力，再计算内力。

如果柱网及荷载分布比较均匀，可将筏板基础划分为相互垂直的条状板带，板带宽度为相邻柱中心线间的距离，按文克尔弹性地基上梁的办法计算。如果柱距相差过大，荷载分布不均匀，则应按弹性地基上的板理论进行内力计算。

3.5.4 平板式筏形基础抗冲切、抗剪验算

筏形基础底板可以是等厚或变厚的，其厚度应由抗冲切和抗剪切强度确定。

1. 平板式筏形基础抗冲切验算

平板式筏基的板厚应满足柱下受冲切承载力的要求。平板式筏基抗冲切验算应符合下列规定：

（1）平板式筏基进行抗冲切验算时应考虑作用在冲切临界面重心上的不平衡弯矩产生的附加剪力。对基础的边柱和角柱进行冲切验算时，其冲切力应分别乘以 1.1 和 1.2 的增大系数。距柱边 $h_0/2$ 处冲切临界截面的最大剪应力 τ_{max} 应按式（3-16）、式（3-17）进行计算（图 3-30）。板的最小厚度不应小于 500mm。

$$\tau_{max} = \frac{F_l}{u_m h_0} + \alpha_s \frac{M_{unb} c_{AB}}{I_s} \quad (3\text{-}16)$$

$$\tau_{max} \leqslant 0.7 \, (0.4 + 1.2/\beta_s) \, \beta_{hp} f_t \quad (3\text{-}17)$$

$$\alpha_s = 1 - \frac{1}{1 + \frac{2}{3}\sqrt{c_1/c_2}} \quad (3\text{-}18)$$

式中：F_l——相应于作用的基本组合时的冲切力，对内柱取轴力设计值减去筏板冲切破坏锥体内的基底净反力设计值，对边柱和角柱取轴力设计值减去筏板冲切临界截面范围内的基底净反力设计值，kN；

u_m——距柱边缘不小于 $h_0/2$ 处冲切临界截面的最小周长，m；

h_0——筏板的有效高度，m；

M_{unb}——作用在冲切临界截面重心上的不平衡弯矩设计值，kN·m；

c_{AB}——沿弯矩作用方向，冲切临界截面重心至冲切临界截面最大剪应力点的距离，m；

I_s——冲切临界截面对其重心的极惯性矩，m^4；

β_s——柱截面长边与短边的比值，当 β_s<2 时 β_s 取 2，当 β_s>4 时 β_s 取 4；

β_{hp}——受冲切承载力截面高度影响系数，当 $h\leqslant$800mm 时取 β_{hp}=1.0，当 $h\geqslant$2000mm 时取 β_{hp}=0.9，其间按线性内插法取值；

f_t——混凝土轴心抗拉强度设计值，kPa；

c_1——与弯矩作用方向一致的冲切临界截面的边长，m；

c_2——垂直于 c_1 的冲切临界截面的边长，m；

α_s——不平衡弯矩通过冲切临界截面上的偏心剪力来传递的分配系数。

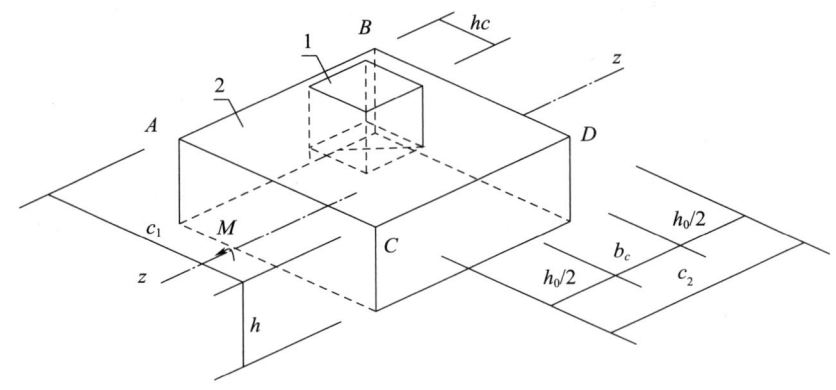

图 3-30 内柱冲切临界截面示意图
1—筏板；2—柱

（2）当柱荷载较大，等厚度筏板的受冲切承载力不能满足要求时，可在筏板上面增设柱墩或在筏板下局部增加板厚或采用抗冲切钢筋等措施满足受冲切承载能力要求。

平板式筏基内筒下的板厚应满足受冲切承载力的要求，并应符合下列规定：

① 受冲切承载力应按下式进行计算：

$$F_l/u_m h_0 \leqslant 0.7\beta_{hp} f_t/\eta \tag{3-19}$$

式中：F_l——相应于作用的基本组合时，内筒所承受的轴力设计值减去内筒下筏板冲切破坏锥体内的基底净反力设计值，kN；

u_m——距内筒外表面 $h_0/2$ 处冲切临界截面的周长，m（图 3-31）；

h_0——距内筒外表面 $h_0/2$ 处筏板的截面有效高度，m；

η——内筒冲切临界截面周长影响系数，取 1.25。

其他符号意义同前。

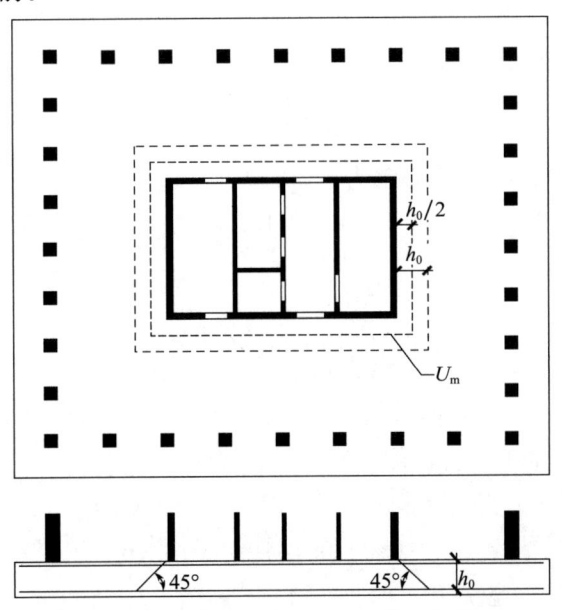

图 3-31 筏板受内筒冲切的临界截面位置

② 当需要考虑内筒根部弯矩的影响时，距内筒外表面 $h_0/2$ 处冲切临界截面的最大剪应力可按式（3-16）计算，此时 $\tau_{max} \leq 0.7\beta_{hp} f_t / \eta$。

平板式筏基除满足受冲切承载力外，尚应验算距内筒和柱边缘 h_0 处截面的受剪承载力。当筏板变厚度时，尚应验算变厚度处筏板的受剪承载力。

【例题 3-5】 已知基础埋深 1.4m，基床系数 $k=1500$ kN/m³，修正的地基承载力特征值 $f_a=130$ kPa。基础混凝土弹性模量 $E_h=2.6\times 10^7$ kN/m²，柱网尺寸及荷载如图 3-32（a）所示。试用刚性板法计算框架结构下的平板式筏形基础的内力。

【解】

（1）计算底板尺寸

外荷载合力大小为

$$\sum F = 1100 \times 2 + 1200 \times 2 + 1300 \times 3 + 1400 \times 5 = 15500 \text{ (kN)}$$

外荷载合力对柱网中心 O 的偏心距：

$$e_x = \frac{1300 \times 7.5 + 1200 \times 2.5 + 1400 \times 2 \times 7.5 + 1400 \times 2.5 \times 2}{2} +$$

$$\frac{-1100 \times (7.5+2.5) - 1400 \times 2.5 - 1200 \times 7.5 - 1300 \times (2.5+7.5)}{15500}$$

$$= 0.274 \text{ (m)}$$

$$e_y = \frac{1400 \times 2 \times 4 + 1300 \times 4 \times 2 - 1100 \times 4 \times 2 - 1200 \times 4 - 1300 \times 4}{2}$$

$$= 0.18 \text{ (m)}$$

先选定筏板外挑尺寸 $a_1 = b_1 = 0.5$ (m)，再按合力作用点尽量通过底板形心的原则，定 $a_2 = 1.0$m、$b_2 = 0.9$m。

筏形基础底面积 A 为

$$A = (1 + 5 \times 3 + 0.5) \times (4 \times 2 + 0.5 + 0.9) = 155 \text{ (m}^2\text{)}$$

按地基承载力验算底面积：

$$A = \frac{\sum F + G}{f_a} = \frac{15500 + 20 \times 1.4 \times 155}{130} = 153 \text{ (m}^2\text{)} < 155 \text{ (m}^2\text{)}$$

$\sum F + G$ 对柱网中心 O 的偏心距为

$$e'_x = \frac{15500 \times 0.274 + 155 \times 20 \times 1.4 \times 0.25}{15500 + 20 \times 1.4 \times 155}$$

$$= 0.269 \text{ (m)}$$

$$e'_y = \frac{15500 \times 0.18 + 155 \times 20 \times 1.4 \times 0.2}{15500 + 20 \times 1.4 \times 155}$$

$$= 0.184 \text{ (m)}$$

$\sum F + G$ 对基底形心 O' 的偏心距为

$$e_{0x} = 0.269 - 0.25 = 0.019 \text{ (m)}$$

$$e_{0y} = 0.2 - 0.184 = 0.016 \text{ (m)}$$

$$p_{min}^{max} = \frac{\sum F + G}{A} \pm (\sum F + G) \frac{e_{0x}}{I_y} \pm (\sum F + G) \frac{e_{0y}}{I_x}$$

$$= \frac{19840}{155} \pm \frac{19840 \times 0.019 \times 8.25}{\frac{1}{12} \times 9.4 \times 16.5^3} \pm \frac{19840 \times 0.016 \times 4.7}{\frac{1}{12} \times 16.5 \times 9.4^3}$$

$$= \begin{cases} 130 \text{ kN/m}^2 < 1.2 f_a \\ 126 \text{ kN/m}^2 > 0 \end{cases}$$

$$p = \frac{\sum F + G}{A} = 128 \text{ (kN/m}^2) < f_a$$

(2) 确定板带计算简图

因相邻柱荷载及相邻柱距相差小于 20%，所以按柱网中心划分板带，如沿 x 轴的中间板带 A-B-C-D，板带宽 4m，厚 0.4m，此板带的截面惯性矩为：

$$I_x = \frac{1}{12} \times 4 \times 0.4^3 = 0.0213 \text{ (m}^4)$$

沿 y 轴方向板带：

板带 A：$B_{yA} = 3.5\text{m}$，$I_{yA} = \frac{1}{12} \times 3.5 \times 0.4^3 = 0.0187 \text{ (m}^4)$；

板带 B：$B_{yB} = 5\text{m}$，$I_{yB} = \frac{1}{12} \times 5 \times 0.4^3 = 0.0267 \text{ (m}^4)$；

板带 C：$B_{yC} = B_{yB}$，$I_{yC} = I_{yB}$；

板带 D：$B_{yD} = 3\text{m}$，$I_{yD} = \frac{1}{12} \times 3 \times 0.4^3 = 0.016 \text{ (m}^4)$。

计算各板带的弹性特征系数 λ：

$$\lambda_x = \sqrt[4]{\frac{kB_x}{4E_h I_x}} = \sqrt[4]{\frac{1500 \times 4}{4 \times 2.6 \times 10^7 \times 0.0213}} = 0.228$$

$$\lambda_{yA} = \sqrt[4]{\frac{kB_x}{4E_h I_x}} = \sqrt[4]{\frac{1500 \times 4}{4 \times 2.6 \times 10^7 \times 0.0187}} = 0.228$$

$$\lambda_{yB} = \lambda_{yC} = \sqrt[4]{\frac{kB_x}{4E_h I_x}} = \sqrt[4]{\frac{1500 \times 4}{4 \times 2.6 \times 10^7 \times 0.0267}} = 0.228$$

$$\lambda_{yD} = \sqrt[4]{\frac{kB_x}{4E_h I_x}} = \sqrt[4]{\frac{1500 \times 3}{4 \times 2.6 \times 10^7 \times 0.016}} = 0.228$$

(3) 分配节点荷载

节点 A：$F_x = \dfrac{B_x \lambda_{yA}}{B_x \lambda_{yA} + 4B_{yA} \lambda_x} \times 1400$

$$= \frac{4 \times 0.228}{4 \times 0.228 + 4 \times 0.228 \times 3.5} \times 1400 = 311 \text{ (kN)}$$

节点 B，C：$F_x = \dfrac{B_x \lambda_{yB}}{B_x \lambda_{yB} + B_{yB} \lambda_x} \times 1400$

$$= \frac{4 \times 0.228}{4 \times 0.228 + 0.228 \times 5} \times 1400 = 622 \text{ (kN)}$$

节点 D：$F_x = \dfrac{B_x \lambda_{yD}}{B_x \lambda_{yD} + 4B_{yD} \lambda_x} \times 1200$

$$= \frac{4 \times 0.228}{4 \times 0.228 + 4 \times 0.228 \times 3.5} = 300 \text{ (kN)}$$

板带 A-B-C-D 计算简图如图 3-32（c）所示。板带内力计算同柱下条形基础。其他板带均可按此方法确定出计算简图并求出各板带内力。

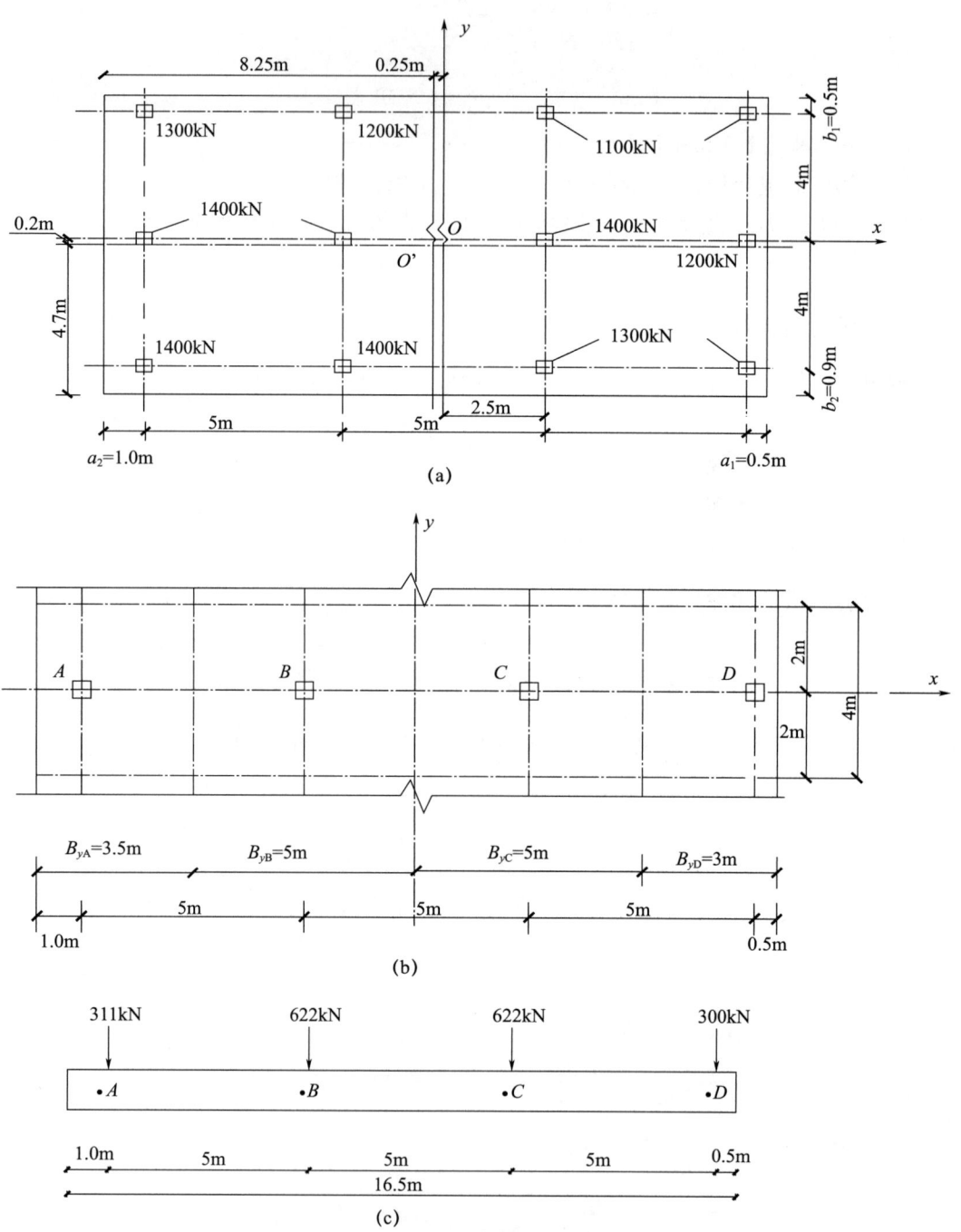

图 3-32　例题 3-5 示意图
(a) 柱网尺寸及荷载示意图；(b) 板带划分图；(c) 板带计算简图

2. 平板式筏形基础抗剪验算

平板式筏基受剪承载力应按式（3-20）验算，当筏板的厚度大于2000mm时，宜在板厚中间部位设置直径不小于12mm、间距不大于300mm的双向钢筋网。

$$V_s \leqslant 0.7\beta_{hs} f_t b_w h_0 \tag{3-20}$$

式中：V_s——相应于作用的基本组合时，基底净反力平均值产生的距内筒或柱边缘h_0处筏板单位宽度的剪力设计值，kN；

b_w——筏板计算截面单位宽度，m；

h_0——距内筒或柱边缘h_0处筏板的截面有效高度，m。

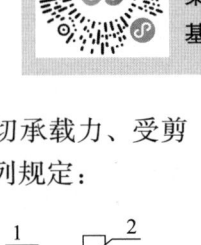

3.5.5 梁板式筏形基础

3.5.5 梁板式筏形基础抗冲切、抗剪验算

1. 梁板式筏形基础抗冲切验算

梁板式筏基底板除计算正截面受弯承载力外，其厚度尚应满足受冲切承载力、受剪切承载力的要求。梁板式筏基底板受冲切、受剪切承载力计算应符合下列规定：

（1）梁板式筏基底板受冲切承载力应按下式进行计算：

$$F_l \leqslant 0.7\beta_{hp} f_t u_m h_0 \tag{3-21}$$

式中：F_l——作用的基本组合时，图3-33中阴影部分面积上的基底平均净反力设计值，kN；

u_m——距基础梁边$h_0/2$处冲切临界截面的周长，m（图3-33）。

（2）当底板区格为矩形双向板时，底板受冲切所需的厚度h_0应按式（3-22）进行计算，其底板厚度与最大双向板格的短边净跨之比不应小于1/14，且板厚不应小于400mm。

$$h_0 = \frac{(l_{n1}+l_{n2}) - \sqrt{(l_{n1}+l_{n2})^2 - \dfrac{4p_n l_{n1} l_{n2}}{p_n + 0.7\beta_{hp} f_t}}}{4} \tag{3-22}$$

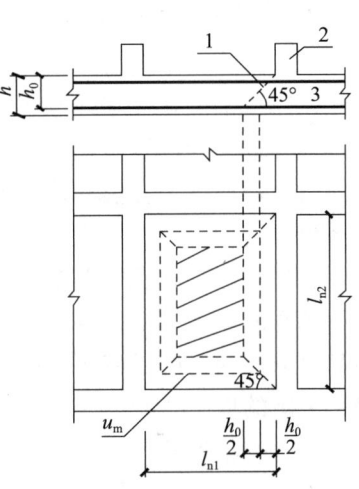

图3-33 底板冲切验算示意图
1—冲切破坏锥体的斜截面；
2—梁；3—底板

式中：l_{n1}、l_{n2}——计算板格的短边和长边的净长度，m；

p_n——扣除底板及其上填土自重后，相应于作用的基本组合时的基底平均净反力设计值，kPa。

2. 梁板式筏形基础抗剪验算

（1）梁板式筏基双向底板斜截面受剪承载力应按下式进行计算。

$$V_s \leqslant 0.7\beta_{hs} f_t (l_{n2} - 2h_0) h_0 \tag{3-23}$$

式中：V_s——距梁边缘h_0处，作用在图3-34中阴影部分面积上的基底平均净反力产生的剪力设计值，kN。

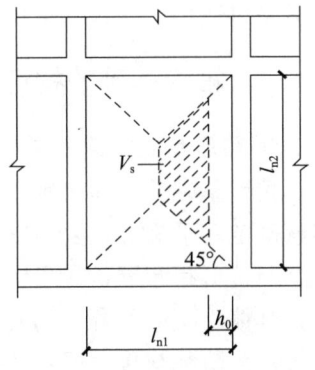

图3-34 底板剪切验算示意图

(2) 当底板板格为单向板时，其斜截面受剪承载力应按式 $V_s \leqslant 0.7\beta_{hs} f_t A_0$ 验算，其底板厚度不应小于400mm。

3.6 箱形基础

箱形基础又称补偿性基础，是指由底板、顶板、外墙和相当数量的纵横内隔墙构成的单层或多层箱形钢筋混凝土结构，用以作为整体建筑物主体部分的基础，如图2-9所示。

3.6.1 箱形基础的优缺点

与一般基础相比，箱形基础有以下几个主要优点：

（1）具有很大的空间刚度，能有效地扩散上部结构传给地基的荷载，同时又能较好地抵抗由于局部地层土质不均匀或受力不均匀所引起的地基不均匀变形，减少不均匀沉降在上部结构中产生的次生应力。

（2）箱形基础还具有良好的抗震性能。

（3）基础的宽度和埋深大，增强了稳定性，提高了承载力。

（4）较大的埋置深度和中空结构形式使挖除大量地基土，抵消上部结构传来的部分附加压力，发挥了补偿性基础的作用。从而显著地提高了地基的承载力，降低了地基的沉降量，增加地基的稳定性。

（5）箱形基础的地下室可以提供多种使用功能，充分利用了建筑物的地下空间。冷藏库和高温炉下的箱基有隔断热传导的作用，防止地基土的冻胀和干缩；高层建筑物的箱基可以作为商店、库房、设备层和人防之用。但由于内墙分隔，使它不能像筏基那样提供宽敞的地下空间，因而难以作为停车场或工业生产使用。

同时，箱形基础也存在以下一些不足：

由于它要耗费大量的钢筋混凝土，同时还要考虑解决大面积深开挖的施工困难，所以一般适用于在比较软弱或不均匀的地基上建造带有地下室的高耸、重型或对不均匀沉降有严格要求的建筑物。通常要根据建筑物的具体要求，如地层土质、地下水位、施工条件等具体情况，通过与其他地基基础类型进行技术、经济比较后才能确定是否选用。一般来讲适用的建筑高度也只是60m（20层）左右。

3.6.2 箱形基础的构造要求

1. 箱形基础平面布置与尺寸的要求

箱形基础的平面布置与尺寸，应根据地基土的性质、建筑平面布置以及荷载分布等因素确定。平面形状要力求简单、对称。

通过形状布置，尽量使基底平面形心与结构竖向永久荷载重心相重合。如不能重合时，其偏心距应符合下列要求：

永久荷载与楼（屋）面活荷载组合时：

$$e \leqslant 0.1 W/A \tag{3-24}$$

永久荷载与楼（屋）面活荷载、风载组合时：
$$e \leqslant 0.2W/A \tag{3-25}$$
式中：W——与偏心距方向一致的基础底面的抵抗矩，m^3；
　　　A——基础底面积，m^2。

2. 箱形基础高度的要求

箱基从底板底面到顶板顶面的高度要满足结构承载力和刚度要求，不宜小于箱基长度的 1/20，且不应小于 3m。

3. 箱形基础墙体的构造要求

箱基外墙沿建筑物四周布置。箱基内隔墙一般沿上部结构柱网或剪力墙位置纵横交叉布置。平均每平方米基础面积上的墙体长度不得小于 0.4m，或墙体水平截面的总面积（扣除洞口部分）不宜小于箱基总面积（不包括底板悬挑部分）的 1/10，其中纵墙的数量不得少于墙体总量的 3/5。对基础平面长宽比大于 4 的箱形基础，其纵墙水平截面面积（不扣洞口面积）不得小于基础面积的 1/18。

墙体内应设置双面钢筋。横、竖向钢筋不应小于 $\phi10@200$mm。除上部为剪力墙外，箱基墙顶宜配置两根不小于 $\phi20$ 的钢筋。

墙体要尽量少开门洞，必要时就将其设在柱间中部，洞边至柱中心距离不宜小于 1.2m，门洞的面积不宜大于柱距之间墙体面积的 16%（1/6）。在洞口周围要加设钢筋，洞口每侧增加的钢筋面积不应小于洞口宽度内被切断钢筋面积的一半，且不小于两根 $\phi16$。此钢筋应从洞口边缘向外延长 40 倍钢筋直径。

外墙厚度不小于 250mm，常为 250～400mm；内墙厚度不小于 200mm，常为 200～300mm。

4. 对箱形基础顶底板的构造要求

（1）厚度要求

箱基底板与顶板要满足整体与局部抗弯刚度的要求。顶板要具有传递上部结构的剪力至地下室墙体的承载能力。其厚度应根据跨度及荷载大小确定，满足抗弯、斜截面抗剪与抗冲切的要求。一般不应小于 180mm。底板厚度应根据实际受力情况、整体刚度与防水要求，满足抗弯、抗剪及抗冲切的要求。一般不应小于 300mm。

（2）配筋要求

顶、底板应按结构特点分别考虑整体与局部抗弯计算配筋，并注意相应配置部位，以利充分发挥钢筋的作用。

当只按局部弯曲作用计算时，顶板和底板钢筋的配置量除要满足设计要求外，纵横方向在支座处的钢筋应有 1/2～1/3 贯通全跨，且全通的配筋率分别不得小于 0.15%、0.10%。跨中钢筋要按实际配筋率配置，且全部贯通，防止整体弯曲作用的影响。

上部结构底层柱与箱基交接处，需验算局部承压能力。当不能满足时，应适当增加柱下承压面积。如做八字柱脚、扩大墙体承压面积等。底层柱钢筋伸入箱基的深度，三面或四面与箱基相连的内柱，位于四个角的钢筋要直通基础底面，其余钢筋伸入顶板表面以下的长度不小于钢筋直径的 45 倍；外柱、与剪力墙相连的柱及其他内柱的纵向钢筋应直通到基础底面；对多层箱基，除四角位置的钢筋要直通到基底外，其余的钢筋可终止于地下二层的顶板。

5. 箱形基础对混凝土的要求

箱形基础混凝土的强度等级不应低于C20。如采用密实混凝土防水，其外围结构的混凝土抗渗标号不应低于0.6MPa（S6）。

3.6.3 箱形基础内力分析

在上部结构荷载和基底反力共同作用下，箱形基础整体上是一个多次超静定体系，产生整体弯曲和局部弯曲。视上部结构的不同，将要采用不同的计算方法。

1. 上部结构为剪力墙结构

箱基的墙体与剪力墙直接相连，可认为箱基的抗弯刚度为无穷大，顶、底板犹如撑在不动支座上的受弯构件，仅产生局部弯曲，故只需计算顶、底板的局部弯曲效应。仅在构造上考虑整体弯曲的影响。

顶板按实际荷载，计算和设计过程参照楼板；底板按均布基底反力作用的周边固定双向连续板分析（参照筏形基础的设计）。

2. 上部结构为框架结构

上部结构刚度较弱，基础的整体弯曲效应增大，箱形基础内力分析应同时考虑整体弯曲与局部弯曲的共同作用。在计算整体弯曲产生的弯矩时，将上部结构的刚度折算成等效抗弯刚度，然后将整体弯曲产生的弯矩按基础刚度的比例分配到基础。基底反力可参照基底反力系数法或其他有效方法确定。由局部弯曲产生的弯矩应乘以0.8的折减系数，并叠加到整体弯曲的弯矩中去。

工程上常将箱形基础当作一空心截面梁，按照截面面积、截面惯性矩不变的原则，将其等效成工字形截面，以一个阶梯形变化的基底反力和上部结构传下来的集中力作为外荷载，然后可以用静定分析法计算任一截面的弯矩和剪力。

3.6.4 箱形基础设计计算

1. 整体弯矩计算

首先求出基底反力，再加上上部结构传下来的集中力作为外荷载，根据静力平衡条件，计算任一截面的弯矩和剪力。然后考虑基础与上部结构的共同作用，上部结构分担部分整体弯矩，剩下的才由箱形基础分担，二者之间按刚度分配。故分别求出基础与上部结构的刚度，得到整体弯矩分配系数后，即可得到箱基分担的那部分弯矩，如图3-35所示。箱形基础承受的弯矩按下式计算：

$$M_F = M \frac{E_F I_F}{E_F I_F + E_B I_B} \tag{3-26}$$

式中：M_F——箱形基础承受的整体弯矩；

M——建筑物整体弯曲产生的弯矩，可把整个箱基当成静定梁，承受上部结构荷载和地基反力作用，分析断面内力得出，也可采用其他有效的方法计算；

$E_F I_F$——箱形基础的刚度，其中E_F为箱基混凝土的弹性模量，I_F为按工字形截面计算的箱形基础截面惯性矩，工字形截面的上下翼缘分别为箱形基础顶、底板的全宽，腹板厚度为在弯曲方向的墙体厚度的总和；

$E_B I_B$——上部结构的总折算刚度。

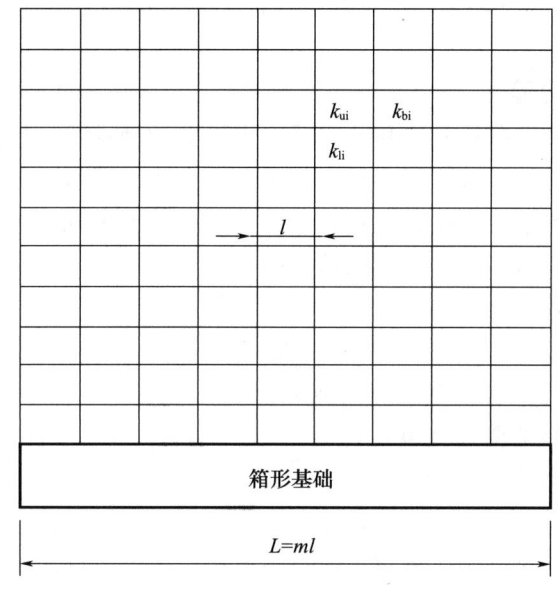

图 3-35 整体结构示意图

局部弯曲一般采用弹性或考虑塑性的双向板或单向板计算方法。基底净反力可按上述反力系数或其他有效方法确定。由于要同时考虑整体弯曲和局部弯曲作用，底板局部弯曲产生的弯矩应乘以 0.8 的折减系数。

通常在箱基的计算中，局部弯曲内力起主要作用，但是在配筋时应考虑受整体弯曲的影响，而且要注意承受整体弯曲和局部弯曲的钢筋配置，使能发挥各自作用的同时，也起互补作用。作用在箱基上的荷载和地基反力确定以后，就可以按结构设计的要求对底板、顶板和内、外墙进行抗弯、抗剪及抗冲切等各项强度验算并配置钢筋。

2. **底板抗剪验算**

如图 3-34，以距墙边缘 h_0 作为验算底板受剪承载力的部位，此处斜截面受剪承载力需满足：

$$V_s \leqslant 0.7\beta_{hs} f_t (l_{n2} - 2h_0) h_0 \tag{3-27}$$

$$\beta_{hs} = \left(\frac{800}{h_0}\right)^{1/4} \tag{3-28}$$

式中：V_s——距墙边缘 h_0 处，作用在阴影部分的基底平均净反力设计值；

β_{hs}——受剪切时截面高度影响系数；

f_t——混凝土轴心抗拉强度设计值；

h_0——底板的有效高度。

3. **底板抗冲切验算**

如图 3-33，底板受冲切承载力需满足：

$$F_l \leqslant 0.7\beta_{hp} f_t u_m h_0 \tag{3-29}$$

式中：F_l——作用在阴影面积上的基底平均净反力设计值；

u_m——距基础墙边 $h_0/2$ 处冲切临界截面的周长；

β_{hp}——受冲切时截面高度影响系数，当 $h \leqslant 800$mm 时 β_{hp} 取 1.0，当 $h > 2000$mm 时，β_{hp} 取 0.9。

4. 墙体抗剪承载力验算

箱基可以看作是一根在外荷载和基底反力作用下的静定梁，按照力学的方法，求出各支座截面左、右侧的总剪力，再按同一截面各道纵墙的墙厚和柱轴力所占总墙厚和总柱轴力的比值，将各支座截面左、右侧的总剪力分配到各道纵墙上，扣除计算截面处横墙所承担的剪力后，即为该道纵墙所承担的剪力。

墙身的受剪截面应满足：

$$V_w \leqslant 0.25 f_c A_w \tag{3-30}$$

式中：V_w——由柱根传给各片墙的竖向剪力设计值，N；

f_c——混凝土轴心受压强度设计值；

A_w——墙身竖向有效截面面积。

当地基不均匀，或存在天然缺陷，如存在岩洞、墓穴等；荷载偏心，上部结构重心与形心不相重合，甚至超过允许范围；建筑层数多，导致风荷载等水平荷载较大，处于软土地区时势必导致整体倾斜；相邻建筑物和施工影响，如基坑土体扰动等因素也能导致整体倾斜。需验算基础沉降和横向整体倾斜。

思考题与习题

3-1 什么是地基基础上部结构共同作用？现有设计是如何考虑的？

3-2 地基计算模型一般有哪几种？试述其各有哪些优缺点。

3-3 用静力平衡法和倒梁法计算柱下条形基础内力时有什么区别？各有何基本假定？

3-4 什么是筏形基础？筏板可分成几类？

3-5 何谓补偿性基础？如何设计？

3-6 某地基上的柱下条形基础，各柱传递到基础上的轴力设计值如图 3-36 所示，基础梁底宽 $b=2.5$m，高 $h=1.2$m，地基承载力设计值为 $f=120$kPa，试用倒梁法求基底反力分布与基础梁内力。

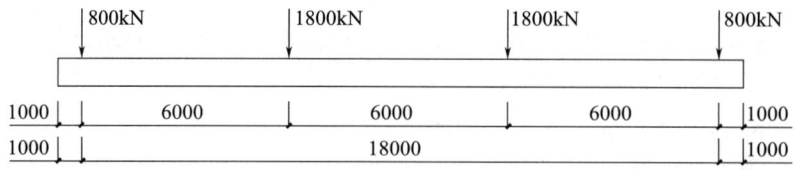

图 3-36 条形基础受力示意图

3-7 某平板式筏形基础被分为如图 3-37 所示的三个板带，$AGHF$（$B_1=5.25$m）、$GIJH$（$B_2=10$m）和 $ICDJ$（$B_3=5.25$m）。请计算图上各点 A、B、C、D、E 和 F 的土压

力,并确定 y 方向上的钢筋要求。柱截面尺寸为 0.5m × 0.5m,图中所有的荷载都是根据规范所得的系数荷载,使用 $f_c=20.7\text{MN/m}^2$,$f_y=413.7\text{MN/m}^2$。

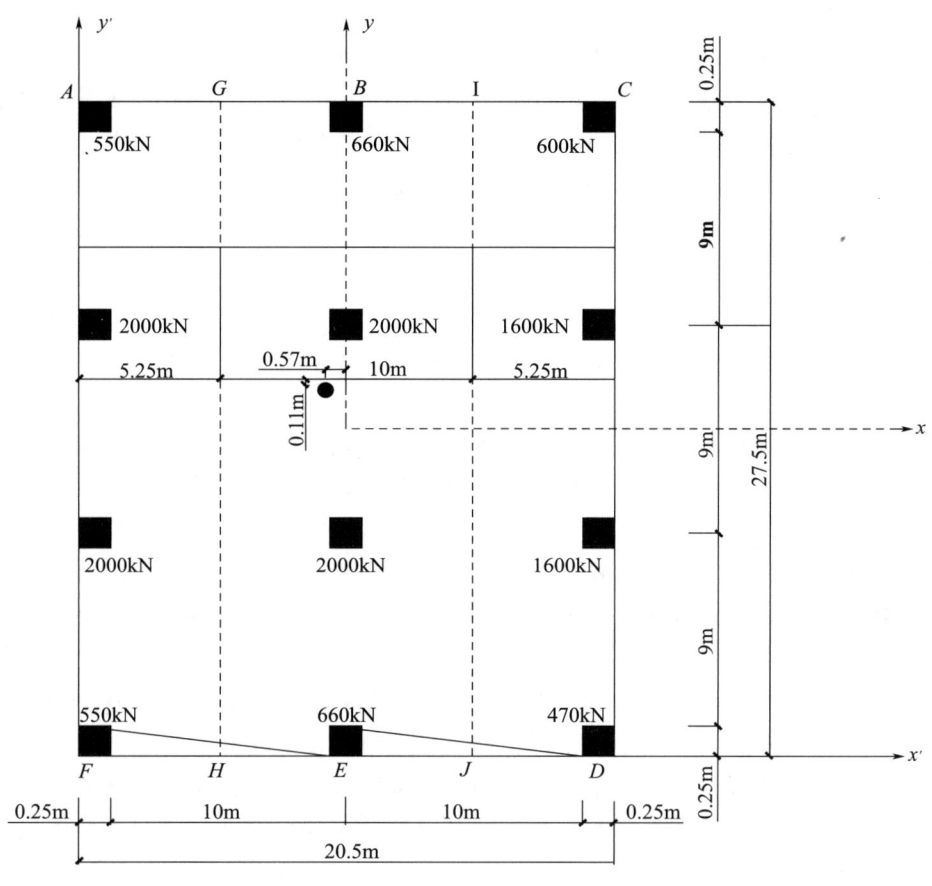

图 3-37 筏板基础平面图

附:

安全无小事——清华附中 12.29 安全事故

2014 年 12 月 29 日 8 时 20 分许,在北京市海淀区清华大学附属中学体育馆及宿舍楼工程工地,作业人员在基坑内绑扎钢筋过程中,筏板基础钢筋体系发生坍塌,造成 10 人死亡、4 人受伤。事故发生后,党中央、国务院高度重视。经过多方部门的调查与追责,有关部门出具了该事故的调查报告。调查组依法对事故现场进行了认真勘查,及时提取了相关物证、书证和视听资料,对事故相关人员进行了调查询问,并委托国家建筑工程质量监督检验中心对现场开展技术分析,查明了事故原因并认定了事故性质。

1. 直接原因

未按照方案要求堆放物料、制作和布置马凳,马凳与钢筋未形成完整的结构体系,致使基础底板钢筋整体坍塌,是导致事故发生的直接原因。

(1) 未按照方案要求堆放物料。施工时违反《钢筋施工方案》第 7.7 条规定,将整捆钢筋物料直接堆放在上层钢筋网上，施工现场堆料过多，且局部过于集中，导致马凳立筋失稳，产生过大的水平位移，进而引起立筋上、下焊接处断裂，致使基础底板钢筋整体坍塌。

（2）未按照方案要求制作和布置马凳，导致马凳承载力下降。现场制作的马凳所用钢筋直径从《钢筋施工方案》要求的32mm减小至25mm或28mm；现场马凳布置间距为0.9～2.1m，与《钢筋施工方案》要求的1m严重不符，且布置不均、平均间距过大；马凳立筋上、下端焊接欠饱满。

（3）马凳及马凳间无有效的支撑，马凳与基础底板上、下层钢筋网未形成完整的结构体系，抗侧移能力很差，不能承担过多的堆料载荷。

2. 间接原因

施工现场管理缺失、备案项目经理长期不在岗、专职安全员配备不足、经营管理混乱、项目监理不到位是导致事故发生的间接原因。

（1）施工现场管理缺失。一是技术交底缺失，未按照要求对作业人员实施钢筋作业的技术交底工作，致使作业人员未按照方案施工作业，擅自减小马凳钢筋直径、随意增大马凳间距，降低了马凳的承载能力。二是安全培训教育不到位，未按照要求对全员实施安全培训教育，施工现场钢筋作业人员存在未经培训上岗作业的现象。三是对劳务分包单位管理不到位，未及时发现其为抢赶工期、盲目吊运钢筋材料集中码放在上层钢筋网上的隐患，导致载荷集中。

（2）备案项目经理长期不在岗、专职安全员配备不足。一是建工一建公司对项目部项目经理统一调配和协调管理不到位，明知备案项目经理无法到现场履行职责，仍未及时履行相应的变更手续，致使备案的项目经理长期未到岗履职；清华大学发现备案项目经理长期不到岗的行为后，也未及时督促整改。二是未按照相关规定配备2名以上专职安全生产管理人员。

（3）经营管理混乱。建工一建公司存在非本企业员工以内部承包的形式承揽工程的行为。在清华附中工程项目投标阶段，建工一建公司涉嫌允许杨泽中以本企业名义承揽工程，致使不具备项目管理资格和能力的杨泽中成为项目实际负责人，客观上导致出现施工现场缺乏有专业知识和能力的人员统一管理、项目部管理混乱的局面。

（4）监理不到位。一是对项目经理长期未到岗履职的问题监理不到位，且事故发生后，伪造了针对此问题下发的《监理通知》。二是对钢筋施工作业现场监理不到位，未及时发现并纠正作业人员未按照钢筋施工方案要求施工作业的违规行为。三是对项目部安全技术交底和安全培训教育工作监理不到位，致使施工单位使用未经培训的人员实施钢筋作业。

（5）行业管理部门监督检查不到位。海淀区住房城乡建设委作为该工程项目的行业监管部门，负责该工程的质量安全监督工作。该单位未认真履行行政监管职责，未按照《A栋体育馆等3项（附属中学体育馆及宿舍楼）工程质量监督执法抽查计划》规定的检查次数、内容实施监督检查，仅在2014年10月15日对该工程开展了一次检查，检查过程中只进行了现场施工交底，未落实执法计划规定的其他内容，其他时间均未到场开展检查。事故发生后，海淀区住房城乡建设委提供了虚假的监督执法材料。

通过对清华附中12.29重大安全事故的总结，深深地感受到"安全无小事，安全重于泰山"这句话不仅仅是口头说说，也不仅仅是拉拉标语、喊喊口号的事，而是真真切切要把身边点点的安全隐患消灭，落到实处。同时，也让我们深深地震撼到生命的脆弱，既然生命如此脆弱，那如何能把脆弱的生命凝练得坚韧，就需要做到以下。

安全管理要杜绝"轰轰烈烈搞形式，扎扎实实走过场"的伪管理模式。拌人的桩不在高，违章的事不在小，一颗螺丝、一个钉子、一根架子管等小的隐患都会造成重大安全事故，所以安全管理不要轰轰烈烈的，需要润物细无声的管理，抓小事，管细事，切切实实把每个安全小事落到实处。

认真落实安全技术交底工作。每一个工序开工前都必须做好安全技术交底工作，交底内容要有针对性，要全面，不能一个交底管整个工地，缺乏针对性。交底人在交底时不能走过场，签个字就完事，必须言传身教，把交底内容和精髓真正交到作业人员心中。

安全工作必须"能开口，会开口"。发现安全隐患必须及时开口制止，及时处理，不怕得罪人，把隐患的危害分析给操作工人，采用柔性管理方式，不能生硬管理，使班组人员产生逆反心理。

加强专业知识、规范的学习。自身专业素质过硬，在施工管理过程中结合理论与实际，做到心中有数，防患于未然。多跑工地，在工地现场多看，多想，多和现场工人沟通，了解他们所想。施工管理不是在办公室管理，必须要深入到现场，在现场才能发现问题，及时解决问题。通过这次的学习，真正认识到安全的重要性，若每一个操作环节都认真负责，事故就不会发生，安全工作时刻从零开始，时刻都在路上，未雨绸缪胜过亡羊补牢，我们时刻系上安全带，与安全同行。

第 4 章 桩 基 础

4.1 概述

4.1.1 基本概念

桩是指设置于土中的竖直或倾斜的断面相对其长度较小的杆状构件。桩的功能是通过杆件的侧壁摩阻力和端阻力将上部结构的荷载传递到深处的地基中。基桩是指群桩中的单桩。

桩基础是指桩与连接桩顶和承接上部结构的承台所组成的深基础,简称桩基础。

承台是指将各桩联成一整体,把上部结构传来的荷载转换、调整分配于各桩,由桩传到深部较坚硬的、压缩性小的土层或岩层的基础结构部分,如图 4-1 所示。

桩的优点主要有:将荷载传递到下部好土层,承载力高;沉降量小;抗震、抗液化性能好;承受抗拔(抗滑桩)及横向力(如风载荷);与其他深基础(较沉井、沉箱)相比,施工容易、造价低。

桩的缺点有:比浅基础造价高;比一般浅基础施工复杂;打入桩会产生噪声、灌注桩会产生泥浆、影响场地环境;工作机理复杂。

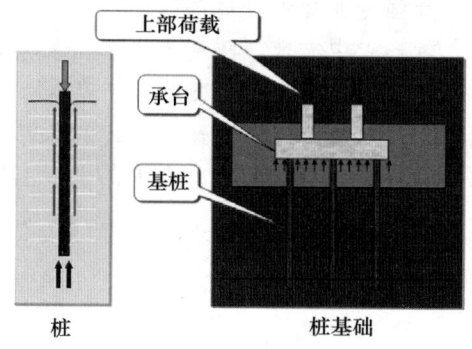

图 4-1 桩基础示意图

4.1.2 桩的应用

目前,桩的种类和桩基础型式、施工工艺和设备以及桩基础理论和设计方法都比过去有了极大发展。桩基已成为土质不良地区修建各种建筑物,特别是高层建筑、重型厂房、高速铁路和具有特殊要求的建筑物所广泛采用的基础型式。对于下列情况,可考虑选用桩基础方案,如图 4-2 所示:

(1) 不允许地基有过大沉降和不均匀沉降的高层建筑或其他重要的建筑物;这类建筑物应以沉降控制设计。

(2) 重型工业厂房和荷载很大的建筑物(如仓库、料仓、超高建筑、超大型桥梁等),只有在较深处才有能满足承载力要求的持力层的情况。

(3) 软弱地基或某些特殊土上的各类永久建筑物。

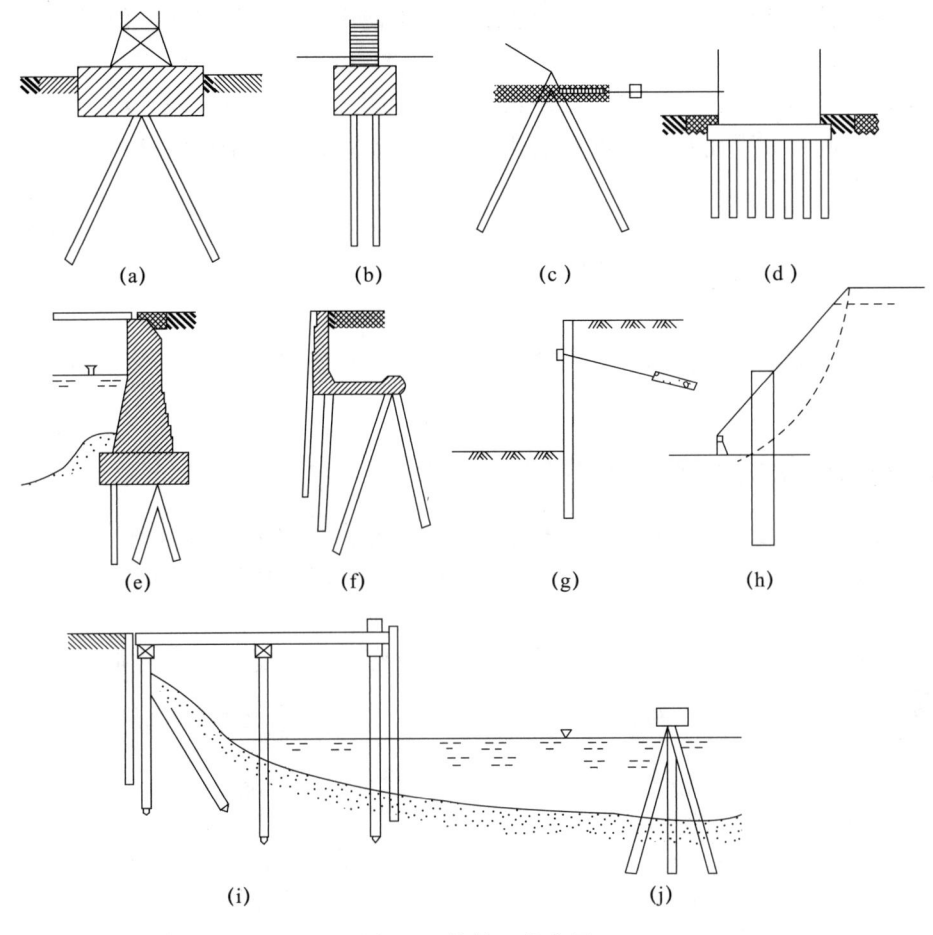

图 4-2 桩的工程应用

(4) 作用有较大水平力和力矩的高耸结构物（如烟囱、水塔等）的基础，或在水的浮力作用下，地下室或地下结构可能上浮，需以桩承受水平力或用桩抗浮承受上拔荷载的情况。

(5) 需要减弱其振动影响的动力机器基础，或以桩基作为地震区抗震措施的建筑物。

(6) 穿过湿陷性土、膨胀性土、人工填土、垃圾土和可液化土层用以保证建筑物的稳定的情况。

此外，桩基础也适用于基坑的支挡结构、抗滑桩等情况。桩基础设计应注意满足地基承载力和变形这两项基本要求。

4.1.3 桩基设计的原则及内容

《建筑桩基技术规范》（JGJ 94—2008）规定，建筑桩基采用以概率理论为基础的极限状态设计方法，并按极限状态设计表达式计算，且桩基的极限状态分为两类：

(1) 承载能力极限状态：桩基达到最大承载能力、整体失稳或发生不适于继续承载的变形；

(2) 正常使用极限状态：桩基达到建筑物正常使用所规定的变形限值或达到耐久性要求的某项限值。

桩基设计基本内容包括：桩的类型和几何尺寸的选择；单桩竖向承载力的确定；确定桩的数量、间距和平面布置；桩基承载力和沉降验算；桩身结构设计；承台设计；绘制桩基施工图。

4.2 桩的分类和选桩原则

人们可从不同的角度和标准对桩进行分类，目的在于明确其特点，从而因地制宜地进行合理选用和合理设计。

4.2.1 按桩的承台与地面的相对位置分类

按桩的承台与地面的相对位置可分为高承台桩和低承台桩，如图 4-3 所示。高承台桩承台底面高出地面，桥梁和港口工程中常用高承台桩基，且常采用斜桩，以及承受水平荷载。低承台桩承台底面位于地面以下，承台本身承担部分荷载，在工业与民用建筑物中，几乎都使用低承台桩基，而且大量采用的是竖直桩，很少采用斜桩。

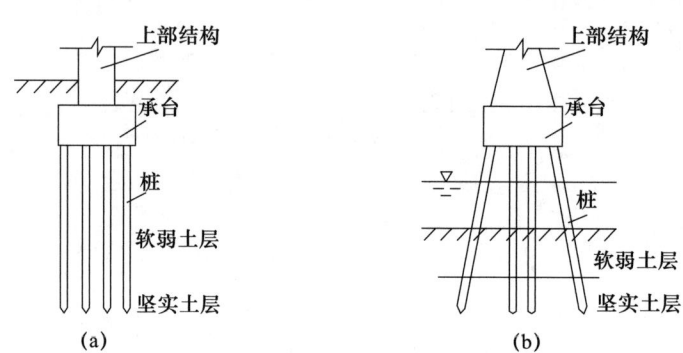

图 4-3 桩基础示意图
（a）低承台桩基础；（b）高承台桩基础

4.2.2 按桩身材料分类

按桩身材料可分为：

(1) 木桩：是最古老的桩型，但是由于资源的限制，以及其易于腐蚀和不易接长等缺点，目前已很少使用。

(2) 混凝土桩：一般均由钢筋混凝土制作。按照施工制作方法又可分为灌注桩和预制桩。预制桩又可分为现场预制和工厂预制两种，后者要经受运输的考验。预制桩还可分为预应力桩和非预应力桩。使用高强水泥和钢筋制作的预应力桩具有很高的桩身强度。

(3) 钢桩：按照断面形状可分为钢管桩、钢板桩、型钢桩和组合断面桩，如图 4-4 所示。钢桩较易打入土中，由于挤土少，对地层扰动小，但是造价较高，抗腐蚀性差，需做表面防腐处理。

（4）组合材料桩：这类桩种类很多，并且不断地有新类型出现。比如在作为抗滑桩时，在混凝土中加入大型工字钢承受水平荷载；在用深层搅拌法制作的水泥墙内插入 H 型钢，形成地下连续墙（SMW）。另外一种复合载体夯扩桩则是在桩端夯入砖石，其上夯入干硬性混凝土，再浇注钢筋混凝土桩身。

4.2.3 按桩的形状分类

（1）按桩的纵断面形状可分为：楔形桩、树根桩、螺旋桩、多节（分叉）桩、扩底桩、支盘桩、微型桩，如图 4-4（a）所示。

（2）按桩的横断面可分为：圆形、正方形、三角形、八边形、工字桩、Y 形桩，如图 4-4（b）所示。

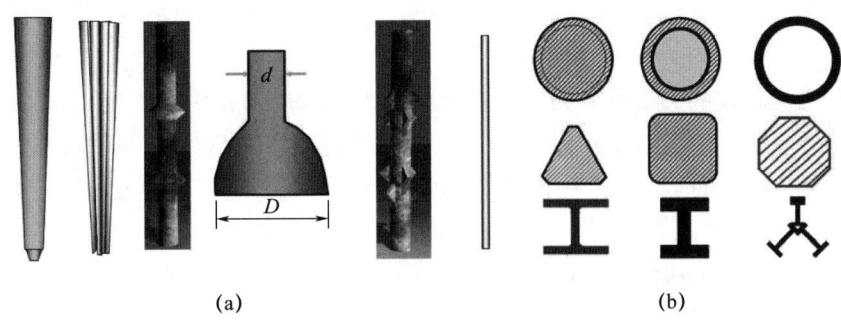

图 4-4　不同断面形式的桩
（a）桩的纵断面；（b）桩的横断面

4.2.4 按桩的承载机理（荷载传递方式）分类

根据桩侧与桩端阻力的发挥程度和分担荷载比例的不同，可分为：

（1）摩擦型桩：摩擦型桩又可分为摩擦桩和端承摩擦桩两种。摩擦桩是指在极限承载力状态下，桩顶荷载基本由桩侧阻力承受，端阻力一般不超过荷载的 10%，见图 4-5（a）；端承摩擦桩是指在极限承载力下，桩顶荷载主要由桩侧阻力承受，见图 4-5（b），是一种最常用的桩。

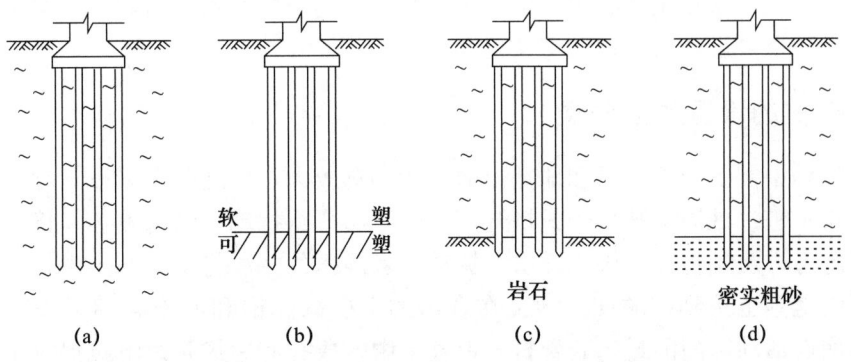

图 4-5　摩擦型桩与端承型桩示意图
（a）摩擦桩；（b）端承摩擦桩；（c）端承桩；（d）摩擦端承桩

(2) 端承型桩：端承型桩又可分为端承桩和摩擦端承桩两种。端承桩是指在极限承载力状态下，桩顶荷载基本由桩端阻力承受，见图 4-5（c）。摩擦端承桩是指在极限承载力状态下，桩顶荷载主要由桩端阻力承受，见图 4-5（d）。

这四种桩的划分主要取决于土层分布，但也与桩长、桩的刚度、桩身形状、是否扩底、成桩方法等条件有关。例如，随着桩长径比 l/d 的增大，在极限承载力的状态下，传递到桩端的荷载就会减少，桩身下部侧阻和端阻的发挥值会相对降低。当 $l/d \geqslant 40$ 时，在均匀土层中端阻分担荷载比趋于零；当 $l/d \geqslant 100$ 时，即使桩端位于坚硬土（岩）层上，端阻的分担荷载值也小到可以忽略。

4.2.5　按桩的几何尺寸分类

桩的几何尺寸和形状差别很大，对于桩的承载性状有较大的影响，按桩的几何尺寸分类如下：

（1）按桩的直径的大小可分为：大直径桩（$d \geqslant 800\text{mm}$）；中等直径桩（$250\text{mm} < d < 800\text{mm}$）；小直径桩（$d \leqslant 250\text{mm}$）。一般认为，对于直径大于 800mm 的灌注桩，由于开挖成孔可能使桩孔周边的土应力松弛而降低其承载能力，尤其是对于砂土和碎石类土。

（2）按桩的长度又可分为：短桩（$L \leqslant 10\text{m}$）；中长桩（$10\text{m} < L \leqslant 30\text{m}$）；长桩（$30\text{m} < L \leqslant 60\text{m}$）和超长桩（$L > 60\text{m}$）。

4.2.6　按桩的使用功能分类

按桩的使用功能可以分为：

（1）竖向抗压桩：这是使用最广泛、用量最大的一种桩。它组成的桩基础是为了提高地基承载力和（或）减少地基沉降量。

（2）竖向抗拔桩（如抗浮桩）。随着大跨度轻型结构（如机场停机坪）和浅埋的地下结构（如地下停车场）的大量兴建，这类桩的使用也越来越广泛，并且用量往往很大。另外在单桩竖向静载试验中使用的锚桩也承受拉拔荷载。

（3）水平受荷桩：主要承受水平荷载，最典型的是抗滑桩和基坑支挡结构中的排桩。

（4）复合受荷桩：其竖向、水平荷载均较大。例如码头、挡土墙、高压输电线塔和在强地震区中的高层建筑基础中的桩也都承受较大的竖向及水平荷载。根据水平荷载的性质，这类桩也可设计成斜桩和交叉桩，如图 4-2 所示。

4.2.7　按桩的设置效应分类

成桩过程中挤土与否对桩和地基土的性状影响较大，按此分为以下三类。

（1）挤土桩：桩周土被挤密或挤开，周围土层严重扰动，结构破坏。挤土桩主要是预制桩。施工方法是将预制桩用锤击、振动或者静压的方法打入地基土中，这样就将桩身所占据的地基土挤到桩的四周了，在合适的土层（如饱和度不高的可挤密土层中），也可将管底有活动瓣门的封闭套管打入地基土中，成孔后边拔管边浇筑混凝土，这样形成的桩称为挤土的灌注桩。对于饱和的软黏土，当打入的挤土桩较多较密时，可能会使地面上抬，造成相邻建筑物或管线损坏，引起打入的桩上浮、侧移或断裂；同时在地基土中会引起较高的超静孔隙水压力，这些都是十分不利的。

（2）部分挤土桩：桩周土层受较少扰动，土的结构和工程性质变化不明显。如开口的沉管取土灌注桩、先预钻较小孔径的钻孔（称为引孔），然后打入预制桩；小截面H型钢桩、I型钢桩、开口式钢管桩、螺旋桩也属于部分挤土桩。

（3）非挤土桩：桩孔内土被取出，土体应力松弛。各种挖孔桩、钻孔桩等现场灌注桩均为非挤土桩。成孔的方法是用各种钻机钻孔或人工挖孔。人工挖孔通常在地下水位以上；钻孔可以在水上，也可在水下。水下钻孔通常需采用泥浆护壁，并保持泥浆水位高于地下水位以上，确保井壁的稳定。但这种方法往往会在井底产生沉渣和在井壁形成泥皮，从而降低了桩的承载力，在施工中应采取措施尽量减少其影响。另一种护壁方式是采用套管，常用于不稳定的土层，成桩的方法分为现场灌注法和放入预制桩法，现场灌注桩施工是先向孔内放入钢筋笼，使其就位后浇筑混凝土，在地下水位以下则用导管法浇筑，放入预制桩法是首先将预制桩吊装入井孔中，然后在桩孔间的孔隙中灌浆。

4.2.8 按桩的施工方法分类

按施工方法的不同可分为预制桩和浇注桩两大类。

（1）预制桩：预制桩可在施工现场预制，也可在工厂预制，断面可以是方形、圆形或其他形状，预制桩还可以制成预应力桩。沉桩的方式有锤击或振动打入、静力压等。

（2）灌注桩：灌注桩是在施工现场成孔，然后浇筑混凝土而成，可在孔中预先放入钢筋笼。灌注桩桩长可根据地层情况灵活确定，可做成大直径和变截面桩。灌注桩的施工方法有沉管灌注桩和钻（冲、挖）孔灌注桩。

4.2.9 选桩原则

桩型与成桩工艺的选择应当根据结构类型、荷载性质、桩的使用功能、穿越土层、桩端持力层土类、地下水条件、施工设备、施工环境、施工经验、制桩材料供应等条件因地制宜地进行，其原则应当是经济合理和安全适用。具体如下：

（1）因荷载制宜：即上部结构传递给基础的荷载大小是控制单桩承载力要求的主要因素。

（2）因土层制宜：即根据建筑物场地的工程地质条件、地下水位状况和桩端持力层深度等，通过比较各种不同方案桩结构的承载力和技术经济指标，选择桩的类型。

（3）因机械制宜：即考虑本地区桩基施工单位现有的桩工机械设备；如确实需要从其他地区引进桩工机械时，则需要考虑其经济合理性。

（4）因环境制宜：即考虑设桩过程中对环境的影响，例如打入式预制桩和打入式灌注桩的场合，就要考虑振动、噪声以及油污对周围环境的影响；泥浆护壁钻孔桩和埋入式桩就要考虑泥水、泥土的处理，否则会造成对环境的不利影响。

（5）因造价制宜：即采用的桩型，其造价应比较低廉。

（6）因工期制宜：当工期紧迫而环境又允许时，可采用打入式预制桩，因其施工速度快；再如施工条件合适时，也可采用人工挖孔桩，因该桩型施工作业面可增多，施工进程也较快。

在选择桩型和工艺时，应对建筑物的特征（建筑结构类型、荷载性质、桩的使用功能、建筑物的安全等级等）、地形、工程地质条件（穿越土层、桩端持力层岩土特性）、水文地质条件（地下水类别、地下水位标高）、施工机械设备、施工环境、施工经验、各种桩施工法的特征、制桩材料供应条件、造价以及工期等进行综合性研究分析，并进行技术经济分析比较，最后选择经济合理、安全适用的桩型和成桩工艺。

一般除了特殊情况外，同一建筑单元内应避免采用不同类型的桩。

4.3 单桩轴向受压荷载的传递

孤立的一根桩称为单桩，群桩中性能不受邻桩影响的一根桩可视为单桩。在确定竖直单桩的轴向承载力时，有必要了解施加于桩顶的竖向荷载是如何通过桩-土相互作用传递给地基，以及单桩是怎样到达承载力极限状态等基本概念。

桩基础的作用是将荷载传递到下部土层，通过桩与桩周土的相互作用获取承载力。

4.3.1 单桩轴向受压承载力的组成

作用于桩顶的竖向压力由作用于桩侧的总摩阻力 Q_S 和作用于桩端的端阻力 Q_P 共同承担，如图4-6所示，可表示为

$$Q = Q_S + Q_P \tag{4-1}$$

桩侧阻力与桩端阻力的发挥过程就是桩土体系荷载的传递过程。桩顶受竖向压力后，桩身压缩并向下位移，桩侧表面与土间发生相对运动，桩侧表面开始受土的向上摩擦阻力，荷载通过侧阻力向桩周土中传递，就使桩身的轴力与桩身压缩变形量随深度递减。随着荷载增加，桩身下部的侧阻力也逐渐发挥作用，当荷载增加到一定值时，桩端才开始发生竖向位移，桩端的反力也开始发挥作用。所以，靠近桩身上部土层的侧阻力比下部土层的侧阻力先

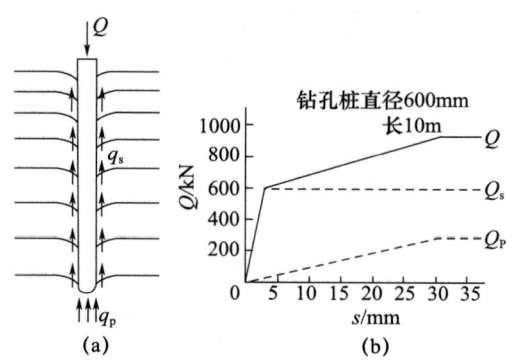

图4-6 桩的侧阻力与端阻力

发挥作用，侧阻力先于端阻力发挥作用。研究表明，侧阻力与端阻力发挥作用所需要的位移量也是不同的。大量的常规直径桩的测试结果表明，侧阻力发挥作用所需的相对位移一般不超过20mm。对于大直径桩，一般在位移量 $S=(3\%\sim6\%)d$ 情况下，侧阻力也已发挥绝大部分的作用。但是桩端阻力发挥作用的情况比较复杂，与桩端土的类型与性质及桩长度、桩径、成桩工艺和施工质量等因素有关。

对于岩层和硬的土层，只需很小的桩端位移就可充分使其端阻力发挥作用，对于一般土层，完全发挥端阻力作用所需位移量则可能很大。以桩端持力层为细粒土的情况为例，要充分发挥端阻力作用，打入桩 s_p/d 为10%，钻孔桩 s_p/d 为20%~30%，其中 s_p 为桩端的沉降量。

这样，对于一般桩基础，在工作荷载作用下，侧阻力可能已发挥出大部分作用，而端阻力只发挥了很小一部分作用。只有对支承于坚硬岩基上的刚性短桩，由于桩端无法下沉，而桩身压缩量很小，摩擦阻力无法发挥作用，端阻力才先于侧阻力发挥作用。

综上所述，可归纳为如下几点：

(1) 在荷载增加的过程中，桩身上部的侧阻力先于下部侧阻力发挥作用；

(2) 一般情况下，侧阻力先于桩端阻力发挥作用；

(3) 在工作荷载下，对于一般摩擦型桩，侧阻力发挥作用的比例明显高于端阻力发挥作用的比例；

(4) 对于 l/d 较大的桩，即便桩端持力层为岩层或坚硬土层，由于桩身本身的压缩，在工作荷载下桩端阻力也很难发挥，当 $l/d>100$ 时，桩端阻力基本可以忽略而成为摩擦桩。

图 4-7 表示了三种情况下端阻力与侧阻力发挥作用的情况。图中 Q_k 相应于作用标准组合时单桩上的竖向力，Q_u 为单桩的极限荷载，Q_{su} 为极限荷载时的总侧阻力，Q_{pu} 为极限荷载时的总端阻力。

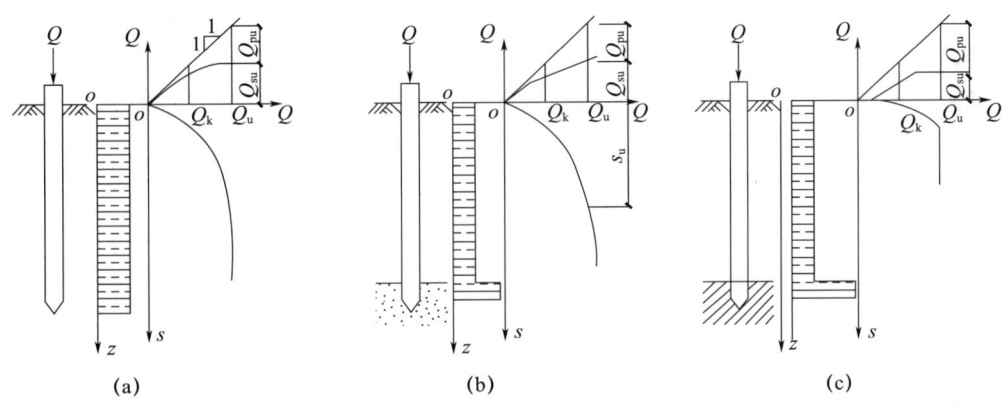

图 4-7 几种情况下的端阻力侧阻力
(a) 均匀土中的摩擦型桩；(b) 砂层中的摩擦端承桩；(c) 坚实基岩中的端承桩

4.3.2 桩的侧阻力

1. 侧阻力沿桩身的分布

如上所述，桩侧摩阻力发挥作用的程度与桩和桩土间的相对位移有关。对于摩擦桩，当桩顶有竖向压力 Q 时，桩顶位移为 s_0。s_0 由两部分组成：一部分为桩端的下沉量 s_P，s_P 包括桩端土体的压缩量和桩尖刺入桩端土层而引起的整个桩身的位移；另一部分为桩身在轴向力作用下产生的压缩变形 s_S。则 $s_0=s_P+s_S$，见图 4-8 (e)。如果图 4-8 中所示的单桩长度为 l，截面面积为 A，直径为 d，桩身材料的弹性模量为 E。实测的各截面轴力 $N(z)$ 沿桩的入土深 z 的分布曲线如图 4-8 (c) 所示，由于桩侧摩阻力向上，所以轴力 $N(z)$ 随着深度 z 增加而减少。其减少的速度则反映了单位侧阻 q_s 的大小。在图 4-8 (a) 中，在深度 z 处取桩的微分段 dz，根据微分段的竖向力的平衡条件可得（忽略桩的自重）：

$$q_s(z)\pi d\,dz+N(z)+dN(z)-N(z)=0 \tag{4-2}$$

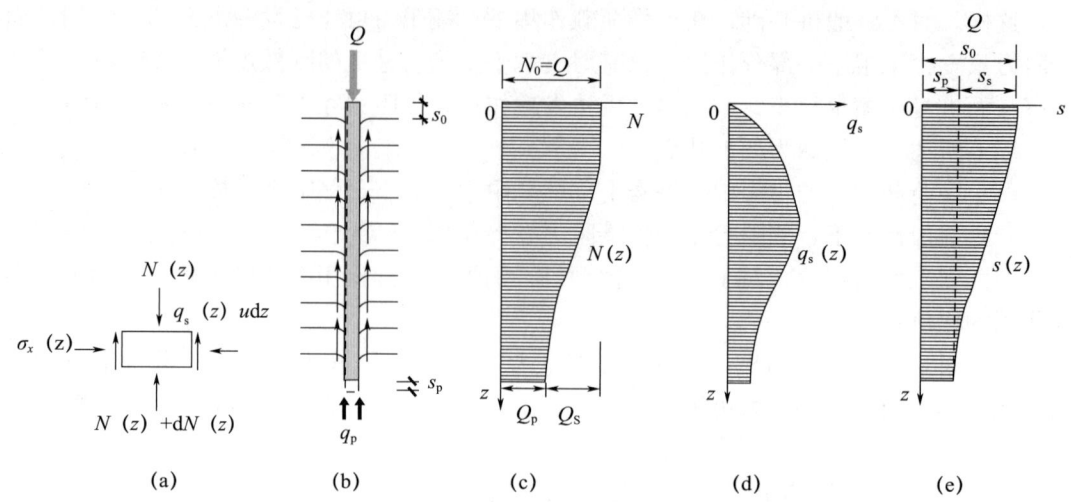

图 4-8 桩的轴向力、位移与桩侧摩阻力沿深度的分布

$$q_s(z) = -\frac{1}{\pi d}\frac{dN}{dz}$$

式（4-2）表明，任意深度 z 处，由于桩土间相对位移 s 所发挥的单位侧阻力 q_s 的大小与桩在该处的轴力 N 的变化率成正比，式（4-2）被称为桩荷载传递的基本微分方程。

在测出桩顶竖向位移 s_0 以后，还可利用上述已测的轴力分布曲线 $N(z)$ 计算出桩端位移和任意深度处桩截面的位移 $s(z)$，即

$$s_p = s_0 - \frac{1}{AE}\int_0^l N(z)dz \tag{4-3}$$

$$s(z) = s_0 - \frac{1}{AE}\int_0^z N(z)dz \tag{4-4}$$

图 4-8（e）为桩身各断面的竖向位移分布图。

值得指出的是，图 4-8 中的荷载传递曲线（N-z 曲线）、侧阻分布曲线（q_s-z 曲线）和桩的各断面竖向位移曲线（s-z 曲线）都是随着桩顶荷载的增加而不断变化的。

很多实测的荷载传递曲线表明，q_s 分布可能为多种形式的曲线，对打入桩，在黏性土中，q_s 沿深度的分布类似于抛物线形，如图 4-8（d）所示；在极限荷载下，在砂土中 q_s 值开始时随深度近似线性增加，至一定深度后接近于均匀分布，此深度称为临界深度（图 4-9）。

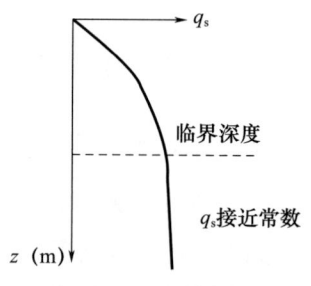

图 4-9 临界深度示意图

2. q_s 的主要影响因素

单位侧阻力 q_s 的影响因素很多，最主要取决于土的类型和土性。砂土的单位侧阻力比黏土的大，密实土的比松散土的大。桩的极限侧阻力标准值 q_{sk} 应根据当地的静力现场载荷试验资料统计分析得到，当缺乏地以经验时，可参考表 4-1。侧阻力作用的大小与桩土间相对位移有关，随着相对位移的增加，q_s 的作用发挥得越充分，直至达到极限侧阻力。这个相对位移又与荷载大小、桩土模量比 $\dfrac{E_p}{E_s}$ 有关。

表 4-1　桩的极限侧阻力标准值 q_{sik} （kPa）

土的名称	土的状态		混凝土预制桩	泥浆护壁钻（冲）孔桩	干作业钻孔桩
填土			22～30	20～28	20～28
淤泥			14～20	12～18	12～18
淤泥质土			22～30	20～28	20～28
黏性土	流塑	$I_L>1$	24～40	21～38	21～38
	软塑	$0.75<I_L\leq1$	40～55	38～53	38～53
	可塑	$0.50<I_L\leq0.75$	55～70	53～68	53～66
	硬可塑	$0.25<I_L\leq0.50$	70～86	68～84	66～82
	硬塑	$0<I_L\leq0.25$	86～98	84～96	82～94
	坚硬	$I_L\leq0$	98～105	96～102	94～104
红黏土	$0.7<a_w\leq1$		13～32	12～30	12～30
	$0.5<a_w\leq0.7$		32～74	30～70	30～70
粉土	稍密	$e>0.9$	26～46	24～42	24～42
	中密	$0.75\leq e\leq0.9$	46～66	42～62	42～62
	密实	$e<0.75$	66～88	62～82	62～82
粉细砂	稍密	$10<N\leq15$	24～48	22～46	22～46
	中密	$15<N\leq30$	48～66	46～64	46～64
	密实	$N>30$	66～88	64～86	64～86
中砂	中密	$15<N\leq30$	54～74	53～72	53～72
	密实	$N>30$	74～95	72～94	72～94
粗砂	中密	$15<N\leq30$	74～95	74～95	76～98
	密实	$N>30$	95～116	95～116	98～120
砾砂	稍密	$5<N_{63.5}\leq15$	70～110	50～90	60～100
	中密（密实）	$N_{63.5}>15$	116～138	116～130	112～130
圆砾、角砾	中密、密实	$N_{63.5}>10$	160～200	135～150	135～150
碎石、卵石	中密、密实	$N_{63.5}>10$	200～300	140～170	150～170
全风化软质岩		$30<N\leq50$	100～120	80～100	80～100
全风化硬质岩		$30<N\leq50$	140～160	120～140	120～150
强风化软质岩		$N_{63.5}>10$	160～240	140～200	140～220
强风化硬质岩		$N_{63.5}>10$	220～300	160～240	160～260

注：1. 对于尚未完成自重固结的填土和以生活垃圾为主的杂填土，不计算其侧阻力；
2. a_w 为含水比，$a_w=w/w_L$，w 为土的天然含水量，w_L 为土的液限；
3. N 为标准贯入击数，$N_{63.5}$ 为重型圆锥动力触探击数；
4. 全风化、强风化软质岩和全风化、强风化硬质岩系指其母岩分别为 $f_{rk}\leq15MPa$、$f_{rk}>30MPa$ 的岩石。

单位侧阻力还与桩径和桩的入土深度有关。影响 q_s 的另一个重要的因素是成桩的工艺。对于打入的挤土桩，如果桩周土是可挤密的土，打入的桩会将四周的土挤密，可明显提高单位侧阻力。如果桩周土为饱和的黏性土，打入桩的挤压和振动会在土中形成较高的超静孔隙水压力，使有效应力降低，结构的扰动和超静孔隙水压力升高会使桩周土抗剪强度降低，侧阻力也就大为降低。但是如果放置一段时间，随着土中超静孔压的消散，再加上土的触变性可恢复土的结构强度，也会使侧阻力逐渐提高，这就是所谓桩承载力的"时效性"。所以在有关规范中规定，开始单桩静现场载荷试验的时间，预制桩在砂土中应在入土 7d 后，黏性土不得少于 15d，对于饱和软黏土不得少于 25d。

对于钻（挖）孔灌注桩，由于需要预先成孔，这就可能引起桩周土的回弹和应力松弛，从而使桩的侧阻力减少，尤其是对于大于 800mm 的大孔径桩尤为明显，对于水下泥浆护壁成孔的灌注桩，在桩侧形成的泥皮及水下浇注混凝土的质量问题也可使侧阻力减小。

4.3.3 桩的端阻力

桩的端阻力是其承载力的重要组成部分，它的大小受很多因素影响，其作用的发挥也与桩和土的各种条件有关。

1. 经典理论计算法

在 20 世纪 60 年代以前，人们大都用基于土为刚塑性假设的经典承载力理论分析桩端阻力。将桩视为一宽度为 b（相当于桩径 d）、埋深为桩入土深度 l 的基础进行计算。在桩加载时，桩端土发生剪切破坏，根据假设的不同滑裂面形状，用土力学教材中所介绍的地基极限承载力理论求出桩端的极限承载力，确定极限单位端阻力 q_{pu}。

轴向受压单桩的破坏模式主要有刺入破坏、整体剪切破坏、屈曲破坏三种，如图 4-10 所示。

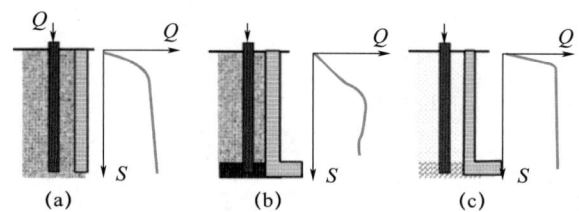

图 4-10 轴向受压单桩的破坏模式
（a）刺入破坏；（b）整体剪切破坏；（c）屈曲破坏

但是由于桩的入土深度相对于桩的断面尺寸大很多，所以桩端土体大多数属于冲剪破坏或局部剪切破坏，只有桩长相对很短、桩穿过软弱土层支承于坚实土层时，才可能发生类似浅基础下地基的整体剪切破坏。图 4-11 为较常用的太沙基型与梅耶霍夫型滑动面形状。

根据极限承载力理论，q_{pu} 的一般表达式为

$$q_{pu}=\frac{1}{2}b\gamma N_{\gamma}+cN_{c}+qN_{q} \qquad (4-5)$$

式中：N_γ、N_c、N_q——承载力系数，其值与土的内摩擦角有关；
　　　　b——桩的宽度或直径，mm；
　　　　c——土的黏聚力，kPa；
　　　　q——桩底标高处土中的竖向自重应力，$q=\gamma l$，kPa。

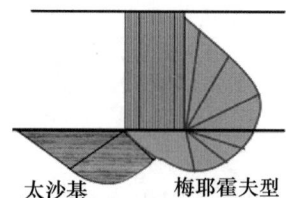

图 4-11 桩端地基破坏的两种模式

2. 桩的端阻力的影响因素

桩的端阻力与浅基础的承载力一样，同样主要取决于桩端土的类型和性质。一般而言，粗粒土的端阻力高于细粒土的端阻力，密实土的端阻力高于松散土的端阻力，桩的极限端阻力标准值 q_{pk} 可参考表 4-2。

表 4-2 桩的极限端阻力标准值 q_{pk} (kPa)

土名称	土的状态		混凝土预制桩桩长 l/m				泥浆护壁钻(冲)孔桩桩长 l/m				干作业钻孔桩桩长 l/m			
		桩型	$l\leq9$	$9<l\leq16$	$16<l\leq30$	$l>30$	$5\leq l<10$	$10\leq l<15$	$15\leq l<30$	$l\geq30$	$5\leq l<10$	$10\leq l<15$	$l\geq15$
黏性土	软塑	$0.75<I_L\leq1$	210~850	650~1400	1200~1800	1300~1900	150~250	250~300	300~450	300~450	200~400	400~700	700~950
	可塑	$0.50<I_L\leq0.75$	850~1700	1400~2200	1900~2800	2300~3600	350~450	450~600	600~750	750~800	500~700	800~1100	1000~1600
	硬可塑	$0.25<I_L\leq0.50$	1500~2300	2300~3300	2700~3600	3600~4400	800~900	900~1000	1000~1200	1200~1400	850~1100	1500~1700	1700~1900
	硬塑	$0<I_L\leq0.25$	2500~3800	3800~5500	5500~6000	6000~6800	1100~1200	1200~1400	1400~1600	1600~1800	1600~1800	2200~2400	2600~2800
粉土	中密	$0.75\leq e\leq0.9$	950~1700	1400~2100	1900~2700	2500~3400	300~500	500~650	650~750	750~850	800~1200	1200~1400	1400~1600
	密实	$e<0.75$	1500~2600	2100~3000	2700~3600	3600~4400	650~900	750~950	900~1100	1100~1200	1200~1700	1400~1900	1600~2100
粉砂	稍密	$10\leq N\leq15$	1000~1600	1500~2300	1900~2700	2100~3000	350~500	450~600	600~700	650~750	500~950	1300~1600	1500~1700
	中密、密实	$N>15$	1400~2200	2100~3000	3000~4500	3800~5500	600~750	750~900	900~1100	1100~1200	900~1000	1700~1900	1700~1900
细砂		$N>15$	2500~4000	3600~5000	4400~6000	5300~7000	650~850	900~1200	1200~1500	1500~1800	1200~1600	2000~2400	2400~2700
中砂	中密、密实	$N>15$	4000~6000	5500~7000	6500~8000	7500~9000	850~1050	1100~1500	1500~1900	1900~2100	1800~2400	2800~3800	3600~4400
粗砂		$N>15$	5700~7500	7500~8500	8500~10000	9500~11000	1500~1800	2100~2400	2400~2600	2600~2800	2900~3600	4000~4600	4600~5200
砾砂		$N>15$	6000~9500		9000~10500		1400~2000		2000~3200		3500~5000		
角砾、圆砾	中密、密实	$N_{63.5}>10$	7000~10000		9500~11500		1800~2200		2200~3600		4000~5500		
碎石、卵石		$N_{63.5}>10$	8000~11000		10500~13000		2000~3000		3000~4000		4500~6500		
全风化软质岩		$30<N\leq50$	4000~6000				1000~1600				1200~2000		
全风化硬质岩		$30<N\leq50$	5000~8000				1200~2000				1400~2400		
强风化软质岩		$N_{63.5}>10$	6000~9000				1400~2300				1600~2600		
强风化硬质岩		$N_{63.5}>10$	7000~11000				1800~2800				2000~3000		

注：1. 砂土和碎石类土中桩的极限端阻力取值，宜综合考虑土的密实度，桩端进入持力层的深度比 h_b/d，土越密实，h_b/d 越大，取值越高；
2. 预制桩的岩石极限端阻力指桩端支撑于中、微风化及新鲜岩表面或进入强风化岩、软质岩一定深度条件下极限端阻力；
3. 全风化、强风化软质岩和全风化、强风化硬质岩指其母岩分别为 $f_{rk}\leq15MPa$，$f_{rk}>30MPa$ 的岩石。

桩的端阻力受成桩工艺的影响很大。对于挤土桩，如果桩周围为可挤密土（如松砂），则桩端土受到挤密作用而使端阻力提高，并且使端阻力在较小桩端位移下即可发挥作用。对于密实的土或者饱和黏性土，挤压的结果可能不是挤密，而是扰动了原状土的结构，或者产生超静孔隙水压力，端阻力反而可能会受不利影响。对于非挤土桩，成桩时可能扰动原状土，在桩底形成沉渣和虚土，则端阻力会明显降低。其中大直径的挖（钻）孔桩，由于开挖造成的应力松弛，使端阻力随着桩径增大而降低。

对于水下施工的灌注桩，由于桩底沉渣不易清理，一般端阻力比干作业灌注桩要小。

3. 端阻力的深度效应

从式（4-5）可以看出，按照经典的极限承载力理论，桩的单位极限端阻力 q_p 应当随桩的入土深度 l 的增加而线性增加。但许多学者在室内模型试验和现场原型观测中发现，桩端阻力有明显的深度效应，即存在着一个临界深度 h_c，当桩端进入均匀持力层的深度小于临界深度 h_c 时，其极限端阻力随深度基本上是线性增加；当进入深度大于临界深度 h_c 时，极限端阻力基本不再增加，趋于一个常数。如图 4-12 所示的模型试验中，曲线①、②为均匀土层的情况；对于多层土的情况也存在临界深度，并且在两土层中分别存在各自的临界深度。

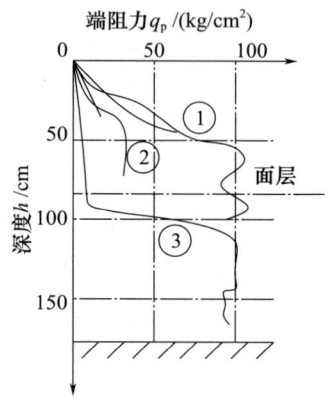

图 4-12　桩的端阻力与临界深度
① 均匀砂土 $D_r=0.7$，$q_p=10000$kPa；
② 均匀砂土 $D_r=0.5$，$q_p=3000$kPa；
③ 均匀砂土 $D_{r上}=0.2$，$D_{r下}=0.2$

图 4-12 的试验和其他的研究表明，桩的端阻力的临界深度有如下特点：

（1）桩的端阻力的临界深度 h_c 随持力层砂土的相对密度的提高而提高。

（2）对于图 4-12 中曲线③的第二层相对密度 D_r 为 0.7 的砂土，它从两层土界面起算的临界深度 h'_c 与 D_r 为 0.7 的均匀土之临界深度 h_c 相比，$h'_c<h_c$，亦即上部覆盖压力使临界度减小，但是曲线①与③的极限端阻力基本相同。

（3）端阻力临界深度 h_c 随桩径增大而增加。

如上所述，与侧阻力的临界深度一样，端阻力的临界深度也是由于砂土的剪胀和剪缩特性引起的。

4.4　轴向受压单桩承载力

对应轴向受压单桩的破坏模式，轴向受压单桩承载力由以下三个条件决定：
（1）在荷载作用下，桩在地基土中不丧失稳定性；
（2）在荷载作用下，桩顶不产生过大的位移；
（3）在荷载作用下，桩身材料不发生破坏。

在《建筑地基基础设计规范》（GB 50007—2011）中规定：设计中，按单桩承载力确定桩数时，传至承台底面上的荷载效应应按正常使用极限状态下荷载效应的标准组合；相应的抗力采用单桩承载力特征值。

如 4.3 节所述，轴向受压单桩承载力的影响因素很多，包括土类、土质、桩身材料、桩径、桩的入土深度、施工工艺等。在长期的工程实践中，人们提出了多种确定单桩承载力的方法。目前在工程实践中主要采用如下方法。

4.4.1 现场试验法

1. 单桩竖向静载荷试验

单桩竖向静载荷试验既可在施工前进行，用以测定单桩的承载力；也可用以对施工后的工程桩进行检测。这种试验是在施工现场，按照设计施工条件就地成桩，试验桩的材料、长度、断面以及施工方法均与实际工程桩一致。它适用各种情况下对于单桩承载力的确定。尤其是重要建筑物或者地质条件复杂、桩的施工质量可靠性低及不易准确地用其他方法确定单一桩竖向承载力的情况。工程中常用的两种典型单桩竖向静载荷试验的装置示意图如图 4-13 和图 4-14 所示，现场试验如图 4-15 所示。千斤顶向下加载必须有足够的反力，可以用如图 4-13 中所示的锚桩横梁试验装置；当桩的侧阻力所占比例较小时，锚桩不能提供足够的反力，也可在千斤顶上架设平台堆载提供反力荷载，如图 4-14 所示。试验时，在桩顶用千斤顶逐级加载，记录变形稳定时每级荷载下的桩顶沉降量 s，直到桩失稳为止。

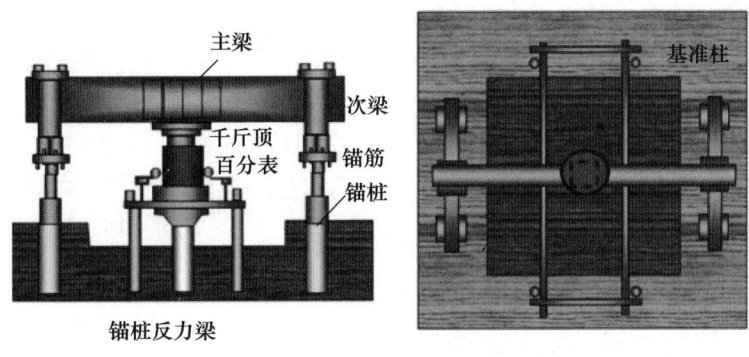

图 4-13 锚桩横梁试验装置示意图

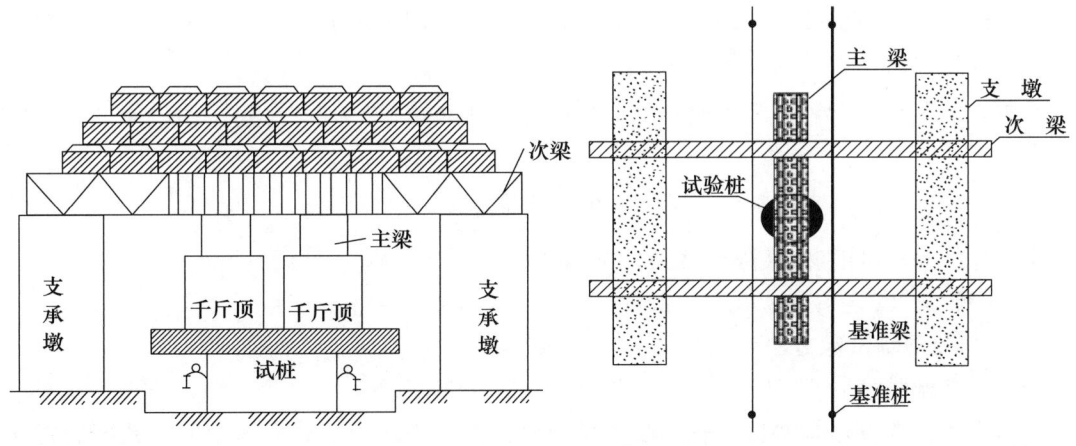

图 4-14 堆载平台试验装置示意图

图 4-15 锚桩横梁和堆载平台试验现场图

由试验结果绘制出的荷载 Q 与桩顶的沉降 s 曲线如图 4-16 所示。

根据测得的曲线可按下列方法确定单桩的竖向极限承载力：

（1）当曲线的陡降段明显时，取相应陡降段起点的荷载值，如图 4-16 中曲线的 B 点；

（2）当曲线是缓变型时，取桩顶总沉降量 $s=40\text{mm}$ 所对应的荷载值，当桩长大于 40m 时，可考虑桩身弹性压缩，适当增加对应的总沉降量；

（3）当在试验中出现 $\dfrac{\Delta s_{n+1}}{\Delta s_n} \geqslant 2$ 并且 24h 未达到稳定时，取 s_n 所对应的荷载值，其中 $\Delta s_n = s_n - s_{n-1}$，$s_{n+1} = s_{n+1} - s_n$ 即分别为第 n 级和第 $n+1$ 级荷载产生的桩顶沉降增量；

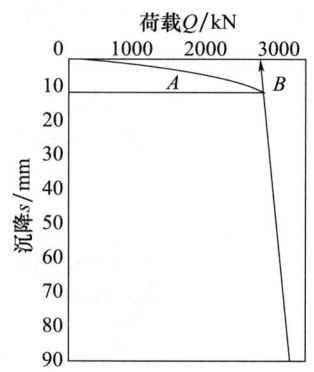

图 4-16 单桩试验的 $Q\text{-}s$ 曲线

（4）按上述方法判断有困难时，可结合其他辅助方法综合判定，对地基沉降有特殊要求者，可根据具体情况选取。

对于参加统计的试验桩，当各个单桩竖向极限承载力极差不超过平均值的 30% 时，可取其平均值作为单桩的竖向极限承载力的标准值。极差超过平均值的 30% 时，应分析其原因并增加试桩数量，结合工程具体情况确定极限承载力。对于桩承台只有 3 根桩或少于 3 根桩的情况，则取最小值。

将上述确定的单桩极限承载力标准值除以安全系数 K，则为单桩竖向承载力的特征值 R_a。即

$$R_a = \frac{1}{K} Q_{uk} \tag{4-6}$$

式中：Q_{uk}——单桩竖向极限承载力标准值；

K——安全系数，取 $K=2.0$。

2. 其他现场试验方法

（1）动测桩法

可利用高应变法检测桩的轴向受压单桩竖向承载力，但承载力检测值的精度通常误差较大，应参考现场或本地区相近条件下单桩静荷试验的可靠对比资料。一般用于桩基

施工后对工程桩的抗压承载力进行检测，或者作为单桩静载试验的辅助检测手段。动测法规范规定不宜对大直径扩底桩和 Q-s 曲线缓变型的大直径灌注桩的竖向抗压承载力进行检测。

(2) 深层平板载荷试验

当桩端持力层为密实砂卵石或其他坚硬土层时，对于单桩承载力很高的大直径端承桩，可采用深层平板载荷试验确定桩端承载力特征值。深层平板载荷试验采用刚性承压板直径与桩径一致。桩端承载力的特征值可直接取该试验 p-s 曲线的比例界限对应的荷载值；当极限承载力小于比例界限的 2 倍时，可取极限荷载的二分之一；不能按上述两种条件确定时，可取 $s/d=0.01\sim0.015$ 所对应的荷载值，作为单位面积桩端承载力的特征值，但不能大于最大荷载下单位面积压力值的二分之一。

(3) 岩基载荷试验

嵌岩桩是指桩端嵌入完整和较完整的未风化或中等风化的硬质岩体的桩，嵌入最小深度不小于 0.5m，对于桩端无沉渣的嵌岩桩，桩端岩石承载力的特征值可用岩基载荷试验确定。试验采用圆形的刚性承压板，直径为 300mm。当岩石埋藏深度较大时，可采用钢筋混凝土桩试验，但桩周需采取措施以清除其侧摩阻力，取试验 p-s 线直线段的终点为比例界限，作为岩石地基承载力特征值，或者取极限承载力除以安全系数 3.0 作为桩端承载力的特征值，二者取小值。

4.4.2 触探法

对于地基基础设计等级为丙级的建筑物，可采用原位测试的静力触探法及标准贯入试验参数确定单桩竖向承载力的特征值 R_a。对于地质条件简单、设计等级为乙级的建筑桩基，可参照地质条件相同的试桩，结合静、动触探综合确定单桩承载力。

静力触探与桩的入土的过程非常相似，可以把静力触探看成是小尺寸的打入桩的现场模拟试验，由于它设备简单，自动化程度高，被认为是一种很有发展前途的单桩承载力的确定方法。但是由于尺寸及条件不同于桩的静载试验，所以一般是将测得的比贯入阻力 P_s 与侧阻力 q_{sa} 和端阻力 q_{pa} 间建立经验关系确定单桩竖向承载力特征值。当根据双桥探头，如图 4-17 所示（双桥探头的圆锥底面积为 15cm²，锥角 60°，摩擦套筒高 21.85cm，侧面积 300cm²），静力触探资料确定混凝土预制桩单桩竖向极限承载力标准值时，对于黏性土、粉土和砂土，如无当地经验时可按式 (4-7) 计算：

$$Q_{uk}=Q_{sk}+Q_{pk}=\alpha q_c A_p+u\sum l_i\beta_i f_{si} \tag{4-7}$$

式中：A_p——桩底横截面面积；

u——桩身周长；

l_i——第 i 层土的厚度；

f_{si}——第 i 层土的探头平均侧阻力，kPa；

q_c——桩端平面上、下探头阻力，取桩端平面以上 $4d$（d 为桩的直径或边长）范围内按土层厚度的探头阻力加权平均值，然后再和桩端平面以下 $1d$ 范围内的探头阻力进行平均，kPa；

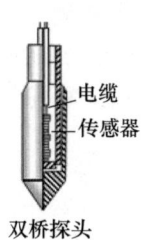

图 4-17 双桥探头示意图

α——桩端阻力修正系数，对于黏性土、粉土取 2/3，饱和砂土取 1/2；

β_i——第 i 层土桩侧阻力综合修正系数，黏性土、粉土 $\beta_i=10.04(f_{si})^{-0.55}$，砂土 $\beta_i=5.05(f_{si})^{-0.45}$。

对于砂土和碎石土也可以利用标准贯入试验参数 N 和重型动力触探数 $N_{63.5}$，首先判断其密实度，然后从表 4-1 和表 4-2 中选取相应的 q_{sk} 和 q_{pk} 值。

4.4.3 经验参数法

经验参数法与静力触探法适用的条件相同。单桩竖向极限承载力的标准值 Q_{uk} 可以用式（4-8）估算：

$$Q_{uk}=Q_{sk}+Q_{pk}=u\sum q_{sik}l_i+q_{pk}A_p \tag{4-8}$$

式中：u——桩身周长；

l_i——桩身穿越第 i 层岩土的厚度；

A_p——桩底横断面面积；

q_{sik}——桩侧第 i 层土的极限侧阻力标准值；

q_{pk}——极限端阻力标准值。

其中，q_{sik} 和 q_{pk} 可根据不同地区的静载试验的结果统计分析得到，当无当地经验时，也可根据土的物理性质指标，按表 4-1 和表 4-2 取值。

在使用式（4-8）估算单桩竖向极限承载力的标准值时。

对于大直径钻孔灌注桩（$d>800$mm），q_{sik} 和 q_{pk} 均应乘以小于 1.0 的尺寸效应系数。

【例题 4-1】 某灌注桩，桩径 $d=0.8$m，桩长 $l=20$m。从桩顶往下土层分布为：0～2m 填土，$q_{sik}=30$kPa；2～12m 淤泥，$q_{sik}=15$kPa；12～14m 黏土，$q_{sik}=50$kPa；14m 以下为密实粗砂层，$q_{sik}=80$kPa，$q_{pk}=2600$kPa，该层厚度大，桩未穿透。试计算单桩竖向极限承载力标准值。

【解】

$$Q_{uk}=Q_{sk}+Q_{pk}=u\sum q_{sik}l_i+q_{pk}A_p$$

$Q_{uk}=Q_{sk}+Q_{pk}$

$=\pi\times 0.8\times(30\times 2+15\times 10+50\times 2+80\times 4)+2600\times\dfrac{\pi}{4}\times 0.8^2$

$=1583.4+1306.9=2890.3$ (kN)

4.4.4 特殊桩

1. 钢管桩

当根据土的物理指标与承载力参数之间的经验关系确定钢管桩单桩竖向极限承载力标准值 时，可按下列公式计算：

$$Q_{uk}=Q_{sk}+Q_{pk}=u\sum q_{sik}l_i+\lambda_p q_{pk}A_p \tag{4-9}$$

$$\text{当 } h_b/d<5 \text{ 时，}\lambda_p=0.16h_b/d \tag{4-9-1}$$

$$\text{当 } h_b/d\geqslant 5 \text{ 时，}\lambda_p=0.8 \tag{4-9-2}$$

式中：q_{sik}、q_{pk}——分别按表 4-1 和 4-2 取与混凝土预制桩相同值；

λ_p——桩端土塞效应系数，对于闭口钢管桩 $\lambda_p=1$，对于敞口钢管桩按式（4-9-1）、式（4-9-2）取值；

h_b——桩端进入持力层深度；

d——钢管桩外径。

对于带隔板的半敞口钢管桩，应以等效直径 d_e 代替 d 确定 λ_p；$d_e=d/\sqrt{n}$；其中 n 为桩端隔板分割数。

2. 混凝土空心桩

当根据土的物理指标与承载力参数之间的经验关系确定敞口预应力混凝土空心桩单桩竖向极限承载力标准值时，可按下列公式计算：

$$Q_{uk}=Q_{sk}+Q_{pk}=u\sum q_{sik}l_i+q_{pk}(A_j+\lambda_p A_{pl}) \quad (4\text{-}10)$$

当 $h_b/d<5$ 时，$\lambda_p=0.16h_b/d$

当 $h_b/d\geqslant 5$ 时，$\lambda_p=0.8$

式中：q_{sik}、q_{pk}——分别按表 4-1 和表 4-2 取与混凝土预制桩相同值；

A_j——空心桩桩端净面积，管桩 $A_j=\dfrac{\pi}{4}(d^2-d_1^2)$，空心方桩 $A_j=b^2-\dfrac{\pi}{4}d_1^2$；

A_{pl}——空心桩敞口面积，$A_{pl}=\dfrac{\pi}{4}d_1^2$；

λ_p——桩端土塞效应系数；

d、b——空心桩外径、边长；

d_1——空心桩内径。

3. 嵌岩桩

桩端置于完整、较完整基岩的嵌岩桩单桩竖向极限承载力，由桩周土总极限侧阻力和嵌岩段总极限阻力组成。当根据岩石单轴抗压强度确定单桩竖向极限承载力标准值时，可按下列公式计算：

$$Q_{uk}=Q_{sk}+Q_{rk} \quad (4\text{-}11)$$

$$Q_{sk}=u\sum q_{sik}l_i \quad (4\text{-}12)$$

$$Q_{rk}=\zeta_r f_{rk}A_p \quad (4\text{-}13)$$

式中：Q_{sk}、Q_{rk}——分别为土的总极限侧阻力、嵌岩段总极限阻力；

q_{sik}——桩周第 i 层土的极限侧阻力，无当地经验时，可根据成桩工艺按表 4-1 取值；

f_{rk}——岩石饱和单轴抗压强度标准值，黏土岩取天然湿度单轴抗压强度标准值；

ζ_r——嵌岩段侧阻和端阻综合系数，与嵌岩深径比 h_r/d、岩石软硬程度和成桩工艺有关，可按表 4-3 采用，表中数值适用于泥浆护壁成桩，对于干作业成桩（清底干净）和泥浆护壁成桩后注浆，ζ_r 应取表列数值的 1.2 倍。

表 4-3　嵌岩段侧阻和端阻综合系数 ζ_r

嵌岩深径比 h_r/d	0	0.5	1.0	2.0	3.0	4.0	5.0	6.0	7.0	8.0
极软岩、软岩	0.60	0.80	0.95	1.18	1.35	1.48	1.57	1.63	1.66	1.70
较硬岩、坚硬岩	0.45	0.65	0.81	0.90	1.00	1.04				

注：1. 极软岩、软岩指 $f_{rk}\leqslant 15MPa$，较硬岩、坚硬岩指 $f_{rk}>30MPa$，介于二者之间可内插取值。
　　2. h_r 为桩身嵌岩深度，当岩面倾斜时，以坡下方嵌岩深度为准；当 h_r/d 非表列值时，ζ_r 可内差取值。

4. 后注浆灌注桩

后注浆灌注桩的单桩极限承载力，应通过静载试验确定。在符合《建筑桩基技术规范》（JGJ 94—2008）第 6.7 节后注浆技术实施规定的条件下，其后注浆单桩极限承载力标准值可按下式估算：

$$Q_{uk}=Q_{sk}+Q_{gsk}+Q_{gpk} \tag{4-14}$$
$$=u\sum q_{sjk}l_j+u\sum \beta_{si}q_{sik}l_{gi}+\beta_p q_{pk}A_p \tag{4-15}$$

式中：　Q_{sk}——后注浆非竖向增强段的总极限侧阻力标准值；

Q_{gsk}——后注浆竖向增强段的总极限侧阻力标准值；

Q_{gpk}——后注浆总极限端阻力标准值；

u——桩身周长；

l_j——后注浆非竖向增强段第 j 层土厚度；

l_{gi}——后注浆竖向增强段内第 i 层土厚度（对于泥浆护壁成孔灌注桩，当为单一桩端后注浆时，竖向增强段为桩端以上 12m；当为桩端、桩侧复式注浆时，竖向增强段为桩端以上 12m 及各桩侧注浆断面以上 12m，重叠部分应扣除；对于干作业灌注桩，竖向增强段为桩端以上、桩侧注浆断面上下各 6m）

q_{sik}、q_{sjk}、q_{pk}——分别为后注浆竖向增强段第 i 土层初始极限侧阻力标准值、非竖向增强段第 j 土层初始极限侧阻力标准值、初始极限端阻力标准值，根据表 4-1 和表 4-2 确定；

β_{si}、β_p——分别为后注浆侧阻力、端阻力增强系数，无当地经验时，可按表 4-4 取值，对于桩径大于 800mm 的桩，应按《建筑桩基技术规范》（JGJ 94—2008）表 5.3.6-2 进行侧阻和端阻尺寸效应修正。

表 4-4　后注浆侧阻力增强系数 β_{si}、端阻力增强系数 β_p

土层名称	淤泥 淤泥土	黏性土 粉土	粉砂 细砂	中砂	粗砂 砾砂	砾石 卵石	全风化岩 强风化岩
β_{si}	1.2～1.3	1.4～1.8	1.6～2.0	1.7～2.1	2.0～2.5	2.4～3.0	1.4～1.8
β_p		2.2～2.5	2.4～2.8	2.6～3.0	3.0～3.5	3.2～4.0	2.0～2.4

注：干作业钻、挖孔桩，β_p 按表列值乘以小于 1.0 的折减系数。当桩端持力层为黏性土或粉土时，折减系数取 0.6；为砂土或碎石土时，取 0.8。后注浆钢导管注浆后可替代等截面、等强度的纵向主筋。

5. 液化效应

对于桩身周围有液化土层的低承台桩基，当承台底面上下分别有厚度不小于1.5m、1.0m的非液化土或非软弱土层时，可将液化土层极限侧阻力乘以土层液化折减系数计算单桩极限承载力标准值。土层液化折减系数 ψ_l 可按表4-5确定。

表4-5 土层液化折减系数 ψ_l

$\lambda_N=\dfrac{N}{N_{cr}}$	自地面算起的液化土层深 d_L/m	ψ_l
$\lambda_N \leqslant 0.6$	$d_L \leqslant 10$ $10 < d_L \leqslant 20$	0 1/3
$0.6 < \lambda_N \leqslant 0.8$	$d_L \leqslant 10$ $10 < d_L \leqslant 20$	1/3 2/3
$0.8 < \lambda_N \leqslant 1.0$	$d_L \leqslant 10$ $10 < d_L \leqslant 20$	2/3 1.0

注：1. N 为饱和土标贯击数实测值；N_{cr} 为液化判别标贯击数临界值；λ_N 为土层液化指数。
2. 对于挤土桩，当桩距小于 $4d$，且桩的排数不少于5排、总桩数不少于25根时，土层液化系数可取 2/3～1；桩间土标贯击数达到 N_{cr} 时，取 $\psi_l=1$。

当承台底非液化土层厚度小于1m时，土层液化折减系数按表4-5中 λ_N 降低一档取值。

4.5 桩的抗拔承载力与桩的负摩擦力

一般的竖向受压桩都是桩在竖向荷载下相对于桩周土有向下的相对位移，桩周土则对桩身作用向上的侧摩阻力，但有时会发生相反的情况，这就是抗拔桩和发生负摩擦力的工作状态。

4.5.1 单桩的抗拔承载力

深埋的轻型结构和地下结构的抗浮桩、冻土地区受到冻拔的桩、高耸建筑物受到较大倾覆力后，往往都会发生部分或全部桩承受上拔力的情况，应对桩基进行抗拔验算。

与承压桩不同，当桩受到拉拔荷载时，桩相对于土向上运动，这使桩周土产生的应力状态、应力路径和土的变形都不同于承压桩的情况，所以抗拔的摩阻力一般小于抗压的摩阻力。尤其是砂土中的抗拔摩阻力比抗压的小得多。而在饱和黏土中，较快的上拔，可在土中产生较大的负超静孔隙水压力，可能会使桩的拉拔更困难，但由于其会随时间而消散，所以一般不计入抗拔力中。在拉拔荷载下的桩基础可能发生两种拔出情况，即单桩的拔出与群桩整体的拔出，这取决于哪种情况提供的总抗力较小。

由于对桩的抗拔机理的研究尚不够充分，所以对于重要的建筑物和在没有经验的情况下，最有效的单桩抗拔承载力的确定方法是进行现场抗拔静载荷试验。对于非重要的建筑物，当无当地经验时，可按式（4-9）计算单桩抗拔极限承载力 T_{uk} 的标准值：

$$T_{uk} = \sum_{i=1}^{n} \lambda_{pi} q_{sik} u_i l_i \tag{4-16}$$

式中：λ_{pi}——第 i 层土的抗拔折减系数，可参考表 4-6 取值；

u_i——桩身周长，对于等直径桩，$u=\pi d$，对于扩底桩，在桩底以上 $l_i = (4 \sim 10) d$ 范围中，土中的内摩擦角越大，l_i 越大；

q_{sik}——第 i 层土抗压时桩侧极限侧阻力标准值，可按表 4-4 取值。

表 4-6　抗拔系数 λ_p

土类	λ_p
砂土	0.5～0.7
黏性土、粉土	0.7～0.8

注：桩长 l 与桩径 d 之比小于 20 时，λ_p 取小值。

此时的单桩的抗拔承载力可采用式（4-17）进行验算：

$$N_k = \frac{T_{uk}}{2} + G_p \tag{4-17}$$

式中：N_k——相应于作用效应标准组合，单桩上的上拔力；

G_p——单桩自重的标准值，地下水位以下扣除浮力。

当群桩呈现整体被拔出时，群桩中的第一根桩的抗拔极限承载力 T_{gk} 可按式（4-18）计算：

$$T_{gk} = \frac{1}{n} u \sum \lambda_{pi} q_{sik} l_i \tag{4-18}$$

式中：u——群桩的外围周长。

此时的单桩抗拔承载力可用式（4-19）进行验算：

$$N_k = \frac{T_{gk}}{2} + G_{gp} \tag{4-19}$$

式中：N_k——按作用标准组合效应计算的单桩拔力；

G_{gp}——群桩基础所包围的体积的桩土总自重除以总桩数 n，地下水位扣除浮力。

4.5.2 桩土的负摩阻力

4.5.2　桩土的负摩阻力

1. 负摩擦力的概念和形成原因

在桩周围的土层相对于桩侧做向下的位移时，土产生于桩侧的摩擦阻力方向向下，如图 4-18 所示，称为桩侧负摩阻力（亦称负摩擦力）。负摩阻力是相对于正摩阻力而言。

正摩阻力是指在桩顶压力作用下，桩相对周围土体向下运动，因而土对桩施加向上的摩擦力，这构成了承压桩的承载力的一部分。

但是，由于某些原因，使承压桩本身向下的位移量小于周围土体向下的位移量，从而使作用在桩上的摩擦

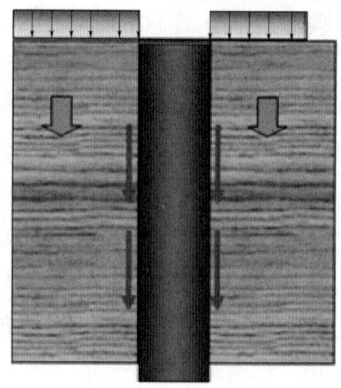

图 4-18　桩侧负摩阻力示意图

力向下，这种摩擦力实际上成为作用在桩上的下拉荷载。负摩擦力减少了桩的承载力，增加桩上荷载，并可能导致过量的沉降。因而，当不能避免时应进行验算。产生负摩擦力的原因有多种，例如：

（1）桩周附近地面上分布大面积的较大荷载，例如仓库中大面积堆载 [图 4-19 (a)]；

（2）桩身穿过欠固结软黏土或新填土层，桩端支承于较坚硬的土层上，桩周土在自重作用下随时间固结沉降；

（3）由于地下水大面积下降（例如大量抽取地下水）使易压缩土层有效应力增加而发生压缩 [图 4-19 (b)]；

（4）自重湿陷性黄土浸水下沉，砂土液化、冻土融陷；

（5）在灵敏性土内打桩引起桩周围土的结构破坏而重塑和固结 [图 4-19 (c)]。

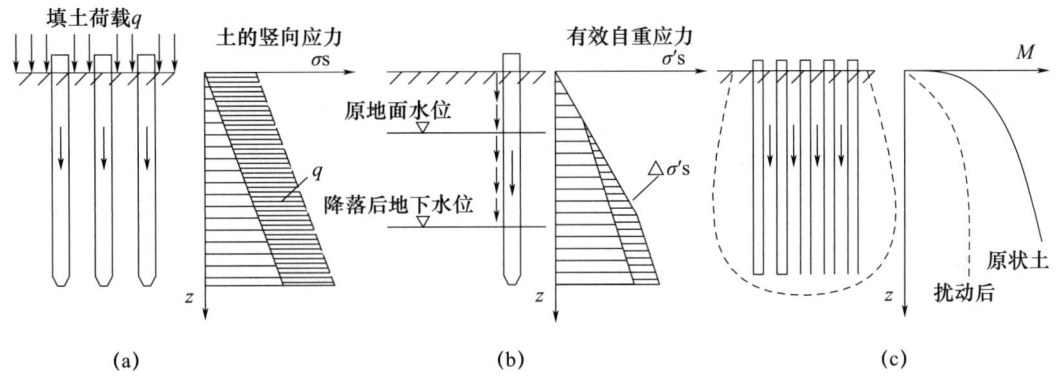

图 4-19 产生负摩阻力的情况示意图

2. 负摩阻力的分布

桩身上负摩阻力的分布范围视桩身与桩周土的相对位移情况而定。一般除了支承在基岩上的非长桩以外，都不是沿桩身全部分布着负摩擦力。

图 4-20 (b) 中 ab 线代表桩周土层的下沉量随深度的分布。其中 S_a 表示地面土的沉降量；cd 线为桩身各截面的向下位移曲线，该线上所表示的桩身任一截面位移量 $S_D=S_p+S_{sz}$，其中 S_p 为桩尖的下沉量，表示桩整体向下平移；S_{sz} 为该断面以下桩身材料的压缩量，即该断面与桩尖断面的位移差。可以看出 ab 线与 cd 线的交点为 O，在 O 点处桩与桩周土位移相等，二者没有相对位移及摩擦力的作用，因而称 O 点为中性点。在中性点以上，各处断面处土的下沉大于桩身各点的向下位移量，所以是负摩擦区；在中性点以下，土的下沉量小于桩身各点的向下的位移，因而是正摩擦区。中性点是正负摩擦分界点，因而它是桩的轴力最大点。亦即轴力分布曲线在该点的斜率为零，见图 4-20 (d)。作用于桩侧摩阻力的分布如图 4-20 (c) 所示。

中性点的深度 l_n 与桩周上的压缩性和变形条件、土层分布及桩的刚度等条件有关。但实际上较难以准确地确记中性点的位置。显然，桩尖沉降 s_p 越小，l_n 就越大，当 $s_p=0$ 时 $l_n=l$，亦即全桩分布负摩擦力。对产生负摩擦力的桩，《建筑桩基技术规范》（JGJ 94—2008）给出了中性点深度与桩长的比值关系，见表 4-7。

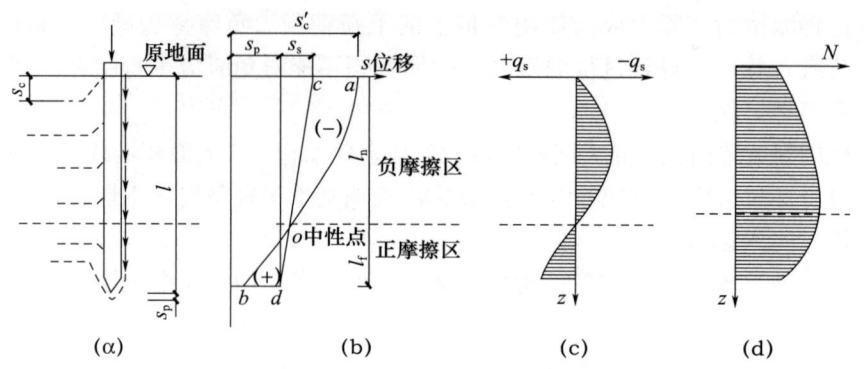

图 4-20 桩的负摩阻力分布与中性点
(a) 正摩阻力分布；(b) 中性点位置的确定；(c) 桩侧摩阻力分布；(d) 桩身轴向力

表 4-7 中性点深度

持力层性质	黏性土、粉土	中密以上砂	砾石、卵石	基岩
中性点深度比	0.5～0.6	0.7～0.8	0.9	1.0

注：1. l_n、l_0——自桩顶算起的中性点深度和桩周软弱土层下限深度；
2. 桩穿越自重湿陷性黄土层时，l_n 按表列值增大 10%（持力层为基岩除外）；
3. 当桩周土固结与桩基固结同时完成时，取 $l_0=0$；
4. 当桩周土计算沉降量小于 20mm 时，l_n 按表列值乘以 0.4～0.8 折减。
5. 上述中性点位置 l_n 是指桩与周围土沉降稳定时的情况，由于桩周土固结随时间而发展，所以中性点位置也随时间变化。

3. 负摩擦力的计算

在国内外均提出了一些计算负摩擦力的方法，但由于影响桩身负摩擦力的因素较多，准确地计算比较困难。多数学者认为桩侧面摩擦力大小与桩侧有效应力有关，根据大量试验及工程实测表明，贝伦（L. Bjernum）提出的"有效应力法"较为接近实际，因此我国的《建筑桩基技术规范》（JGJ 94—2008）也规定用该方法计算负摩擦力的标准值：

$$q_{si}^n = K\tan\varphi'\sigma' = \xi_n\sigma' \tag{4-20}$$

式中：K——土的侧压力系数，可取为静止土压力系数；

φ'——土的有效应力内摩擦角；

σ'——桩周土中竖向有效应力，kPa；

ξ_n——桩周土负摩擦系数，与土的类别和状态有关，可参考表 4-8。

表 4-8 负摩擦力系数 ξ_n

土类		土类	
饱和软土	0.15～0.25	砂土	0.35～0.50
黏性土、粉土	0.25～0.40	自重湿陷性黄土	0.20～0.35

注：1. 在同一类土中，对于打入桩或沉管灌注桩取表中较大值，对非挤土桩取表中较小值；
2. 填土按其组成取表中同类土的较大值。

对于砂类土，也可按下式估算负摩擦力标准值：

$$q_s^n = \frac{N}{5} + 3 \tag{4-21}$$

式中：q_s^n——砂土负摩擦力标准值，kPa；

N——为土层的标准贯入击数。

负摩擦力的存在减少了桩的承载力和增加了桩上荷载，在桩基设计施工中可采用一些措施避免或减少负摩擦力。对于预制钢筋混凝土桩和钢桩，可在桩身上涂敷一层具有相当黏度的沥青隔离层；对于灌注桩，在浇混凝土之前在孔壁铺设塑料膜或用高稠度膨润土泥浆，在桩壁形成滑动层。调整施工次序，采取措施减小建筑物使用后的桩土相对位移，也是减少负摩擦力的有效方法。

在桩基设计时，《建筑桩基技术规范》（JGJ 94—2008）建议：

（1）对于摩擦型桩，取桩身计算中性点以上侧摩阻力为零，可按式（4-22）验算基桩承载力：

$$N_k = R_a \tag{4-22}$$

（2）对于端承型桩，除应满足上式要求外，尚应考虑负摩阻力引起桩的下拉荷载Q_s^n，可按式（4-23）验算基桩承载力：

$$N_k + Q_s^n \leqslant R_a \tag{4-23}$$

式（4-22）和式（4-23）中，R_a只计中性点以下部分侧摩阻力值及端阻力值。

（3）当土层不均匀或建筑物对不均匀沉降较敏感时，尚应将负摩擦力引起的下拉荷载计入附加荷载验算桩基沉降。

4.6 水平荷载下桩的承载力

4.6.1 水平荷载的种类

基桩除了承受竖向荷载以外，有时也要承受一定的水平荷载。作用于桩顶的水平荷载包括：

（1）长期作用的水平荷载，如上部结构传递的或由土、水压力施加的以及拱的推力等水平荷载；

（2）反复作用的水平荷载，如风力、波浪力、船舶撞击力以及机械制动力等水平荷载；

（3）地震作用所产生的水平力。

若基桩以承受水平荷载为主，可考虑采用斜桩。但受斜桩施工条件的限制，且一般的工民建筑所承受的水平荷载不大，如果不超过竖向荷载的1/10～1/12，应采用竖直桩。本节只讨论竖直桩。

4.6.2 单桩水平承载力的影响因素

桩在水平荷载的作用下发生变位，会使桩周土体发生变形而产生抗力。当水平荷载较低时，这一抗力主要是由靠近地面部分的土提供的，土的变形也主要是弹性压缩变形，随着荷载加大，桩的变形也加大，表层土将逐步发生塑性屈服，从而使水平荷载向更深土层传递。当变形增大到桩所不能允许的程度，或者桩周土失去稳定时，就达到了桩的水平极限承载能力。

单桩水平承载力应满足的要求有：桩周土不会丧失稳定；桩身不会发生断裂破坏；建筑物不会因桩顶水平位移过大而影响其正常使用。

水平承载力与桩身抗弯刚度、桩周土的刚度、桩的入土深度、桩顶约束条件有关。土质越好，桩入土越深，土的抗力越大，桩的水平承载力也就越高。桩顶嵌固于承台中的桩比桩顶自由的桩，水平承载力要大。

对于抗弯性能差的桩（如低配筋率的灌注桩），水平承载力可能由桩身强度来控制；对于抗弯性能好的桩（如钢筋混凝土预制桩），通常由桩周围土体所能提供的横向抵抗力控制，且以桩顶水平位移达到一定值或桩侧土出现明显破坏，作为桩达到横向极限承载力的标志。

4.6.3 水平荷载下桩的工作性状

水平承载力的大小取决于桩-土之间的相互作用，在水平荷载作用下，桩产生变形并挤压桩周土，促使桩周土发生相应的变形而产生水平抗力。

水平荷载较小时，桩周土的变形是弹性的，水平抗力主要由靠近地面的表层土提供；随着水平荷载的增大，桩的变形加大，表层土逐渐产生塑性屈服，水平荷载将向更深的土层传递；当桩周土失去稳定、或桩体发生破坏（低配筋率的灌注桩常是桩身首先出现裂缝，然后断裂破坏）、或桩的变形超过建筑物的允许值（抗弯性能好的混凝土预制桩和钢桩，桩身虽未断裂但桩周土如已明显开裂和隆起，桩的水平位移一般已超限）时，水平荷载也就达到极限。

依据桩、土相对刚度不同，水平荷载作用下的桩可分为：刚性桩、半刚性桩、柔性桩。半刚性桩和柔性桩统称为弹性桩。

（1）刚性桩：当桩很短或桩周土很软弱时，桩、土的相对刚度很大，属刚性桩。刚性桩的桩身不发生挠曲变形且桩的下段得不到充分的嵌制，因而桩顶自由的刚性桩发生绕靠近桩端的一点做全桩长的刚体转动［图 4-21（a）］，而桩顶嵌固的刚性桩则发生平移［图 4-21（b）］。刚性桩的破坏一般只发生于桩周土中，桩体本身不发生破坏。刚性桩常用 B. B. 布诺姆斯（Broms，1964）的极限平衡法计算。

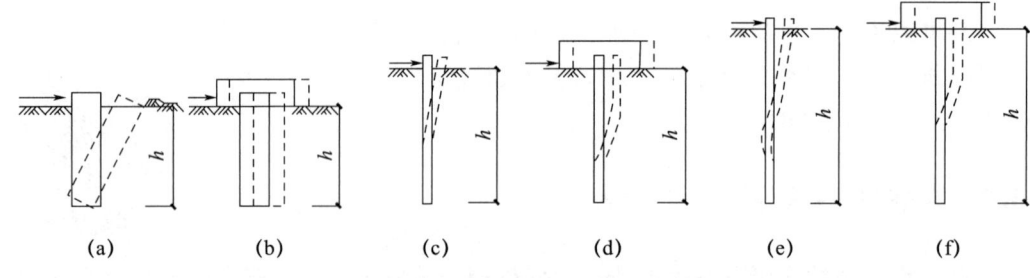

图 4-21 刚性桩与弹性桩示意图

（2）弹性桩：半刚性桩（中长桩）和柔性桩（长桩）的桩、土相对刚度较低，在水平荷载作用下桩身发生挠曲变形，桩的下段可视为嵌固于土中而不能转动，随着水平荷载的增大，桩周土的屈服区逐步向下扩展，桩身最大弯矩截面也因上部土抗力减小而向下部转移，一般半刚性桩的桩身位移曲线只出现一个位移零点［图 4-21（d）］，柔性桩则出现两个以上位移零点和弯矩零点［图 4-21（f）］。当桩周土失去稳定、或桩身最大弯矩处（桩顶嵌固时可在嵌固处和桩身最大弯矩处）出现塑性屈服、或桩的水平位移过大时，弹性桩便趋于破坏。

4.6.4 桩的水平静载试验

目前，确定单桩水平承载力的方法有两类，现场试验和理论计算；现场静载荷试验结果更可靠。

1. 现场试验

现场试验装置和仪器如图 4-22 所示。

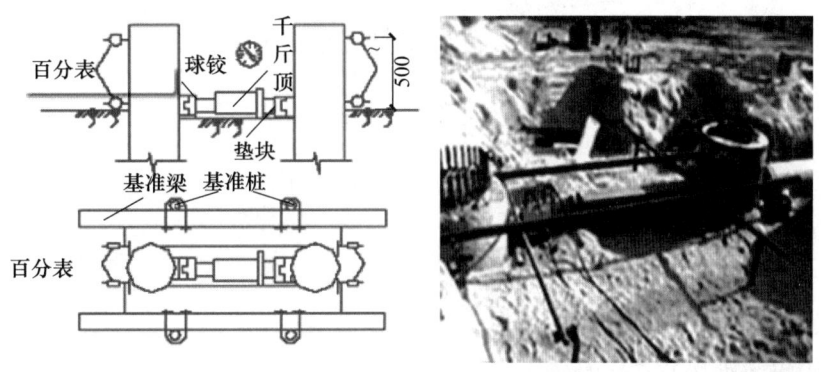

图 4-22 单桩水平静载试验装置

单桩水平静载试验宜根据工程桩实际受力特性，选用单向多循环加载法或慢速维持荷载法。单向多循环加载法主要是模拟实际结构的受力形式，但由于结构物承受的实际荷载异常复杂，很难达到预期目的。对于长期承受水平荷载作用的工程桩，加载方式宜采用慢速维持荷载法。对需测量桩身应力或应变的试验桩不宜采取单向多循环加载法，因为它会对桩身内力的测试带来不稳定因素，此时应采用慢速或快速维持荷载法。水平试验桩通常以结构破坏为主，为缩短试验时间，可采用更短时间的快速维持荷载法，例如《港口工程桩基规范》（JTS 167-4—2012）规定每级荷载维持 20min。

（1）加卸载方式和水平位移测量

单向多循环加载法的分级荷载应小于预估水平极限承载力或最大试验荷载的 1/10，每级荷载施加后，恒载 4min 后可测读水平位移，然后卸载为零，停 2min 测读残余水平位移。至此完成一个加卸载循环，如此循环 5 次，完成一级荷载的位移观测。试验不得中间停顿。

慢速维持荷载法的加卸载分级、试验方法及稳定标准应按《建筑基桩检测技术规范》（JGJ 106—2014）的相关规定进行。测量桩身应力或应变时，测试数据的测读宜与水平位移测量同步。

（2）终止加载条件

当出现下列情况之一时，可终止加载：

① 桩身折断。对长桩和中长桩，水平承载力作用下的破坏特征是桩身弯曲破坏，即桩发生折断，此时试验自然终止。

② 水平位移超过 30～40mm（软土取 40mm）。

③ 水平位移达到设计要求的水平位移允许值。本条主要针对水平承载力验收检测。

2. 检测结果分析与评价

（1）原始资料的整理

检测数据应按下列要求整理：

① 采用单向多循环加载法时绘制试验成果曲线：

A. 水平力-时间-作用点位移（H-t-Y_0）关系曲线（图4-23）；

B. 水平力-位移梯度（H-$\Delta Y_0/\Delta H$）关系曲线。

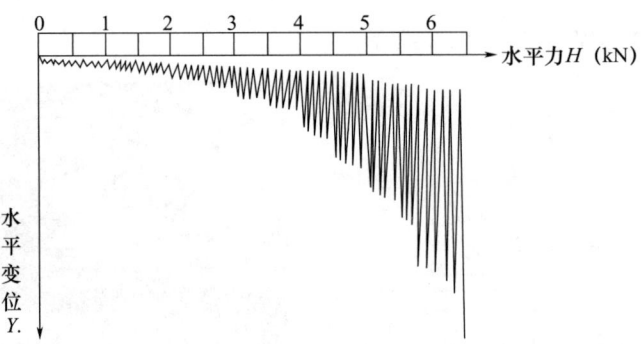

图 4-23　单向多循环加载法（H-t-Y_0）

② 采用慢速维持荷载法时绘制试验成果曲线：

A. 水平力-力作用点位移（H-Y_0）关系曲线；

B. 水平力-位移梯度（H-$\Delta Y_0/\Delta H$）关系曲线；

C. 力作用点位移-时间对数（Y_0-$\lg t$）关系曲线；

D. 水平力-力作用点位移双对数（$\lg H$-$\lg Y_0$）关系曲线。

③ 采用单向单循环恒速加载法时绘制成果曲线：

A. 水平力-作用点位移（H-Y_0）关系曲线；

B. 水平力-位移双对数（$\lg H$-$\lg Y_0$）关系曲线。

④ 绘制水平力、水平力作用点水平位移-地基土水平抗力系数的比例系数的关系曲线（H-m、Y_0-m）。

⑤ 对埋设有测量桩身应力或应变传感器时，尚应绘制下列曲线，并列表给出下列数据：

A. 水平力作用下桩身弯矩分布图；

B. 水平力-最大弯矩钢筋拉应力（H-σ_s）曲线。

（2）水平临界荷载的确定

单桩水平临界荷载 H_{cr} 可按下列方法综合确定：

① 取单向多循环加载法时的 H-t-Y_0 曲线或慢速维持荷载法时的 H-Y_0 曲线出现拐点的前一级水平荷载值。

② 取 H-$\Delta Y_0/\Delta H$ 曲线或 $\lg H$/$\lg Y_0$ 曲线上第一拐点对应的水平荷载值。

③ 取 H-σ_s 曲线的第一拐点对应的水平荷载值。

对于混凝土长桩或中长桩，随着水平荷载的增加，桩侧土体的塑性区自上而下逐渐开展扩大，最大弯矩断面下移，最后形成桩身结构的破坏。所测水平临界荷载 H_{cr} 为桩身产生开裂前所对应的水平荷载。因为只有混凝土桩才会产生开裂，故只有混凝土桩才有临界荷载。

(3) 水平极限承载力综合确定

单桩水平极限承载力可根据下列方法综合确定：

① 取单向多循环加载法时的 H-t-Y_0 曲线产生明显陡降的前一级、或慢速维持荷载法时的 H-Y_0 曲线明显陡降的起始点对应的水平荷载值。

② 取慢速维持荷载法时的 Y_0-$\lg t$ 曲线尾部出现明显弯曲的前一级水平荷载值。

③ 取 H-$\Delta Y_0/\Delta H$ 曲线或 $\lg H$-$\lg Y_0$ 曲线上第二拐点对应的水平荷载值。

④ 取桩身折断或钢筋屈服时的前一级水平荷载值。

(4) 单桩水平极限承载力和水平临界荷载统计值的确定

单桩水平极限承载力和水平临界荷载统计值的确定：参加统计的试桩，当满足其极差不超过平均值的 30% 时，可取其平均值为单桩水平极限承载力统计值或单桩水平临界荷载统计值。

(5) 结果的判定

单位工程在同一条件下的单桩水平承载力特征值的确定应符合下列规定：

① 当水平承载力按桩身强度控制时，取水平临界荷载统计值为水平承载力特征值。

② 当桩受长期水平荷载作用且桩不允许开裂时，取水平临界荷载统计值的 0.8 倍作为单桩水平承载力特征值。

③ 当按设计要求的水平允许位移控制时，取设计要求的水平允许位移所对应的水平荷载为单桩水平承载力特征值，但应满足有关规范抗裂设计的要求。

4.6.5 水平荷载下弹性桩的计算

桩的水平承载力计算方法有地基反力系数法、弹性理论法和有限元法。目前最常用的是地基反力系数法。其原理为应用文克尔（E. Winkler，1867）地基模型，把承受水平荷载的单桩视作弹性地基中的竖直梁，通过求解梁的挠曲微分方程来计算桩身的弯矩、剪力以及桩的水平承载力。

1. 基本假设

单桩承受水平荷载时，把土体视为线性变形体，假定深度 z 处的土的水平抗力 σ_x 等于该点的水平抗力系数 k_x 与该点的水平位移 x 的乘积，即 $\sigma_x = k_x x$。

地基水平抗力系数 k_x 有 4 种较为常用的假定分布图式，如图 4-24 所示：

(1) 常数法（张有龄）：假定地基水平抗力系数沿深度为均匀分布，$k_x = k_h$。

(2) "k" 法：假定在桩身第一挠曲零点（深度 t 处）以上按抛物线变化，以下为常数。

(3) "m" 法：我国铁道部门首先采用这一方法，近年来也在建筑工程和公路桥涵的桩基设计中逐渐推广，$k_x = mz$。

（4）"c 值"法：我国交通部门在试验研究的基础上提出的方法，$k_x = cz^{0.5}$（c 为比例常数，随土类不同而异）。

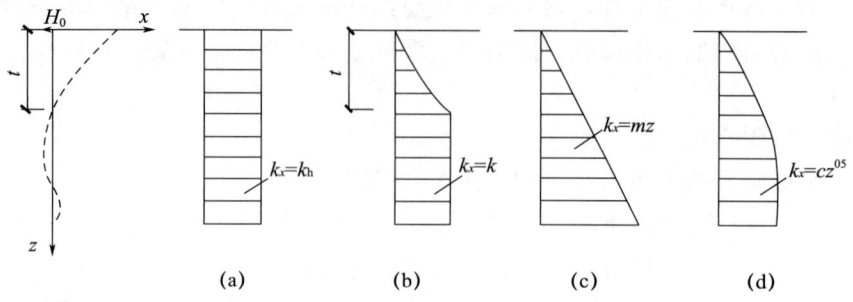

图 4-24 地基水平抗力系数的分布图
(a) 常数法；(b) "k"法；(c) "m"法；(d) "c 值"法

2. 单桩的微分挠曲方程

如图 4-25 所示为单桩水平受力微单元示意图，由微单元静力平衡条件可得：

$$EI \frac{d^2 x}{dz^2} = -M \quad (4-24)$$

$$\frac{dM}{dz} = V, \quad \frac{dV}{dz} = b_0 \sigma_x \quad (4-25)$$

由静力平衡方程可得：

$$EI \frac{d^4 x}{dz^4} = -b_0 \sigma_x = -k_x x b_0 \quad (4-26)$$

$$\frac{d^4 x}{dz^4} + \frac{k_x b_0}{EI} x = 0 \quad (4-27)$$

将 $k_x = mz$ 代入得：

$$\frac{d^4 x}{dz^4} + \frac{m b_0}{EI} z x = 0 \quad (4-28)$$

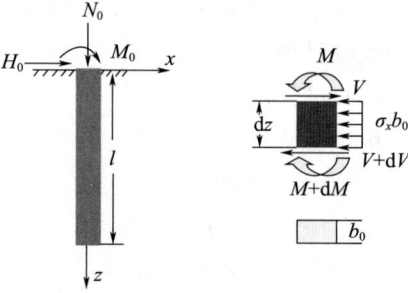

图 4-25 单桩水平受力微分单元

令 $\alpha = \sqrt[5]{\dfrac{m b_0}{EI}}$（桩的水平变形系数），得

$$\frac{d^4 x}{dz^4} + \alpha^5 z x = 0 \quad (4-29)$$

对式（4-29）进行求解，可得：

位移：
$$x_z = \frac{H_0}{\alpha^3 EI} A_x + \frac{M_0}{\alpha^2 EI} B_x$$

转角：
$$\phi_z = \frac{H_0}{\alpha^2 EI} A_\phi + \frac{M_0}{\alpha EI} B_\phi$$

弯矩：
$$M_z = \frac{H_0}{\alpha} A_M + M_0 B_M$$

剪力：
$$V_z = H_0 A_Q + \alpha M_0 B_Q$$

水平抗力：
$$p_z = \frac{1}{b_0} (\alpha H_0 A_p + \alpha^2 M_0 B_p)$$

位移及内力如图 4-26 所示。

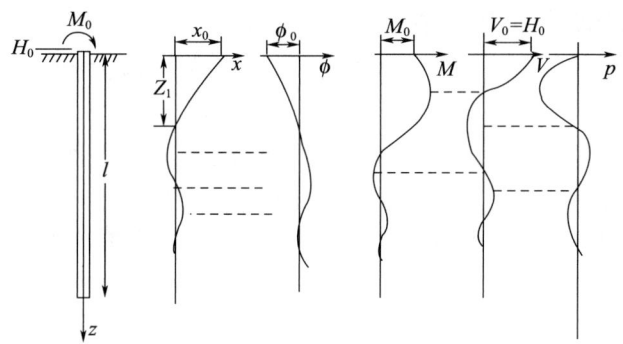

图 4-26 单桩水平受力位移及内力图

3. 初始参数的确定

已知单桩桩顶荷载为式（4-30）：

$$N_0=\frac{F+G}{n};\quad H_0=\frac{H}{n};\quad M_0=\frac{M}{n} \tag{4-30}$$

由于计算时桩简化成平面受力，桩截面计算宽度 b_0 按以下方法确定：

圆形桩：当直径 $d \leqslant 1.0$m 时，$b_0 = 0.9(1.5d+0.5)$；

当直径 $d > 1.0$m 时，$b_0 = 0.9(d+1)$；

方形桩：当边宽 $b \leqslant 1$m 时，$b_0 = 1.5b + 0.5$；

当边宽 $b > 1$m 时，$b_0 = b + 1$。

桩身抗弯刚度 EI：对于钢筋混凝土桩，桩身弹性模量 E 取混凝土弹性模量 E_c 的 0.85 倍（$E = 0.85E_c$）。

桩受水平荷载的理论分析，在"m"法中反映地基土性质的参数是 m 值。按"m"法计算时，m 值应通过水平静载荷试验确定。

4. 桩顶水平位移 x_0

桩顶水平位移是控制单桩横向承载力的主要因素，桩顶水平位移 x_0 见式（4-31）：

$$x=\frac{H_0}{\alpha^3 EI}A_x+\frac{M_0}{\alpha^2 EI}B_x \tag{4-31}$$

根据 al 及桩端支承条件查表 4-9 得桩顶处的位移系数 A_x 和 B_x 值，代入上式即可求出桩的水平位移。

表 4-9 桩顶位移系数表

al	支撑在土上		支撑在岩石上		嵌固在岩石中	
	A_x ($z=0$)	B_x ($z=0$)	A_x ($z=0$)	B_x ($z=0$)	A_x ($z=0$)	B_x ($z=0$)
0.5	72.004	192.026	48.006	96.037	0.042	0.125
1.0	18.030	24.106	12.049	12.149	0.329	0.494
1.5	8.101	7.349	5.498	3.889	1.014	1.028
2.0	4.737	3.418	3.381	2.081	1.841	1.468
3.0	2.727	1.758	2.406	1.568	2.385	1.586
$\geqslant 4.0$	2.441	1.621	2.419	1.618	2.401	1.600

5、桩身最大弯矩及其位置

为进行配筋计算，设计受水平荷载桩时需要确定桩身最大弯矩的大小及位置，当配筋率较小时桩能承受的最大弯矩决定了桩的水平承载力。

当缺少单桩水平静载试验资料时，可根据理论分析计算桩顶的变形和桩身内力，然后按一定的标准确定单桩水平承载力。

对于预制桩、钢桩、桩身配筋率不小于 0.65% 的灌注桩，桩的水平承载力主要是由桩顶位移控制；而对于桩身配筋率小于 0.65% 的灌注桩，桩的水平承载力则主要由桩身强度控制。同时，当建筑物对桩有抗裂要求时，对水平受力桩也应进行抗裂验算。

4.7 群桩及群桩效应

实际工程中桩基础是由多根桩组成，上部由承台连接。由三根和三根以上的桩组成的桩基础称为群桩基础。群桩中的基桩受力时的承载力和沉降性状，与相同地质条件和设置方法的单桩有着显著差别，这种现象称为群桩效应。群桩基础受力（主要是竖向压力）后，其总的承载力往往不等于各个单桩的承载力之和。群桩效应不仅发生在竖向压力作用下，在受到水平力时，前排桩对后排桩的水平承载力有屏蔽效应；在受拉拔力时，群桩可能发生的整体拔出都属于群桩效应。这里着重分析在竖向压力下的群桩效应问题。

首先，分析桩与土间的相互作用问题。如上所述，对于挤土桩，在不很密实的砂土、饱和度不高的粉土和一般黏性土中，由于成桩的挤土效应而使土被挤密，从而增加桩的侧阻力。而在饱和软黏土中沉入较多的挤土桩则会引起超静孔隙水压力，从而降低桩的承载力，且随着地基土的固结沉降还会发生负摩擦力。桩所承受的力最终将传递到地基土中。对于端承桩，桩上的力通过桩身直接传到桩端土层上，若该土层较坚硬，桩端承压的面积很小，各桩端的压力彼此间基本不会相互影响，如图 4-27（a）所示。在这种情况下，群桩的沉降量与单桩基本相同，因而群桩的承载力就等于各单桩承载力之和。摩擦型桩通过桩侧面的摩擦力将竖向力传到桩周土，然后再传到桩端土层上。一般认为桩侧摩擦力在土中引起的竖向附加应力按某一角度 θ 沿桩长向下扩散到桩端平面上，如图 4-27 中的阴影所示。当桩数较少，并且桩距又较大时，例如 $S_a > 6d$（d 为桩径），桩端平面处各桩传来的附加压力互不重叠或重叠不多[图 4-27（b）]，这时群桩中各桩的工作状态类似于单桩。但当桩数较多、桩距较小时，例如常用的桩距 $S_a = (3\sim4)d$ 时，桩端处地基中各桩传来的压力就会相互叠加[图 4-27（c）]，使得桩端处压力要比单桩时数值增大，荷载作用面积加宽，影响深度更深。其结果，一方面可能使桩端持力层总应力超过土层承载力；另一方面由于附加应力数值加大，范围加宽、加深，而使群桩基础的沉降大大高于单桩的沉降，特别是如果在桩端持力层之下存在着高压缩性土层的情况，如[图 4-27（d）]所示，则可能由于沉降控制而明显减小桩的承载力。对于端承摩擦桩及摩擦端承桩，由于群桩摩擦力的扩散和相邻桩的端承力，使每个桩端底面的外侧上附加应力增加，这相当于在计算桩端承载力的过程中，增加了自重应力 q，从而会提高单桩的端承力。

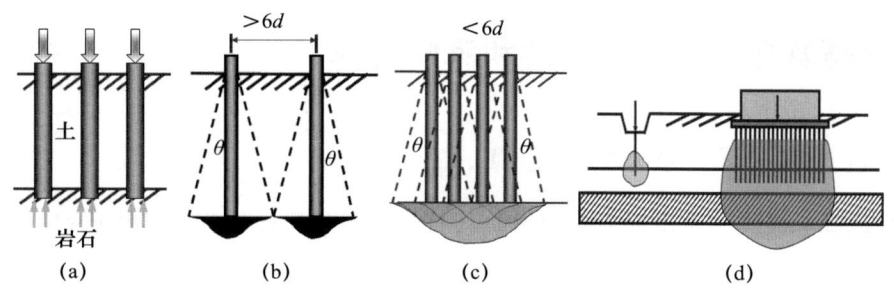

图 4-27 群桩效应

其次，承台在群桩效应中也起重要的作用。承台与承台下桩间土直接接触，在竖向压力作用下承台会发生向下的位移，桩间土表面承压，分担了作用于桩上的荷载，有时承受的荷载高达总荷载的三分之一，甚至更高的比例。只有在如下几种情况下，承台与土面可能分开或者不能紧密接触，导致分担荷载的作用不存在或者不可靠：①桩基础承受经常出现的动力作用，如铁路桥梁的桩基。②承台下存在可能产生负摩擦力的土层，如湿陷性黄土、欠固结土、新近填土、高灵敏度黏土、可液化土。③在饱和软黏土中沉入密集的群桩，引起超静孔隙水压力和土体隆起，随后桩间土逐渐固结而下沉的情况。④桩周堆载或降水而可能使桩周地面与承台脱开等。不过在设计中出于安全考虑，一般不计承台下桩间土的承载作用。

再次，承台对于各桩的摩阻力和端承力也有影响。由于在承台底部，土、桩、承台三者有基本相同的位移，因而减少了桩与土间相对位移，使桩顶部位的桩侧阻力不能充分发挥出来。另一方面，承台底面向地面施加的竖向附加应力，又使桩的侧阻力和端阻力有所增加。由刚性承台联结群桩，可起调节各桩受力的作用。在中心荷载作用下尽管各桩顶的竖向位移基本相等，但各桩分担的竖向力并不相等，一般是角桩的受力分配大于边桩的，边桩的大于中心桩的，亦即是马鞍形分布。同时整体作用还会使质量好、刚度大的桩多受力，质量差、刚度小的桩少受力，最后使各桩共同工作，增加了桩基础的总体可靠度。

总之，群桩效应有些是有利的，有些是不利的，这与群桩基础的土层分布和各土层的性质、桩距、桩数、桩的长径比、桩长及承台宽度比、成桩工艺等诸多因素有关。用以度量群桩承载力因群桩效应而降低或提高的幅度的指标称为群桩效应系数 η_p，具体表示为

$$\eta_p = \frac{\text{群桩基础承载力}}{\text{组成群桩基础的各单桩承载力之和}} \tag{4-32}$$

η_p 值受上述各因素影响，砂土、长桩、大间距情况，η_p 值大一些。在《建筑桩基技术规范》(JGJ 94—2008) 中有较为详细的规定，但在工程设计中通常取 $\eta_p = 1.0$。

承载力满足建筑物荷载要求，但沉降量过大时采用桩基，这时桩的作用仅仅是为了减少基础的沉降量，故称为减沉桩。减沉桩（摩擦桩）设置在基础下，数量少、间距大，不仅能弥补承载力的不足，而且还能非常显著地减少建筑物的沉降量。当承台产生一定沉降时，桩基就充分发挥作用并进入极限承载状态，同时承台也分担相当大的荷载。

4.8 桩基软弱下卧层承载力和沉降验算

4.8.1 桩基软弱下卧层承载力验算

群桩地基承载力和沉降验算常将基桩与桩间土的整体视作等效实体基础，实体基础的底面位于桩端平面处，其面积以及基底附加压力分布按下列方法考虑。

群桩地基的承载力验算，应考虑桩端平面下受力层范围内的软弱下卧层发生强度破坏的可能性。如图 4-28 所示，桩基下方有限厚度持力层的冲剪破坏，可分为整体冲剪破坏和基桩冲剪破坏两种情况。

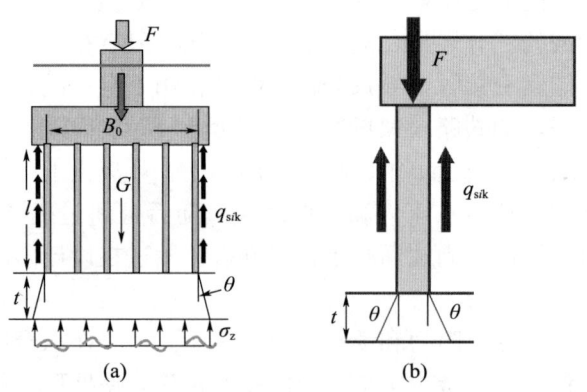

图 4-28 软弱下卧层承载力验算
(a) 整体冲剪破坏；(b) 基桩冲剪破坏

对于桩距 $S_a \leqslant 6d$ 的群桩基础，一般可按整体冲剪破坏考虑，如图 4-28（a）所示。此时，等效基础的底面面积按最外围桩的边缘确定。对矩形群桩基础，等效基础底面的附加压力为

$$\sigma_z = \frac{F_k + G_k - 2(A_0 + B_0)\sum q_{sik} l_i}{(A_0 + 2t\tan\theta)(B_0 + 2t\tan\theta)} \tag{4-33}$$

式中：σ_z——作用于软弱下卧层顶面的附加应力；
t——硬持力层厚度；
A_0、B_0——群桩外缘矩形底面的长、短边边长；
q_{sik}——桩周第 i 层土的极限侧阻力标准值，无当地经验时，可根据成桩工艺按表 4-1 取值；
θ——桩端硬持力层压力扩散角，按表 4-10 取值。

软弱下卧层的承载力应满足式（4-34）的要求。

$$\sigma_z + \gamma_m z \leqslant f_{az} \tag{4-34}$$

式中：γ_m——软弱下卧层顶面以上各土层重度（地下水位以下取浮重度）的厚度加权平均值；
f_{az}——软弱下卧层经深度 z 修正后的地基承载力特征值。

表 4-10 桩端持力层压力扩散角 θ

E_{s1}/E_{s2}	$t=0.25B_0$	$t\geqslant 0.50B_0$
1	4°	12°
3	6°	23°
5	10°	25°
10	20°	30°

注：1. 为硬持力层、软弱下卧层的压缩模量；
　　2. 当 $t<0.25B_0$ 时，取 $\theta=0°$，必要时，宜通过试验确定；当 $0.25B_0<t<0.5B_0$，可内插取值。

当桩径 $S_a>6d$ 时，按基桩冲剪破坏考虑，如图 4-28（b）所示。σ_z 的表达式如下：

$$\sigma_z = \frac{4(N-u\sum q_{sik}l_i)}{\pi(d_e+2t\tan\theta)^2} \tag{4-35}$$

式中：N——桩基轴向压力设计值；

d_e——桩端等代直径，圆形桩 $d_e=d$，方形桩 $d_e=1.13b$（b 为桩的边长），当按式（4-35）确定 θ 值时，取 $b=d$。

4.8.2 桩基沉降验算

尽管桩基础与天然地基上的浅基础比较，沉降量可人为减少，但随着建筑物的规模和尺寸的增加以及对于沉降变形要求的提高，很多情况下，桩基础也需要进行沉降计算。当建筑物对桩基的沉降有特殊要求，或桩端存在有软弱下卧层，或为摩擦型群桩基础时，尚应考虑桩基的沉降验算。《建筑地基基础设计规范》（GB 50007—2011）规定，对于桩基，需要进行沉降验算的有：地基基础设计等级为甲级的建筑物桩基；体型复杂，荷载不均匀或桩端以下存在软弱土层的、设计等级为乙级的建筑物桩基；摩擦型桩基（包括摩擦桩和端承摩擦桩）。

竖向荷载作用下的单桩沉降由三部分组成：桩身弹性压缩引起的桩顶沉降；桩侧阻力引起的桩周土体中的附加应力扩散，致使桩端下土体压缩而产生的桩端沉降；桩端荷载引起桩端下土体压缩所产生的桩端沉降。

竖向荷载作用下的群桩基础的沉降主要是由桩间土的压缩变形（桩身压缩、桩端贯入变形）和桩端平面以下土层受群桩荷载共同作用产生的整体压缩变形两部分组成，如图 4-29 所示。

与浅基础沉降计算一样，桩基最终沉降计算应采用荷载准永久组合。计算的基本方法是基于土的单向压缩、均质各向同性和弹性假设的分层总和法。

目前，在工程中应用较广泛的桩基沉降的分层总和计算方法主要有两大类。一类是所谓假想的实体深基础法，另一类是用明德林（Mindlin）应力计算的方法。

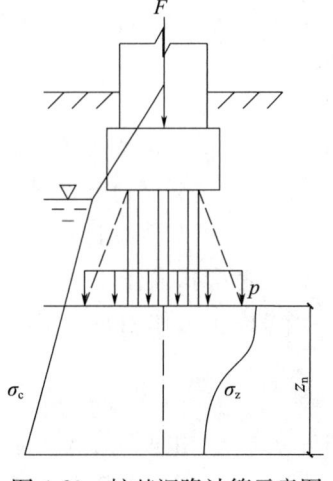

图 4-29 桩基沉降计算示意图

1. **实体深基础法**

《建筑地基基础设计规范》(GB 50007—2011) 推荐的实体深基础法，假设实体深基础底面与桩端齐平。支承面积可按考虑扩散作用和不考虑扩散作用计算，如图 4-30 所示。

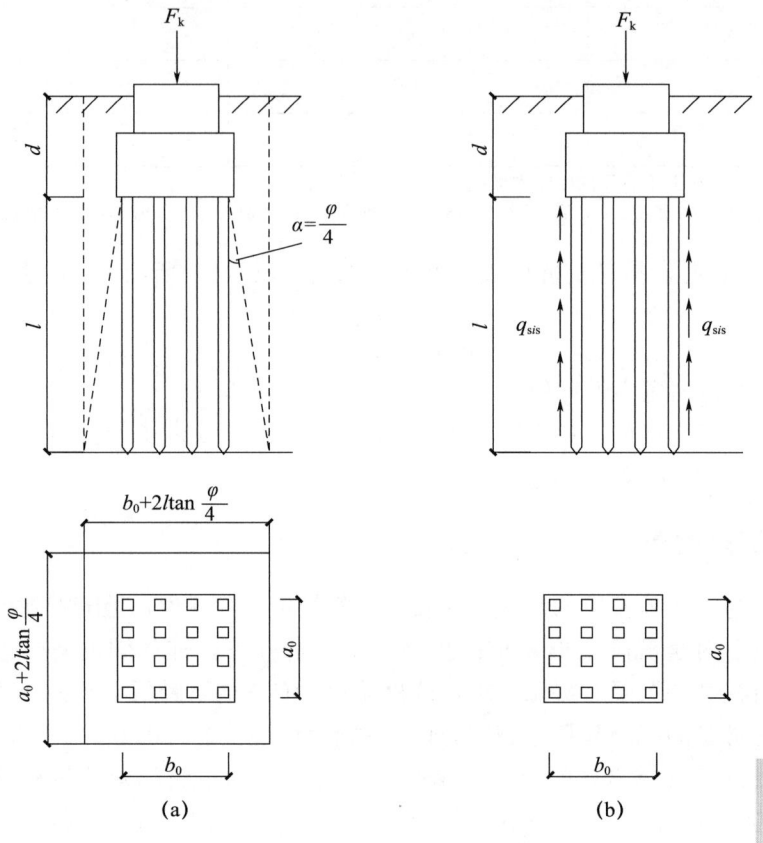

图 4-30 实体深基础的底面积
(a) 考虑扩散作用；(b) 不考虑扩散作用

4.8.2.1
实体深基础法

计算附加应力可采用 Boussinesq 法，也可采用 Mindlin 法。按浅基础的沉降计算方法计算，但须将浅基础的沉降计算经验系数 ψ_s 改为桩基沉降计算经验系数 ψ_p，如式（4-36）所示。

$$s = \psi_p s' \tag{4-36}$$

式中：s——桩基最终计算沉降量；

s'——按分层总和法计算得到的沉降量；

ψ_p——桩基沉降计算经验系数。

（1）考虑扩散作用

当考虑扩散作用时，实体深基础底面处的基底净压力采用式（4-37）计算。

$$p_{0k} = p_k - \sigma_c = \frac{F_k + G'_k}{A} - \sigma_c \tag{4-37}$$

式中：p_k——相应于荷载效应准永久组合时的实体深基础底面处的基底压力；

σ_c——实体深基础基底处原有的土中自重应力；

F_k——相应于荷载效应准永久组合时,作用于桩基承台顶面的竖向力;

G'_k——实体深基础自重,包括承台自重、承台上土重以及承台底面至实体深基础范围内的土重与桩重,$G'_k \approx \gamma(d+l)$,$\gamma \approx 19 \text{kN/m}^3$,但在地下水位以下部分应扣去浮力;

A——实体基础基底面积,$A = \left(a_0 + 2l\tan\dfrac{\varphi}{4}\right)\left(b_0 + 2l\tan\dfrac{\varphi}{4}\right)$;

a_0、b_0——桩群外围桩边包络线内矩形面积的长、短边长度。

(2) 不考虑扩散作用时

当不考虑扩散作用时,实体深基础底面处的基底净压力采用式(4-38)计算。

$$p_{0k} = p_k - \sigma_c = \dfrac{F_k + G_k + G_{fk} - 2(a_0 + b_0)\sum q_{sia} l_i}{a_0 b_0} - \gamma_m (d+l) \quad (4\text{-}38)$$

式中:p_k——相应于荷载效应准永久组合时的实体深基础底面处的基底压力;

σ_c——实体深基础基底处原有的土中自重应力;

F_k——相应于荷载效应准永久组合时,作用于桩基承台顶面的竖向力;

G_k——桩基承台自重及承台上土重;

G_{fk}——实体深基础桩及桩间土的自重;

γ_m——实体深基础底面以上各土层的加权平均重度。

桩基中点最终沉降采用式(4-39)计算。

$$s = \psi\psi_e s' = 4\psi\psi_e p_0 \sum_{i=1}^{n} \dfrac{z_i \bar{\alpha}_i - z_{i-1} \bar{\alpha}_i}{E_{si}} \quad (4\text{-}39)$$

2. 等效作用分层总和法

《建筑桩基技术规范》(JGJ 94—2008)推荐的等效作用分层总和法,如图 4-31 所示,假设等效作用面位于桩端平面,等效面积为桩承台投影面积。考虑到桩自重引起的附加应力较小,可忽略不计,等效作用面的附加应力近似取对应荷载准永久组合时承台底面的平均附加应力。等效面以下的附加应力分布采用 Boussnesq 解。

桩基中点最终沉降:

$$s = \psi\psi_e s' \quad (4\text{-}40)$$

式中:s'——分层总和法计算的沉降量;

ψ——桩基沉降计算经验系数,非软土地区或软土地基桩端有良好持力层时取 $\psi=1$,否则根据桩长定 $\left(l \leqslant 25\text{m}, \psi = 1.7; l > 25\text{m}, \psi = \dfrac{5.9l - 20}{7l - 100}\right)$;

ψ_e——桩基等效沉降系数,$\psi_e = c_0 + \dfrac{n_b - 1}{c_1(n_b - 1) + c_2}$,$n_b = \sqrt{n\dfrac{B_j}{A_j}}$。

式中 n_b——矩形布桩时的短边布桩数,当布桩不规则时可按式 $n_b = \sqrt{n\dfrac{B_j}{A_j}}$ 近似计算,$b_n > 1$;$b_n = 1$ 时,可按《建筑桩基技术规范》(JGJ 94—2008)式(5.5.14)计算;

C_0、C_1、C_2——根据群桩距径比 s_a/d、长径比 l/d 及基础长宽比 L_j/B_j，按《建筑桩基技术规范》(JGJ 94—2008) 附录 E 确定；

L_j、B_j、n_j——分别为矩形承台的长、宽及总桩数。

4.8.2.3
明德林-盖得斯法

3. 明德林-盖得斯法

明德林-盖得斯法简称明德林法，该方法根据桩的传递荷载特点，将作用下单桩顶上的总荷载 Q 分解为桩端阻力 Q_p（$=\alpha Q$）和桩侧阻力 $Q_s = (1-\alpha)Q$，如图 4-32 所示。系数 α 根据当地工程的实测资料统计确定。

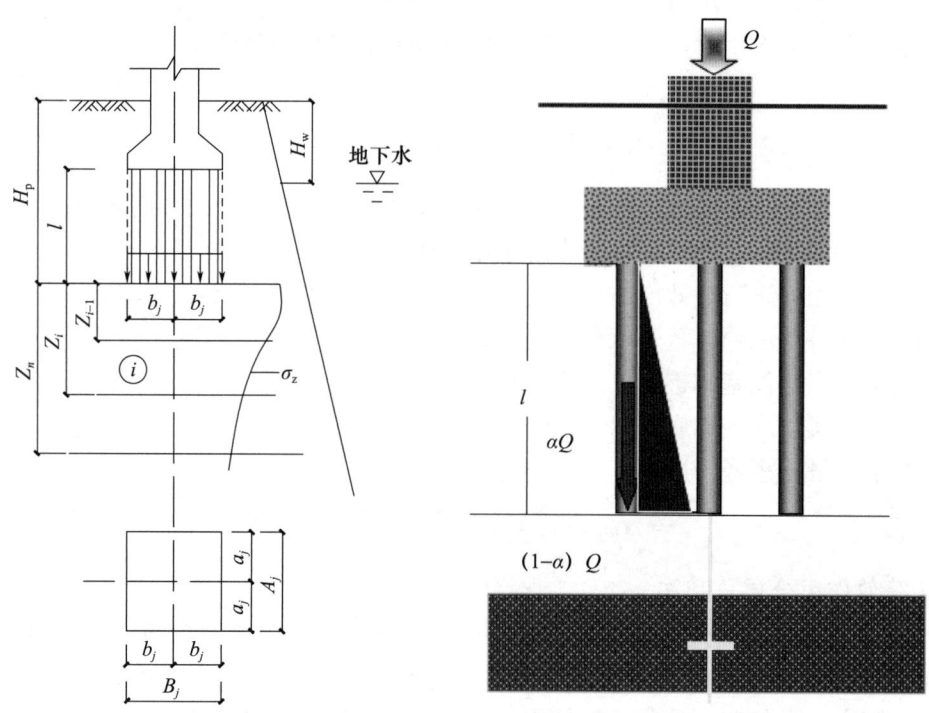

图 4-31 等效作用分层总和法计算沉降　　图 4-32 明德林-盖得斯法计算沉降

每根摩擦桩在地基中某点的竖向附加应力为该桩的桩端荷载 Q_p 及桩侧荷载 Q_s 产生的竖向附加应力 σ_{zp} 和 σ_{zs} 之和；对于有 m 根桩的情况，再将每根桩在该点所产生的附加应力逐根叠加，按式 (4-41) 计算：

$$p_i = \sum_{k=1}^{m}(\sigma_{zp,k} + \sigma_{zs,k}) \tag{4-41}$$

式中：p_i——第 i 层土层中点处的附加应力；

　　　m——桩数；

　　　$\sigma_{zp,k}$——第 k 根桩端荷载产生的附加应力；

　　　$\sigma_{zs,k}$——第 k 根桩侧荷载产生的附加应力。

然后按单向压缩的分层总和法计算最终沉降，如式 (4-42) 所示。

$$s = \psi_p \sum_{i=1}^{n} \frac{p_i \Delta h_i}{E_{si}} \tag{4-42}$$

4.9 桩基础设计

桩基础的设计中要综合考虑及验算其承载力和变形。

4.9.1 桩基础的设计步骤

4.9.1 桩基础的设计步骤

桩基础的设计步骤如图 4-33 所示。

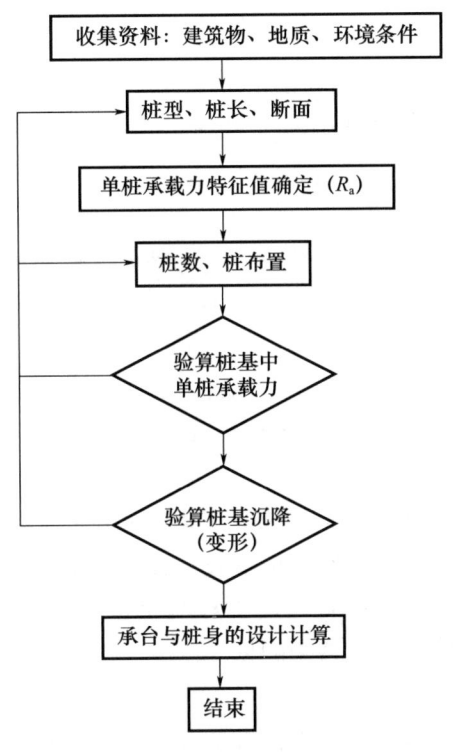

图 4-33 桩基础设计步骤

1. 调查研究，收集设计资料

设计必需的资料包括：建筑物的有关资料、地质资料和周边环境、施工条件等资料。建筑物资料包括建筑物的形式、荷载及其性质、建筑物的安全等级、抗震设防烈度等。

由于桩基础可能涉及埋藏较深的持力层，设计前应详细掌握建筑物场地的工程地质勘察资料以及勘探孔的深度和间距的特殊要求。

在设计中还需要了解相邻建筑物及周边环境的资料。包括相邻建筑物的安全等级、基础形式和埋置深度；周边建筑物对于防振或噪声的要求；排放泥浆和弃土的条件以及水、电，施工材料供应等。

2. 选定桩型、桩长和截面尺寸

在对以上收集的资料进行分析研究的基础上，针对土层分布情况，考虑施工条件、设备和技术等因素。决定采用端承桩还是摩擦桩、挤土桩还是非挤土桩，最终可通过综合经济技术比较确定。

由持力层的深度和荷载大小确定桩长、桩截面尺寸，同时进行初步设计与验算，桩身进入持力层的深度应考虑地质条件、荷载和施工工艺，一般为 1~3 倍桩径；对于嵌岩灌注桩，桩周嵌入完整和较完整的未风化、微风化、中风化硬质岩体的深度不宜小于 0.5m，当持力层以下存在软弱下卧层时，桩端以下硬持力层厚度不宜小于 4d（d 指桩径）。

3. 确定单桩承载力的特征值，确定桩数并进行桩的布置

按照 4.4 节的方法确定单桩承载力的特征值。然后根据基础的竖向荷载和承台及其上自重确定桩数，当中心荷载作用时，桩数 n 为

$$n \geqslant \frac{F_k + G_k}{R_a} \tag{4-43}$$

式中：F_k——作用于桩基承台顶面的竖向力，kN；

G_k——承台及其上土自重的标准值，kN；

R_a——单桩竖向承载力特征值，kN；

n——初估桩数，取整数。

当桩基础承受偏心竖向力时，桩数比按中心受力计算的桩数增加 10%~20%。

在初步确定了桩数之后，就可以布置基桩并初步确定承台的形状和尺寸，同时应考虑以下原则。

（1）桩距：摩擦型桩中心距一般不小于 $3d$；对于挤土桩，桩距不小于 $3.5\sim4.5d$；扩底灌注桩的中心距不小于 $1.5D$（D 为扩底直径）；对于排数不少于 3 排且桩数不少于 9 根的摩擦型扩底桩，桩距不小于 $2D$。

（2）群桩的承载力合力作用点应与长期荷载的重心重合，以便使各桩均匀受力；对于荷载重心位置变化的建筑物，应使群桩承载力合力作用点位于变化幅度之中。

（3）对于桩箱基础，宜将桩布置于墙下；对于带肋的桩筏基础，宜将桩布置于肋下；同一结构单元，避免使用不同类型的桩。

4. 桩基础的验算

在完成布桩之后，根据初步设计进行桩基础的验算。验算的内容包括：桩基中单桩承载力的验算；桩基的沉降验算及其他方面的验算等。沉降验算见 4.8 节。值得注意的是，其承载力、沉降和承台及桩身强度验算采用的荷载组合不同：当进行桩的承载力验算时，应采用正常使用极限状态下荷载效应的标准组合；进行桩基的沉降验算时，应采用正常使用极限状态下荷载效应的准永久组合；而在进行承台和桩身强度验算和配筋时，则采用承载能力极限状态下荷载效应的基本组合。

5. 承台和桩身的设计、计算

包括承台的尺寸、厚度和构造的设计，应满足抗冲切、抗弯、抗剪、抗裂等要求。而对于钢筋混凝土桩，需对桩的配筋、构造和预制桩吊运中的内力、沉桩中的接头进行设计计算。对于受竖向压荷载的桩，一般按构造设计或采用定型产品。

4.9.2 群桩中的基桩承载力验算

1. 桩顶作用效应计算

桩顶作用效应分为荷载效应和地震作用效应，相应的作用效应组合分为荷载效应组

合和地震效应组合。

群桩中单桩桩顶竖向力应按下列公式进行计算，如图 4-34 所示。

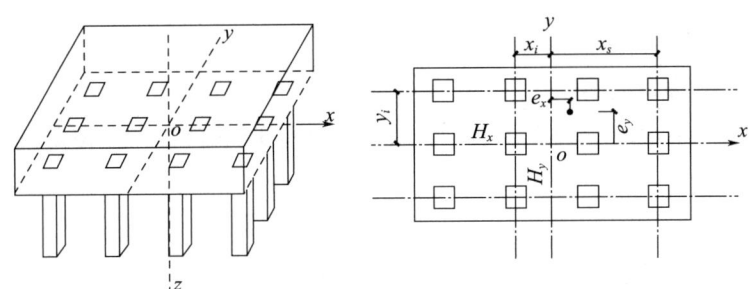

图 4-34　桩顶荷载效应计算简图

(1) 轴心竖向力作用下：

$$Q_k = \frac{F_k + G_k}{n} \quad (4-44)$$

式中：F_k——相应于作用的标准组合时，作用于桩基承台顶面的竖向力，kN；

G_k——桩基承台自重及承台上土自重标准值，kN；

Q_k——相应于作用的标准组合时，轴心竖向力作用下任一单桩的竖向力，kN；

n——桩基中的桩数。

(2) 偏心竖向力作用下：

$$Q_{ik} = \frac{F_k + G_k}{n} \pm \frac{M_{xk} y_i}{\sum y_i^2} \pm \frac{M_{yk} x_i}{\sum x_i^2} \quad (4-45)$$

式中：Q_{ik}——相应于作用的标准组合时，偏心竖向力作用下第 i 根桩的竖向力，kN；

M_{xk}、M_{yk}——相应于作用的标准组合时，作用于承台底面通过桩群形心的 x、y 轴的力矩，kN·m；

x_i、y_i——桩 i 至桩群形心的 y、x 轴线的距离，m。

(3) 水平力作用下：

$$H_{ik} = \frac{H_k}{n} \quad (4-46)$$

式中：H_k——相应于作用的标准组合时，作用于承台底面的水平力，kN；

H_{ik}——相应于作用的标准组合时，作用于任一单桩的水平力，kN。

(4) 地震作用效应详见第 6 章。

2. 单桩承载力验算

(1) 荷载效应标准组合

① 轴心竖向力作用下：$Q_k \leqslant R_a$，R_a 为单桩竖向承载力特征值（kN）。

② 偏心竖向力作用下，除满足轴心竖向力作用要求外，尚应满足：$Q_{ikmax} \leqslant 1.2 R_a$。

③ 水平荷载作用下：$H_{ik} \leqslant R_{Ha}$，R_{Ha} 为单桩水平承载力特征值（kN）。

(2) 地震作用效应和荷载效应标准组合

① 轴心竖向作用力下：$N_{Ek} \leqslant 1.25 R$。

② 偏心竖向力作用下，除满足轴心竖向力的要求外，尚应满足：$N_{Nkmax} \leqslant 1.5 R$。

③ 单桩竖向承载力特征值：$R_a = \dfrac{Q_{uk}}{K}$，K 为安全系数，取 2。

4.9.3 承台的设计计算

1. 承台的构造基本要求

承台可分为柱下或墙下独立承台、柱下或墙下条形承台梁、桩筏基础和桩箱基础的筏板承台及箱形承台等。

承台的尺寸与桩数和桩距有关，应通过经济技术综合比较确定。桩基承台的构造尺寸，除满足抗冲切、抗剪切、抗弯承载力和上部结构的要求外，尚应符合下列要求：

（1）承台的宽度不应小于 500mm。边桩中心至承台边缘的距离不宜小于桩的直径或边长，且桩的外边缘至承台边缘的距离不小于 150mm。对于条形承台梁，桩的外边缘至承台梁边缘的距离不小于 75mm。

（2）承台的最小厚度不应小于 300mm。

（3）承台的配筋，对于矩形承台其钢筋应按双向均匀通长布置［图 4-35（a）］，钢筋直径不宜小于 10mm，间距不宜大于 200mm；对于三桩承台，钢筋应按三向板带均匀布置，且最里面的三根钢筋围成的三角形应在柱截面范围内［图 4-35（b）］。承台梁的主筋除满足计算要求外，尚应符合现行国家标准《混凝土结构设计规范》（GB 50010—2010）关于最小配筋率的规定，主筋直径不宜小于 12mm，架立筋不宜小于 10mm，箍筋直径不宜小于 6mm［图 4-35（c）］；柱下独立桩基承台的最小配筋率不应小于 0.15%。钢筋锚固长度自边桩内侧（当为圆桩时，应将其直径乘以 0.886 等效为方桩）算起，锚固长度不应小于 35 倍钢筋直径，当不满足时应将钢筋向上弯折，此时钢筋水平段的长度不应小于 25 倍钢筋直径，弯折段的长度不应小于 10 倍钢筋直径。

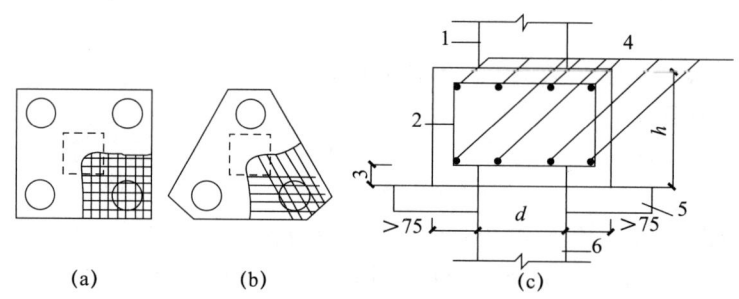

图 4-35　承台配筋

1—墙；2—箍筋直径≥6mm；3—桩顶入承台≥50mm；4—承台梁内主筋除须按计算配筋外尚应满足最小配筋率；
5—垫层 100mm 厚 C10 混凝土；6—桩

（4）承台混凝土强度等级不应低于 C20；纵向钢筋的混凝土保护层厚度不应小于 70mm，当有混凝土垫层时，不应小于 40mm。

有抗震要求的柱下单桩和两桩独立承台常常用联系梁连接。承台的埋置深度一般不是由承台底土层的承载力决定，主要考虑建筑物结构设计和环境条件，在满足这些条件下可尽量浅埋。对于有抗震要求的桩基，为增加抗水平力可加大承台埋置深度。承台位于较好土层上可发挥承台、桩、土的共同作用，增加群桩基础承载力、减少沉降。承台周围回填土应采用素土、灰土、级配砂土等分层夯实，或者在原坑浇筑混凝土承台。

应对承台进行抗弯、抗冲切、抗剪计算，当承台的混凝土强度等级低于柱或桩的混凝土强度等级时，尚应验算柱下或桩上承台的局部受压承载力。

2. 承台的抗弯计算

如果承台厚度较小，配筋量不足，承台在柱传下的力作用下，可能发生弯曲破坏。试验和工程实践均表明，柱下的独立桩基承台呈梁式破坏，即挠曲裂缝在平行于柱边的两个方向出现，最大弯矩产生于柱边处，如图 4-36 所示。

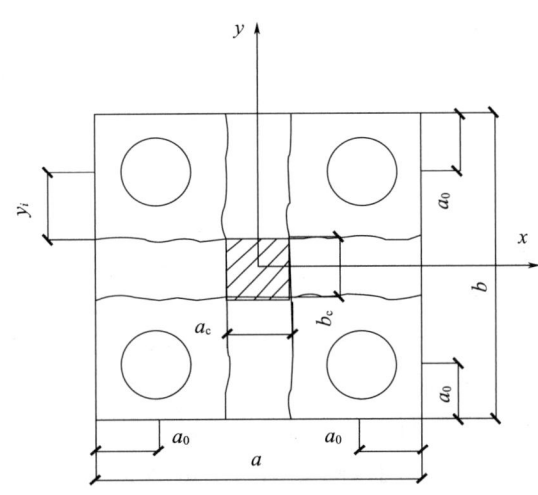

图 4-36 四桩承台的弯矩破坏模式

柱下桩基承台的弯矩可按以下简化计算方法确定：

（1）多桩矩形承台。

计算截面取在柱边和承台高度变化处［杯口外侧或台阶边缘，图 4-37（a）］：

$$M_x = \sum N_i y_i, \quad M_y = \sum N_i x_i \tag{4-47}$$

式中：M_x、M_y——分别为垂直 y 轴和 x 轴方向计算截面处的弯矩设计值，kN·m；

x_i、y_i——垂直 y 轴和 x 轴方向自桩轴线到相应计算截面的距离，m；

N_i——扣除承台和其上填土自重后相应于作用的基本组合时的第 i 桩竖向力设计值，kN。

（2）三桩承台。

① 等边三桩承台［图 4-37（b）］。

$$M = \frac{N_{\max}}{3}\left(s - \frac{\sqrt{3}}{4}c\right) \tag{4-48}$$

式中：M——由承台形心至承台边缘距离范围内板带的弯矩设计值，kN·m；

$N_{\max}$——扣除承台和其上填土自重后的三桩中相应于作用的基本组合时的最大单桩竖向力设计值，kN；

s——桩距，m；

c——方柱边长，m，圆柱时 $c = 0.886d$（d 为圆柱直径）。

② 等腰三桩承台 [图 4-37（c）]。

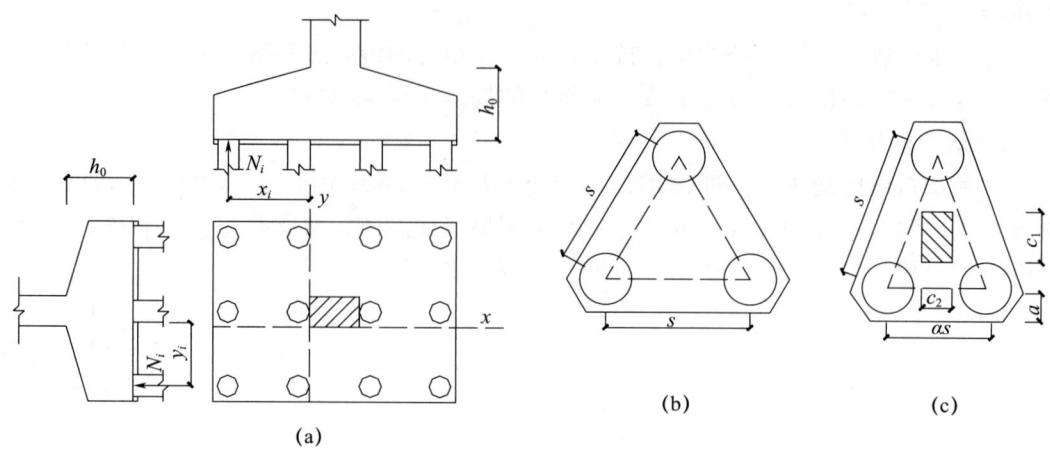

图 4-37 承台弯矩计算

$$M_1=\frac{N_{\max}}{3}\left(s-\frac{0.75}{\sqrt{4-\alpha^2}}c_1\right), \quad M_2=\frac{N_{\max}}{3}\left(\alpha s-\frac{0.75}{\sqrt{4-\alpha^2}}c_2\right) \quad (4-49)$$

式中：M_1、M_2——分别为由承台形心到承台两腰和底边的距离范围内板带的弯矩设计值，kN·m；

s——长向桩距，m；

α——短向桩距与长向桩距之比，当 α 小于 0.5 时，应按变截面的两桩承台设计；

c_1、c_2——分别为垂直于、平行于承台底边的柱截面边长，m。

3. 柱下桩基独立承台的冲切计算

板式承台的厚度往往由冲切验算决定。承台的冲切破坏主要有两种形式：由柱边缘或承台变阶处沿≥45°斜面拉裂形成冲切锥体破坏；或者是角桩顶部对于承台边缘形成≥45°的向上冲切半锥体破坏，如图 4-38 所示。

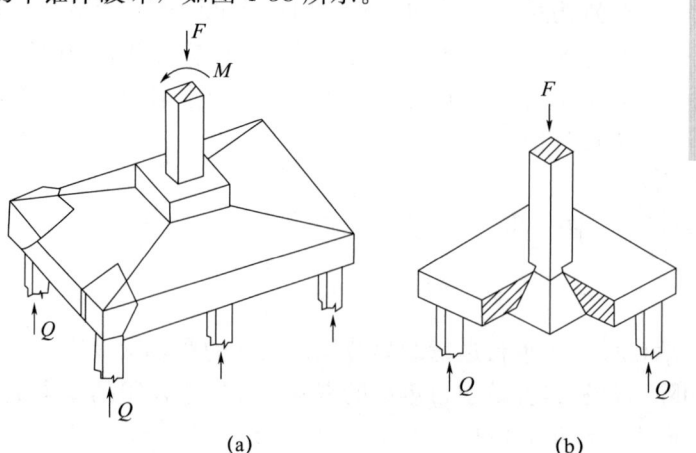

图 4-38 板式承台的冲切破坏示意图
(a) 桩对承台的冲切破坏；(b) 柱对承台的冲切破坏

柱下桩基础独立承台受冲切承载力的计算，应符合下列规定：

（1）柱对承台的冲切计算。

柱对承台的冲切有两种可能破坏形式，即沿柱边缘或者沿承台变阶处冲切破坏。由于柱的冲切力要扣除破坏锥体底面下各桩的净反力，当扩散角度等于45°时，可能覆盖更多的桩，所以冲切力反而减小，因而不一定最危险。所以最危险冲切锥为锥体与承台底面夹角≥45°的情况，并且此锥体不同方向的倾角可能不等，如图4-39所示，可按式（4-50）～式（4-53）计算：

$$F_l \leqslant 2\left[\alpha_{0x}(b_c+a_{0y})+\alpha_{0y}(h_c+a_{0x})\right]\beta_{hp}f_t h_0 \tag{4-50}$$

$$F_l = F - \sum N_i \tag{4-51}$$

$$\alpha_{0x} = 0.84/(\lambda_{0x}+0.2) \tag{4-52}$$

$$\alpha_{0y} = 0.84/(\lambda_{0y}+0.2) \tag{4-53}$$

式中：F_l——扣除承台及其上填土自重，作用在冲切破坏锥体上相应于作用的基本组合时的冲切力设计值（kN），冲切破坏锥体应采用自柱边或承台变阶处至相应桩顶边缘连线构成的锥体，锥体与承台底面的夹角不小于45°（图4-39）；

h_0——冲切破坏锥体的有效高度（m）；

β_{hp}——受冲切承载力截面高度影响系数，当h不大于800mm时β_{hp}取1.0，当h大于等于2000mm时β_{hp}取0.9，其间按线性内插法取用；

α_{0x}、α_{0y}——冲切系数；

λ_{0x}、λ_{0y}——冲跨比，$\lambda_{0x}=a_{0x}/h_0$、$\lambda_{0y}=a_{0y}/h_0$，a_{0x}、a_{0y}为柱边或变阶处至桩边的水平距离，当$a_{0x}(a_{0y})<0.2h_0$时，$a_{0x}(a_{0y})=0.2h_0$，当$a_{0x}(a_{0y})>h_0$时，$a_{0x}(a_{0y})=h_0$；

F——柱根部轴力设计值，kN；

$\sum N_i$——冲切破坏锥体范围内各桩的净反力设计值之和，kN。

对中低压缩性土上的承台，当承台与地基土之间没有脱空现象时，可根据地区经验适当减小柱下桩基础独立承台受冲切计算的承台厚度。

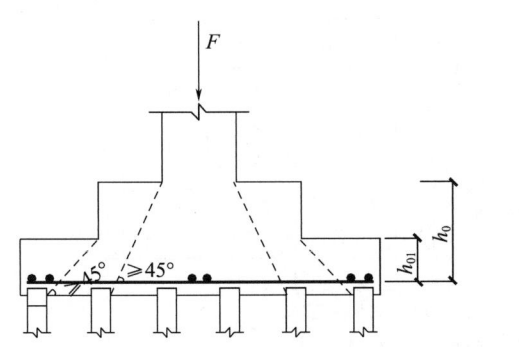 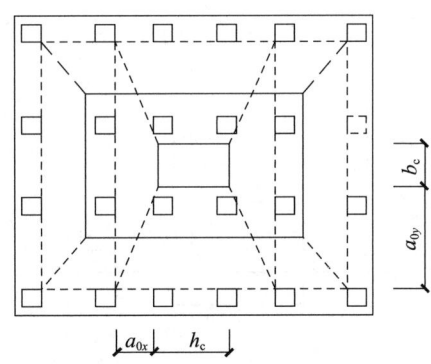

图4-39 柱对承台冲切

（2）角桩对承台的冲切计算。

由于假设相同的桩型在承台下按照线性规律分担总的竖向力。在偏心荷载下，某一角桩会承受最大竖向力。另一方面角桩向上冲切时，抗冲切的锥面只有一半，亦即对于四棱台只有两个抗冲切面。无疑角桩的冲切是最危险的。

① 多桩矩形承台受角桩冲切计算。

这种情况如图 4-40 所示，图 4-40（a）中承台为锥形，图 4-40（b）中承台为台阶形。对于图 4-40（a）的情况，冲切的倒锥体的锥面高度与冲切锥角有关，一方面由于计算高度较复杂，另一方面多出的 Δh_0 部分的抗冲切面也不是很可靠，所以仍取 h_0 为承台外边缘的有效高度，这样偏于安全，相应的计算公式如下：

$$N_l \leqslant \left[\alpha_{1x}\left(c_2+\frac{a_{1y}}{2}\right)+\alpha_{1y}\left(c_1+\frac{a_{1x}}{2}\right)\right]\beta_{hp}f_t h_0 \tag{4-54}$$

$$\alpha_{1x}=\frac{0.56}{\lambda_{1x}+0.2} \tag{4-55}$$

$$\alpha_{1y}=\frac{0.56}{\lambda_{1y}+0.2} \tag{4-56}$$

式中：N_l——扣除承台和其上填土自重后的角桩桩顶相应于作用的基本组合时的竖向力设计值，kN；

α_{1x}、α_{1y}——角桩冲切系数；

λ_{1x}、λ_{1y}——角桩冲跨比，其值满足 0.2～1.0，$\lambda_{1x}=a_{1x}/h_0$，$\lambda_{1y}=a_{1y}/h_0$；

c_1、c_2——从角桩内边缘至承台外边缘的距离，m；

a_{1x}、a_{1y}——从承台底角桩内边缘引 45°冲切线与承台顶面或承台变阶处相交点至角桩内边缘的水平距离，m；

h_0——承台外边缘的有效高度，m。

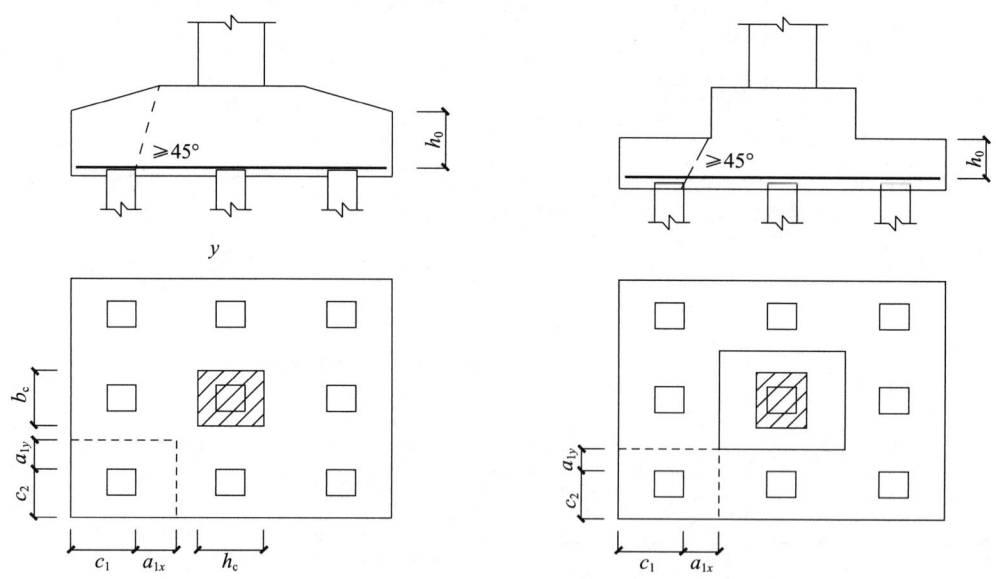

图 4-40　矩形承台角桩冲切验算

② 三桩三角形承台受角桩冲切计算。

如图 4-41 所示，可按式（4-57）～式（4-60）计算。对圆柱及圆桩，计算时可将圆形截面换算成正方形截面，折算公式为 $b=0.8d$。

底部角桩

$$N_l \leqslant \alpha_{11}(2c_1+a_{11})\tan\frac{\theta_1}{2}\beta_{hp}f_t h_0 \quad (4\text{-}57)$$

$$\alpha_{11}=\frac{0.56}{\lambda_{11}+0.2} \quad (4\text{-}58)$$

顶部角桩

$$N_l \leqslant \alpha_{12}(2c_2+a_{12})\tan\frac{\theta_2}{2}\beta_{hp}f_t h_0 \quad (4\text{-}59)$$

$$\alpha_{12}=\frac{0.56}{\lambda_{12}+0.2} \quad (4\text{-}60)$$

式中：λ_{11}、λ_{12}——角桩冲跨比，$\lambda_{11}=\frac{a_{11}}{h_0}$，$\lambda_{12}=\frac{a_{12}}{h_0}$；

a_{11}、a_{12}——从承台底角桩内边缘向相邻承台边引$45°$冲切线与承台顶面相交点至角桩内边缘的水平距离，m，当柱位于该$45°$线以内时则取柱边与桩内边缘连线为冲切锥体的锥线。

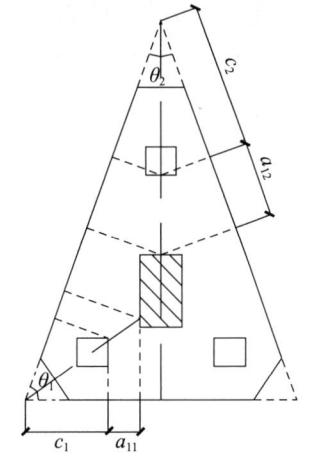

图 4-41 三角形承台角桩冲切验算

4. 柱下桩基独立承台的受剪计算

对于柱下桩基独立承台，应验算承台斜截面的受剪承载力。剪切面为柱（墙）边与桩内边缘连线形成的斜截面，如图 4-42 所示。应分别对于柱（墙）边和桩边、变阶处和桩边连线形成的斜截面进行受剪计算。当柱（墙）边有多排桩形成多个斜截面时，也应对每个斜截面进行验算。柱下桩基独立承台斜截面受剪承载力可按式（4-61）进行计算：

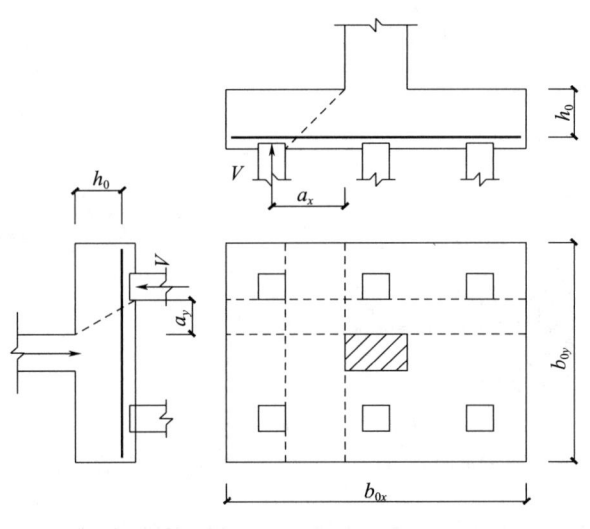

图 4-42 承台斜截面受剪计算

$$V \leqslant \beta_{hs}\beta f_t b_0 h_0 \quad (4\text{-}61)$$

式中：V——扣除承台及其上填土自重后相应于作用的基本组合时的斜截面的最大剪力设计值，kN；

b_0——承台计算截面处的计算宽度，m，阶梯形承台变阶处的计算宽度、锥形承台的计算宽度应按《建筑地基基础设计规范》（GB 50007—2011）附录 U 确定；

h_0——计算宽度处的承台有效高度,m;

β_{hs}——受剪切承载力截面高度影响系数,按式 $\beta_{hs}=(800/h_0)^{1/4}$ 计算;

β——剪切系数,$\beta=\dfrac{1.75}{\lambda+1.0}$;

λ——计算截面的剪跨比,$\lambda_x=\dfrac{a_x}{h_0}$,$\lambda_y=\dfrac{a_y}{h_0}$,$a_x$、$a_y$ 为柱边或承台变阶处至 x、y 方向计算一排桩的桩边的水平距离,当 $\lambda<0.3$ 时,取 $\lambda=0.3$,当 $\lambda>3$ 时,取 $\lambda=3$。

【例题 4-2】 柱的矩形截面边长 $b_c=500$mm 及 $h_c=600$mm。设无地震作用时,上部结构传至柱底相应于非抗震设计的荷载效应标准组合的竖向力 $F_k=3000$kN,弯矩 $M_k=170$kN·m,水平力 $H_k=90$kN;相应于非抗震设计的荷载效应基本组合的 $F=3950$kN,$M=220$kN·m,$H=120$kN。地下水位在地面以下 1.1m。承台混凝土强度等级取 C30,配置 HRB400 级钢筋。单桩竖向承载力特征值 $R_a=708.8$kN,试初步设计该桩基础并对该承台进行冲切及受剪验算。地质条件和桩尺寸如图 4-43 及表 4-11 所示。

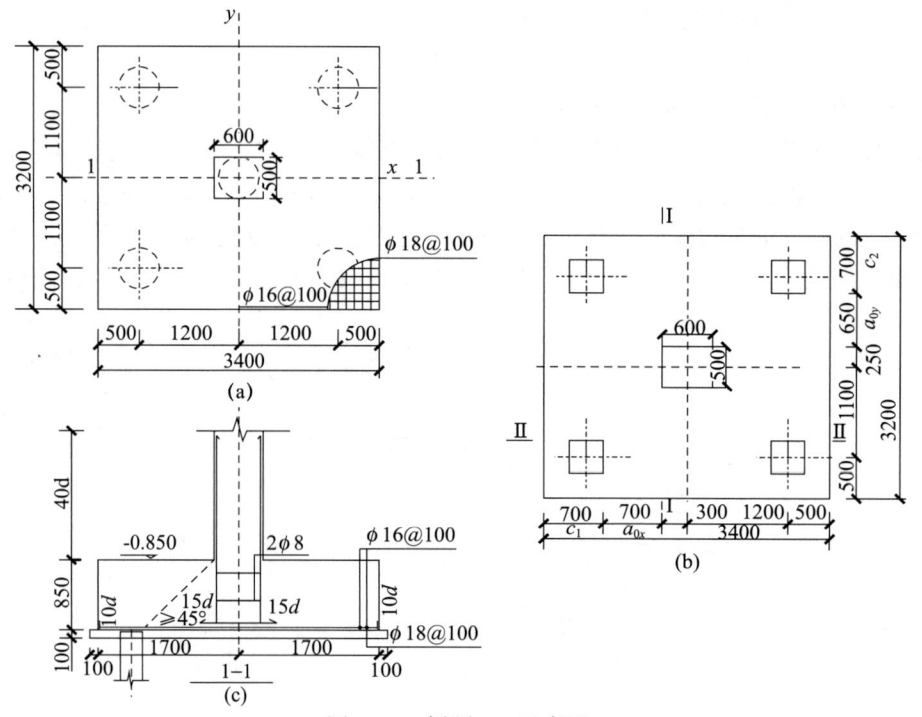

图 4-43 例题 4-2 示意图

(a) 基础平面图;(b) 等效方桩示意图;(c) 计算示意图

表 4-11

编号	土名	厚度 l_i/m	重度/(kN/m³)	钻孔桩桩端阻力特征值 q_{sia}/kPa	钻孔桩桩端阻力特征 q_{pa}/kPa
1	填土	1.7	16		
2	黏土	5.5	19.1	32	
3	粉质黏土	5.0	18.7	30	
4	密实中砂	7.0	20	42	
5	密实砾石层	>8	20.2		

【解】
(1) 初选桩的根数
$$n > \frac{F_k}{R_a} = \frac{3000}{708.8} = 4.2 \text{（根）}, \text{暂取 5 根}$$

(2) 初选承台尺寸

桩距： $s > 3d = 3 \times 0.5 = 1.5$ (m)

承台长边： $l = 2 \times (1.2 + 0.5) = 3.4$ (m)

承台短边： $b = 2 \times (1.1 + 0.5) = 3.2$ (m)

承台埋深 1.7m，承台高度 $h = 850$mm，垫层厚 100mm，C15 混凝土。钢筋保护层厚度取 50mm，桩顶深入承台 50mm，承台有效高度为：
$$h_0 = 0.85 - 0.05 = 0.8 \text{ (m)}$$

(3) 单桩承载力验算

取承台及其上土的平均重度 $\gamma_G = 20$ kN/m³。取荷载效应标准组合计算桩顶荷载，桩顶平均竖向力：

$$G_k = \gamma_G A d - \gamma_w A h_w$$
$$= 20 \times 3.4 \times 3.2 \times 1.7 - 10 \times 3.4 \times 3.2 \times (1.7 - 1.1) = 304.64 \text{ (kN)}$$

$$Q_k = \frac{F_k + G_k}{n} = \frac{3000 + 304.64}{5} = 660.93 \text{ (kN)} < R_a = 708.8 \text{ (kN)}$$

$$\begin{matrix} Q_{k,\max} \\ Q_{k,\min} \end{matrix} = \frac{F_k + G_k}{n} \pm \frac{(M_k + H_k h) x_{\max}}{\sum x_i^2} = 660.93 \pm \frac{(170 + 90 \times 0.85) \times 1.2}{4 \times 1.2^2}$$

$$= 660.93 \pm 51.35 = \begin{cases} 712.28 \text{ (kN)} < 1.2 R_a = 850.56 \text{ (kN)} \\ 609.58 \text{ (kN)} > 0 \end{cases}$$

满足要求。

(4) 承台受冲切承载力验算

相应于荷载效应基本组合，扣除承台和其上填土自重的桩顶竖向力设计值：

$$N = \frac{F}{n} = \frac{3950}{5} = 790 \text{ (kN)}$$

$$\begin{matrix} N_{k,\max} \\ N_{k,\min} \end{matrix} = N \pm \frac{(M + Hh) x_{\max}}{\sum x_i^2} = 790 \pm \frac{(220 + 120 \times 0.85) \times 1.2}{4 \times 1.2^2}$$

$$= 790 \pm 67.1 = \begin{cases} 857.1 \text{ (kN)} \\ 722.9 \text{ (kN)} \end{cases}$$

圆桩按面积相等等效为方桩，$b_0 = 0.886d \approx 400$ (mm)。

① 柱对承台的冲切验算

冲切力：
$$F_l = F - \sum N_i = 3950 - 790 = 3160 \text{ (kN)}$$

受冲切承载力截面高度影响系数：
$$\beta_{hp} = 1 - \frac{850 - 800}{2000 - 800} \times (1 - 0.9) = 0.996$$

冲跨比与系数的计算：

$$\lambda_{0x}=\frac{a_{0x}}{h_0}=\frac{700}{800}=0.875$$

$$\beta_{0x}=\frac{0.84}{\lambda_{0x}+0.2}=\frac{0.84}{0.875+0.2}=0.781$$

$$\lambda_{0y}=\frac{a_{0y}}{h_0}=\frac{650}{800}=0.813$$

$$\beta_{0y}=\frac{0.84}{\lambda_{0y}+0.2}=\frac{0.84}{0.813+0.2}=0.829$$

$$2[\beta_{0x}(b_c+a_{0y})+\beta_{0y}(h_c+a_{0x})]\beta_{hp}f_t h_0$$
$$=2\times[0.781\times(0.5+0.65)+0.829\times(0.6+0.7)]\times 0.996\times 1430\times 0.8$$
$$=4502.7 \text{ (kN)} > F_l=3160 \text{ (kN)}$$

满足要求。

② 角柱对承台的冲切验算

$$c_1=c_2=500+400/2=700\text{mm}, \quad a_{1x}=a_{0x}, \quad \lambda_{1y}=\lambda_{0y}, \quad \lambda_{1x}=\lambda_{0x}$$

$$\beta_{1x}=\frac{0.56}{\lambda_{1x}+0.2}=\frac{0.56}{0.875+0.2}=0.521$$

$$\beta_{1y}=\frac{0.56}{\lambda_{1y}+0.2}=\frac{0.56}{0.813+0.2}=0.553$$

$$[\beta_{1x}(c_2+a_{1y}/2)+\beta_{1y}(c_1+a_{1x}/2)]\beta_{hp}f_t h_0$$
$$=[0.521\times(0.7+0.65/2)+0.553\times(0.6+0.7/2)]\times 0.996\times 1430\times 0.8$$
$$=1207.1 \text{ (kN)} > N_{\max}=857.1 \text{ (kN)}$$

满足要求。

(5) 承台受剪承载力验算

受剪切承载力截面高度影响系数：

$$\beta_{h_s}=\left(\frac{800}{h_0}\right)^{1/4}=\left(\frac{800}{800}\right)^{1/4}=1$$

对 I-I 斜截面

$$\lambda_x=\lambda_{0x}=0.875$$

$$\beta=\frac{1.75}{\lambda+1}=\frac{1.75}{0.875+1}=0.933$$

$$\beta_{h_s}\beta f_t b_0 h_0=1\times 0.933\times 1430\times 3.2\times 0.8=3415.5 \text{ (kN)} > 2N_{k,\max}=2\times 857.1=1714.2 \text{ (kN)}$$

满足要求。

对 II-II 斜截面

$$\lambda_y=\lambda_{0y}=0.813$$

$$\beta=\frac{1.75}{\lambda+1}=\frac{1.75}{0.813+1}=0.965$$

$$\beta_{h_s}\beta f_t b_0 h_0=1\times 0.965\times 1430\times 3.2\times 0.8$$
$$=3753.5 \text{ (kN)} > 2N=2\times 790=1580 \text{ (kN)}$$

满足要求。

5. 桩身结构设计

钢筋混凝土预制桩有现场预制和工厂预制两种，它们均应满足搬运、堆存、吊装以及打入过程中的受力要求。对于较长桩，应分段制作并有可靠的接桩措施。选择预制桩时，一般要按施工条件加以验算。对于混凝土现场灌注桩一般只按使用阶段进行结构强度计算。尤其是对于承受较大水平荷载作用和弯矩较大的桩以及抗拔桩应进行计算确定配筋。

对于竖向受压桩，在进行桩身设计时还应考虑桩身强度的要求。一般而言，桩的承载力主要取决于地基岩土对桩的支承能力，但是对于端承桩，超长桩或者桩身质量有缺陷的情况，可能由桩身混凝土强度控制。由于与材料强度有关的设计，荷载效应组合应采用按承载能力极限状态下荷载效应的基本组合。桩身强度应满足式（4-62）要求：

$$Q \leqslant A_\mathrm{p} f_\mathrm{c} \psi_\mathrm{c} \tag{4-62}$$

式中：f_c——混凝土轴心抗压强度设计值，按《混凝土结构设计规范》（GB 50010—2010）取值；

N——作用基本组合单桩竖向受力设计值；

A_p——桩身横截面积；

ψ_c——工作条件系数，预制桩取 0.85，干作业非挤土灌注桩取 0.9，泥浆护壁和套管护壁灌注桩取 0.7～0.8，软土地区挤土灌注桩取 0.6。

4.9.3.5 钢筋混凝土预制桩

（1）钢筋混凝土预制桩

钢筋混凝土预制桩常见的是预制方桩和管桩。

混凝土预制桩的截面边长不应小于 200mm；预应力混凝土预制实心桩的截面边长不宜小于 350mm。预制桩的混凝土强度等级不宜低于 C30；预应力混凝土实心桩的混凝土强度等级不应低于 C40；预制桩纵向钢筋的混凝土保护层厚度不宜小于 30mm。预制桩的桩身配筋应按吊运、打桩及桩在使用中的受力等条件计算确定。采用锤击法沉桩时，预制桩的最小配筋率不宜小于 0.8%。静压法沉桩时，最小配筋率不宜小于 0.6%，主筋直径不宜小于 φ14，打入桩桩顶以下 4～5 倍桩身直径长度范围内箍筋应加密，并设置钢筋网片。预制桩的桩尖可将主筋合拢焊在桩尖辅助钢筋上，对于持力层为密实砂和碎石类土时，宜在桩尖处包以钢板桩靴，加强桩尖。图 4-44 为方形截面的混凝土预制桩的构造示意图。当截面边长为 350～550mm 时，采用 8 根直径 12～25mm 的纵向钢筋，截面边长在 300mm 以下者，可用 4 根。箍筋直径 6～8mm，间距不大于 200mm，在桩顶和桩尖处应适当加密。预制桩的分节长度应根据施工条件及运输条件确定；每根桩的接头数量不宜超过 3 个。

混凝土预制桩的主筋应通过计算确定（应考虑作用在桩顶的水平力和可能存在的力矩）。计算时，除首先满足工作条件下的桩身承载力要求或抗裂要求外，还要满足桩在起吊、运输、吊立和锤击打入时的应力。

预应力混凝土预制桩宜优先采用先张法施加预应力。预应力钢筋宜选用冷拉Ⅲ级、Ⅳ级或Ⅴ级钢筋。对于打入桩直接受到锤击的（2～3）d 桩顶范围内箍筋更需加密，并应放置三层钢筋网。桩身混凝土强度达到要求后方可起吊和搬运。桩在吊运和吊立时的受力情况和一般受弯构件相同。桩身在吊运和吊立时由自重作用产生的弯矩与吊点的数量和位置有关。桩长 20m 以下者，起吊时一般采用 2 个吊点；在打桩架龙门吊立时，只能采用1个吊点。吊点的位置应按吊点间的跨中正弯矩与吊点处的负弯矩相等的原则布置，相应的吊点位置和截面最大弯矩的计算公式如图 4-45 所示。式中 q 为桩单位长度的重力；K 为考虑在吊运过程中桩可能受到的冲撞和振动而取的动力系数，一般为 1.5。桩在运输或堆放时的支点应放在起吊吊点处。计算表明，预制混凝土桩的配筋常由起吊和吊立的强度计算控制。

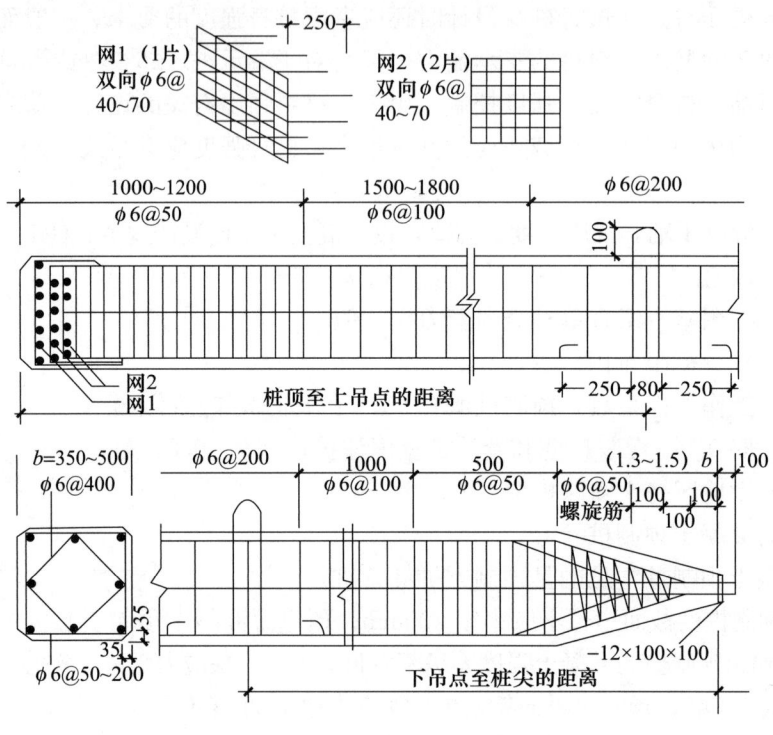

图 4-44　预制钢筋混凝土方桩详图

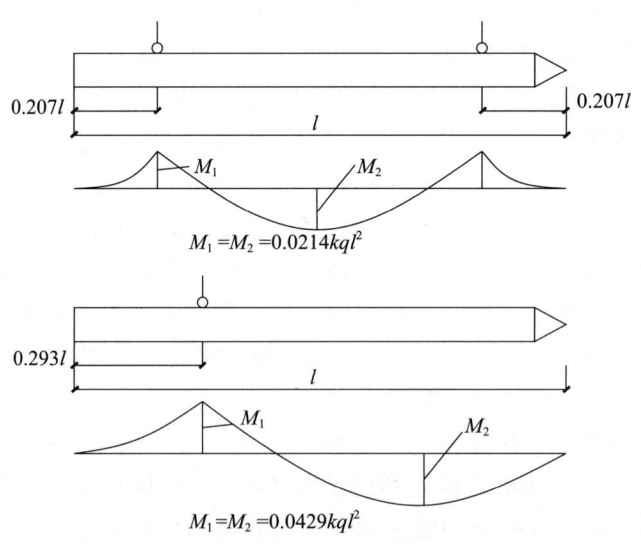

图 4-45　预制桩的吊点和弯矩图
（a）双点起吊时；（b）单点起吊时

（2）灌注桩

灌注桩的结构设计主要考虑承载受力条件。灌注桩按偏心受压柱或受弯构件计算，若经计算表明桩身混凝土强度满足要求时，桩身可不配受压钢筋，只要根据需要在桩顶设置插入承台的构造钢筋。当桩身直径为300～2000mm时，正截面配筋率可取0.2%～0.65%（小直径桩取高值）；对受荷载特别大的桩、抗拔桩和嵌岩端承桩应根据计算确定配筋率，并不应小于上述规定值。

4.9.3.5 灌注桩

端承型桩和位于坡地岸边的基桩应沿桩身等截面或变截面通长配筋；桩径大于600mm的摩擦型桩配筋长度不应小于2/3桩长；当受水平荷载时，配筋长度尚不宜小于$4.0/\alpha$（α为桩的水平变形系数）；对于受地震作用的基桩，桩身配筋长度应穿过可液化土层和软弱土层，进入稳定土层的深度（不包括桩尖部分）应按计算确定，对于碎石土、砾、粗、中砂，密实粉土，坚硬黏性土尚不应小于2～3倍桩身直径，对其他非岩石土尚不宜小于4～5倍桩身直径；受负摩阻力的桩、因先成桩后开挖基坑而随地基土回弹的桩，其配筋长度应穿过软弱土层并进入稳定土层，进入的深度不应小于2～3倍桩身直径；专用抗拔桩及因地震作用、冻胀或膨胀力作用而受拔力的桩，应等截面或变截面通长配筋。

对于受水平荷载的桩，主筋不应小于$8\phi12$；对于抗压桩和抗拔桩，主筋不应小于$6\phi10$；纵向主筋应沿桩身周边均匀布置，其净距不应小于60mm；箍筋应采用螺旋式，直径不应小于6mm，间距宜为200～300mm；受水平荷载较大桩基、承受水平地震作用的桩基以及考虑主筋作用计算桩身受压承载力时，桩顶以下$5d$范围内的箍筋应加密，间距不应大于100mm；当桩身位于液化土层范围内时箍筋应加密；当考虑箍筋受力作用时，箍筋配置应符合国家标准《混凝土结构设计规范》（GB 50010—2010）的有关规定；当钢筋笼长度超过4m时，应每隔2m设一道直径不小于12mm的焊接加劲箍筋。

桩身混凝土强度等级不得小于C25，混凝土预制桩尖强度等级不得小于C30；灌注桩主筋的混凝土保护层厚度不应小于35mm，水下灌注桩的主筋混凝土保护层厚度不得小于50mm。

对于持力层承载力较高、上覆土层较差的抗压桩和桩端以上有一定厚度较好土层的抗拔桩，可采用扩底；扩底端直径与桩身直径之比D/d，应根据承载力要求及扩底端侧面和桩端持力层土性特征以及扩底施工方法确定；挖孔桩的D/d不应大于3，钻孔桩的D/d不应大于2.5；扩底端侧面的斜率应根据实际成孔及土体自身条件确定，a/h_c可取1/4～1/2，砂土可取1/4，粉土、黏性土可取1/3～1/2；抗压桩扩底端底面宜呈锅底形，矢高h_b可取$(0.15\sim0.20)D$，如图4-46所示。

【例题4-3】某桩基工程安全等级为二级，其桩基平面布置、剖面及地层分布如图4-47所示，土层及桩基设计参数见图中标注，承台底面以下存在高灵敏度淤泥质黏土，已知$f_{ak}=100$kPa，请计算复合基桩竖向承载力特征值。

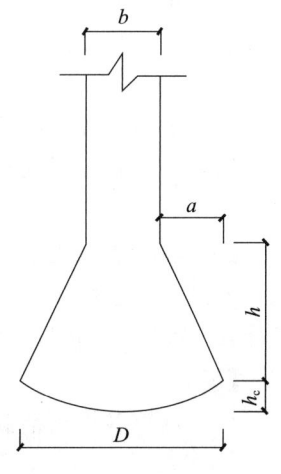

图4-46 扩底桩构造

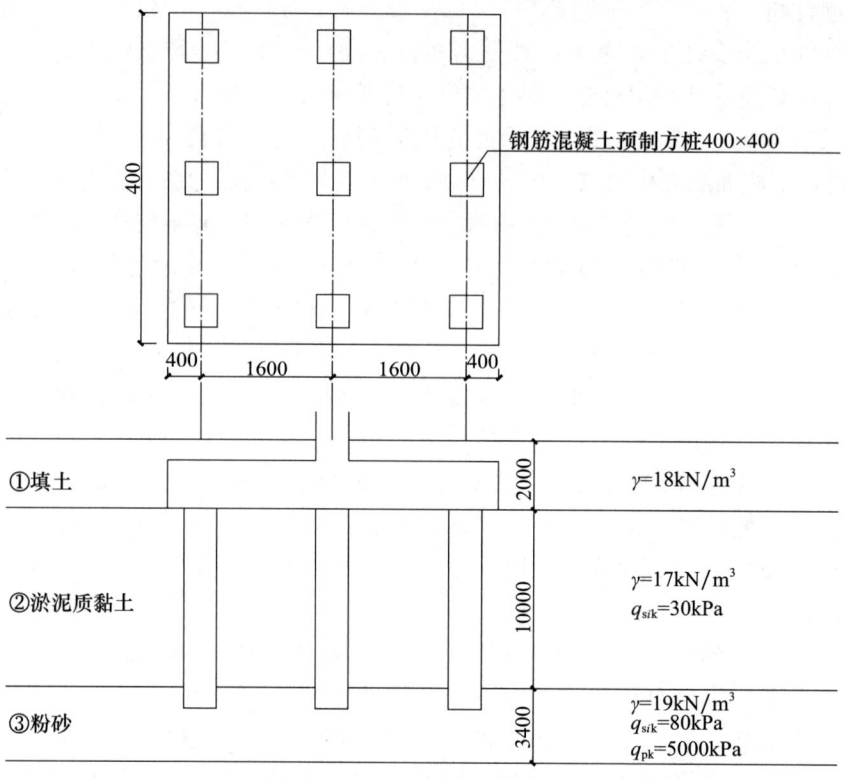

图 4-47 桩基平面布置、剖面及地层分布

【解】

由式（4-8）可得

$$Q_{sk}=u\sum q_{sik}l_i=4\times0.4\times(30\times10+80\times1.6)=684.8\text{（kN）}$$

$$Q_{pk}=q_{pk}A_p=5000\times0.4\times0.4=800\text{（kN）}$$

$$Q_{uk}=Q_{sk}+Q_{pk}=684.8+800=1484.8\text{（kN）}$$

所以单桩竖向承载力特征值为

$$R_a=\frac{1}{K}Q_{uk}=\frac{1}{2}\times1484.8=742.4\text{（kN）}$$

由于承台底存在高灵敏度淤泥质黏土，取 $\eta_c=0$

所以复合基桩竖向承载力特征值为

$$R=R_a+\eta_c f_{ak}A_c=742.4\text{（kN）}$$

【例题 4-4】 某一群桩基础如图 4-48 所示，承台下共有 6 根基桩，上部结构荷载和承台及上覆土（已考虑了自重荷载分项系数）重 8000kN，$M_{xk}=250$kN·m，$M_{yk}=600$kN·m，试计算 1 号和 2 号桩桩顶所承受的荷载大小。

【解】

(1) 计算各桩顶荷载平均值：

$$N_k=\frac{F_k+G_k}{n}=8000/6=1333.3\text{（kN）}$$

（2）根据式（4-8）

$$N_{ik} = \frac{F_k + G_k}{n} \pm \frac{M_{xk} y_i}{\sum y_j^2} \pm \frac{M_{yk} x_i}{\sum x_j^2}$$

$$N_1 = 1333.3 - \frac{250 \times 0.9}{6 \times 0.9^2} = 1287 \text{（kN）}$$

$$N_2 = 1333.3 + \frac{250 \times 0.9}{6 \times 0.9^2} + \frac{600 \times 1.2}{4 \times 1.2^2} = 1504.6 \text{（kN）}$$

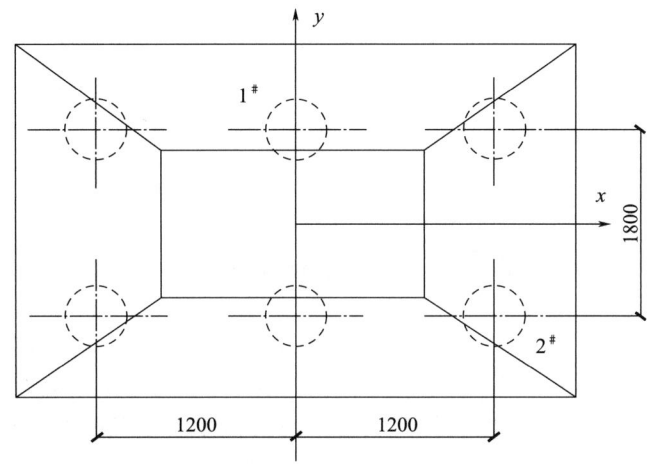

图 4-48 承台及桩基平面布置图

思考题与习题

思考题与习题
参考答案

4-1 按桩的承载机理（荷载传递方式），桩可以分为几类？

4-2 按桩的使用功能，桩可以分为几类？

4-3 按桩的几何尺寸，桩可以分为几类？

4-4 按桩的设置效应，桩可以分为几类？

4-5 基桩和桩基有何区别？

4-6 什么是临界深度，如何确定？

4-7 通常情况下，确定轴向受压单桩承载力的方法有哪些？

4-8 什么是负摩阻力？产生负摩阻力的原因有哪些？

4-9 什么是中性点？何种情况下中性点的深度等于桩的长度？

4-10 什么是群桩效应？端承桩和摩擦桩的群桩效应有何区别？

4-11 如何验算桩基软弱下卧层的承载力？

4-12 桩基沉降的计算方法有哪些？

4-13 简述桩基设计步骤。

4-14 桩承台可分为哪几类？桩承台应进行哪些内力计算？

4-15 柱对承台的冲切计算和桩对承台的冲切计算有何区别？

4-16 简述预制桩吊装吊点的确定方法。

4-17　某一嵌岩桩，桩入土 28m，桩直径 900mm，土层分布情况：黏土层厚 12.2m，$q_{sk}=25$kPa；细砂层厚 14m，$q_{sk}=52$kPa；往下为中风化岩石。混凝土强度 C30，$f_c=15000$kPa，岩石强度 $f_{rk}=5000$kPa，已知 $\zeta_r=0.9$，试确定该桩的单桩极限承载力。

4-18　某钻孔灌注桩，桩径 $d=1.0$m，扩底直径 $D=1.4$m，扩底高度 1m，桩长＝12.5m，桩端入中砂层持力层 0.8m。土层分布：0～6m 为黏土，$q_{sik}=40$kPa；6～10.7m 粉土，$q_{sik}=44$kPa；10.7m 以下为中砂层，$q_{sik}=55$kPa，$q_{pk}=1500$kPa。试计算单桩竖向极限承载力标准值。

4-19　某工程采用直径 0.8m、桩长 21m 钢管桩，桩顶位于地面下 2m，桩端入持力层 3m，土层分布：2～12m 为黏土，$q_{sik}=50$kPa；12～20m 为粉土，$q_{sik}=60$kPa；20～30m 为中砂，$q_{sik}=80$kPa，$q_{pk}=7000$kPa。试计算敞口带十字形隔板的单桩竖向极限承载力。

附：

根植于江南大地的桩基传奇——张日红

桩基是被深埋于地下，却永远支撑着建筑的"脊梁"；桩基是大型工程钢筋铁骨基础的"灵魂"。中国桩基产业是伴随着中国波澜壮阔城市化浪潮成长起来的一门产业，是中国"基建狂魔"长袖善舞时的标配赛道。当人们看到现代繁华的城市不断长"高"，看到国家重点工程、都市地标工程胜利竣工时，并没有多少人了解桩基强大的固基功能。但是过去说"高楼万丈平地起"，而现在则说"万丈高楼桩基起"，桩基的重要性不言而喻。我国最早的混凝土桩生产于上海（1900 年后），而离心法生产混凝土预制桩技术始于 1924 年日本的离心成型 RC 管桩。20 世纪 80 年代后期，国内有了离心成型 PHC 管桩，之后便出现了势如破竹的发展局面。

在中国桩基发展进步史上，张日红是一个不可或缺的醒目存在。他三十六年如一日，砥身砺行、锲而不舍，怀着满腔的报国之志，持之以恒地攻坚克难，精益求精地锐意创新。在中国桩基产业的冲顶进程中，他是推动桩基行业健康发展的拓荒牛和勇立在桩基行业技术进步潮头的擎旗人。张日红，1979 年进入南京工学院（现东南大学）建筑材料与制品专业学习，1993 年留学日本获工学博士学位，后在日本和光混凝土工业株式会社工作并担任开发部长。张日红是国家"万人计划"人才，宁波市杰出人才，宁波市人大代表，中国建筑材料行业混凝土预制桩工程技术中心主任，教授级高级工程师。在 2022 年的中国混凝土与水泥制品行业大会开幕式上，张日红被授予 2021 年度全行业唯一的"中国混凝土与水泥制品行业杰出工程师"荣誉称号。

张日红从事高性能混凝土制品及工程应用技术研究已 36 年，他一生最好的年华都与桩基紧密关联。近十年来张日红一直致力于低碳、环保的预制构件产品及绿色桩基技术的研究。他主导开发的"非挤土静钻根植桩系列产品制造与施工关键技术"整体技术达到国际先进水平。传统非挤土钻孔灌注桩基会产生许多泥浆，污染环境，与同承载力钻孔灌注桩相比，"非挤土静钻根植桩系列产品制造与施工关键技术"桩材混凝土用量降低了 70%，可大幅度节省钢材、水泥等资源，工程定额造价降低 4%～16%，降低碳足迹效果显著。他认为，目前部分混凝土制品是采用等同现浇混凝土结构进行产品设计，难以发挥工厂化制造产品的低碳特性。需要改进思路，充分发挥混凝土制品质量离散性小的优点，通过采用高性能混凝土及适当调整制品的保护层厚度等措施来节省混凝土材料用量，以达到降低混凝土碳足迹的效果。开发高效生产设备和集约化生产工艺，已经使得我国很多预制桩生产线的人均生产效率、单位能耗指标等优于日本等发达国家，处于国际领先水平。

从1987年作为第一技术负责人以国产设备为主开发出我国最早的"先张法离心成型高强混凝土管桩"到主导开发的"非挤土静钻根植桩系列产品制造与施工关键技术"整体技术达到国际先进水平；从25岁获得广州市科技二等奖的初出茅庐到天命之年研制成功国际领先技术产品的修成正果，这三十年，正是中国桩基产业在全球实现了从跟随到引领的历史飞跃时期。

斗转星移，世事纷繁，许多人都站在这个巨大的历史风口上，但张日红却耐得住寂寞，心无旁骛，在枯燥的研究中埋头苦干，在烦琐的成果推广中忙碌奔波，在日新月异的技术变革中填补空白、推陈出新。"天道酬勤""久久为功"。三十多年啊，默默无语的张日红一直站在潮头，为中国桩基行业科技进步披荆斩棘、躬身拉纤，最终成为了行业发展"脊梁"式的人物。

混凝土预制桩是我国最大的水泥制品产业，我国是全球最大的预制桩生产国。对我国预制桩产业的低碳发展前景，张日红十分有信心。正如2022年的混凝土行业开幕式为张日红的颁奖词中写道："东渡留学，攻读博士，甘苦自知，成就斐然。舒适安逸难掩你矢志报国赤子之心，再从头，回国奋斗，13年硕果累累。高楼万丈，桩基承载，世人无感！35年砥砺奋斗，你为地下混凝土预制桩基工程技术创新奉献了自己最宝贵的青春，与国有功，于家有憾。"这便是对他的最好总结。

第 5 章 沉 井 基 础

5.1 沉井概述

当上部结构负荷较大时，要求地基坚固、有足够承载能力，而当这类地基距地表面较深（8~30m）、浅基础和桩基础都受水文地质条件限制时，常采用沉井基础。

沉井是一种上下开口竖向的筒形结构物，通常用混凝土或钢筋混凝土材料制成。沉井具有设计需要的壁厚和垂直隔墙。沉井在深基础或地下结构中应用较为广泛，如桥梁墩台基础、地下泵房、水池、油库、矿用竖井以及大型设备基础、高层和超高层建筑物基础等。

沉井是一种井筒状结构物，是依靠在井内挖土，借助井体自重及其他辅助措施而逐步下沉至预定设计标高，最终形成的建筑物基础的一种深基础型式。沉井占地面积小，不需要板桩围护，与大开挖相比较，挖土量少，对邻近建筑物的影响比较小，操作简便，无需特殊的专业设备。近年来，沉井的施工技术和施工机械都有很大改进。

沉井基础的典型施工方法有：触变泥浆润滑套法；壁后压气（空气幕）法；钻吸排土沉井施工技术；中心岛式下沉。

沉井基础的使用范围如下：

（1）上部荷载较大，而表层地基土的容许承载力不足，扩大基础开挖工作量大，以及支撑困难，但在一定深度下有好的持力层，采用沉井基础与其他深基础相比较，经济上较为合理时；

（2）在山区河流中，虽然土质较好，但冲刷大或河中有较大卵石不便桩基础施工时；

（3）岩层表面较平坦且覆盖层薄，但河水较深，采用扩大基础施工围堰有困难时。

沉井的主要优点有：埋深较大，具有较大的承载面积，能承受较大的垂直和水平荷载，整体性强，稳定性好；既可作为深基础，又可作为施工时的挡土和挡水围堰结构物；施工工艺简便，技术稳妥可靠，无需特殊专业设备；并可做成补偿性基础，避免过大沉降。

沉井的主要缺点有：施工期较长；对粉细砂类土在井内抽水易发生流砂现象，造成沉井倾斜；沉井下沉过程中遇到的大块石、树干或井底岩层表面倾斜过大，均会给施工带来一定困难。

5.2 沉井的设计与计算

5.2.1 沉井的类型

1. 按施工方法分

（1）一般沉井：一般沉井指直接在基础设计的位置上制造，然后挖土，依靠井壁自重下沉；若基础位于水中，则先人工筑岛立模浇筑混凝土后，再就地挖土下沉。多采用混凝土或钢筋混凝土沉井。

（2）浮式沉井：多为钢壳井壁，亦有空腔钢丝网水泥薄壁沉井、钢筋混凝土薄壁沉井，是在岸边预制，通过滑道等方法下水浮运到位下沉。还有的在船上制作成型，采用一整套吊装设备和措施，使其浮运到位下沉，或采用船运到位，用沉船方法，使其入水下沉。通常在深水地区（如水深大于10m），或水流流速大、有通航要求、人工筑岛困难或不经济时采用。

2. 按沉井所用材料分

（1）素混凝土沉井：适用于中小型工程。混凝土沉井抗压能力强、抗拉能力低，多做成圆形，在土压力与水压力作用下，以压应力为主。沉井底端的刃脚需配筋，便于下切土体，避免损伤井筒。适用于下沉深度不大（4～7m）的松软土层。

（2）钢筋混凝土沉井：适用于大中型工程。钢筋混凝土沉井抗压抗拉能力强，下沉深度大，可根据工程需要，做成各种形状、各种规格的重型或薄壁一般沉井及薄壁浮运沉井、钢丝网水泥沉井等。在工程中应用最广。

（3）砖石沉井：这种沉井适用于深度浅的小型沉井，或临时性沉井。例如，房屋纠倾工作井，即用砖砌沉井，深度约4～5m。

（4）竹筋混凝土沉井：在南方盛产竹材的地区，也可采用耐久性差而抗拉力好的竹筋代替部分钢筋来承受下沉阶段过程中拉力，做成竹筋混凝土沉井。

（5）钢沉井：钢沉井由钢材制作，强度高、质量轻、易于拼装、适于制造空心浮运沉井，但用钢量大，国内应用较少。

3. 按横截面形状分

（1）单孔沉井：沉井只有一个井孔，这是最常见的中小型沉井。沉井的横截面形状有：圆形、正方形、椭圆形、圆端形、矩形等，如图5-1所示。

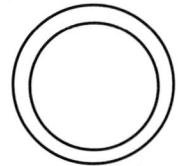 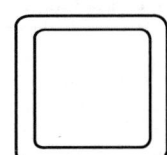 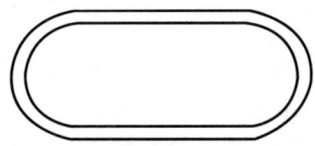 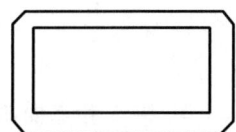

图5-1 单孔沉井按横截面形状分类示意图

圆形沉井在下沉过程中垂直度和中线较易控制，若采用抓泥斗挖土，可比其他形状沉井更能保证刃脚均匀作用在支承的土层上。在土压力和水压力作用下，井壁只受轴向压力，即使侧压力分布不均匀，弯曲应力也不大，能充分利用混凝土抗压强度大的特点，沉井的井壁可薄些，便于机械取土作业。多用于斜交桥或水流方向不定的桥墩基础。

矩形沉井符合大多数墩（台）的平面形状，制造方便，能更好地利用地基承载力，但四角处有较集中的应力存在，且四角处土不易被挖除，井脚不能均匀地接触承载土层。且流水中局部水头损失系数较大，冲刷较严重。在土压力和水压力作用下，将产生较大的弯矩，井壁受较大的挠曲应力，长宽比越大其挠曲应力亦越大，井壁厚度要大些。通常要在沉井内设隔墙支撑，以增加刚度，改善受力条件。

为了减小沉井下沉过程中方形和矩形沉井四角的应力集中和局部水头损失系数，常将四角的直角做成圆角，圆端形沉井井壁受力比矩形沉井好，适宜圆端形桥墩，能充分利用基础圬工。圆端形沉井制造时较圆形和矩形沉井复杂。

（2）单排孔沉井：这种沉井具有一个排井孔。根据工程的用途，沉井的平面形状有矩形、长圆形等。矩形、长圆形等沉井在土压力和水压力作用下，将产生较大的弯矩，井壁受较大的挠曲应力，长宽比越大其挠曲应力亦越大。通常要在沉井内设隔墙支撑（图 5-2）以增加沉井的刚度，改善受力条件，又便于挖土和下沉。单排孔沉井适用于长度大的工程。

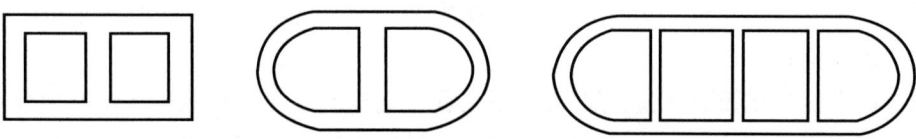

图 5-2　单排孔沉井按横截面形状分类示意图

（3）多排孔沉井：沉井由多道纵、横墙分隔成多排井孔，如图 5-3 所示。多排孔沉井是刚度很大的空间结构，适用于大型结构物的深基础。在施工过程中，可控制各个井孔挖土的进度，从而保证沉井均匀下沉，不致发生倾斜事故。

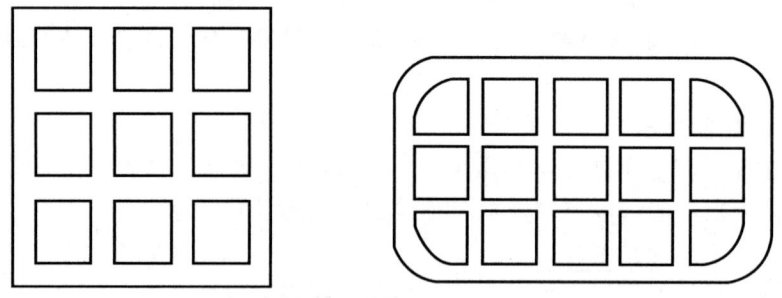

图 5-3　多排孔沉井按横截面形状分类示意图

4. 按沉井竖向剖面形状分

（1）柱形沉井：柱形沉井竖直剖面上下厚度均相同，为等截面柱的形状，如图 5-4（a）所示，大多数沉井属于这一种。柱形沉井井壁受力较均衡，下沉过程中不易发生倾斜，接长简单，模板可重复利用，但井壁侧阻力较大，若土体密实、下沉深度较大时，易下部悬空，造成井壁拉裂。一般多用于入土不深或土质较松软的情况。

（2）锥形沉井：为了减小沉井施工下沉过程中井筒外壁与土的摩擦阻力，或为了避免沉井由硬土层进入下部软土层时沉井上部被硬土层夹住，使沉井下部悬挂在软土中发生拉裂，可将沉井井筒制成上小下大的锥形，如图5-4（b）所示。锥形沉井井壁侧阻力较小，但施工较复杂，模板消耗多，沉井下沉过程中易发生倾斜，多用于土质较密实、沉井下沉深度大、自重较小的情况。通常锥形沉井外井壁坡度为1/20～1/40。

（3）阶梯形沉井：鉴于沉井所承受的土压力与水压力，均随深度而增大。为了合理利用材料，可将沉井的井壁随深度分为几段，做成阶梯形，下部井壁厚度大，上部厚度小。这种沉井外壁所受的摩擦阻力较小，如图5-4（c）所示。阶梯形井壁的台阶宽为100～200mm。

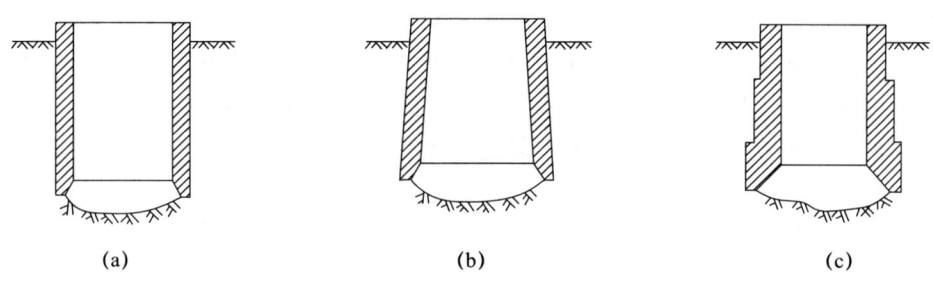

图5-4 沉井按沉井竖向剖面形状分类示意图
(a) 柱形沉井；(b) 锥形沉井；(c) 阶梯形沉井

5.2.2 一般沉井的构造

5.2.2 一般沉井的构造

沉井一般由井筒、刃脚、隔墙、取土井孔、预埋冲刷管、顶盖板、凹槽、封底混凝土等部分组成，如图5-5所示。

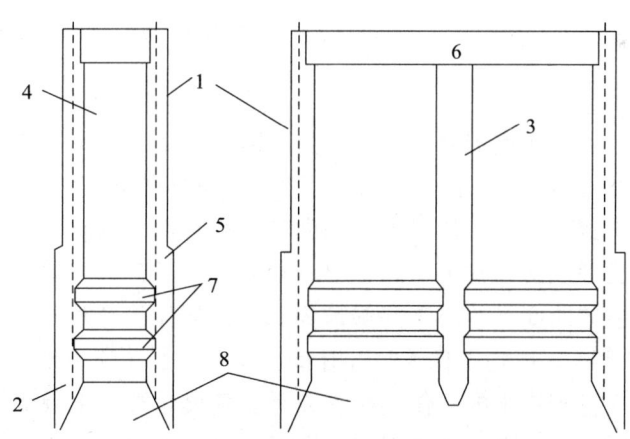

图5-5 沉井构造示意图
1—井筒；2—刃脚；3—隔墙；4—取土井孔；5—预埋冲刷管；6—顶盖板；7—凹槽；8—封底混凝土

（1）井筒：井筒为沉井的主体。其作用是利用本身自重，克服井筒外壁与土的摩擦阻力和刃脚踏面底部土的阻力，使沉井能徐徐下沉；在沉井下沉过程中，承受四周的土压力和水压力；沉井施工完毕后，作为传递上部荷载的基础或基础的一部分。因此，井筒必须具有足够的强度和一定的厚度，并根据施工过程中的受力情况配置竖向及水平向钢筋。一般混凝土强度等级≥C15，壁厚为0.80～1.50m，最薄不宜＜0.4m。

为满足挖土工人或挖土机械在井内工作，以及潜水员排除障碍的需要，井筒内径不宜小于0.9m。为减小沉井下沉时的摩阻力，沉井壁外侧也可做成1‰～2‰向内斜坡。为了方便沉井接高，多数沉井都做成阶梯形，台阶设在每节沉井的接缝处，错台的宽度约为5～20cm。

（2）刃脚：刃脚位于沉井的最下端，形如刀刃，在沉井下沉过程中起切土下沉的作用。刃脚并非真正的尖刃，其最底部为一水平面，称为踏面，刃脚踏面宽度一般采用10～20cm。刃脚内侧的倾斜面的水平倾角通常$\alpha \geq 45°$。刃脚的高度多为0.7～2.0m，视其井壁厚度、便于抽除垫木而定。混凝土强度等级宜大于C20。

沉井下沉深度较深，需要穿过坚硬土到岩层时，可用型钢制成的钢刃尖刃脚，如图5-6（a）所示；沉井通过紧密土层时可采用钢筋加包以角钢的刃脚，如图5-6（b）所示；地质构造清楚，下沉过程中不会遇到障碍时可采用普通刃脚，如图5-6（c）所示。

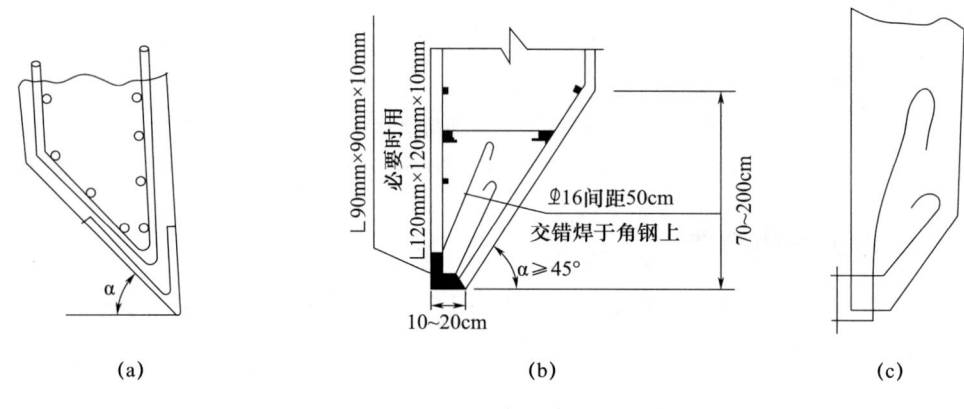

图5-6 刃脚型式图
(a) 钢刃尖刃脚；(b) 钢筋加包以角钢的刃脚；(c) 普通刃脚

（3）内隔墙和底梁：大型沉井内部设置内隔墙，可减小受弯时的净跨度，增加沉井的刚度，减小井壁挠曲应力。同时，内隔墙将沉井空腔分隔成多个井孔，各井孔分别挖土，便于控制挖土下沉，防止或纠正倾斜和偏移。有时在内隔墙下部设底梁，或单独做底梁。内隔墙与底梁的底面高程，应高于刃脚踏面0.5m以上，避免被土搁住而妨碍沉井刃脚切土下沉。隔墙厚度一般小于井壁，为0.5m左右。当人工挖土时，在隔墙下应设置0.8～1.2m过人孔，以便工作人员井孔间往来。

（4）取土井孔：挖土排土的工作场所和通道。其尺寸视取土方法而定，最小边长宜≥3m。井孔应对称布置，以便对称挖土，保证沉井下沉均匀。

（5）预埋冲刷管：当沉井下沉深度较大，其自重小于土的摩擦阻力，或所穿过的土层较坚硬，土阻力较大，下沉困难时，可在井壁中预埋冲刷管组。冲刷管口径为10～12mm，每管的排水量不小于$0.2m^3/min$。冲刷管同空气幕一样是用来助沉的，多设在井壁内或外侧处，均匀布置，以便控制水压（冲刷管射水压力视土质而定，一般≥600kPa）和水量，调整下沉方向。若使用泥浆润滑套施工，应有预埋的压射泥浆管路。

（6）顶盖板：沉井封底后，若条件允许，为节省圬工量，减轻基础自重，可做成空心沉井基础，或仅填以砂石。此时井顶须设置钢筋混凝土顶板，以承托上部结构的全部荷载。顶盖板厚度约为1.5～2.0m，钢筋配置由计算确定。

（7）凹槽：为使井筒与封底的现浇混凝土底板连接牢固，在刃脚上方井筒的内壁预先设置一圈凹槽。凹槽高约1.0m，深度一般为150～300mm。

（8）封底混凝土：沉井下沉至设计标高进行清基后，应在刃脚踏面以上至凹槽处浇筑混凝土形成封底，以承受地基土和水的反力，防止地下水涌入井内。封底混凝土顶面应高出凹槽0.5m，封底混凝土是传递墩（台）全部荷载于地基的承重结构，其厚度可由应力验算决定，根据经验也可取不小于井孔最小边长的1.5倍。一般混凝土强度等级≥C15，井孔内的填充混凝土强度等级≥C10。

5.2.3 沉井的设计与计算

沉井的设计计算包括沉井作为整体深基础的计算和施工过程中的结构计算两部分。本节仅就沉井作为深基础的计算进行研究。

1. 沉井的高度

沉井底面标高，可根据沉井的用途、上部或下部结构尺寸要求、基础设计荷载大小，结合水文地质资料（如设计水位、施工水位、冲刷线或地下水位标高、地基土层分布、土的物理力学性质、地基承载力）及施工方法来确定。沉井顶面，一般要求埋入地面以下0.2m，或在地下水位以上0.5m。沉井的顶面与底面高差为沉井的高度。

2. 沉井的平面形状、顶面尺寸和井壁厚度

（1）沉井的平面形状与顶面尺寸。沉井的平面形状应根据上部结构物的平面形状和荷载大小来确定。如沉井作为烟囱的基础，应采用圆形；沉井作为桥墩基础，则为椭圆形。当上部建筑物的平面面积不大时，用一个单孔沉井；否则应用多排孔大型沉井，或用多个沉井组合。沉井顶面尺寸每边至少应大于上部结构20cm，以适应沉井下沉过程中可能发生的少量偏差。

（2）沉井的井壁厚度。通常沉井井壁的厚度，由强度和沉井自重下沉要求计算确定。一般大中型沉井井壁厚度为0.5～1.0m，内隔墙的厚度为0.5m左右。小型沉井井壁厚度为0.3～0.4m。

3. 沉井的地基承载力验算

沉井作为地下结构物时，荷载较小，而基底支承于坚实土层或岩层上，故地基的强度和变形通常不会存在问题。但沉井作为建筑物的深基础时，荷载较大，必须验算地基承载力，一般要求地基强度满足以下条件：

$$F+G \leqslant R_\mathrm{j}+R_\mathrm{f} \tag{5-1}$$

式中：F——作用于沉井顶面的竖向荷载，kN；

G——沉井的自重，kN；

R_j——沉井底面地基承载力总和，kN；

R_f——沉井侧面的滑动摩阻力总和，kN。

沉井底面地基承载力总和 R_j 等于该处土的承载力设计值 f 与沉井底部面积 A 的乘积，即

$$R_j = fA \tag{5-2}$$

考虑沉井四周地表土被松动，则此部分土的摩擦力不计。简化计算：可假定5m范围的摩擦力可按三角形分布，5m以下为矩形分布，如图5-7所示。故沉井侧面的滑动摩阻力总和为：

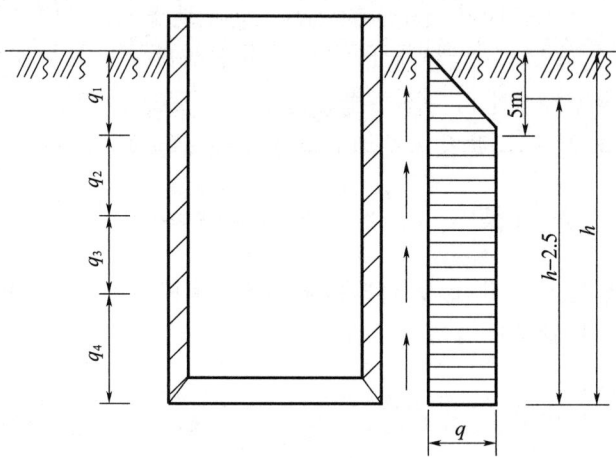

图 5-7 井侧摩擦阻力分布假定

$$R_f = u_p \sum \bar{q}_{si} h_i \tag{5-3}$$

式中：u_p——沉井的周长，m；

h_i——沉井高度范围内各土层的厚度，m；

$\bar{q}_{si}$——第 i 层土对井壁的平均摩擦阻力，kPa。

q_{si} 为第 i 层土对井壁的摩擦阻力，按实际资料或表5-1选用。

表 5-1 土对井壁的摩擦阻力 q_s 经验值

土的名称	土对井壁的摩擦阻力 q_s/kPa
砂卵石	18～30
砂砾石	15～20
砂土	12～25
流塑黏性土、粉土	10～12
软塑、可塑黏性土、粉土	12～25
硬塑黏性土、粉土	25～50
泥浆润滑套	3～5

注：1. 本表适用于深度不超过30m的沉井。
2. 泥浆润滑套为灌注在井壁外侧的膨润土泥浆，是一种助沉材料。

4. 沉井的基底应力和横向抗力验算

沉井基础的计算，埋置深度不同，计算方法也不同。当沉井埋置深度在最大冲刷线以下较浅仅数米时，可以不考虑基础侧面土的横向抗力影响，而按浅基础设计计算。当沉井基础埋置深度较大时，由于埋置在土体内较深，不可忽略沉井周围土体对沉井的约

束作用,因此在验算地基应力、变形及沉井的稳定性时,需要考虑基础侧面土体弹性抗力的影响。后一种计算方法的基本假定条件是:①地基土作为弹性变形介质,水平向地基系数随深度成正比例增加;②不考虑基础与土之间的黏结力和摩擦力;③沉井基础的刚度与土的刚度之比可认为是无限大。由以上假定条件可得,沉井基础在横向外力作用下只能发生转动而无挠曲变化,因此,可按刚性桩柱(刚性杆件)计算内力和土抗力。以下仅用后一种计算方法讨论非岩石地基上沉井基础的计算。

如图 5-8 所示,在非岩石地基上高为 l 的沉井基础受到水平力 H 及偏心距为 e 的竖向力 V($=\sum F+G$)作用。可把这两个力转化为距基底 λ 的水平力 H 及轴心竖向压力。

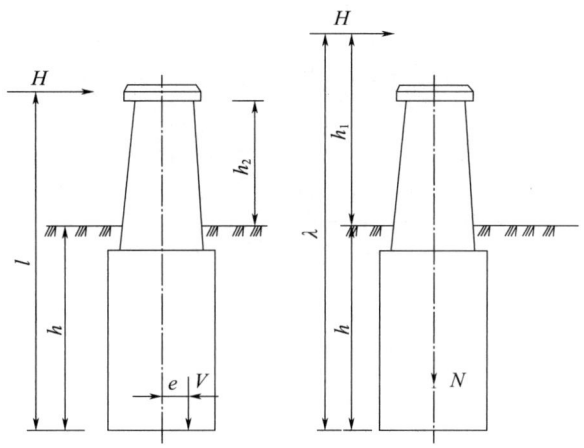

图 5-8 荷载作用与简化情况图

则

$$\lambda=\frac{Ve+Hl}{H}=\frac{\sum M}{H} \tag{5-4}$$

理论计算表明沉井围绕地面下深度 z_0 处的点 A 转动一 ω 角,地面下深度为 z 处沉井受到土的横向抗力 σ_{xz} 为

$$\sigma_{xz}=\frac{6H}{Ah}z\,(z_0-z) \tag{5-5}$$

式中,$A=\dfrac{\beta b_1 h^3+18W_0 d}{2\beta\,(3\lambda-h)}$,$\beta=\dfrac{C_h}{C_0}=\dfrac{mh}{C_0}$,$\beta$ 为深度 h 处沉井侧面的水平向地基系数与沉井底面的竖向地基系数比值,b_1 为基底计算宽度,d 为沉井基底偏心方向几何宽度,W_0 为基底抗弯截面模量。

$$z_0=\frac{\beta b_1 h^2\,(4\lambda-h)+6dW_0}{2\beta b_1 h\,(3\lambda-h)} \tag{5-6}$$

基底边缘处压应力:

$$\sigma_{\min}^{\max}=\frac{V}{A_0}\pm\frac{3Hd}{A\beta} \tag{5-7}$$

式中:A_0——基底面积。

基底最大压应力应小于或等于沉井底面处地基土的承载力设计值 f,如图 5-9 所示,即:

$$\sigma_{\min}^{\max} = \frac{V}{A_0} \pm \frac{3Hd}{A\beta} \leqslant f \tag{5-8}$$

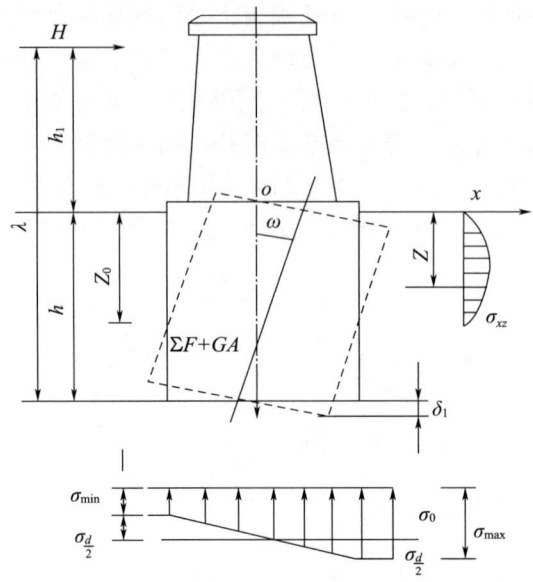

图 5-9 荷载作用下应力分布

当要求井侧水平压应力 σ_{xz} 应小于沉井周围土的极限抗力值。计算时可认为沉井在外力作用下产生位移时，深度 z 处沉井一侧产生主动土压力 E_a，而另一侧受到被动土压力 E_p 作用，故井侧水平压应力应满足：

$$\sigma_{xz} \leqslant E_p - E_a \tag{5-9}$$

式中　$\sigma_{xz} = (h-z) z \dfrac{H}{Dh}$。

由朗肯土压力理论可导得：

$$\sigma_{xz} \leqslant \frac{4}{\cos\varphi} (\gamma z \tan\varphi + c) \tag{5-10}$$

式中：γ——土的重度；

φ、c——分别为土的内摩擦角和黏聚力。

考虑到桥梁结构性质和荷载情况，且经验表明最大的横向抗力大致在 $z=h/3$ 和 $z=h$ 处，以此代入式（5-10）可得：

$$\sigma_{x\frac{h}{3}} \leqslant \eta_1 \eta_2 \frac{4}{\cos\varphi} \left(\frac{\gamma h}{3} \tan\varphi + c\right) \tag{5-11}$$

$$\sigma_{xz} \leqslant \eta_1 \eta_2 \frac{4}{\cos\varphi} (h\tan\varphi + c) \tag{5-12}$$

式中：$\sigma_{x\frac{h}{3}}$、σ_{xz}——相应于 $z=h/3$ 和 $z=h$ 深度处土的水平压应力；

η_1——取决于上部结构形式的系数，一般取 1，对于超静定推力拱桥可取 0.7；

η_2——考虑恒载产生的弯矩 M_g 对总弯矩 M 的影响系数，$\eta_2 = 1 - 0.8 \dfrac{M_g}{M}$。

此外，根据需要还须验算结构顶部的水平位移及施工容许偏差的影响。

5. 沉井自重验算

（1）沉井的下沉系数。为保证沉井施工时能顺利下沉，必须设计沉井的自重大于沉井外壁的摩擦阻力，即下沉系数应满足下式要求：

$$k_1 = \frac{G+G'}{R_f} \geq 1.1 \sim 1.25 \tag{5-13}$$

式中：k_1——沉井的下沉系数；
　　　G——沉井在各种施工阶段的总自重，kN；
　　　G'——沉井在各种施工阶段施加的压力，kN；
　　　R_f——沉井在各种施工阶段井壁的总摩阻力，kN。

（2）沉井抗浮稳定。当沉井封底后，达到混凝土设计强度。井内抽干积水时，沉井内部尚未安装设备或浇筑混凝土前，此沉井类似于置于地下水中的一只空筒，应有足够的自重，避免在地下水的浮托力作用下沉井上浮。即沉井的抗浮稳定系数应满足下式要求：

$$k_2 = \frac{G+R_f}{F} \geq 1.05 \tag{5-14}$$

式中：k_2——沉井的抗浮稳定系数；
　　　G——沉井在各种施工阶段的总自重，kN；
　　　R_f——沉井在各种施工阶段井壁的总摩阻力，kN；
　　　F——沉井在各种施工阶段所受的浮力，kN。

【例题 5-1】 水下有一直径为 8m 的圆形沉井基础，沉井自重为 7842kN（已扣除浮力），基础顶面作用竖直荷载为 22800kN，水平力为 750kN，弯矩为 9600kN·m（均为考虑附加组合荷载）。$\eta_1 = \eta_2 = 1.0$。沉井埋深 12m，土质为中等密实的砂砾层修正后的 $[\sigma] = 1200$kPa，容重为 21kN/m³，内摩擦角 $\varphi = 35°$，内聚力 $c=0$。试验算该沉井基础的基底应力及横向土抗力。

【解】

（1）基底应力验算

$V = \sum F + G = 7842 + 22800 = 30642$ （kN）

$A_0 = \frac{\pi d^2}{4} = 50.3$ （m²），$b_1 = 0.9\left(1+\frac{1}{d}\right)d = 8.1$ （m）

$\lambda = \frac{\sum M}{H} = \frac{9600+750 \times 12}{750} = 24.8$

$\beta = \frac{C_h}{C_0} = 1$，$W_0 = \frac{\pi d^3}{32} = 50.3$ （m³）

$A = \frac{\beta b_1 h^3 + 18 W_0 d}{2\beta(3\lambda-h)} = \frac{8.1 \times 1 \times 12^3 + 18 \times 8 \times 50.3}{2 \times 1(3 \times 24.8-12)} = 170.2$ （m²）

$\sigma_{\min}^{\max} = \frac{V}{A_0} \pm \frac{3Hd}{A\beta} = \frac{36042}{50.3} \pm \frac{3 \times 750 \times 8}{170.2 \times 1} = 609.2 \pm 105.8$ （kPa）

$\sigma_{\max} = 715 < [\sigma] = 1200$ （kPa）

满足要求。

（2）横向抗力验算

$$z_0 = \frac{\beta b_1 h^2 (4\lambda - h) + 6dW_0}{2\beta b_1 h (3\lambda - h)}$$

$$= \frac{1 \times 8.1 \times 12^2 (4 \times 24.8 - 12) + 6 \times 8 \times 50.3}{2 \times 1 \times 8.1 \times 12 (3 \times 24.8 - 12)} = 8.58 \text{ (m)}$$

地面下 z 深度处井壁承受的横向抗力

$$\sigma_{xz} = \frac{6H}{Ah} z (z_0 - z)$$

当 $z = 1/3h$ 时,

$$\sigma_{x\frac{h}{3}} = \frac{6H}{Ah} \frac{h}{3} \left(z_0 - \frac{h}{3}\right) = \frac{6 \times 750}{170.2 \times 12} \times \frac{12}{3} \left(8.58 - \frac{12}{3}\right) = 40.4 \text{ (kPa)}$$

当 $z = h$ 时,

$$\sigma_{xh} = \frac{6H}{Ah} h (z_0 - h) = \frac{6 \times 750}{170.2 \times 12} \times 12 (8.58 - 12) = -90.4 \text{ (kPa)}$$

当 $z = 1/3h$ 时

$$[\sigma_{xz}] = \eta_1 \eta_2 \frac{4}{\cos\varphi} \left(\frac{\gamma h}{3} \tan\varphi + c\right) = 1 \times 1 \times \frac{4}{\cos 35°} \left(\frac{11 \times 12}{3} \tan 35° + 0\right) = 150.4 \text{ (kPa)}$$

所以 $[\sigma_{xz}] > 40.4$

当 $z = h$ 时,

$$[\sigma_{xz}] = \eta_1 \eta_2 \frac{4}{\cos\varphi} (\gamma h \tan\varphi + c) = 1 \times 1 \times \frac{4}{\cos 35°} (11 \times 12 \times \tan 35° + 0) = 451.3 \text{ (kPa)}$$

所以 $[\sigma_{xz}] > 90.4$

所以该沉井横向抗力满足验算。

5.3 沉井施工

5.3 沉井施工

沉井施工过程：如图 5-10 所示，先在地面制作一个井筒形结构，在其强度达到设计要求后，抽除刃脚垫木，对称、均匀地利用人工或机械方法清除井内土石，通过取土井孔运出井外弃之。随着井内土面逐渐下降，沉井在自重或添加压重等的作用下，克服刃脚土的支承力和外井壁与土的摩阻力而下沉。当第一节沉井沉到适当位置后，在其上接高第二节沉井，然后再继续下沉。就这样接高、下沉、再接高、再下沉，直至达到设计高程，清理基底后进行封底、填充井孔和浇筑顶盖板沉井的井筒，在施工期间作为支撑四周土体的护壁，竣工后即为永久性的深基础。

沉井最适用于不太透水的土层，易于控制下沉方向。沉井在下沉过程中，如果所穿过的土层允许排水开挖下沉，则沉井的埋置深度很容易达到，其垂直度亦好控制。如果遇到粉砂、细砂类土时，在井内抽水开挖会出现流砂现象，往往会造成沉井歪斜。如果沉井下沉过程中遇到大孤石、倒木、溶洞及井底岩层表面倾斜过大时，将给施工带来一定的困难，需做特殊处理。

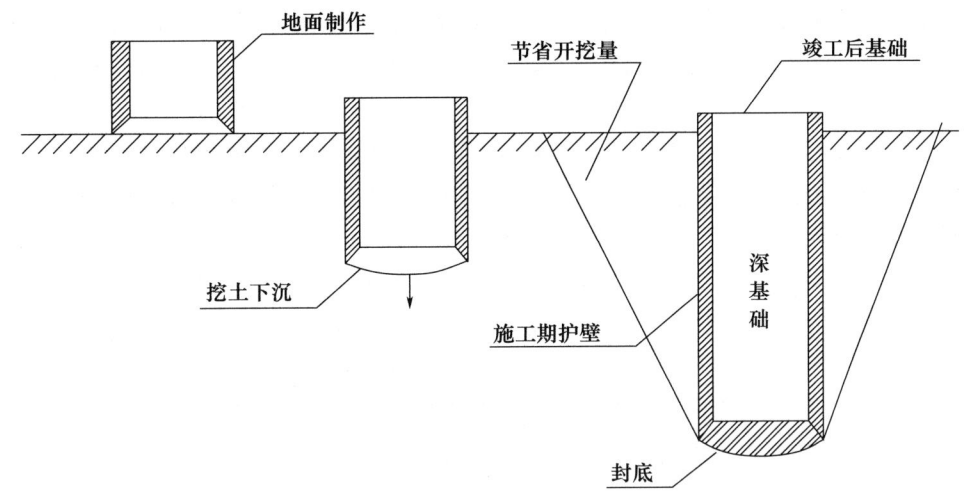

图 5-10 沉井施工过程

5.3.1 施工前准备工作

1. 探明地质、布置探孔

沉井施工前要对沉井所要通过的地质层进行详细钻探，查明其地质构造、土质层次、深度、特性和水文情况，以便制定切实可行的沉井下沉方案和对附近构造物采取有效防护措施。

要在探明了地质情况的前提下，布置探孔的位置、数量和确定孔深。每个沉井位置至少应钻 2 个探孔。一般孔位在基底范围外 2~3m 处。对于大跨径和重要的桥梁基础，每个井位最少要钻 4 个探孔，探孔深度要超过沉井预定下沉的刃脚深度。

2. 核对、补充调查气象水文资料

水文气象资料对桥梁基础工程施工特别重要，施工前要对下列资料进行认真核对补充。

（1）气象水文情况，如风向风力、雨量、水（潮）位涨落变化、洪水季节、洪峰历时、流量流速、漂浮物情况等。

（2）桥位上游的地形地貌、河道变化、植被状况、人工调节设施（如水库、堤防等）。

（3）河道情况，如航道级别、疏通状况、码头位置、漂流物漂流或木（竹）筏流放情况等。

5.3.2 旱地沉井的施工

1. 清理和平整场地

就地浇筑沉井要在施工前清除井位及附近场地的孤石、倒木、树根、淤泥及其他杂物（如北方要捞净围堰内的冰块），仔细平整施工场地，平整范围要大于沉井外侧 1~3m。对软硬不均的地表，尚应换土或在基坑处铺填≥0.5m 厚夯实的砂或砂砾垫层，以防沉井在混凝土浇筑之初因地面沉降不均产生裂缝。为减小下沉深度，也可挖一浅坑，在坑底制作沉井，但坑底应高出地下水位 0.5~1.0m。在极软塑土及流态淤泥、强液化土并有较大的倾斜坡的河床覆盖层上修造沉井时，为避免沉井失稳，其河床要做好处理，必要时还可采用加宽刃脚的轻型沉井。

2. 放线定位

应仔细测量好沉井的平面位置，准确地画出刃脚边线，严格控制沉井的中心位置，并经验收合格方可正式施工。

3. 沉井的原位制作

通常沉井的原位制作，可采用三种不同的方法。

（1）承垫木方法。承垫木方法为传统方法。在经过平整、放线定位的场地上铺一层厚0.5m左右的砂垫层。在砂垫层上，于沉井刃脚部位，对称、成对地铺设适当的承垫木，圆形沉井承垫木平面布置如图5-11所示，垫木一般为枕木或方木（200mm×200mm），其数量可按垫木底面压力≤100kPa确定。然后按照设计的尺寸在刃脚位置处设置刃脚角钢，竖立内模，绑扎钢筋，再立外模，浇筑第一节沉井，如图5-12（a）所示。沉井外侧模板要平滑，具有一定的刚度，与混凝土接触面必须刨光。

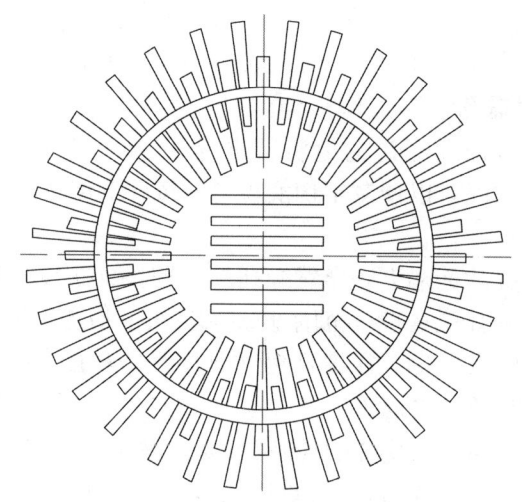

图5-11 承垫木平面布置图

（2）无垫木方法。在均匀土层上，可采用无垫木方法。在沉井刃脚的下方位置浇筑与沉井井壁等厚的混凝土圆环，代替承垫木和砂垫层。其目的在于保证沉井制作过程与沉井下沉开始时，处于竖直方向，如图5-12（b）所示。

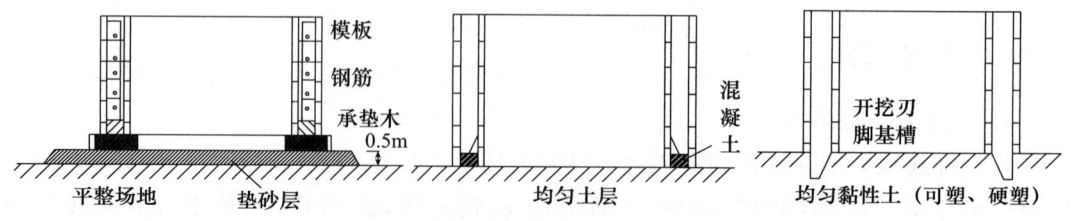

图5-12 沉井的原位制作方法
(a) 承垫木方法；(b) 无垫木方法；(c) 土模法

(3) 土模法。当场地土质较好，如地基为均匀的黏性土，呈可塑或硬塑状态，则可采用土模法制作沉井。在定位放线的刃脚部位，按照设计的尺寸，仔细开挖黏性土基槽。利用地基黏性土作为天然模板，以代替砂垫层、承垫木及人工制作的刃脚木模。因此，这种方法可节省时间和费用，如图5-12（c）所示。

4. 沉井下沉

（1）材料强度要求。当沉井采取分节制作时，第一节沉井混凝土达到设计强度70%后，方可浇筑其上一节沉井的混凝土。当混凝土强度达2.5MPa以上时，方可拆除直立的侧面模板，且应先内后外；当混凝土达到设计强度70%（或设计要求）后，方可拆除隔墙底面、刃脚斜面的支撑与模板。当混凝土达到设计强度100%后，方可抽撤承垫木。当底节沉井的混凝土或砌筑的砂浆达到设计强度的100%以后，且其余各节混凝土或砂浆达到设计强度的70%后，方可下沉。

（2）拆模和抽垫要求。拆模顺序是：井孔模板→外侧模板→隔墙支撑及模板→刃脚斜面支撑及模板。

为严格防止由于抽承垫木不当，造成沉井倾斜，沉井刃脚下的承垫木必须由两侧对称地、同步地抽出，不可由一侧顺次抽出。抽拔顺序为：先内壁下，再短边，最后长边。长边下垫木隔一根抽一根，以固定垫木为中心，由远而近对称地抽，最后抽除固定垫木，且在每次抽出承垫木以后，应立即用粗、中砂回填捣实，以免沉井开裂、移动或偏斜。

（3）沉井下沉方法。沉井下沉主要是通过从井孔中用机械或人工方法均匀除土，削弱基底土对刃脚的正面阻力和沉井壁与土之间的摩擦阻力，使沉井依靠自重力克服上述阻力而下沉。

通常沉井在天然地面下沉。如在水面下沉，还需预先填筑砂岛或搭支架下沉。沉井在地面下沉的方法可分为以下两种。

① 排水开挖下沉法。在稳定的土层中，如渗水量不大，或者虽然土层透水性较强，渗水量较大，但排水不致产生流砂现象时，可采用排水开挖下沉法。

对于场地无地下水，或地下水水量不大的小型沉井，可用人工挖土法。2人一组，1人在井下挖土，1人在井上摇辘轳提升弃土。挖土应分层、均匀、对称地进行，使沉井均匀竖直下沉，避免发生倾斜。

大、中型沉井，一般采用机械挖土法。如地层土质稳定、不会产生流砂的土质地基，可先用高压水枪，把沉井底部的泥土冲散（水枪的水压力通常为2.5~3.0MPa）并稀释成泥浆，然后用水力吸泥机吸出井外。

② 不排水开挖下沉法。沉井下沉通常多采用不排水除土方式，在抓土、吸泥过程中，需配备潜水工和射水松土机具。下沉除土方法的选用见表5-2。

表 5-2 下沉除土方法选用

土质	下沉除土方法	说明
砂土	抓土、吸泥	若抓土宜用两瓣式抓斗
卵石	抓土、吸泥	宜用直径大于卵石粒径的吸泥机，若抓土宜用四瓣式抓斗
黏性土	抓土、吸泥	需辅以高压射水破坏土层
风化岩	射水、放炮	碎块用抓斗或吸泥机

抓土下沉是常见的一种不排水开挖下沉法。密实土使用带掘齿的抓斗；不带掘齿的两瓣式抓斗用来抓松散的砂质土；挖掘卵石宜用四瓣式抓斗。抓斗还可在沉井中实现偏抓作业，如图 5-13 所示。

沉井通过粉砂、细砂等松软土层时，应保持沉井内的水位始终高于井外水位 1~2m，防止流砂向井内涌进而引起沉井歪斜并增加除土量。当地层土质不稳定、地下水涌水量较大时，采用机械抓斗，水下出土，可避免用排水开挖法而导致的流砂现象。

吸泥下沉也是一种常见的不排水开挖下沉法。吸泥机除土适用于砂、砂夹卵石、黏砂土等类土层。在黏土、胶结层及风化岩层中，当用高压射水冲碎土层后，亦可用吸泥机吸出碎块。

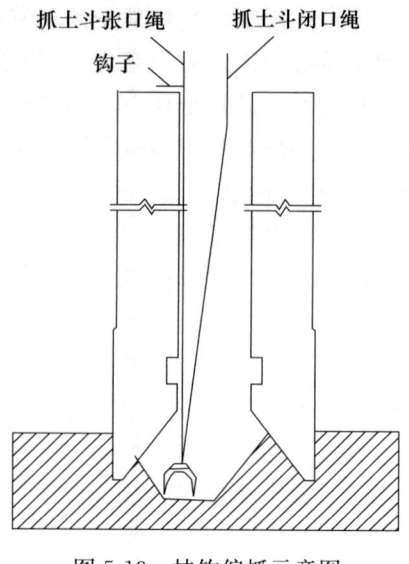

图 5-13 挂钩偏抓示意图

吸泥机有水力吸泥机、水力吸石筒及空气吸泥机。水力吸泥机不受水深的限制，施工费用可能较省。空气吸泥机则受水深条件的限制，在浅水中效率很低，故一般应配备向井内补水的设施，如图 5-14 所示。

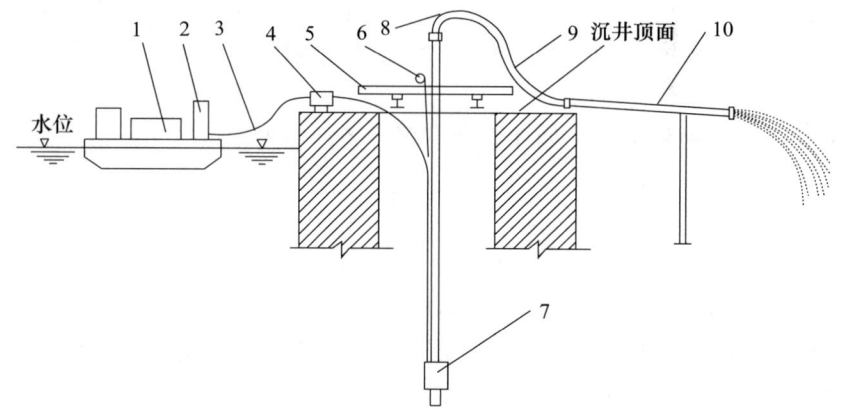

图 5-14 空气吸泥机施工布置示意图
1—空气压缩机；2—6m³ 风包；3—风管；4—风包；5—吸泥机支承设备；6—吸泥机升降设备；
7—吸泥机；8—弯头异形接头；9—排泥胶管；10—排泥钢管

（4）接筑沉井。当第一节沉井下沉至一定深度（井顶露出地面 0.5m 以上或露出水面 1.5m 以上）时，刃脚不得掏空，停止挖土，凿毛顶面，立模，接筑下一节沉井，对称均匀地浇筑混凝土，并尽量纠正上节沉井的倾斜，待新浇筑沉井强度达设计要求后再拆模继续下沉。

（5）设置井顶防水围堰。鉴于通航、节省圬工量及美观的需要，沉井顶面往往置于最低水位或地面以下一定深度。为此，当最后一节沉井下沉到顶面在水面（地面）上 0.5m 时，就要在井顶接筑临时性防水（挡土）围堰，以便继续下沉到设计标高。常用的井顶围堰有土围堰（图 5-15）、圬工（砖砌、混凝土）围堰（图 5-16）和钢板桩围堰

（图 5-17）。在岸滩修建沉井，井顶在地面以下 3m 以内，地层较密实，地下水量又不大时，可在井顶用装土的草（麻）袋砌成土围堰，随沉井下沉而接高。

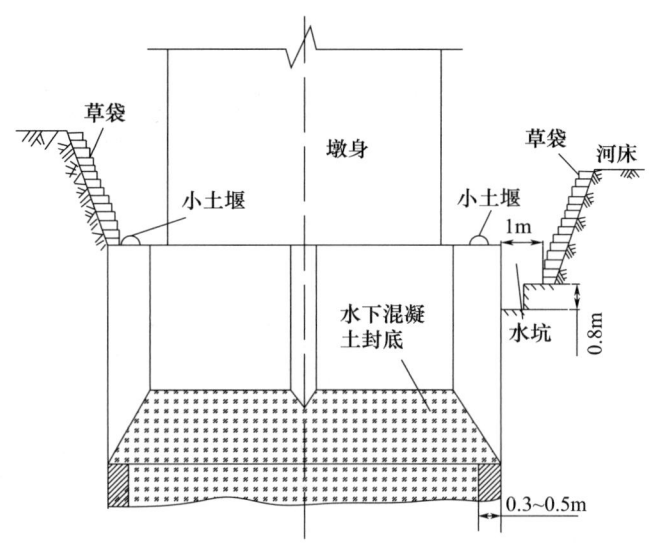

图 5-15　井顶周围开挖及土围堰示意图

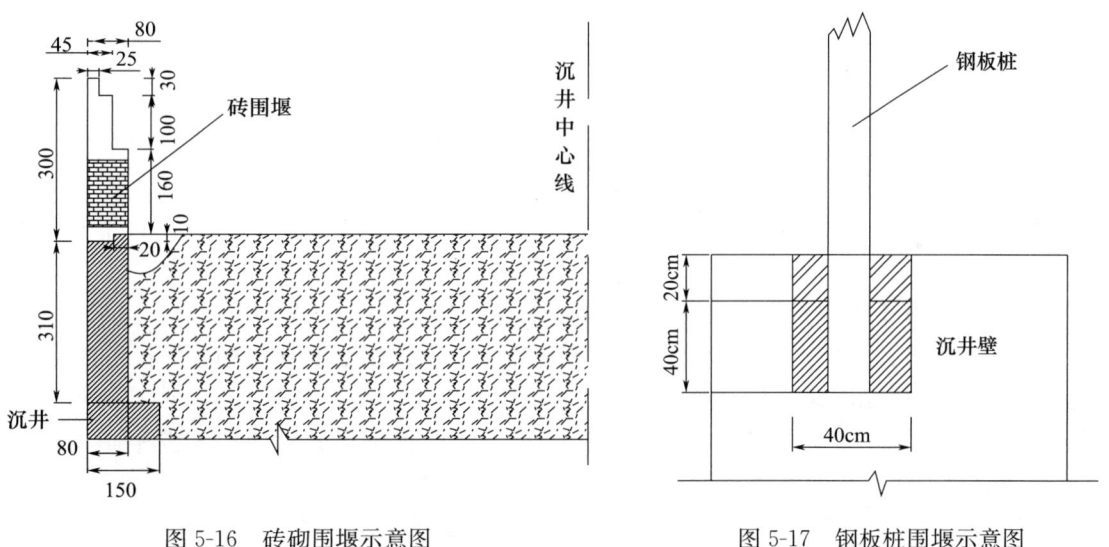

图 5-16　砖砌围堰示意图　　　　　图 5-17　钢板桩围堰示意图

圬工（砖砌、混凝土）围堰多系在浅水或岸滩处采用，其高度在 3～5m。若水深流急，围堰高在 5m 以上时，宜采用钢板桩围堰。

（6）测量监控。沉井下沉施工测量工作包括：下沉量、刃脚标高、倾斜、沉井顶面中心位移和沉井底面中心位移等。为了保证沉井均匀下沉，施工测量监控十分重要。尤其对于平面尺寸大或深度大的沉井更为关键。通常，大中型沉井要求每班至少测量 2 次。若发现沉井倾斜，应立刻通报，并迅速采取相应措施，及时进行纠倾。

（7）基底检验和处理。沉井下沉设计标高后，应对基底土质进行检验。若采用不排水开挖下沉法，应进行水下检验，必要时可用钻机取样检验。若基底土质达不到设计要求，还应对基底做必要的处理：砂性土或黏性土地基，一般可在井底铺砾石或碎石至刃脚底面以上 200mm；岩石地基，应凿除风化岩层，若岩层倾斜，还应凿成阶梯形。确保井底浮土、软土清除干净，使封底混凝土、沉井与地基紧密结合。

(8) 沉井封底。当沉井下沉至设计标高时，若 8h 内沉井的下沉量不大于 10mm，且基底检验合格，应及时进行封底。若采用排水下沉，渗水量上升速度≤6mm/min，可采用干封法封底；否则抽水时易产生流砂，宜用水下封底法封底。

① 干封法。清除井底虚土，在底部挖一个 0.5～1.0m 深的坑，作为集水井；用水泵在集水井中抽水，使地下水面下降至沉井底面以下；将集水井以外的全部底板一次浇筑掺入早强剂的混凝土，使底板混凝土尽快达到设计强度；最后提起水泵吸头，快速将加有速凝剂的混凝土填满集水井，仅 3～5min 混凝土即凝固不漏水。

② 水下封底法。清除井底虚土，如为软土，则铺厚 200～300mm 的碎石垫层；安装直径为 200～300mm 水下浇筑混凝土的钢导管，要求导管插入混凝土的深度不小于 1m，在沉井全部底面积上先外后内、先低后高依次连续浇筑混凝土、一次完成；待水下混凝土达到设计强度后，方可从井内抽水。

(9) 井孔填充和顶板浇筑。封底混凝土达设计强度后，排尽井孔中水。根据受力或稳定要求确定是否填充井孔。井孔填充可减小混凝土合力偏心距，井孔不填充可减小基底压力，节省材料和用工量。

若要求填充井孔，则刷洗清除混凝土表面的淤泥、浮浆等杂质，按设计要求分层夯实填充。若不要求填充井孔，但在严寒地区，低于冻结线 0.25m 以上部分，仍须用圬工填实。

对于井孔填充圬工的沉井，不需要设置顶盖板，可直接在填充的混凝土或砂石顶部浇筑 1～2m 厚、不低于 C15 的混凝土层，然后在其顶面浇筑墩（台）身；对于井孔不填充的沉井则需浇筑钢筋混凝土顶盖板，以支承上部结构，且应保持无水施工。

(10) 沉井下沉中特殊情况的处理。

① 沉井突沉。在软土地基上进行沉井施工时，常发生沉井突然大幅度下沉的现象。引起突沉的主要原因是沉井井筒外壁土的摩擦阻力较小，在井内排水过多或刃脚附近挖土太深甚至挖除，沉井支承削弱而导致剧烈下沉。这种突沉容易使沉井发生倾斜或超沉，可采用以下措施进行防止：在设计沉井时增大刃脚踏面宽度，并使刃脚斜面的水平倾角不大于 60°，必要时通过增设底梁的措施提高刃脚阻力。在软土地基上进行沉井施工时，控制井内排水、均匀挖土，控制刃脚附近挖土深度，刃脚下土不挖除，让刃脚切土下滑。

② 沉井倾斜。在沉井下沉过程中，特别是沉井下沉不深时，常发生沉井倾斜现象。沉井倾斜的主要原因及预防措施见表 5-3。

③ 难沉。有时在沉井井内挖土后下沉过慢或停沉，甚至将刃脚底掏空也如此。其主要原因有：a. 井壁侧阻大于沉井自重；b. 井壁无减阻措施或泥浆套、空气幕等遭到破坏；c. 开挖面深度不够，正面阻力大；d. 倾斜，或刃脚下遇障碍物或坚硬岩层和土层。

表 5-3 沉井倾斜的主要原因及预防措施

序号	沉井倾斜的主要原因	预防措施
1	没有对称地抽出垫木或未及时回填夯实	认真制订和执行抽垫细则,注意及时回填砂土夯实
2	土层或岩面倾斜较大,沉井沿倾斜面滑动	在倾斜面低的一侧填土挡御,刃脚到达倾斜岩面后,应尽快使刃脚嵌入岩层一定深度,或对岩层钻孔以桩(柱)锚固
3	在软塑至流动状态的淤泥土中,沉井易于偏斜	可采用轻型沉井,踏面宽度宜适当加宽,以免沉井下沉过快而失去控制
4	排水开挖时井内大量翻砂	刃脚处应适当留有土台,不宜挖通,以免在刃脚形成翻砂涌水通道,引起沉井偏斜
5	沉井刃脚下土层软硬不均	随时掌握地层情况,多挖土层较硬地段,对土质较软地段少挖,多留台阶,或适当回填和支垫
6	刃脚一角或一侧被障碍物搁住没有及时发觉	当刃脚遇障碍物(如遇树根、大孤石或钢料铁件)时,须先清除再下沉。对未被障碍物搁住的地段,应适当回填或支垫
7	除土不均匀、对称,使井内土面高低相差过大,刃脚下掏空过多,下沉时有突沉和停沉现象	除土时严格控制井内土面高差和刃脚下除土量,增大刃脚踏面宽度,并使刃脚斜面的水平倾角不大于 60°,必要时增设底梁
8	刃脚制作质量差,井壁与刃脚中线不重合	提高刃脚制作质量。若中心偏移则先除土,使井底中心向设计中心倾斜,然后在对侧除土,使沉井恢复竖直,如此反复至沉井逐步移近设计中心
9	井外弃土或河床高低相差过大,偏土压对沉井造成的水平推移	井外弃土应远弃或弃于水流冲刷较大的一侧,高侧集中除土、加重物,对河床较低的一侧可抛土(石)回填
10	筑岛表面松软,被水流冲坏或沉井一侧的土被水流冲击掏空等导致沉井受力不对称	事先加强对筑岛的防护,对受水流冲刷的一侧可抛卵石或片石防护

解决难沉的措施主要是增加压重、减少井壁侧阻、增大开挖面深度和清除刃脚下遇到的障碍物。其中,增加压重的方法有:提前接筑下节沉井,增加沉井自重;在井顶加压沙袋、钢轨等重物;若为不排水下沉时,在保证土体不产生流砂现象的前提下,从井内抽水,减少浮力,增大自重。减小井壁侧阻的方法有:将沉井设计成阶梯形或使外壁光滑;井壁内埋设高压射水管组,射水辅助下沉;利用泥浆套或空气幕辅助下沉。

④ 流砂。用排水下沉法在粉、细砂层中下沉沉井,常因土中动水压力的水头梯度大于临界值而出现流砂现象,流砂现象可能造成沉井严重倾斜。沉井施工中常采用以下措施防止流砂:a. 向井内灌水,采取不排水除土,减小水头梯度;b. 在沉井四周采用井点降水,降低地下水位,减小水头梯度。

思考题与习题

5-1 沉井主要有哪些主要优缺点？一般什么情况可考虑采用沉井基础？

5-2 按施工方法、所用材料、横截面形状和竖向剖面形状，沉井可分别分为哪些类型？

5-3 简述一般沉井主要由哪几部分组成以及各部分的作用。

5-4 旱地沉井的施工工序有哪些？沉井在原位制作，可采用哪三种不同的方法？沉井如何进行封底？

5-5 沉井下沉对材料强度有何要求？沉井在地面下沉有哪几种方法？

5-6 沉井施工中发生沉井突沉、倾斜、难沉和井底流砂的原因是什么？各应如何处理？

5-7 沉井的地基承载力验算和自重验算的基本原理和方法是什么？

5-8 某公路桥墩下部结构为重力式墩及沉井基础，已知该沉井井底埋深 $h=5.7\text{m}$，井宽 $d=5.8\text{m}$，井底面积 $A_0=64.7\text{m}^2$，井底抗弯截面模量 $W_0=56.1\text{m}^3$，竖向荷载 35158.86kN，水平荷载 $H=890.1\text{kN}$，弯矩 $\sum M=1594.5\text{kN}\cdot\text{m}$，$\beta=0.5$，$c=0$，$\varphi=42°$，$\eta_1\eta_2=0.7$ $[\sigma]=1935.8\text{kPa}$，试验算该沉井基础的基底应力及横向抗力。

附：

世界沉井看中国——五峰山大桥沉井

2011 年，为了提升扬州的交通速度，使扬州进一步接轨苏南，融入上海的一小时经济圈，五峰山大桥应运而生。五峰山长江大桥，全长 6408.909 米，是连镇高速铁路和江苏江宜高速公路的关键枢纽。

经过工程师们的测算，为了使这座大桥在长江上空屹立不倒，所需要放置的锚碇重量要达到 133 万吨。要想将这么大的锚碇固定住，地基就必须够大。难点在于，想撑住五峰山大桥，沉井大小至少要 8000 平方米。在此之前，世界上从未有过这么大的沉井。而为了固定钢缆，锚碇光地基部分的沉井就打破了世界纪录。它被称为世界第一沉井，体量超过 13 艘福特级航母，质量堪比 186 座埃菲尔铁塔。整个沉井长 100.7 米、宽 72.1 米，面积比一个标准足球场还大，其高度为 56 米，总质量达 133 万吨，相当于 22 艘辽宁号航母的满载排水量。质量更是堪比 186 座埃菲尔铁塔。沉井技术的应用是五峰山大桥建设过程中的重要环节之一。采用沉井技术，可以有效阻隔水流，避免污染，同时防止河床出现流失。沉井筒壁可避免基础在下沉过程中发生歪斜。由于沉井需在松软土层中下沉，如果没有隔壁的支撑，极易在压力作用下倾斜偏移。

五峰山大桥之所以能够横跨长江，全仰仗一项名为"沉井"的结构技术的支持。这种沉井直径达 50 米，深达 70 米，内部充满液化石油气，下面还布设有吸力桩，将沉井牢牢固定在地下。这样，主缆就可以通过沉井稳稳锚定在岸上。沉井的下沉过程历时一年多，施工团队根据不同土层采用了 3 种下沉方法。软土层时，他们在沉井顶部加压，遇到硬质地层时，则在沉井底部夹具进行拔除，最终段采用自重慢慢下沉的方式。工程队还需要随时清理沉井底部的泥沙，以防其阻碍下沉。每下沉一部分就要进行碎石填筑和混凝土浇筑，让沉井底部得到加固。如此反复操作，最终完成这个庞大结构的整体下沉。沉井施工对操作技巧和质量控制提出了极高要求，是对工程队技术实力的巨大检验。沉井技术的应用给五峰山大桥带来了许多优势。首先，沉井技术的使用使得主缆能够稳定锚定在岸上，增强了桥身的稳定性。五峰山大桥的建设是一项世界级的壮举，沉井技术的应用成为了解决桥身稳定锚定的关键。虽然沉井技术面临一些挑战，但是它的优势和效果不容忽视。五峰山大桥为其他类似项目提供了有价值的经验和借鉴，同时也为我们展示了中国科技的实力和创新能力。

  为了隔离施工区域和江水，施工单位首先在江面上建造了一个大型的防水围堰。然后，他们通过抽水设备将沉井内的江水抽干，以免影响后续的深基坑开挖工作。随着挖掘工作的进行，地基承受的阻力也越来越大，必须采用特制的高强度锚碇来克服这些阻力。为了确保沉井平稳下沉，中铁大桥局在沉井内部安装了300多个传感器，利用声呐对沉井进行实时监测，同时使用自动排污机器人进行吸附作业，从而大大提高了工作效率和安全性。由于沉井体量庞大，无法一次性完成，只能通过分级施工逐步建造。施工人员时刻注意排水排泥，确保地下水、雨水以及浇注过程中的泥浆能够顺利排出，以防突然涌入导致沉井负载增大。在施工过程中，工程技术人员日夜监测各项数据，确保每次沉井下降都在可控范围内。他们使用先进设备如3D打印支撑体系，确保沉井内部结构完整，同时还配备无人机进行巡视，以便及时发现问题。经过艰苦努力，历时3个月，这个世界最大的沉井终于成功下沉到位。

  为了确保施工区域与江水隔离，施工单位首先建造了一个大型的防水围堰，然后将沉井内的江水抽干。为了克服地基的阻力，他们采用了特制的高强度锚碇。为了确保沉井平稳下沉，他们在沉井内部安装了300多个传感器，并利用声呐进行实时监测。此外，使用自动排污机器人还提高了作业效率和安全性。沉井施工过程中，工程技术人员密切关注排水排泥情况，确保各种水和泥浆能够顺利排出。工程人员使用先进设备如3D打印支撑体系，确保沉井内部结构完整，还配备无人机进行巡视，及时发现问题。经过3个月的艰苦努力，最终成功将这个世界第一大的沉井下沉到位，然后进行混凝土浇注，使得这个重达13万吨的"地基之王"正式诞生。这项工程的成功离不开中国设计和施工团队的自主创新。他们通过创新的思维和技术，不断克服一个又一个看似不可能的难题。这种自主创新的精神是中国桥梁建设水平跨越发展的重要因素之一。

  五峰山大桥的建设是时代所迫，也是国家蓬勃发展之路上必须攻克的一个难关。它的建成不仅为人们的出行带来了便捷，也让镇江市一江两岸隔水相望，无铁路、无高速公路的过往彻底成为历史。在国外专家的眼中，五峰山的北锚碇沉井技术有着人力根本无法攻克的困难。但中国工程师不畏艰难，他们通过一轮又一轮的研判与思考，用勇气和智慧解决了所有人都曾经以为他们不能解决的问题，让中国建设在世界级难题面前更加胸有成竹。

第6章 基础抗震设计

6.1 概述

基础受到的荷载或外部作用不仅包括静力荷载作用，还包括动力荷载作用。所谓静力荷载，是指荷载的大小和方向不随时间变化而变化的荷载。动力荷载是指荷载的大小和（或）方向随时间发生变化的荷载。动力荷载，根据其作用源的不同有不同的名称，如地震荷载、车辆荷载、风荷载、波浪荷载、爆炸荷载等都属于动荷载的范畴。其中，地震荷载由于对建筑构筑物存在巨大的潜在破坏作用，将地震荷载等效成静力荷载进行结构等分析和设计显然是不合理的。因此，清楚地震荷载作用下基础的地震破坏模式，认识场地地震响应的基本规律，理解如何开展基础的抗震设计，是土木工程师们需要考虑的重要内容。

6.1.1 地震和震害简述

1. 地震

地震是地球上不定时发生的一种自然现象。地球主要由地核、地幔和地壳构成，而地壳又可划分为亚欧板块、太平洋板块、美洲板块、非洲板块、印度洋板块和南极板块这6个板块。地壳板块存在相对运动，导致板块之间以及板块内部产生局部的能量积聚。当能量达到一定量级之后就会产生突然的释放，形成地震。地震发生的空间区域，称为震源。震源通常是一个区域，如2008年5月12日汶川8.0级地震的震源是在青藏高原东缘龙门山推覆构造带上，形成的地表破裂带最长可达90km。震源在地表的投影为震中，震源至震中的距离为震源深度。根据震源深度，地震可分为：浅源地震（震源深度<60～70km），深源地震（震源深度>300km），以及介于两者之间的中源地震。地震的影响范围是十分广阔的。某个受地震影响的地点，如图6-1中的"我家房子"位置，到震中的距离为震中距。在地球物理学中，根据震中距的大小，又可分为地方震（震中距<100km）、近震（100km<震中距<1000km）和远震（震中距>1000km）。

由于地震的发生是不定时的，并不是经常遇到，为了描述地震发生的频数，采用特定时间段内发生地震的超越概率或重现期。我国的多遇地震、设防烈度地震和罕遇地震，分别为50年超越概率63%、10%和2%～3%的地震，或重现期分别为50年、475年和1600～2400年的地震。

地震除了由板块运动引起之外，还可能由火山活动、地面塌陷引起，以及人类活动产生等。

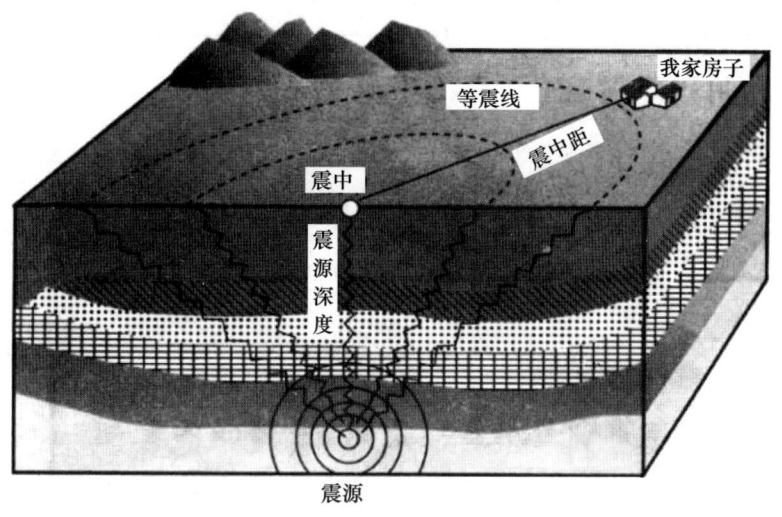

图 6-1 地震相关概念示意图

2. 地震震害

地震震害，可包括地震引起的损害或破坏等，可划分为场地震害、建筑物震害、次生灾害等。其中，场地震害是指地形地貌的改变，如大地产生裂缝、山体滑坡崩塌等；建筑物震害指建筑物因地震导致的损坏或破坏；而次生灾害是指地震引起的水灾、火灾、空气污染等灾害，以及地震引起的海啸等灾害。场地震害引起的建筑物破坏具有很大比例。这三类地震灾害都会直接或间接地威胁人们的生命和财产安全。如地震中建筑物的倒塌，直接毁灭居住生活其中的生命；又如山体滑坡这种场地震害，将会摧毁滑坡体之下的房屋或道路等，从而间接地毁灭生命。这两种情况，在 2008 年汶川地震中，就存在大量的例子。本节仅简要描述与基础密切相关的场地震害和桩基震害。

3. 场地震害

强地震发生时，地基的破坏是十分普遍的，人们早就认识到这一点，在古老的地震烈度表中，地基的破坏现象就已经是评定烈度的重要标志之一。如在中国烈度表（表 6-1）中就有如下描述："松软土出现裂缝""饱和砂层出现喷砂冒水""干硬土上出现许多地方有裂缝""基岩可能出现裂缝、错动""滑坡坍方常见""基岩出现裂缝、错动""地面剧烈变化"等等。概括起来地基震害可划分为如下几种：地震断层、滑坡和泥石流、变形、砂土液化等。对于地震断层，需在工程的规划选址中采取避让的方式；对于潜在的地震滑坡和泥石流，则需要采取地质灾害治理手段进行整治。这两者采用地基处理或基础的抗震设计等已是无效手段。地基的地震变形以及地震液化，通过合理的地基处理或基础的抗震设计可以避免震害或减轻震害。

表 6-1 中国地震烈度表

烈度	在地面上人的感觉	震害现象	其他震害现象
Ⅰ	无感		
Ⅱ	室内个别静止中人有感觉		

续表

烈度	在地面上人的感觉	震害现象	其他震害现象
Ⅲ	室内少数静止中人有感觉	门、窗轻微作响	悬挂物微动
Ⅳ	室内多数人、室外少数人有感觉，少数人梦中惊醒	门、窗作响	悬挂物明显摆动，器皿作响
Ⅴ	室内普遍、室外多数人有感觉，多数人梦中惊醒	门窗、屋顶、屋架颤动作响，灰土掉落，抹灰出现微细裂缝，有檐瓦掉落，个别屋顶烟囱掉砖	不稳定器物摇动或翻倒
Ⅵ	多数人站立不稳，少数人惊逃户外	损坏——墙体出现裂缝，檐瓦掉落，少数屋顶烟囱裂缝、掉落	河岸和松软土出现裂缝，饱和砂层出现喷砂冒水；有的独立砖烟囱轻度裂缝
Ⅶ	大多数人惊逃户外，骑自行车的人有感觉，行驶中的汽车驾乘人员有感觉	轻度破坏——局部破坏，开裂，小修或不需要修理可继续使用	河岸出现坍方；饱和砂层常见喷砂冒水；松软土地上地裂缝较多；大多数独立砖烟囱中等破坏
Ⅷ	多数人摇晃颠簸，行走困难	中等破坏——结构破坏，需要修复才能使用	干硬土上亦出现裂缝；大多数独立砖烟囱严重破坏；树梢折断；房屋破坏导致人畜伤亡
Ⅸ	行动的人摔倒	严重破坏——结构严重破坏，局部倒塌，修复困难	干硬土上出现许多地方有裂缝；基岩可能出现裂缝、错动；滑坡坍方常见；独立砖烟囱许多倒塌
Ⅹ	骑自行车的人会摔倒，处不稳状态的人会摔离原地，有抛起感	大多数倒塌	山崩和地震断裂出现；基岩上拱桥破坏；大多数独立砖烟囱从根部破坏或倒毁
Ⅺ		普遍倒塌	地震断裂延续很长；大量山崩滑坡
Ⅻ			地面剧烈变化山河改观

地震引起的地基变形常有多种形式，如震陷、地表裂缝、不均匀沉降等。震陷软土震陷确是造成震害的重要原因，十分有必要明确判别标准和抗御措施等。地表裂缝除了由地震断层引起之外，还会由于地表土体中地震动的差异引起。地表土体地震动差异将引起地表土体两个方向上的差异位移。在水平方向上的差异位移将引起地表裂缝，通常是由于地表受到拉压或错位作用引起；在竖直方向上的差异位移，常见于不均匀地基中，会使地表产生不均匀沉降，进而引起建筑结构的开裂等破坏，如图6-2所示。

图6-2 汶川地震安县某厂房因差异沉降达到30cm（左图），产生的结构破坏（右图）

地震液化是地下水位高的松散无黏性土地基中常见的震害现象。液化时的喷砂冒水及易形成沙丘的现象，常发生于地震过程中，但有时候也发生于地震终止后几分钟、几十分钟甚至数小时之后。地震液化震害的发生常导致地基失效，并引起结构物甚至房屋的倾斜或倾倒。如1995年阪神地震和1964年新潟地震中发生的地震液化导致了大量的建筑物发生破坏，如图6-3所示。地震液化还可能会引起缓倾场地的侧向大变形，大变形甚至达到了数米的量级。这不仅能引起上部结构的拉裂破坏甚至房屋倒塌，还能引起基桩的断裂，如图6-4所示。

图 6-3 地震液化导致的建筑破坏
(a) 1995年阪神地震中液化引起储油罐的倾斜；(b)(c) 1964年新潟地震中引起的房屋和梁板桥倾倒

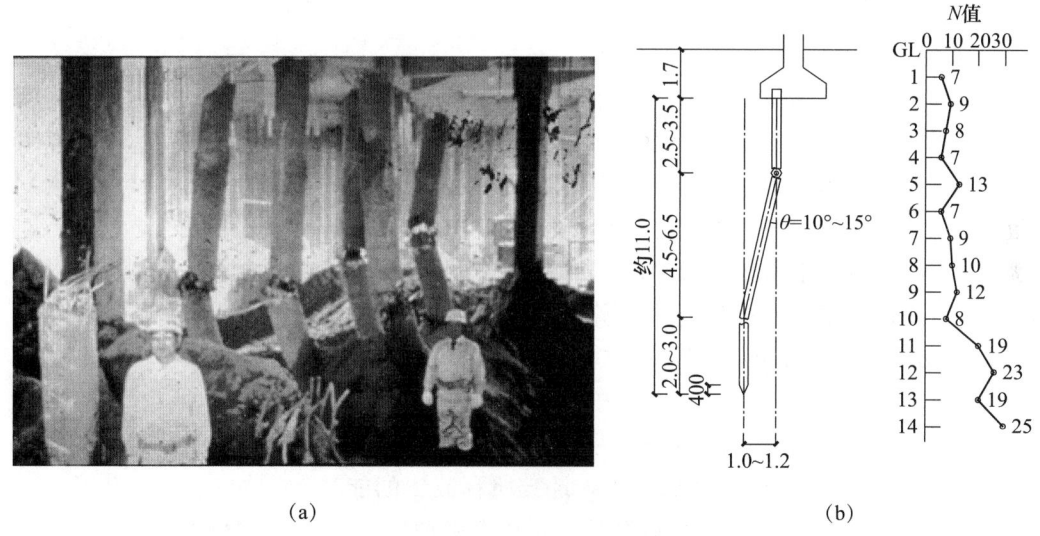

图 6-4 地震液化引起的基桩断裂
(a) 实际场地开挖后照片；(b) 该场地的地质情况

4. 桩基震害

桩基是在软弱地基上经常采用的有效基础形式，在常规环境下已经有了可靠的设计方法，但在地震作用下如何设计，则尚待进一步完善。强震经验表明，桩基远比无桩的基础具有更好的抗震性能，有桩基的建筑物在地震中的震害相比也要轻很多。但是，桩基也经常出现震害现象。这些震害现象有可能出现在液化场地，也有可能在非液化场地中。桩基破坏的位置，有可能是桩基的承台，也有可能是桩顶或者桩身位置。这些位置发生破坏或断裂的情况，且都有实际震害实例存在。图 6-4 和图 6-5 分别给出了桩顶和桩身破坏的震害实例照片。

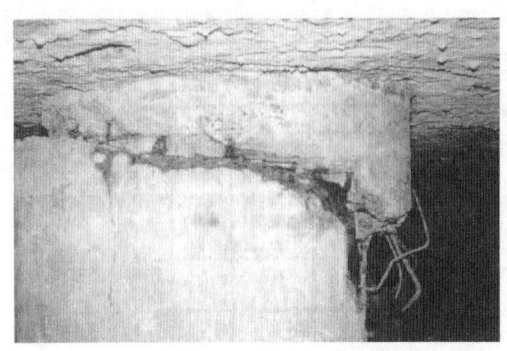 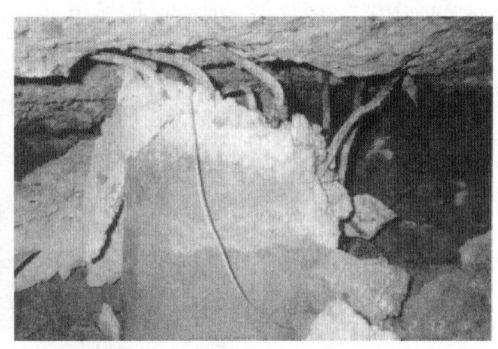

图 6-5　阪神地震中管桩桩顶剪断

另外，还存在桩基整体发生震陷的桩基破坏形式。如 1975 年墨西哥城地震时一座 16 层高的桩基大厦产生 3~4m 的震陷。该建筑桩基打入火山灰沉积软土层，土的压缩性和含水量极高，桩侧、桩端持力层相近，从而导致在地震作用下引起外部荷载增加、基桩抗力降低的双重不利因素下发生突陷。

6.1.2　震级和烈度

1. 震级

地震震级是表示地震大小的一种度量。在计算方法确定的情况下，对于某次地震，震级值是唯一的。其数值目前是根据地震仪记录到的地震波图确定的。根据我国现用仪器，近震（震中距小于 1000km）震级 M 按式（6-1）计算：

$$M = \log A + R(\Delta) \tag{6-1}$$

式中：A——记录图上量得的以 "μm" 为单位的最大水平位移；
　　　$R(\Delta)$——依震中距 Δ 而变化的起算函数。

震级 M 与震源释放能量 E（单位为尔格）之间的关系为：

$$\log E = 1.5M + 11.8 \tag{6-2}$$

上式表示的震级通常又称为里氏震级。

式（6-2）表明，震级每增加一级，地震所释放出的能量约增加 30 倍。大于 2.5 级的浅震，在震中附近地区的人就有感觉，叫作有感地震；5 级以上的地震，会造成明显的破坏，叫作破坏性地震。世界上已记录到的最大地震的震级为 8.9 级。

2. 烈度

相比震级，人们更关注的是地震发生之后对"我家房子"的影响有多大。此时，人们可采用地震烈度这个概念进行描述。烈度是一个与地震震级相关的重要概念，是指某一地区（或称场地）或某一考察位置（如"我家房子"处），地表震动的强弱程度及其对人或建（构）筑物的破坏程度的描述和划分。对于某次地震，在不同地方的烈度值是不同的。烈度概念的使用在地震动物理参数和震级之前，距今已经有 180 余年。我们可以通过烈度表，结合这次地震对"我家房子"产生影响的表述，确定地震烈度值，描述的内容与地震烈度值的对应关系见表 6-1。从表 6-1 中可以看出，人们不仅可以通过描述"我家房子"在地震中的破损程度，还可以通过描述人们的感受以及其他震害现象来划分地震烈度。即使没有地震相关知识背景的人，也能对震害做出明确的震害描述，提供相对较为准确的统计数据，十分便于震害数据的收集。

与地震烈度相关，地震工程学者基于抗震设防的需要，提出了抗震设防烈度，即特定年限内超越某一概率的地震烈度。一般情况取 50 年内超越概率 10% 的地震烈度为在我国的抗震设防烈度。这是按我国规定的权限批准作为一个地区抗震设防依据的地震烈度，是一个地区的设防依据，不能随意提高或降低。

深入分析地震烈度表可以看出，衡量地震动强弱的地震烈度具有三个特性：多指标的综合性、分等级的宏观模糊性和以果表因的间接性。地震烈度的这三个特性，导致了地震烈度评定和运用中产生了一系列的问题。如：在震中区的烈度评定、不同结构类型建筑的烈度评定以及地基失效影响的烈度评定结果，存在同一场地不同指标评价的烈度、不同学者（如地震学者和工程师）分别评定的烈度相差太大；又如：地震学者评定的烈度与工程师眼中的烈度，在内涵上存在严重差异等问题。因此，深刻认识烈度概念，划清地震烈度的适用范围，是正确认识和使用地震烈度的前提。根据目前的认识，地震烈度用于粗略而概括性地评价地震动强弱程度，是适合的；地震烈度用于表示地震动的多样性，从而推求设计地震动参数，是不合适的。

因此，对于工程师而言，使用烈度概念开展建筑结构抗震存在诸多问题。为了解决这一问题，地震工程学者逐步采用地震动加速度峰值参数来定量描述地震烈度。如《中国地震动参数区划图》中给出了以Ⅱ类场地为例的地震峰值加速度与地震烈度之间的对应关系，见表 6-2。又如《建筑抗震设计规范》（GB 50011）中给出了抗震设防烈度和设计基本地震加速度取值的对应关系，见表 6-3。因加速度能通过牛顿第二定律与荷载之间产生联系，结合加速度与表示建筑结构破坏程度的烈度之间的关系，即可合理确定建筑结构在某种破坏程度下的抗震设计荷载。这样工程师便能合理地开展抗震设计工作。

表 6-2　Ⅱ类场地地震动峰值加速度与地震烈度的对应关系（表中 g 为重力加速度）

Ⅱ类场地地震动峰值加速度 $a_{\max Ⅱ}$	$0.04g \leqslant a_{\max Ⅱ}$ $< 0.09g$	$0.09g \leqslant a_{\max Ⅱ}$ $< 0.19g$	$0.19g \leqslant a_{\max Ⅱ}$ $< 0.38g$	$0.38g \leqslant a_{\max Ⅱ}$ $< 0.75g$	$a_{\max Ⅱ} \geqslant 0.75g$
地震烈度	Ⅵ	Ⅶ	Ⅷ	Ⅸ	≥Ⅹ

表 6-3　抗震设防烈度和设计基本地震加速度值的对应关系（表中 g 为重力加速度）

抗震设防烈度	6 度	7 度		8 度		9 度
设计基本地震加速度	0.05g	0.10g	0.15g	0.20g	0.30g	0.40g

6.1.3　地震动和反应谱

6.1.3.1
地震波的分类

1. 地震动和地震波

地震动是由震源释放出来的地震波引起的地表振动。在有些情况，"地表"应理解为地质领域中宏观尺度上的概念，既包括地面附近土层，也包括土层之下的基岩。这样,对于基岩处,可称其为基岩地震动;对于地面附近处,也可称其为地表地震动。

地震动是工程地震研究的主要内容,又是结构抗震设防时所必须考虑的依据。地震动可采用加速度时程、速度时程或位移时程来表征,我国地震工程领域通常采用加速度时程表征地震动的方式居多。

地震动是十分复杂的,具有很强的随机性,在同一次地震中不同地点记录的地震动,以及同一地点记录的不同地震下的地震动均具有很大差异。因此,地震动最明显的特征是其不规则性。为了分析复杂地震动的主要特征,工程抗震领域的人们提出了地震动三要素来进行描述,即地震动的幅值、频谱和持续时间。地震动的幅值,可以是地震动加速度、速度、位移三者之一的峰值、最大值或某种有意义的有效值,定量反映地震动强弱的特征。地震动的频谱是表示地震动中幅值与频率(或周期)关系的曲线,表征了地震动的周期分布特征,主要通过傅里叶变换、反应谱、能量谱等来实现。通过地震动的持续时间的定义和测量,可以考察地震动往返作用次数多少的特征。工程结构的地震破坏与这三要素密切相关。

地震动是基岩或土层内某处振动的综合反应。而不同位置的基岩地震动之间、基岩地震动与地表地震动之间,则是通过地震波传播实现相互联系的。地震波在基岩或土层内传播时,首先需要考虑地震波的波速,以及地震波的反射和折射问题,这些都会影响地震动的特征。在此,简要介绍下地震波的分类及其波速。

地震波可分为体波和面波,各自具有不同的波速。其中体波是在介质内传播的地震波,而面波是在介质表面(如地面附近)传播的地震波。

体波可分为纵波和横波两种。纵波是波的传播方向和质点的振动方向相互平行的波,对于介质将产生压缩和拉升形变的现象,因此也称为压缩波或P波。纵波在固体介质和液体介质中都能传播。横波是波的传播方向和质点的振动方向相互垂直的波,对于介质将产生剪切形变的现象,因此也称为剪切波或S波。横波只能在固体介质中传播,而在液体介质中不能传播。若传播介质为理想的弹性体,平面纵波波速v_p和平面横波波速v_s见表6-4。两者的比值为:$v_p/v_s = 2(1-\mu)/(1-2\mu)$,称为波速比。对于岩土体,泊松比$\mu$通常位于(0,0.5)之间,因此上式的比值是大于1的。也就是对于岩土体而言纵波波速大于横波波速。在相对较远的近场地震中,地表先出现上下震动,再出现水平震动的现象,正是由于纵波波速大于横波波速产生的。表6-4中还给出了不同波动模型的波速。

表6-4 常见一维波动模型

波动模型	质点振动方向	波速
均匀直杆横向运动	横向	$\sqrt{K/m}$,K为剪切刚度,m为单位长质量
均匀弦线横向运动	横向	$\sqrt{T/m}$,T为弦内张力,m为单位长质量
均匀直杆纵向运动	纵向	$\sqrt{E/\rho}$,E为杨氏模量,ρ为质量密度

续表

波动模型	质点振动方向	波速
均匀介质平面横波	横向	$\sqrt{G/\rho}$，G 为剪切模量，ρ 为质量密度
均匀介质平面纵波	纵向	$\sqrt{(\lambda+2G)/\rho}$，$\lambda=\dfrac{\mu E}{(1+\nu)(1-2\nu)}$ 为拉梅常数，ν 为泊松比
Rayleigh 波	反波向的逆时针旋转	$\approx\dfrac{0.862+1.14\nu}{1+\nu}v_s$，$v_s$ 为剪切波速
Love 波	交界面内的横向	大于上覆盖层波速，小于半无限介质波速

注：表中波前进方向均是纵向；"平面"表示波面的形式，有平面波、柱面波和球面波等。

面波存在 Rayleigh 波和 Love 波两种。Rayleigh 波的质点运动方式较为复杂：若其前进方向为从左向右，则在下半无限空间的竖直平面内，质点呈逆时针方向旋转。Rayleigh 波的波速是横波波速和泊松比有关的 6 次函数方程的解，在岩土介质内，Rayleigh 波波速小于横波波速。Love 波仅存在于下半无限空间上覆水平松软层的交界面处，质点振动方向为与波前进方向垂直的水平方向，其波速介于上下介质的波速之间。

2. 地震动三要素对震害的综合影响

地震动三要素对结构地震反应是一种综合性作用，三者对震害均具有重要影响。分析中仅考虑单一因素，往往难以理解结构的震害现象。下面举例简要说明综合考虑地震动三要素的重要性。

（1）较小加速度峰值引发的巨大震害。1985 年 9 月 19 日墨西哥大地震，震级 $M=7.9$ 级（也称为 8.1 级），震中距为 400km 的墨西哥城记录的最大水平加速度峰值为 50cm/s^2（即 $0.05g$），谱的卓越周期为 2s，该记录 90% 能量持时超过 30s。虽然墨西哥城地震动加速度峰值仅相当于烈度为 6 度时的峰值（按地震烈度表，6 度烈度对应的水平加速度为 63cm/s^2 即 $0.064g$），但墨西哥城的宏观烈度却高于 8 度（烈度为 8 度时的水平加速度为 250cm/s^2），大约有 1000 栋高层建筑倒塌破坏。发生这一现象的主要原因是，墨西哥城坐落在一个很深的沉积盆地之上，该盆地原来是在一个古火山口上形成的火山湖，由于不断沉积和填湖造田形成陆地，墨西哥城中有大量建筑是建在由砂、淤泥、黏土和腐蚀土构成的软地基之上，其地表为 30~50m 厚的软土湖相沉积层，场地的自振周期约为 1.3s。由于震中距大，远震地震动的长周期成分丰富，而且持时长，尽管加速度峰值不大，但由于场地、地震动与高层结构之间形成双共振，以及长持续时间的振动，因而造成了高层结构的严重破坏。

由此可见，虽然地震动的幅值为重要因素，但仅以峰值作为抗震分析的依据是不够的。频谱和持时对结构的破坏也有重要影响。

（2）加速度峰值很大而持时短导致震害小。1966 年 6 月 27 日美国帕克菲尔德（Parkfield）地震，震级 $M=5.6$，在距震中 32.4km 的观测台记录的最大水平加速度峰值 $a_p=425.7\text{cm/s}^2$，谱的卓越周期为 0.365s，90% 的能量持时较短，$T_d=6.8\text{s}$。虽然加速度峰值已接近地震烈度表 9 度时的值，远远超过 6 度时加速度峰值的数倍，但该地区的宏观烈度仅为 6 度。

原因：地震动持时短，震中距小，长周期成分少。而场地土又较软，估算的场地自振周期为1s。地震动相当于一高频短时脉冲，对结构造成的破坏较轻。由此可见不能只考虑幅值一个因素，需综合考虑地震动持时等因素的影响。

（3）加速度峰值相同、谱特征不同，反应谱相差大。1957年4月22日，旧金山地震（$M=5.3$）和1952年7月21日加利福尼亚地震（$M=7.7$）两次地震中得到了两条峰值相同的加速度记录，表6-5给出了两次地震的基本情况。地震动峰值加速度基本相等，但两者反应谱形状截然不同（图6-6），例如$T=0.9s$时，反应谱分别是$0.04g$和$0.2g$，若结构的自振周期接近0.9s，则地震的反应可相差5倍。

表6-5 旧金山和加利福尼亚地震情况

地震地点	发震时间	震级	震中距/km	峰值加速度/（cm/s²）
旧金山	1957-04-22	5.3	16.8	46.1
加州	1952-07-21	7.7	126	46.5

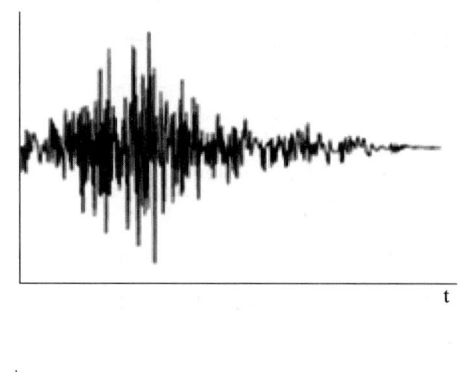
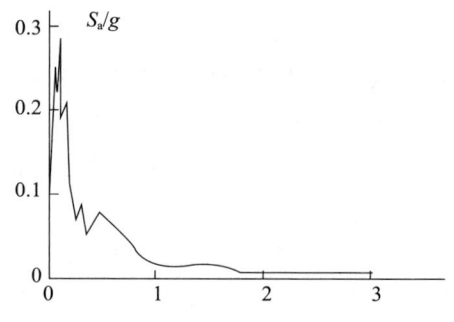

(a)

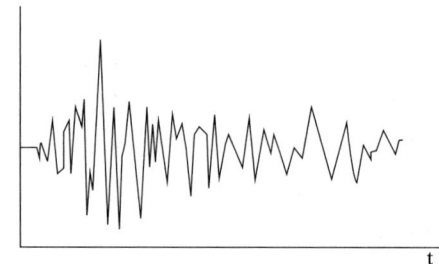
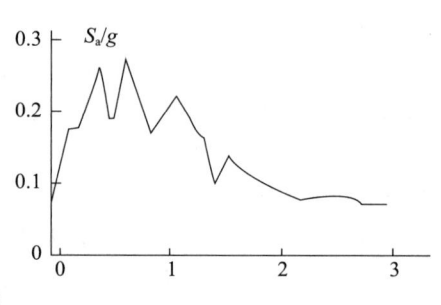

(b)

图6-6 相同峰值加速度地震动的不同频谱特性
(a) 旧金山地震（$M=5.3$）；(b) 加利福尼亚地震（$M=7.7$）

6.1.3.2 地震动三要素

以上例子可以看到，为合理估计结构的地震反应必须同时考虑地震动三要素。目前最新研究成果表明，地震动三要素有时也是不够的，地震动的局部谱特征有时对结构的破坏反应也有较大影响，由此引入了小波变换、希尔伯特-黄变换等有效的局部谱分析方法研究地震动频谱随时间的变化规律和特点。也有用与结构第一自振周期相对应的谱加速度值或由前若干阶自振周期对应的谱加速度值的组合来取代峰值加速度表示地震动强度的。

地震动还受到场地条件的影响。场地条件主要是指地形地貌、场地覆盖土层厚度、土体性质、地下水位等工程地质条件。根据历次破坏性地震的震害调查和获得的强震观测资料显示，地形地貌对地震震害有显著的影响，可使加速度峰值增大 30%～50%。目前关于地形和地貌对地震动影响的较统一的认识是，不规则地形的顶部较底部的地震动大，形态变化急剧的部位较缓慢渐变的地震动大。而场地覆盖土层厚度对地震动影响的主要结论是：覆盖土层越厚，地表地震动反应谱长周期的频谱成分越显著，反应谱曲线越向后移，归一化反应谱的特征周期越大，土体的自振周期也增大。

3. 反应谱

地震动的三要素：幅值、频谱和持时，人们容易理解地震动幅值与持时的重要性，容易忽视地震动频率的重要性。对于抗震相关的工程问题，需要特别强调对地震动频谱的认识和理解。

反应谱是在 1940 年前后被提出来的，与傅里叶谱相似，是表示地震动振幅与频率（或周期）之间关系的曲线，是十分重要的频谱之一。反应谱是根据理想单质点体系的反应来描述地震动的特性，它的定义是：在同一地震动输入下，具有相同阻尼比的一系列单自由度体系反应（加速度、速度和位移）的绝对最大值与单自由度体系自振周期或频率的关系。即：阻尼比为 ζ 的理想单质点体系，该体系一系列的自振周期 T 在地震动作用下反应 y 的最大值的绝对值 $y(T, \zeta)$ 随周期 T 而变的函数或曲线，当 y 是相对位移 d，或相对速度 v，或绝对加速度 a 时，分别称为位移、速度或加速度反应谱，分别可用 S_D、S_V、S_A 来表示。这三者具有如下近似关系。

6.1.3.3
反应谱

$$S_D = \frac{1}{\omega} S_V \tag{6-3}$$

$$S_V = \left| \int_0^t \ddot{y}(\tau) e^{-\zeta \omega (t-\tau)} \cos[\omega(t-\tau)] d\tau \right|_{\max} \tag{6-4}$$

$$S_A = \omega S_V = \omega^2 S_D \tag{6-5}$$

式中：ω——单自由度体系的圆频率，$\omega = 2\pi/T = \sqrt{k/m}$；

ζ——体系的阻尼比。

下面详细叙述反应谱的获取过程。以加速度 $\ddot{x}_g(t)$ 作为地震输入为例，先假设阻尼比为 ζ_1 的单质点体系，其自振周期为 T_1，在 $\ddot{x}_g(t)$ 作用下，单质点反应的加速度时程为 $a_1(t)$，则可获得其幅值 S_{A1}，在横坐标为 T、纵坐标为 S_A 的坐标系统内，则描出一个点 (T_1, S_{A1})。若该单质点体系的自振周期增大至 T_2，在 $\ddot{x}_g(t)$ 作用下，同样可获得单质点反应的加速度时程 $a_2(t)$ 及其幅值 S_{A2}，在 T-S_A 坐标系统内，同样可描出另一个点 (T_2, S_{A2})。同理也可描出点 (T_3, S_{A3})。若单质点体系的自振周期能连续变化，则可在 T-S_A 坐标系统内连续描点，从而画出一条曲线，该条曲线即为该地震输入 $\ddot{x}_g(t)$ 作用下的加速度反应谱 $S_A(T, \zeta_1)$。上述过程中，单质点体系的阻尼比是不变的常数 ζ_1。若该体系的阻尼比改变为 ζ_2，同理可得该地震输入 $\ddot{x}_g(t)$ 作用下的加速度反应谱 $S_A(T, \zeta_2)$。上述反应谱的计算过程相对较为复杂，可借助计算机程序来实现。

在地震工程中，通过分析大量地震动反应谱，可以得到反应谱具有如下直观的特点，如图 6-7 所示：

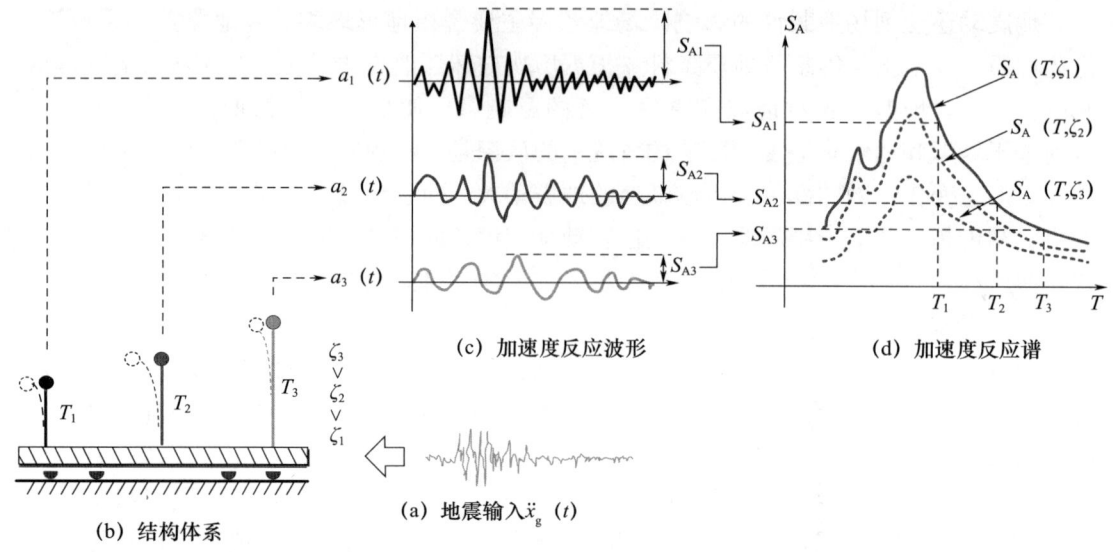

图 6-7 加速度反应谱解释图

（1）反应谱曲线是很不规则的，一般的趋势是随着结构体系自振周期的增加，反应谱出现先增大、再下降的曲线形状，且通常存在一个峰值；

（2）不同的结构体系阻尼比，如两个体系的阻尼比，且 $\zeta_1 > \zeta_2$，则在同一条地震动 $\ddot{x}_g(t)$ 输入下，得到的两条反应谱，$S_A(T, \zeta_1)$ 总是位于 $S_A(T, \zeta_2)$ 的下方，即 $S_A(T, \zeta_1) < S_A(T, \zeta_2)$；

（3）不同的地震动输入，得到的反应谱是完全不同的，即使地震动具有相同的地震动峰值，得到的反应谱也有明显差异；

（4）总体上，反应谱既反映了地震动特性，又能反映结构体系的动力特性。

反应谱在岩土地震工程与建筑抗震设计中均十分重要，根据不同的应用背景，常出现基岩反应谱、地表反应谱、建筑场地设计谱、地震影响系数谱等概念。基岩反应谱和地表反应谱可分别为基岩和自由场地地表的地震加速度记录，取阻尼比为 0.05 的绝对加速度反应谱。建筑场地设计谱指：根据地表反应谱值与地震动峰值之比的统计平均值，经过平滑化和归一化后形成的谱。而地震影响系数谱指：根据地表反应谱值与重力加速度的比值，经过统计平均，平滑化和归一化后形成的谱。建筑场地设计谱和地震影响系数谱在抗震设计中均有被采用，其中现行国家标准《建筑抗震设计规范》（GB 50011）中采用了地震影响系数谱。这两者具有相似的形状、相似的物理意义，且两者有相同的设计特征周期，即反应谱曲线的下降段起始点对应的周期值，用 T_g 表示。设计特征周期数值 T_g 受到地震震级、震源机制、震中距、场地类别等因素的影响。

6.1.4 抗震设防分类及其抗震设防标准

根据建筑遭遇地震破坏后，可能造成人员伤亡、直接和间接经济损失、社会影响的程度及其在抗震救灾中的作用等因素，首先有必要对各类建筑进行设防类别的划分。目前，我国建筑抗震设防类别有四类。

（1）特殊设防类：指使用上有特殊设施、涉及国家公共安全的重大建筑工程和地震时可能发生严重次生灾害等特别重大灾害后果、需要进行特殊设防的建筑，简称甲类。

抗震设防标准要求：应按高于本地区抗震设防烈度提高一度的要求加强其抗震措施；但抗震设防烈度为9度时应按比9度更高的要求采取抗震措施。同时，应按批准的地震安全性评价的结果且高于本地区抗震设防烈度的要求确定其地震作用。

（2）重点设防类：指地震时使用功能不能中断或需尽快恢复的生命线相关建筑，以及地震时可能导致大量人员伤亡等重大灾害后果、需要提高设防标准的建筑，简称乙类。

抗震设防标准要求：应按高于本地区抗震设防烈度一度的要求加强其抗震措施；但抗震设防烈度为9度时应按比9度更高的要求采取抗震措施；地基基础的抗震措施，应符合有关规定。同时，应按本地区抗震设防烈度确定其地震作用。

（3）标准设防类：指大量的除1、2、4类以外按标准要求进行设防的建筑，简称丙类。

抗震设防标准要求：按本地区抗震设防烈度确定其抗震措施和地震作用，达到在遭遇高于当地抗震设防烈度的预估罕遇地震影响时不致倒塌或发生危及生命安全的严重破坏的抗震设防目标。

（4）适度设防类：指使用人员稀少且震损不致产生次生灾害、允许在一定条件下适度降低要求的建筑，简称丁类。

抗震设防标准要求：允许比本地区抗震设防烈度的要求适当降低其抗震措施，但抗震设防烈度为6度时不应降低。一般情况下，仍应按本地区抗震设防烈度确定其地震作用。

根据上述分类，不同抗震设防类别的建筑及其基础，在设计过程中采取不同的抗震设计措施，达到安全性和经济性的平衡。

6.2 场地与地基

相对地震影响区域而言，场地所涉及的地域范围要小得多，也有称其"局部场地"，是指相当于厂区、居民小区、自然村或不小于$1.0km^2$的平面面积，多数情况下具有相似的反应谱特征。

如前所述，建筑物在不同的场地上，在地震时的破坏程度是明显不同的。因此，人们自然会联想到，如果选择对抗震有利的地段或避开抗震不利的地段进行工程建设，就能极大地减轻地震灾害。另一方面，由于建设用地受到地震以外的许多因素的限制，除了显著不利和危险地段外，一般是不能排除其他地段作为建筑用地的。这样，就有必要对建筑场地进行分类，区分建筑物地震作用的强弱和特征，便于采用不同的设计参数，进行建筑物等的抗震设计和采取相应的抗震措施。

6.2.1 场地地段的选择

为了选择更有利于建筑抗震的场地地段，应从建筑抗震的角度划分场地地段。从宏观概念上便于直观取舍建筑场地，有利于避免或减轻地震灾害。场地地段可划分为有利地段、不利地段、危险地段和一般地段四类。

(1) 建筑抗震的有利地段是指具有稳定基岩，坚硬土，开阔、平坦、密实、均匀的中硬土等场地地段。

(2) 建筑抗震的不利地段是指存在软弱土，液化土，条状突出的山嘴，高耸孤立的山丘，陡坡，陡坎，河岸和边坡的边缘，平面分布上成因、岩性、状态明显不均匀的土层（含故河道、疏松的断层破碎带、暗埋的塘浜沟谷和半填半挖地基），高含水量的可塑黄土，地表存在结构性裂缝等地质地貌的场地地段。

(3) 建筑抗震的危险地段是指地震时可能发生滑坡、崩塌、地陷、地裂、泥石流等及发震断裂带上可能发生地表位错位置的场地段。

(4) 建筑抗震的一般地段是指不属于上述三类的场地地段。

根据现行国家标准《建筑抗震设计规范》（GB 50011）规定：对不利地段，应提出避开要求；当无法避开时应采取有效的措施。对危险地段，严禁建造甲类建筑（即特殊设防类建筑）和乙类的建筑（即重点设防类建筑），不应建造丙类的建筑（即标准设防类建筑）。

正如前述，建筑用地的选择受到经济、文化等多种因素的影响，除了显著不利和危险地段外，在选择建筑场地阶段时，抗震因素可能会作为次要条件。但在确定地段位置后，在开展建筑施工活动之前，则通常需要对该地段的场地进行地震危险性评价或进行抗震设计。评价或设计的内容主要包括：建筑场地的划分，建筑物地震作用的强弱和特征，采用不同的设计参数开展建筑的抗震设计和采取必要的抗震措施等。

6.2.2 场地类别的划分

在建筑抗震设计中，为了考虑场地条件的影响，将场地进行分类。通常采用以等效剪切波速和场地覆盖层厚度作为评定指标的双参数分类方法。其中，等效剪切波速 V_{se} 是以土层剪切波速这一实测指标，按照下列公式计算获得。

$$V_{se}=d_0/t \tag{6-6}$$

$$t=\sum_{i=1}^{n}(d_i/v_{si}) \tag{6-7}$$

式中：V_{se}——土层等效剪切波速，m/s；

d_0——计算深度，m，取覆盖层厚度和 20m 两者的较小值；

t——剪切波在地面至计算深度之间的传播时间，s；

n——计算深度范围内土层的分层数；

d_i——计算深度范围内第 i 土层的厚度，m；

v_{si}——计算深度范围内第 i 土层的剪切波速，m/s。

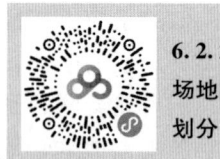

6.2.2 场地类别划分

通常 v_{si} 采用实测确定，对于实际建筑工程场地的剪切波速测试，应满足如下要求：

(1) 在场地初步勘察阶段，对大面积的同一地质单元，测试土层剪切波速的钻孔数量不宜少于 3 个。

(2) 在场地详细勘察阶段，对单幢建筑，测试土层剪切波速的钻孔数量不宜少于 2 个，测试数据变化较大时，可适量增加；对小区中处于同一地质单元内的密集建筑群，测试土层剪切波速的钻孔数量可适量减少，但每幢高层建筑和大跨空间结构的钻孔数量均不得少于 1 个。

(3) 对丁类建筑（即适度设防类建筑）及丙类建筑（即标准设防类建筑）中层数不超过10层、高度不超过24m的多层建筑，当无实测剪切波速时，可根据岩土名称和性状，按表6-6划分土的类型，再利用当地经验在表6-6的剪切波速范围内估算各土层的剪切波速。

表6-6　土的类型划分和剪切波速范围

土的类型	岩土名称和性状	土层剪切波速范围/（m/s）
岩石	坚硬、较硬且完整的岩石	$v_s>800$
坚硬土或软质岩石	破碎和较破碎的岩石或软和较软的岩石，密实的碎石土	$800 \geqslant v_s>500$
中硬土	中密、稍密的碎石土，密实、中密的砾、粗、中砂，$f_{ak}>150$的黏性土和粉土，坚硬黄土	$500 \geqslant v_s>250$
中软土	稍密的砾、粗、中砂，除松散外的细、粉砂，$f_{ak} \leqslant 150$的黏性土和粉土，$f_{ak}>130$的填土，可塑新黄土	$250 \geqslant v_s>150$
软弱土	淤泥和淤泥质土，松散的砂，新近沉积的黏性土和粉土，$f_{ak} \leqslant 130$的填土，流塑黄土	$v_s \leqslant 150$

注：f_{ak}为由载荷试验等方法得到的地基承载力特征值（kPa），v_s为岩土剪切波速。

覆盖层是相对岩石或坚硬土而言，因此，覆盖层厚度是指覆盖于岩石或坚硬土以上土层的厚度。而岩石或坚硬土的定量确定是根据岩土介质的剪切波速确定的。根据现行国家标准《建筑抗震设计规范》（GB 50011），建筑场地覆盖层厚度的确定（表6-7），应符合下列要求：

（1）一般情况下，应按地面至剪切波速大于500m/s且其下卧各层岩土的剪切波速均不小于500m/s的土层顶面的距离确定。

（2）当地面5m以下存在剪切波速大于其上部各土层剪切波速2.5倍的土层，且该层及其下卧各层岩土的剪切波速均不小于400m/s时，可按地面至该土层顶面的距离确定。

（3）剪切波速大于500m/s的孤石、透镜体，应视同周围土层。

（4）土层中的火山岩硬夹层，应视为刚体，其厚度应从覆盖土层中扣除。

根据上述确定的等效剪切波速和覆盖层厚度，查表6-7确定场地类别。场地类别主要分为四类，其中Ⅰ类分为I_0和I_1两个亚类。

表6-7　各类建筑场地的覆盖层厚度（m）

岩石的剪切波速或土的等效剪切波速/（m/s）	场地类别				
	I_0	I_1	Ⅱ	Ⅲ	Ⅳ
$v_s>800$	0				
$800 \geqslant v_s>500$		0			
$500 \geqslant v_s>250$		<5	≥5		
$250 \geqslant v_s>150$		<3	3～50	>50	
$v_s \leqslant 150$		<3	3～15	15～80	>80

注：表中v_s系岩石的剪切波速。

【例题 6-1】 例表 6-1 为某场地地质钻孔资料。试确定该场地类别。

例表 6-1　某场地地质钻孔资料

土层序号	土层底部深度/m	土层厚度 d_i/m	岩土名称	剪切波速 v_s/（m/s）
1	2.00	2.00	杂填土	220
2	14.50	12.50	粉质黏土	210
3	21.50	7.00	淤泥质粉质黏土	170
4	23.00	1.50	黏土	450
5	30.00	7.00	含砾黏土	510

【解】

因该场地土层中出现了上下土层差别很多的情况，即：黏土层的剪切波速 450m/s 大于淤泥质粉质黏土层剪切波速 170m/s 的 2.5 倍，且黏土层以下的土层剪切波速均大于 400m/s，所以覆盖层厚度为 21.5m。该厚度大于 20m，因此计算深度 d_0 应当取 20m。则等效剪切波速为：

$$V_{se}=d_0/t=20.00/\left(\frac{2.00}{220}+\frac{12.50}{210}+\frac{5.50}{170}\right)=198.1 \text{（m/s）}$$

根据等效剪切波速和覆盖层厚度，可查表 6-7 确定该场地为 Ⅱ 类场地。

【剖析】 本题难点是在覆盖层厚度的确定和等效剪切波速计算中都可能会产生错误。

首先，需要注意等效剪切波速的计算方法，注意区别深度加权的剪切波速是不同的。

其次，覆盖层厚度应该为 21.5m；容易只考虑一般情况，而忽略特殊情况，得出覆盖层厚度为 23m 的错误答案。

再次，需要分清场地条件中的特殊条件，注意区分覆盖层厚度与计算深度的区别。如下的计算过程中，将覆盖层厚度直接代入公式计算是存在问题的。

$$V_{se}=d_0/t=21.50/\left(\frac{2.00}{220}+\frac{12.50}{210}+\frac{7.00}{170}\right)=195.8 \text{m/s}$$

另外，需要注意 d_i 都是计算深度范围内的第 i 土层的厚度，当遇到超过计算深度范围的数值时，需要扣除超出部分的数值。本题 $d_i=7.00-(21.50-20.00)=5.50$ （m），而不是 7.00m。

最后，还需注意查表 6-7 确定场地类别时，是根据等效剪切波速和覆盖层厚度，而不是等效剪切波速和计算深度。当然，就本题而言，不影响结果。

6.2.3　设计反应谱

1. 设计反应谱和地震作用

抗震设计时，结构所承受的"地震力"实际上是由于地震地面运动引起的动态作用，包括地震加速度、速度和动位移的作用，属于间接作用，不可称为"荷载"，应称"地震作用"。与静力荷载作用不同，结构受到的地震作用，不仅与地震动本身有关，还与自振周期等结构体系的动力特性有关。结构不同的自振周期，即使在相同地震动的作用下，受到的地震作用也是不同的。在 6.1 节中介绍的反应谱，正好具有既反映地震动特性，又能反映结构动力特性。不过，应当注意，由于地震动的反应谱具有曲线形状复杂、不同地震动得到的反应谱差异大等特点，若直接引入反应谱分析地震作用，将导致地震作用计算过程中，难以选择和评价地震动，不同地震动计算得到的地震作用差异大，结构设计十分复杂，可操作性差等问题。为了能合理确定地震作用，便于结构设计，提出了设计反应谱。它实际上是通过大量地震动反应谱曲线的平均化、平滑化以及归一化等统计简化处理获得的。直观上，设计反应谱是地震动反应谱的总体趋势的简化；而本质上，设计反应谱又能够反映地震震级、震中距和场地类别等因素的影响。

在不同的工程领域中，抗震设计中采用的设计反应谱曲线有不同的称谓，物理意义略有差异，但又具有相互联系。在《建筑抗震设计规范》（GB 50011—2010）中，称其为地震影响系数曲线 $\alpha(T)$；在《公路工程抗震规范》（JTG B02—2013）中，称其为水平设计加速度反应谱 $S(T)$；在《水电工程水工建筑物抗震设计规范》（NB 35047—2015）中，称其为标准设计反应谱 $\beta(T)$；在《中国地震动参数区划图》中，称其为规准化地震动加速度反应谱（此概念与标准设计反应谱 $\beta(T)$ 相同）。为方便叙述，统称为"设计反应谱"。若这些设计反应谱具有相同的曲线形状，则可采用下式表示。

$$\beta(T) = \frac{S(T)}{|\ddot{x}_g|_{\max}} = \frac{|\ddot{x}_g|_{\max}}{g}\alpha(T) \tag{6-8}$$

式中：g——重力加速度；

$|\ddot{x}_g|_{\max}$——地震动加速度峰值。

$\alpha(T)$ 和 $\beta(T)$ 为无量纲量。需要注意的是，由于各个规范规定的设计反应谱曲线的形状并不相同，因此，式（6-8）仅仅是概念上的等价关系，不存在数值上的相等关系。

基于设计反应谱，以及给定的结构体系自振周期 T，可以确定该自振周期 T 对应的设计反应谱值 $S(T)$、$\alpha(T)$ 或 $\beta(T)$，从而计算水平和竖向地震作用。如《建筑抗震设计规范》（GB 50011—2010）中，采用底部剪力法计算结构总水平地震作用标准值 F_{EK} 的公式为：

$$F_{EK} = \alpha_1 G_{eq} \tag{6-9}$$

式中：G_{eq}——结构等效总重力荷载；

α_1——相应于结构基本自振周期的水平地震影响系数值。

因这些规范中的设计反应谱在概念上存在相互联系，下面以《建筑抗震设计规范》（GB 50011—2010）中的地震影响系数曲线为例，详细介绍地震作用的计算。

2. 地震影响系数曲线

地震影响系数曲线作为反应谱的一种特殊形式，可从地震动反应谱经过平均化、平滑化以及归一化等数学处理手段获得。但这一过程对于设计基础及上部结构的工程师来说，是十分困难的。因此，地震工程学者将这部分工作进行了规律总结和分析，并结合国家的经济现状，给出了便于工程师使用的地震影响系数曲线。

在《建筑抗震设计规范》（GB 50011—2010）中，地震影响系数曲线 $\alpha(T)$ 如图6-8所示，该曲线可采用分段函数公式（6-10）确定。

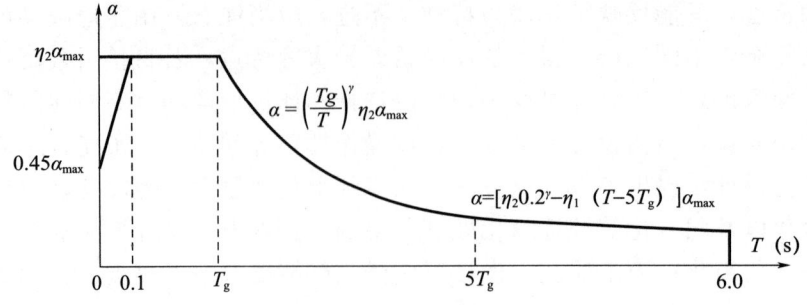

图 6-8 地震影响系数曲线

$$\alpha(T) = \begin{cases} \left[0.45 + \dfrac{T}{0.1}(\eta_2 - 0.45)\right]\alpha_{\max} & 0 \leqslant T < 0.1 \\ \eta_2 \alpha_{\max} & 0.1 \leqslant T < T_g \\ \left(\dfrac{T_g}{T}\right)^{\gamma} \eta_2 \alpha_{\max} & T_g \leqslant T < 5T_g \\ \left[\eta_2 0.2^{\gamma} - \eta_1(T - 5T_g)\right]\alpha_{\max} & 5T_g \leqslant T < 6.0 \end{cases} \quad (6\text{-}10)$$

式中：T_g——设计特征周期，简称特征周期；

T——结构自振周期；

$\alpha_{\max}$——地震影响系数最大值；

η_1、η_2——直线下降段的下降斜率调整系数和阻尼调整系数；

γ——为衰减指数。

除有专门规定外，建筑结构的阻尼比 ζ 取 0.05，η_2 按 1.0 采用。当建筑结构的阻尼比 $\zeta \neq 0.05$ 时，应按下式确定 η_1、η_2 和 γ。

$$\begin{aligned} \eta_1 &= 0.02 + \dfrac{0.05 - \zeta}{4 + 32\zeta} \quad (\eta_1 < 0 \text{ 时，取 } 0) \\ \eta_2 &= 1 + \dfrac{0.05 - \zeta}{0.08 + 1.6\zeta} \quad (\eta_2 < 0.55 \text{ 时，取 } 0.55) \\ \gamma &= 0.9 + \dfrac{0.05 - \zeta}{0.3 + 6\zeta} \end{aligned} \quad (6\text{-}11)$$

特别需要注意：η_1 和 η_2 值的限制。从上式可以看出：当 $\zeta = 0.05$ 时，$\eta_1 = 0.02$，$\eta_2 = 1.0$，$\gamma = 0.9$。

水平地震影响系数最大值 $\alpha_{\max}$ 根据表 6-8 中取值。设计特征周期 T_g 则根据表 6-9 中确定，表中的设计地震分组在《建筑抗震设计规范》（GB 50011—2010）附录 A 中根据不同地点查取，如江苏省镇江市京口区所属的设计地震分组为第一组，抗震设防烈度为 7 度，设计基本地震加速度值为 $0.15g$，又如江苏省徐州市鼓楼区所属的设计地震分组为第三组，抗震设防烈度为 7 度，设计基本地震加速度值为 $0.10g$。

表 6-8 水平地震影响系数最大值

地震烈度	6 度	7 度		8 度		9 度
多遇地震	0.04	0.08	0.12	0.16	0.24	0.32
罕遇地震	0.28	0.50	0.72	0.90	1.20	1.40

表 6-9 特征周期 (s)

设计地震分组	场地类别				
	I_0	I_1	II	III	IV
第一组	0.20	0.25	0.35	0.45	0.65
第二组	0.25	0.30	0.40	0.55	0.75
第三组	0.30	0.35	0.45	0.65	0.90

地震作用不仅有两个方向的水平地震作用，还有一个竖向地震作用。竖向地震作用的计算通过竖向地震影响系数，采用与式 (6-9) 相似的公式进行计算。

竖向地震影响系数最大值 $\alpha_{v\max}$ 可取水平地震影响系数最大值 $\alpha_{\max}$ 的 65%，即

$$\alpha_{v\max} = 0.65\alpha_{\max} \tag{6-12}$$

【例题 6-2】 某建筑场地抗震设防烈度为 8 度，设计基本地震加速度为 0.30g，设计地震分组为第一组。场地土层及其剪切波速如例表 6-2 所示。建筑结构等效总重力荷载 $G_{eq}=1500\text{kN}$，结构的自振周期 $T=0.30\text{s}$，阻尼比为 0.05。请问设计特征周期 T_g、建筑结构的水平地震影响系数 α 和结构总水平地震作用标准值 F_{EK} 为多少？（按 50 年超越概率 63% 考虑）

例表 6-2 场地土层及剪切波速

层序	土层名称	层底深度/m	剪切波速 v_{si}/(m/s)
①	填土	2.0	130
②	淤泥质黏土	10.0	100
③	粉砂	14.0	170
④	卵石	18.0	450
⑤	基岩	—	800

【解】

根据《建筑抗震设计规范》(GB 50011—2010) 第 4.1.4 条、第 4.1.6 条、第 5.1.4 条、第 5.1.5 条：

(1) ④层卵石剪切波速大于③层粉砂的 2.5 倍，场地覆盖层厚度为 14m，等效剪切波速为：

$$V_{se} = \frac{d_0}{\sum_{i=1}^{n}(d_i/v_{si})} = \frac{14}{\frac{2}{130}+\frac{8}{100}+\frac{4}{170}} = 117.7 \text{ (m/s)}，场地类别为 II 类。$$

(2) II 类场地，设计地震分组为第一组，多遇地震，查表 6-9，$T_g=0.35\text{s}$。

(3) 因为：$0.1\text{s}<T=0.30\text{s}<T_g=0.35\text{s}$，所以：$\alpha=\eta_2\alpha_{\max}=1\times0.24=0.24$

且：$F_{EK}=\alpha_1 G_{eq}=0.24\times1500=360\text{kN}$

【剖析】 首先需要通过等效剪切波速确定场地类别，并结合其他信息查表得到场地的设计特征周期。

结构自振周期与设计特征周期的比较结果，决定了地震影响系数的计算方法，即选择分段函数式 (6-10) 中的哪个函数，需要注意阻尼比是否为 0.05，若不是将需要修正 η_1、η_2 和 γ 这三个参数。

6.2.4 地基土的地震液化判别

地基土的地震液化是地震中地基土由固体性质转变为液体性质，即液化，在强震中十分常见，可能会导致地基土承载力的丧失或产生竖向或水平变形等震害。对于地基土的地震液化，人们针对需要考虑的场地地基土，可以通过提出和解决如下 5 个问题，完整解决地震液化问题。

① 考虑的地基土能够液化吗？
② 如果能够液化，地基土能够被触发吗？
③ 如果被触发，地基土能够造成危害吗？
④ 如果造成危害，能够达到何种程度？
⑤ 如果造成危害或能被触发，如何治理能避免或减轻危害？

从科学研究的角度，根据地震液化问题的研究现状，对于问题③和问题④虽然已有不少研究成果，但并未完全很好地解决。虽然如此，基于对前 3 个问题的基本认识，以及地基土危害程度的划分（此处即为液化等级划分），并结合地基处理手段等，可以基本满足实际工程的建设需要。

目前，地基土的地震液化问题主要通过如图 6-9 所示的主要流程来处理。其中初步判别相当于回答上述问题①，进一步判别相当于回答上述问题②，抗液化措施相当于回答上述问题⑤。下面将较为详细地介绍地基土的地震液化问题的初始判别和进一步判别。

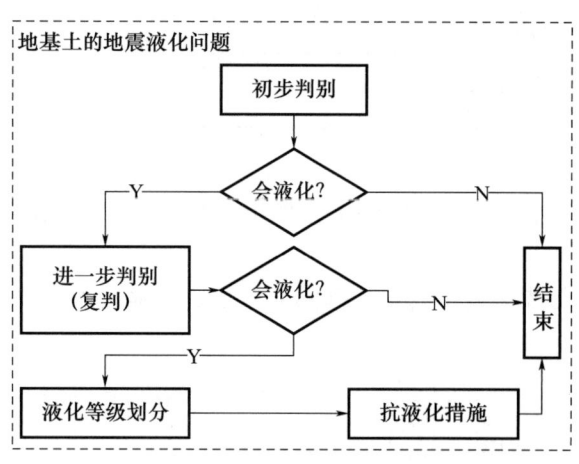

图 6-9 地基土地震液化问题的工程处理流程

1. 初步判别

地基土液化的初步判别，主要目的划除明显不会发生液化的场地地段，减少建设成本。《建筑抗震设计规范》（GB 50011—2010）规定：

（1）对于场地中地面下存在饱和砂土和饱和粉土时，除 6 度外，应进行液化判别；存在液化土层的地基，应根据建筑的抗震设防类别、地基的液化等级，结合具体情况采取相应的措施。（本条饱和土液化判别要求不含黄土、粉质黏土）

不同的规范，对液化初步判别方法略有差异，表 6-10 供参考。

表 6-10　不同规范的液化初步判别方法

规范	液化初判
建筑抗震设计规范	① 地质年代为第四世纪晚更新世 Q_3 及其以前时，7、8 度时可判为不液化。 ② 粉土的黏粒（粒径小于 0.005mm 的颗粒）含量百分率，7、8、9 度分别不小于 10%、13%、16%时，可判为不液化。 ③ 浅埋天然地基的建筑，当上覆非液化土层厚度和地下水位深度符合下列条件之一时，可不考虑液化影响： $d_u > d_0 + d_b - 2$；$d_w > d_0 + d_b - 3$；$d_u + d_w > 1.5d_0 + 2d_b - 4.5$
水利水电工程地质勘察规范	① 地质年代为第四纪晚更新世 Q_3 及其以前时可判为不液化。 ② 设计基本地震动峰值加速度为 0.10g（0.15g）、0.20g（0.30g）和 0.40g 的地区，粉土的黏粒（粒径小于 0.005mm 的颗粒）含量百分率，7、8、9 度分别不小于 16%、18%、20%时，可判为不液化。 ③ 工程正常运用后，地下水位以上的非饱和土，可判为不液化。 ④ 当土层的剪切波速大于下式计算的上限剪切波速时，可判为不液化。 $V_{st} = 219\sqrt{K_h Z r_d}$
公路工程抗震规范	① 设计基本地震动峰值加速度为 0.10g（0.15g）、0.20g（0.30g），且地质年代为第四世纪晚更新世 Q_3 及其以前地区时可判为不液化。 ② 设计基本地震动峰值加速度为 0.10g（0.15g）、0.20g（0.30g）和 0.40g 的地区，粉土的黏粒（粒径小于 0.005mm 的颗粒）含量百分率，7、8、9 度分别不小于 10%、13%、16%时，可判为不液化。 ③ 上覆非液化土层厚度和地下水位深度符合下列条件之一时，可不考虑液化影响： $d_u > d_0 + d_b - 2$；$d_w > d_0 + d_b - 3$；$d_u + d_w > 1.5d_0 + 2d_b - 4.5$

（2）饱和的砂土或粉土（不含黄土），当符合下列条件之一时，可初步判别为不液化或可不考虑液化影响：

① 地质年代为第四纪晚更新世（Q_3）及其以前时，7、8、9 度时可判为不液化；

② 粉土的黏粒（粒径小于 0.005mm 的颗粒）含量百分率，7、8、9 度分别不小于 10%、13% 和 16% 时，可判为不液化土（用于液化判别的颗粒含量系采用六偏磷酸铀做分散剂测定，采用其他方法时应按有关规定换算）。

③ 浅埋天然地基的建筑，当上覆非液化土层厚度和地下水位深度符合下列条件之一时，可不考虑液化影响：

$$d_u > d_0 + d_b - 2 \tag{6-13}$$

$$d_w > d_0 + d_b - 3 \tag{6-14}$$

$$d_w + d_u > 1.5d_0 + 2d_b - 4.5 \tag{6-15}$$

式中：d_w——地下水位深度，m，宜按设计基准期内年平均最高水位采用，也可按近期内年最高水位采用；

d_u——上覆盖非液化土层厚度，m，计算时宜将淤泥和淤泥质土层扣除；

d_b——基础埋置深度，m，不超过 2m 时应采用 2m；

d_0——液化土特征深度，m，可按表 6-11 采用。

表 6-11 液化土特征深度 d_0 (m)

饱和土类别	7度	8度	9度
粉土	6	7	8
砂土	7	8	9

注：当区域的地下水位处于变动状态时，应按不利的情况考虑。

【例题 6-3】 某建筑拟采用天然地基，场地地基土由上覆的非液化土层和下伏的饱和粉土组成，地震烈度为 8 度。按《建筑抗震设计规范》，对下列选项进行液化初步判别，确定哪些选项需要考虑液化影响。

【解】
根据《建筑抗震设计规范》(GB 50011—2010) 第 4.3.3 条：
(1) 选项 A：$d_u=6m<d_0+d_b-2=7+2-2=7$ (m) ($d_b<2m$ 时取 2m)
$\qquad d_w=5m<d_0+d_b-3=7+2-3=6$ (m)
$\qquad d_u+d_w=11m>1.5d_0+2d_b-4.5=1.5\times7+2\times2-4.5=10$ (m)
可不考虑液化影响
(2) 选项 B：$d_u=5m<d_0+d_b-2=7+2-2=7$ (m)
$\qquad d_w=5.5m<d_0+d_b-3=7+2-3=6$ (m)
$\qquad d_u+d_w=10.5m>1.5d_0+2d_b-4.5=1.5\times7+2\times2-4.5=10$ (m)
可不考虑液化影响
(3) 选项 C：$d_u=4m<d_0+d_b-2=7+2-2=7m$ ($d_b<2m$ 时取 2m)
$\qquad d_w=5.5m<d_0+d_b-3=7+2-3=6$ (m)
$\qquad d_u+d_w=9.5m>1.5d_0+2d_b-4.5=1.5\times7+2\times2-4.5=10$ (m)
需考虑液化影响
(4) 选项 D：$d_u=6.5m<d_0+d_b-2=7+3-2=8$ (m)
$\qquad d_w=6.0m<d_0+d_b-3=7+3-3=7$ (m)
$\qquad d_u+d_w=12.5m>1.5d_0+2d_b-4.5=1.5\times7+2\times3-4.5=12$ (m)
可不考虑液化影响

【剖析】 上述三个公式只要满足条件之一即可判为不液化；否则要采用标贯法进一步判别液化（式子两边刚好相等也要进一步判别）；d_b 小于 2m 应取 2m。

进一步判别：

当初步判别结果为需要考虑液化影响情况下，需进一步判别场地是否会发生液化。国内外，地基土液化进一步判别存在很多方法。不过，液化进一步判别的基本思路主要有两种。一种是基于标准贯入锤击数 N 和标准贯入锤击数临界值 N_{cr} 的比较。我国抗震设计相关的规范均是推荐了这种液化进一步判别的思路。另一种是基于抗液化强度 CRR 值与土层的等效等幅往返应力比 CSR 的比较。后者在国外更为常用。这两种思路相互之间存在联系，可相互转化。从工程运用角度，前者更为简便；从力学概念角度，后者更为清晰。

在抗液化强度 CRR 和等效等幅往返应力比 CSR 的比较思路中，力学概念更为清晰，在开展液化进一步判别时，CRR 值除了可以采用最为常用的标准贯入锤击数这一技术指标进行计算外,还可以采用静力触探阻抗值、剪切波速值等指标进行计算,分别形成了 NCEER 判别法、Vs 判别法、CPT 判别法等。本节主要介绍我国《建筑抗震设计规范》(GB 50011—2010) 中推荐的液化进一步判别的方法。

《建筑抗震设计规范》(GB 50011—2010) 中规定:当饱和砂土、粉土的初步判别认为需进一步进行液化判别时,应采用标准贯入试验判别法判别地面下 20m 范围内土的液化。当饱和土标准贯入锤击数(未经杆长修正)小于或等于液化判别标准贯入锤击数临界值时,应判为液化土。

在地面下 20m 深度范围内,液化判别标准贯入锤击数临界值可按下式计算:

$$N_{cr} = N_0 \beta \left[\ln(0.6d_s + 1.5) - 0.1d_w \right] \sqrt{3/\rho_c} \tag{6-16}$$

式中:N_{cr}——液化判别标准贯入锤击数临界值;

N_0——液化判别标准贯入锤击数基准值,可按表 6-12 采用;

d_s——饱和土标准贯入点深度,m;

d_w——地下水位,m;

ρ_c——黏粒含量百分率,当小于 3 或为砂土时,应取值 3;

β——调整系数,设计地震第一组取 0.80,第二组取 0.95,第三组取 1.05。

表 6-12 液化判别标准贯入锤击数基准值 N_0

设计基本地震加速度/g	0.10	0.15	0.20	0.30	0.40
液化判别标准贯入锤击数基准值	7	10	12	16	19

对于其他相关规范规定的液化判别,在技术指标采用的公式有所差异,但判别的思路是一致的。其中《水利水电工程地质勘察规范》和《公路工程抗震规范》抗震相关规范的规定汇总见表 6-13。

表 6-13 液化进一步判别方法摘录

规范	液化进一步判别
建筑抗震设计规范	标贯进一步判别法:N 采用标贯击数实测值; $N_{cr} = N_0 \beta \left[\ln(0.6d_s + 1.5) - 0.1d_w \right] \sqrt{3/\rho_c}$
水利水电工程地质勘察规范	①标贯进一步判别法: 标贯修正公式:$N = N' \left(\dfrac{d_s + 0.9d_w + 0.7}{d'_s + 0.9d'_w + 0.7} \right)$ $N_{cr} = N_0 \left[0.9 + 0.1(d_s - d_w) \right] \sqrt{3/\rho_c}$ ②相对密实进一步判别法 $D_r = \dfrac{e_{max} - e_0}{e_{max} - e_{min}} \leq [D_r]_{cr}$ 判为可能液化 $[D_r]_{cr}$ 为饱和无黏性土的液化临界相对密度,见规范取值 ③相对含水率或液性指数进一步判别法,具体见规范
公路工程抗震规范	标贯进一步判别法: 地下 15m 范围内:$N_{cr} = N_0 \left[0.9 + 0.1(d_s - d_w) \right] \sqrt{3/\rho_c}$ 地下 15~20m 范围内:$N_{cr} = N_0 (2.4 - 0.1d_w) \sqrt{3/\rho_c}$

对于进一步判别,当有成熟经验时,尚可采用其他判别方法。因此,也有采用静力触探试验的实测比贯入阻力(实测锥尖阻力)和临界比贯入阻力(临界锥尖阻力)比较的液化进一步判别的方法(详见《上海市建筑抗震设计规程》(DGJ 08-9—2013))。

2. 液化等级划分

地基土地震液化进一步判别之后,如果地基中有液化土层,则应探明各液化土层的深度和厚度,进行液化等级的划分。液化等级的划分是为了确定场地发生地震液化的危害程度,便于采取相应的抗液化措施对液化地基进行处理。

根据《建筑抗震设计规范》(GB 50011—2010),地基的液化等级划分为三个等级:轻微液化、中等液化和严重液化。划分等级的技术指标为液化指数,两者的对应关系见表 6-14。

表 6-14 液化等级与液化指数的对应关系

液化等级	轻微液化	中等液化	严重液化
液化指标 I_{IE}	$0<I_{IE}\leq 6$	$6<I_{IE}\leq 18$	$I_{IE}>18$

液化指数 I_{IE} 采用式(6-17)进行计算。

$$I_{IE} = \sum_{i=1}^{n}\left(1-\frac{N_i}{N_{cri}}\right)d_i W_i \tag{6-17}$$

式中: n——在判别深度范围内每一个钻孔标准贯入试验点的总数;

N_i、N_{cri}——i 点标准贯入锤击数的实测值和临界值,当实测值大于临界值时应取临界值,当只需要判别 15m 范围以内的液化时,15m 以下的实测值可按临界值采用;

d_i——i 点所代表的土层厚度,m,可采用与该标准贯入试验点相邻的土、下两标准贯入试验点深度差的一半,但上界不高于地下水位深度,下界不深于液化深度;

W_i——土层单位土层厚度的层位影响权函数值,m^{-1},当该层中点深度不大于 5m 时应采用 10;等于 20m 时应采用零值,5~20m 时应按线性内插法取值。

【例题 6-4】某建筑场地抗震设防烈度为 8 度,设计基本加速度 $0.2g$,设计地震分组为第二组,地下水位于地表下 3m,某钻孔揭示的地层及标贯资料如例表 6-4-1 所示,经初判,场地饱和砂土可能液化,试计算该钻孔的液化指数。(表中试验点数及深度为假设值)

例表 6-4-1 钻孔揭示的地层及表观资料

土层序号	土名	土层厚度/m	标贯试验深度/m	标贯击数	黏粒含量/%
①	黏土	1			
②	粉土	10	6	6	14
			8	7	
③	粉砂	5	12	18	3
			14	24	
④	细砂	6	17	25	2
			19	25	
⑤	黏土	3			

【解】

根据《建筑抗震设计规范》（GB 50011—2010）第 4.2.1、4.3.3～4.3.5 条：

(1) 初判：8 度区粉土层，$\rho_c=14>13$，可判为不液化；

(2) 进一步判别：判别深度取 20m，$N_{cr}=N_0\beta\left[\ln(1.6d_s+1.5)-0.1d_w\right]\sqrt{3/\rho_c}$

12m 处：$N_{cr}=12\times0.95\times\left[\ln(0.6\times12+1.5)-0.1\times3\right]\times\sqrt{3/3}=21.24>18$，液化；

14m 处：$N_{cr}=12\times0.95\times\left[\ln(0.6\times14+1.5)-0.1\times3\right]\times\sqrt{3/3}=22.71<24$，不液化；

17m 处：$N_{cr}=12\times0.95\times\left[\ln(0.6\times17+1.5)-0.1\times3\right]\times\sqrt{3/3}=24.62<25$，不液化；

19m 处：$N_{cr}=12\times0.95\times\left[\ln(0.6\times19+1.5)-0.1\times3\right]\times\sqrt{3/3}=25.73>25$，液化。

(3) 12m、19m 处为液化点，计算 d_i、d_s、W_i 如例表 6-4-2 所示：

例表 6-4-2　d_i、d_s、W_i 值

	d_i	d_s	W_i（线性内插法取值）
12m	2	12	$\frac{10}{20-5}\times(20-12)=5.33$
19m	2	19	$\frac{10}{20-5}\times(20-19)=0.67$

(4) $I_{lE}=\sum_{i=1}^{n}\left(1-\frac{N_i}{N_{cri}}\right)d_iW_i=\left(1-\frac{18}{21.24}\right)\times2\times5.33+\left(1-\frac{25}{25.73}\right)\times2\times0.67=1.66$

根据液化指数可知，该场地为轻微液化场地。

【剖析】

(1) 计算多点的液化指数，在采用标贯进一步判别前，容易忽视首先可根据地质年代、粉土黏粒含量等进行初判，初判不液化点可不计算液化指数。

(2) 本题要注意液化判别深度上限为 20m，如果错误判别至细砂层底 22m 处，则 19m 处的 d_s 误取为 20m，权函数 W_i 计算为 $\frac{2}{3}\times(20-20)=0$。

(3) 根据地质年代，粉土黏粒含量等进行初判，注意地质年代；对于 Q_3，7、8 度时可判为不液化；地质年代为 Q_4，则应再进行进一步判别。

6.3　场地与桩基地震反应分析

6.3.1.1 时域分析方法

6.3.1　场地地震反应分析

场地地震反应分析在此是指自由场地的地震反应分析，可简要地叙述为研究基岩地震动与地表地震动之间的传播过程、两者的特性以及两者的相关关系。场地地震反应分析有两方面的意义。第一，它有助于地震动的分析，即从基岩地震动推算土层中的地震动或从地表土层的地震动推算基岩地震动，两者都有重要的实用意义，如前者获得土层中的地震动可作为地震作用开展桩基地震反应分析。第二，研究地基的抗震性能，如上节所述的砂土液化、土体地震永久变形等。

场地地震反应分析的对象是土，和结构材料的力学反应相比，它具有两个特点：

第一，土具有强烈的非线性。图 6-10 给出了黏性土的动力特性参数（动剪切模量比和阻尼比）与剪应变的关系，从图 6-10 中可以看出：当剪应变小于 1.0×10^{-5} 量级时，土的动剪切模量和阻尼比的变化不明显，通常该阶段称为小应变阶段，且将土体作为弹性介质；当剪应变发展至 $1.0\times10^{-5}\sim5.0\times10^{-3}$ 量级范围时，土的动剪切模量随剪应变的增长而出现显著降低，阻尼比则随之出现显著增大的现象，该阶段可称为中等应变阶段；剪应变大于中等应变阶段时，可称为大应变阶段或大变形阶段。绝大多数土的动力特性参数都具有类似的显著非线性特性。当地震波从基岩通过土体传至地表的过程中，这些土体的动力特性将对场地地表地震动产生明显的影响。目前，一般的认识有：土体越软或越松散，则地表的反应谱曲线越向长周期偏移，表现出反应谱的特征周期越大。特别当场地土层中存在软弱土层的情况，其对地表地震动的影响尤为显著。

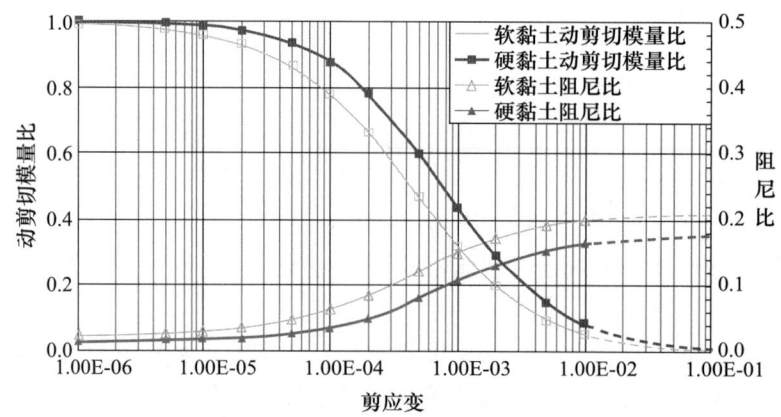

图 6-10　土动力特性参数与剪应变的关系

第二，和结构尺寸相比，可以认为场地土向地下是没有边界的，因而在地震反应分析中必须考虑到这种半无限空间的特性，从而产生了半无限空间、透能边界或几何扩散阻尼这样的问题。

地基地震反应分析方法，主要可以分为两类：一类是时程分析方法，另一类是频域分析方法。时程分析方法是将地震动和地震反应在时域内进行离散，并逐步进行求解整个地震动作用下的地基反应。当结构体系为理想线弹性结构时，可采用杜哈梅积分进行求解，对于结构体系和边界条件简单的情况下可获得理论解答，对于复杂结构及复杂边界条件的情况下，则需要借助数值方法对问题进行求解。当结构体系的非线性特性明显情况下，可采用逐步积分方法进行地基地震反应分析，当然对于理想线弹性结构体系，该方法也同样适用。

频域分析方法是首先将地震动和地震反应的时域映射到频域内，并在频域内对问题进行离散，通过传递函数的形式对问题进行分析，并将频域内的分析结果再叠加，获得问题的时域解。

学者从解决工程问题入手，首先提出了具有重要意义的一维土层场地的分析方法。

如Seed等提出了专用于水平土层的等效线性化波动法，获得了广泛的应用；彭津为了研究桩基反应提出了集中质量振动法。之后，学者又将分析方法从一维问题拓展到了二维甚至三维问题，如Richart等（1975）将水力学中常用的特征线法应用于地基地震反应分析；Seed和Lysmer（1978）引入有限元法应用于场地地震反应分析。下面仅简要介绍一维集中质量振动法和一维等效线性化波动法。

1. 时域分析方法——一维集中质量振动法

一维集中质量振动法是将场地简化为一维的集中质量组成的"糖葫芦串"模型，然后根据振动方法，建立任意集中质量点的振动方程组，采用矩阵求解的方法进行求解，获得任意埋深的集中质量点的位移时程等运动量、集中质量点相互之间的剪应力时程等。

设场地底部的基岩地震动 $\ddot{x}_g(t)$，场地可分为 n 计算层，每层厚度为 $2h_i$（$i=1,\cdots,n$），各个计算层的质量分别为 m_i（$i=1,\cdots,n$），各个计算土层与基岩之间的相对位移、相对速度和相对加速度分别为 u、$\dot{u}$ 和 $\ddot{u}$（均是时间的函数）。

这部分假设实质上是将水平土层看作一维问题，只考虑剪切波的竖向传播，将土层视为集中质量体系，每一分层的地震相互作用，用质点 m_i 具有的惯性力 $m_i(\ddot{u}_i+\ddot{x}_g)$、阻尼力 $c_i\dot{u}_i-c_{i+1}\dot{u}_{i+1}$ 和弹性恢复力 $k_iu_i-k_{i+1}u_{i+1}$、弹簧恢复力 c_i 具有的黏滞力代替。其中，为简化计算，可取每一分层的厚度 $2h_i$ 相等，即 $h_i=h$，则每一分层的集中质量为 $m_i=2\gamma h$（$i=1,\cdots,n-1$），集中于分界面处，自由表面则为 $m_n=\gamma h$（γ 为土的单位厚度质量）。离散质点数要选得足够多，使离散体系能反映连续体系的变化。相邻两质点之间的每一连接参数，都由土壤的非线性应力应变关系决定，可以采用等效线性化方法进行，此时，k_i 为相对位移的函数，如图6-11所示。

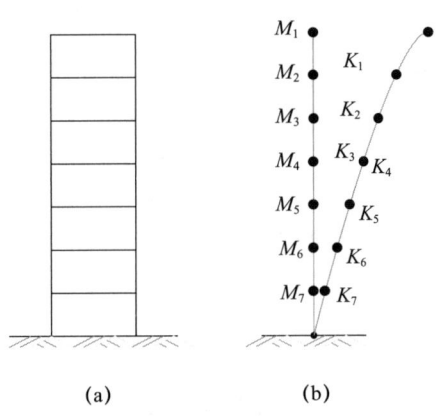

图6-11 集中质量振动法示意图
（a）土柱；（b）"糖葫芦串"模型

2. 等效线性波动解法

现考虑如图6-12所示的半无限空间上的 n 层黏弹性材料的水平层，剪切地震波沿竖向传播时，在每一层内都要满足下述剪切波动方程：

$$\rho_j \frac{\partial^2 u_j}{\partial t^2} = G_j \frac{\partial^2 u_j}{\partial z_j^2} + \eta_j \frac{\partial^3 u_j}{\partial z_j^2 \partial t} \tag{6-18}$$

式中： u_j ——第 j 层某点在水平向的位移；

$\rho_j \dfrac{\partial^2 u_j}{\partial t^2}$ ——惯性力项；

$G_j \dfrac{\partial^2 u_j}{\partial z_j^2}$ ——弹性恢复力项；

$\eta_j \dfrac{\partial^3 u_j}{\partial z_j^2 \partial t}$ ——黏性阻尼力项。

6.3.1.2 等效线性波动解法

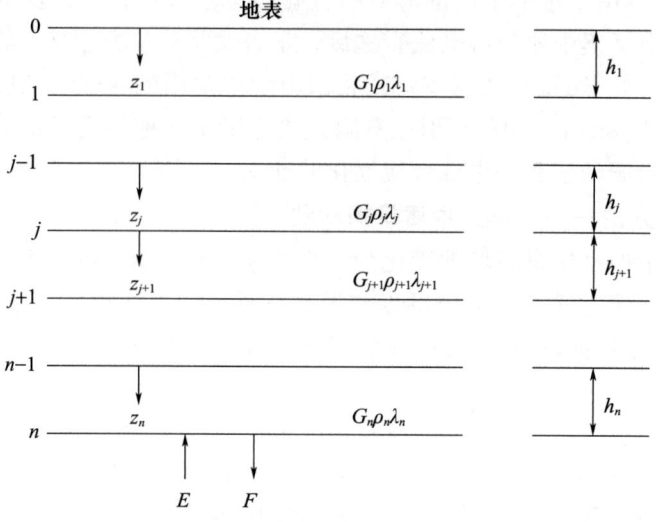

图 6-12 多层水平土层的一维问题

土层中频率为 ω 的位移谐波可表达成如下形式：

$$u_j(z_j, t) = U_j(z_j) e^{i\omega t} \tag{6-19}$$

上式代入剪切波动方程式 (6-18) 的稳态解的表达式：

$$U_j(z_j) = E_j e^{ik_j z_j} + F_j e^{-ik_j z_j} \tag{6-20}$$

式中：U_j、E_j、F_j 都是频率 ω 的函数；$k_j = \omega/V_j^*$，且 V_j^* 为复波速，与波速的关系相似，按照下式定义：

$$V_j^* = \sqrt{\frac{G_j^*}{\rho_j}} = \sqrt{\frac{(G_j + i\omega \eta_j)}{\rho_j}} = \sqrt{\frac{G_j(1+2i\zeta_j)}{\rho_j}} \tag{6-21}$$

式中：ζ_j——第 j 层的阻尼比；

G_j^*——第 j 层的复剪切模量。

式 (6-20) 右边第一项 $E_j e^{ik_j z_j}$ 为向上传播的波，即为由层下面向上的入射波；第二项 $F_j e^{-ik_j z_j}$ 为向下传播的波，即为从层上面向下的反射波；各层内的剪应力为：

$$\tau = G\frac{\partial u}{\partial z} + \eta\frac{\partial^2 u}{\partial z \partial t} = G^*\frac{du}{dz} \tag{6-22}$$

根据相邻层间的剪力和位移连续条件：

$$\tau_j|_{z=h_j} = \tau_{j+1}|_{z=0}, \quad u_j|_{z=h_j} = u_{j+1}|_{z=0} \tag{6-23}$$

由此即得

$$\left.\begin{array}{l} E_{j+1} = \frac{1}{2}[E_j(1+\alpha_j)e^{ik_j h_j} + F_j(1-\alpha_j)e^{-ik_j h_j}] \\ E_{j+1} = \frac{1}{2}[E_j(1-\alpha_j)e^{ik_j h_j} + F_j(1+\alpha_j)e^{-ik_j h_j}] \end{array}\right\} \tag{6-24}$$

$$\alpha_j = \rho_j V_j / (\rho_{j+1} V_{j+1}) \tag{6-25}$$

由式 (6-20) 可得，在第 j 层的顶面 ($z_j = 0$) 处，地震动的振幅 A_j 为

$$A_j = U_j(z=0) = E_j + F_j \tag{6-26}$$

其中包括入射波幅 E_j 和反射波幅 F_j。在自由表面，剪应力为零，即 $\tau_1|_{z=0}=0$，故得 $E_1=F_1$；再令 $U_1(0)=A_0=$ 地表位移振幅，由此可得

$$E_1=F_1=\frac{1}{2}A_0 \tag{6-27}$$

从这些方程式，可以用自由表面振幅 A_0，或多层中任一点的幅值来表示出全部幅值 E_j 与 F_j ($j=1,2,\cdots,n+1$)。例如，假若已知 A_0，则可以从式（6-27）知道 E_1 和 F_1；然后从式（6-24）逐步递归地求得 E_2 与 F_2，E_3 与 F_3，$\cdots$，E_{n+1} 和 F_{n+1}。

假若给定的是第 m 层顶面（$z_m=0$）的位移 A_m，则从式（6-26）、式（6-27）可得

$$A_0/A_m=2E_1/(E_m+F_m) \tag{6-28}$$

因此，只要先假设 E_1，按上述方法逐步计算出 E_2、F_2、$\cdots$、E_m、F_m，即可用上式求得 A_0。

6.3.2 桩基地震反应分析

目前，桩基结构的抗震分析最简单的方法是将自由场地地震反应分析获得的地震作用作为桩基结构的输入地震动作用。这种分析方法忽略了桩基础对场地地震动的影响，通常认为其结果是偏于保守的。

然而，对于软弱场地中的桩基有可能得出偏于不利工程安全的结果。主要原因是由于上部结构、桩基础对场地地震动的影响，导致地表地震动加速度反应谱谱值可能明显大于抗震规范的设计反应谱谱值，此时桩基础和上部结构将遭受更强的地震作用。这种上部结构、桩基结构和桩周土体相互影响产生地震作用危害的现象称为桩土结构动力相互作用（PSSI）效应。

分析桩土结构动力相互作用的问题已有多种方法。这些方法都需要考虑两个重要的方面：首先需要考虑桩和桩周土的数学模型。对于桩通常有连续介质模型、集中质量模型、Winkle（文克尔）梁模型等，对于桩周土可采用连续介质模型、离散模型。其次是需要考虑桩与桩周土之间的分析方法，可采用解析法、弹簧系数法、p-y 曲线法、有限元整体分析法或子结构法等。这些模型或分析方法都各有千秋，需要根据实际工程所针对的问题或目标，合理选取。下面简要介绍集中质量模型和 Winkle 梁模型，以及弹簧系数法和 p-y 曲线法，便于理解桩基地震反应分析。

1. 集中质量模型和 Winkle 模型

集中质量模型，是由 Penzien 和 Scheffey（1964）在分析带桩基础的大跨桥梁结构地震反应时首先提出的。该模型由结构、基础、桩及等价土体构成的结构体系和不受结构物影响的多质点自由场体系两部分组成。根据土层情况将自由场地分为若干单位面积的水平土层，各土层质量集中于土层分界面处。上部结构和桩基础简化为串联质点系，质点间以梁、杆连接，既可视为剪切型质点系，也可视为弯剪型质点系。桩的质量集中于桩基各水平土层界面上，自由场与等价土体间采用等效水平弹簧和阻尼器联系。集中质量模型物理概念清晰，公式简单，因而在桩土结构动力相互作用研究和工程实践中得以广泛应用。需要注意的是，集中质量模型通常假设靠近桩体的桩周土体具有桩体相同的振动，不能反映振动过程中桩土界面上的分离、滑移和闭合等动力非线性接触现象。

采用集中质量模型分析土与桩的动力相互作用时，将桩分为 N 段，在相邻两端间集中一个质点，质点间以无质量梁构件相连。质点 i 的受力分析时，假设桩为线弹性体，地震时质点水平位移为 u_i，相邻两质点间相对位移为 u_i-u_{i-1}，则相对位移在桩上产生的水平向弹性力 F_{pi} 为：

$$F_{pi}=\frac{12EI}{l_i^3}(u_i-u_{i-1})=k_i^p(u_i-u_{i-1}) \tag{6-29}$$

式中：E、I——桩体弹性模量和桩截面转动惯性矩；

l_i——第 i 段桩的长度；

k_i^p——第 i 段桩的水平刚度系数；

u_i——质点 i 的位移。

根据文克尔地基假定，土对桩的反力 F_{si} 可表示为

$$F_{si}=k_i^s(z)(u_i-u_{i-1}) \tag{6-30}$$

当考虑相互作用时，作用于质点 i 的水平惯性力可表示为

$$F_{mi}=M_i(\ddot{u}_g+\ddot{u}_i)-M_i^s\ddot{u}_{s,i} \tag{6-31}$$

式中：M_i——质点 i 的质量；

$\ddot{u}_g$——基岩输入地震动加速度；

$\ddot{u}_i$——质点 i 相对于基岩的加速度。

在进行桩-土动力相互作用时，还需计算桩和土的阻尼效应。地震时，由两质点的相对速度在桩上产生的阻尼力可表示为

$$F_{ci}^p=c_i^p(\dot{u}_{i+1}-\dot{u}_i) \tag{6-32}$$

式中：c_i^p——桩的阻尼系数；

$\dot{u}_{i+1}$、$\dot{u}_i$——质点 i、$i+1$ 的相对基底的运动速度。

地震时，桩-土体系运动时土对桩的阻尼力为

$$F_{ci}^s=c_i^s(\dot{u}_i-\dot{u}_{s,i}) \tag{6-33}$$

式中：c_i^s——土的阻尼系数；

$\dot{u}_{s,i}$——自由场土桩质点 i 的相对基底的运动速度。

故不考虑桩的转动所产生的水平力，则由上述力作用下，质点 i 动力平衡方程为

$$k_{i+1}^p(u_{i+1}-u_i)+k_i^p(u_i-u_{i-1})+c_{i+1}^p(\dot{u}_{i+1}-\dot{u}_i)+c_i^p(\dot{u}_i-\dot{u}_{i-1})+$$
$$k_i^s(u_i-u_{s,i})+c_i^s(\ddot{u}_i-\ddot{u}_{s,i})+M_i(\ddot{u}_g+\ddot{u}_i)-M_i^s\ddot{u}_{s,i}=0 \tag{6-34}$$

Winkle 模型是将桩看成置于土介质中的梁，这是与集中质量模型的基本区别。而桩周土对桩的动力阻抗用连续分布的质量、弹簧和阻尼器的组合体代替，与集中质量模型相似，但其弹簧和阻尼器形式和连接方式更多。桩周土由一组非线性弹簧和线性阻尼器组成，这些弹簧和阻尼器可以是与频率无关也可以是有关的。阻尼器用于考虑土体辐射阻尼效应，非线性弹簧的刚度由静态单位荷载的传递曲线确定。

2. 弹簧系数法和 p-y 曲线法

在确定桩土相互作用时，最简单的方法是采用弹簧系数法，如图 6-13 所示。弹簧系数 $k(z)$ 定义为：在地面下的一点 z 处产生单位水平位移时作用于该点单位长度的反力。其求取的方法简述如下。

设在半空间弹性体中有一根半径为 r 的桩，长为 l。半空间无限土体的动剪切模量为 G、泊松比为 ν。为定义等价的土弹簧系数，沿桩长 l 分 N 等份，设每等份长 $2h$。桩发生水平变形时，土体对桩的作用以间隔为 $2h$ 水平放置的一组土弹簧代替，如图 6-13 所示。对饱和土可较为合理地假定泊松比 $\nu=0.5$，则剪切模量 $G=E/3$；并且假定各深度间隔 $2h$ 内荷载均匀分布，这样可用水平荷载强度表示深度处作用于桩上对应深度处的水平力。通过 Mindlin 位移解建立的半空间内一点水平力产生的水平位移关系，积分求取 H 深度单位长度范围内荷载强度产生的平均位移。则可根据该深度处的荷载强度与该处平均位移的比值，计算弹簧系数 $k(z)$，其具体表达式如下。

$$k(z) = \frac{8\pi E(z)}{3}\left\{arsinh\frac{l+z}{r}+arsinh\frac{l-z}{r}+\frac{4}{3}\times\frac{r^2z+z^2(l+z)}{[r^2+(l+z)^2]^{1.5}}+\right.$$
$$\left.\frac{2}{3r^2}\left[\frac{r^2(l-2z)+z^2(l+z)}{\sqrt{r^2+(l+z)^2}}+\frac{r^2(l-z)}{\sqrt{r^2+(l-z)^2}}-\frac{z(z^2-r^2)}{\sqrt{r^2+z^2}}\right]\right\}^{-1}$$

(6-35)

考虑到在实际土层中，E 随着土层深度 z 而变化，故将 E 替换为 $E(z)$，以近似考虑 E 随着土层深度 z 而变化的影响。$E(z)$ 应采用自由场地震反应分析给出的应变相容的 $E(z)$。

桩土结构动力相互作用分析的关键在于确定弹簧的刚度系数和阻尼系数。上述由 Mindlin 位移解确定土体弹簧刚度系数的方法由静力分析引申而来，简单但仅反映了与土层深度的关系，用于桩土结构动力分析缺乏一定的理论依据。目前，在桩土结构动力相互作用分析中，常用的弹簧刚度系数是通过由试验或经验公式给出的桩侧土 p-y 曲线来确定，这类方法即所谓的 p-y 曲线法。动力 p-y 曲线是指动荷载或循环荷载下桩侧土体抗力 p 与桩土相对位移 y 之间的关系曲线。计算模型中，桩侧土对桩身的作用以若干非线性弹簧和阻尼器代替。

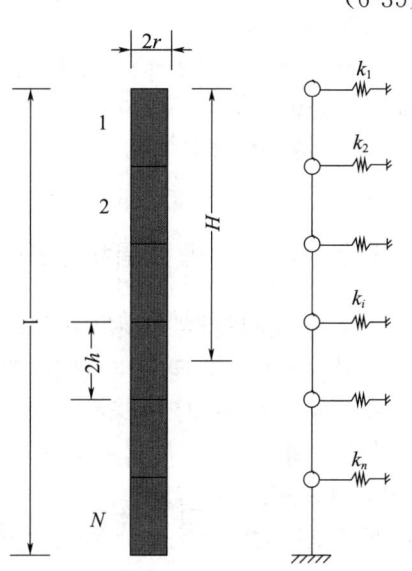

图 6-13　土体弹簧系数的确定

非线性弹簧的动力性质以桩侧土体 p-y 曲线来描述，阻尼可考虑土体的材料阻尼和辐射阻尼。由于 p-y 曲线多为动荷载或循环荷载下测得的试验曲线，将其应用于桩土结构动力相互作用分析中，则体现了桩周土在动荷载作用下的工作性能。动力 p-y 曲线不仅反映了土体的线弹性阶段力和位移关系，同时也能体现土体在塑性阶段的变形特性，故动力 p-y 曲线法属于一种弹塑性分析方法。

6.4　地基抗震承载力与基础抗震验算

大量震害调查表明：因地基失效而导致上部结构破坏的震害案例并不多见。在抗震设防 6 度地区，液化、震陷以至滑坡等地基失效的情况则极为少见；此外，地基土强迫位移也较小，上部结构按静力计算也可满足抗震 6 度设防的要求。总体而言，在 6 度地区可不进行地基基础抗震设计，即不用考虑软土震陷、液化和滑坡等，仅按静力荷载设计即可。但当遇到可液化地基、易产生振陷的软弱黏性土地基以及水平不均性较大地基时，则有必要进行抗震方面的分析和验算。

6.4.1 可不进行基础抗震验算的情况

1. 天然地基基础

下列建筑可不进行天然地基及基础的抗震承载力验算：

（1）《建筑抗震设计规范》（GB 50011—2010）规定可不进行上部结构抗震验算的建筑。

（2）地基主要受力层范围内不存在软弱黏性土层的建筑：①一般的单层厂房和单层空旷房屋；②砌体房屋；③不超过 8 层且高度在 24m 以下的一般民用框架和框架-抗震墙房屋；④基础荷载与第③项相当的多层框架厂房和多层混凝土抗震房屋。

2. 桩基基础

承受竖向荷载为主的低承台桩基，当地面下无液化土层，且桩承台周围无淤泥、淤泥质土和地基承载力特征值不大于 100kPa 的填土时，下列建筑可不进行桩基抗震承载力验算：

（1）7 度和 8 度时的下列建筑：

① 一般的单层厂房和单层空旷房屋；

② 不超过 8 层且高度在 24m 以下的一般民用框架房屋；

③ 基础荷载与②项相当的多层框架厂房和多层混凝土抗震墙房屋。

（2）地基主要受力层范围内不存在软弱黏性土层的下列建筑：

① 一般的单层厂房和单层空旷房屋；

② 不超过 8 层且高度在 24m 以下的一般民用框架和框架-抗震墙房屋。

6.4.2 地震作用下的天然地基承载力验算

1. 天然地基抗震承载力

地基承载力的抗震验算，首先需要确定地震作用下的地基承载力。国内外研究资料表明，除了十分软弱的地基土之外，地震作用下的地基土的动强度都比静力强度高。因此，确定地基抗震承载力时，采用在地基静力承载力特征值基础上乘以调整系数来确定，即：

$$f_{aE} = \zeta_a f_a \tag{6-36}$$

式中：f_{aE}——调整后的地基抗震承载力；

f_a——深度修正后的地基承载力特征值，按《建筑地基基础设计规范》（GB 50007—2011）采用；

ζ_a——地基抗震承载力调整系数，按表 6-15 取值。

表 6-15 地基抗震承载力调整系数 ζ_a

岩土名称和性状	ζ_a
岩石，密实的碎石土，密实的砾、粗、中砂，$f_{ak} \geqslant 300$kPa 的黏性土和粉土	1.5
中密、稍密的碎石土，中密和稍密的砾、粗、中砂，密实和中密的细、粉砂，150kPa$\leqslant f_{ak} \leqslant 300$kPa 的黏性土和粉土，坚硬黄土	1.3
稍密的细、粉砂，100kPa$\leqslant f_{ak} \leqslant 150$kPa 的黏性土和粉土，可塑黄土	1.1
淤泥、淤泥质土，松散的砂，杂填土，新近堆积黄土及流塑黄土	1.0

注：地基抗震承载力调整系数主要考虑两个因素：①除十分软弱的土外，大多数土的动强度都比静强度高；②考虑到地震作用是一种偶然作用，历时短暂，所以地基在地震作用下的可靠度要求较静力作用时降低。这样，地基土抗震承载力，除十分软弱的土外，都较地基土静承载力高。

2. 地基抗震承载力抗震验算

地基与基础的抗震验算，为便于工程师的使用，采用所谓的"拟静力法"，即假定地震作用如同静力作用，然后验算地基的承载力和稳定性。天然地基地震作用下的竖向承载力应按下式验算：

轴心荷载作用下，基础底面平均压力应满足：

$$p \leqslant f_{aE} \tag{6-37}$$

偏心荷载作用下，基础底面边缘最大压力应满足：

$$p_{max} \leqslant 1.2 f_{aE} \tag{6-38}$$

式中：p——地震作用效应标准组合的基础底面平均压力，根据重力荷载代表值结合地震影响系数确定；

p_{max}——地震作用效应标准组合的基础边缘的最大压力。

高宽比大于 4 的高层建筑，在地震作用下基础底面不宜出现脱离区（零应力区）；其他建筑，要控制基础底面与地基之间脱离区（零应力区）面积不应超过基础底面面积的 15%。

【例题 6-5】某独立基础尺寸 2.0m×1.5m，埋深 1.5m，上部结构作用竖向力 $F_k = 1000$kN，弯矩 $M_k = 100$kN·m，地震作用竖向拉力 $F_1 = 60$kN，地震作用水平力 $H_k = 190$kN，作用点平地面，地基持力层为密实中砂，$\gamma = 18$kN/m³，$\phi_k = 30°$，$f_{ak} = 220$kPa，试验算地基抗震承载力。

【解】

(1) 地基承载力特征值深宽修正：

$$f_a = f_{ak} + \eta_b \gamma (b-3) + \eta_d \gamma_m (d-0.5)$$
$$= 220 + 0 + 4.4 \times 18 \times 1.0 = 299.2 \text{ (kPa)}$$

(2) 地基抗震承载力：

$$f_{aE} = \zeta_a f_a = 1.5 \times 299.2 = 448.8 \text{ (kPa)}$$

(3) 偏心距：

$$e = \frac{M_k}{F_k + G_k} = \frac{190 \times 1.5 - 100}{1000 - 60 + 2 \times 1.5 \times 1.5 \times 20}$$

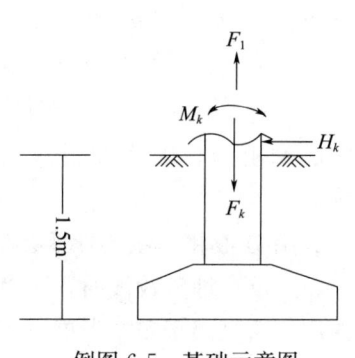

例图 6-5 基础示意图

$$= \frac{185}{1030} = 0.18 \text{ (m)} < \frac{b}{6} = 0.33 \text{ (m)}$$

（4）地震作用效应标准组合的基底平均压力：

$$p_k = \frac{F_k + G_k}{A} = \frac{1030}{2.0 \times 1.5} = 343.3 \text{ (kPa)} < f_{aE} = 448.8 \text{ (kPa)}$$

（5）地震作用效应标准组合的基底边缘最大压力：

$$p_{kmax} = \frac{F_k + G_k}{A} + \frac{M_k}{W} = 343.3 + \frac{185}{(1.5 \times 2^2)/6} = 528.3 \text{ (kPa)}$$
$$< 1.2 f_{aE} = 538.6 \text{ (kPa)}$$

经验算，地基抗震承载力满足要求。

【剖析】

（1）持力层为密实中砂，因此根据表 6-15，取 $\zeta_a = 1.5$。

（2）理解水平地震作用的位置为地表位置，并不是均匀作用于基础侧面，实质上水平地震作用是上部结构在地震作用下的惯性力反作用于基础，因此位于地表位置；因此需要与力臂长度（即基础埋深）相乘获得弯矩。

（3）地震作用效应标准组合的基础底面平均压力 p，包括竖向的地震作用；地震作用效应标准组合的基础边缘的最大压力 p_{max}，包括了两个方向的地震作用。

6.4.3 桩基的抗震验算

地震震害经验表明，平时主要承受垂直荷载的桩基，无论在液化地基还是非液化地基上，其抗震效果一般都是比较好的。但以承受水平荷载和水平地震作用为主的高承台是例外。目前，除考虑桩土相互作用的地震反应分析，还必须采取有效的构造措施。《建筑抗震设计规范》（GB 50011—2010）中，关于桩基抗震验算部分，可分为非液化土中低承台桩基抗震验算、存在液化土层的低承台桩基抗震验算以及抗震构造措施等相关规定这三个方面做了规定。

1. 非液化土中低承台桩基

（1）单桩的竖向和水平向抗震承载力特征值，可均比非抗震设计时提高25%。

（2）当承台周围的回填土夯实至密度不小于国家标准《建筑地基基础设计规范》（GB 50007—2011）对填土的要求时，可由承台正面填土与桩共同承担水平地震作用；但不应计入承台底面与地基土间的摩擦力。

（3）对于疏桩基础，如果桩的设计承载力按桩极限荷载取用，则可以考虑承台与土间的摩阻力。因为此时承台与土不会脱空，且桩、土的竖向荷载分担比也比较明确。

2. 存在液化土层的低承台桩基抗震验算

（1）承台埋深较浅时，不宜计入承台周围土的抗力或刚性地坪对水平地震作用的分担作用。这是出于安全考虑，拟将此作为安全储备，主要是目前对液化土中桩的地震作用与土中液化进程的关系尚未弄清。

(2) 当桩承台底面上、下分别有厚度不小于 1.5m、1.0m 的非液化土层或非软弱土层时，可按下列两种情况进行桩的抗震验算，并按不利情况设计：

情况①：桩承受全部地震作用，桩承载力特征值比非抗震设计时提高 25% 取用，液化土的桩周摩阻力及桩水平抗力均应乘以表 6-16 的折减系数。

表 6-16 土层液化影响折减系数

$\dfrac{\text{实际标贯锤击数}}{\text{临界标贯锤击数}}$	深度 d_s/m	折减系数
≤0.6	$d_s \leq 10$	0
	$10 < d_s \leq 20$	1/3
>0.6～0.8	$d_s \leq 10$	1/3
	$10 < d_s \leq 20$	2/3
>0.8～1.0	$d_s \leq 10$	2/3
	$10 < d_s \leq 20$	1

情况②：地震作用按水平地震影响系数最大值的 10% 采用，桩承载力比非抗震设计时提高 25% 取用，但应扣除液化土层的全部摩阻力及桩承台下 2m 深度范围内非液化土的桩周摩阻力。

注意：①规定"按不利情况设计"不是简单地取上述两种情况计算出来的抗震承载力中小值，而应按两种不同的地震作用分别验算地震承载力，按安全系数小的不利情况设计；②当承台底面上、下非液化土层厚度小于以上规定时，可取土层液化影响折减系数为零。

3. 抗震构造措施

(1) 处于液化土中的桩基承台周围，宜用密实干土填筑夯实，若用砂土或粉土则应使土层的标准贯入锤击数不小于《建筑抗震设计规范》（GB 50011—2010）规定的液化判别标准贯入锤击数临界值。

(2) 液化土和震陷软土中桩的配筋范围，应自桩顶至液化深度以下符合全部消除液化沉陷所要求的深度，其纵向钢筋应与桩顶部相同，箍筋应加粗和加密。

(3) 在有液化侧向扩展的地段，桩基除应满足本节中的其他规定外，尚应考虑土流动时的侧向作用力，且承受侧向推力的面积应按边桩外缘间的宽度计算。

【例题 6-6】如例图 6-6 所示，某桩箱基础，箱底布设 330 根预制方桩，桩边长 0.35m，钻孔桩顶于地面以下 6.0m，桩长 13m，地层资料如例表 6-6 所示。基础顶部竖向荷载 $F_k + G_k = 79200$kN，结构的总水平地震力 F_E 作用产生的倾覆力矩设计值 $M_E = 38539$kN·m，已知边桩距中心轴距 $y_{max} = 5.0$m，$\sum y_i^2 = 2633$m²。若场地位于设防烈度为 8 度的地震区，场地类别为 Ⅱ 类，设计地震分组为第一组，结构自振周期 $T = 1.1$s，阻尼比 $\zeta = 0.05$。试按《建筑抗震设计规范》（GB 50011—2010）：(1) 计算单桩竖向抗震承载力特征值；(2) 若不考虑承台效应，试验算桩基础竖向抗震承载力，并确定应按哪种地震作用效应进行桩基设计。

例表6-6 地层资料

土层名称	层底埋深/m	土层厚度/m	标准贯入锤击数 N	临界标准贯入锤击数 N_{cr}	极限侧阻力标准值/kPa	极限端阻力标准值/kPa
①粉质黏土	8.0	8			25	
②粉土	14.4	6.4	11	19	30	
③粉砂	18.0	3.6	18	21	35	
④砾砂	19.0	1.0			50	3000

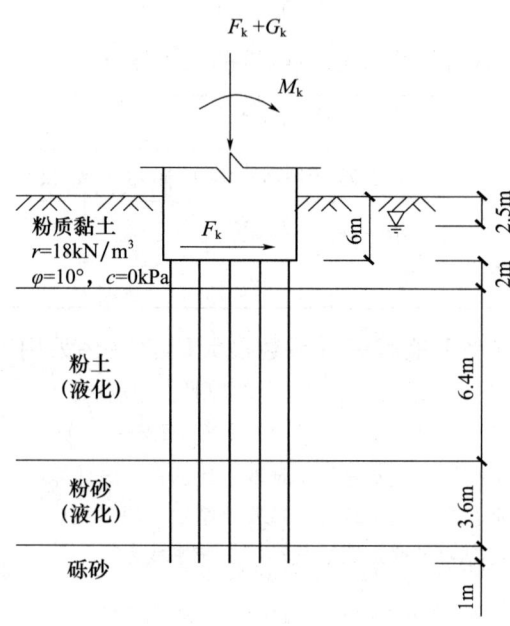

例图6-6 基础及地层示意图

【解】

（1）计算单桩竖向承载力特征值

① 桩承受全部地震作用时

粉土②层：$\dfrac{N}{N_{cr}}=\dfrac{11}{19}=0.58<0.6$，查表6-16，8～10m折减系数取0，10～14.4m取1/3；

粉砂③层：$\dfrac{N}{N_{cr}}=\dfrac{18}{21}=0.86>0.8$，查表6-16，14.4～18.0m折减系数取1.0；

$Q_{uk}=4\times0.35\times\left[2.0\times25+(6.4-2)\times30\times\dfrac{1}{3}+3.6\times35\times1.0+1.0\times50\right]+0.35^2\times3000$
$\qquad=745.5\ (kN)$

$R_{aE}=1.25\times\dfrac{Q_{uk}}{2}=1.25\times\dfrac{745.5}{2}=465.9\ (kN)$

② 地震作用按水平地震影响系数最大值的10%采用时

$Q_{uk}=4\times0.35\times(2.0\times25+6.4\times0+3.6\times0+1.0\times50)+0.35^2\times3000=437.5\ (kN)$

$R_{aE}=1.25\times\dfrac{Q_{uk}}{2}=1.25\times\dfrac{437.5}{2}=273.4\ (kN)$

(2) 验算桩基础竖向抗震承载力

① 桩承受全部地震作用时

不考虑承台效应，取 $R_E = R_{aE} = 465.9 \text{kN}$，

$$N_{\max} = \frac{F_k + G_k}{n} + \frac{M_E y_{\max}}{\sum y_i^2} = \frac{79200}{330} + \frac{38539 \times 5}{2633}$$

$$= 313.2 \text{kN} < 1.2 R_E = 1.2 \times 465.9 = 559.08 \text{kN}，满足要求；$$

安全系数：$K_1 = \dfrac{559.08}{313.2} = 1.785$

② 地震作用按水平地震影响系数最大值的 10% 采用时

Ⅱ类场地，设计地震分组为第一组，查表 6-9，$T_g = 0.35\text{s}$；

结构地震影响系数

$$\alpha_1 = (T_g/T)^r \eta_2 \alpha_{\max} = (0.35/1.1)^{0.9} \times 1.0 \times \alpha_{\max} = 0.357 \alpha_{\max}$$

地震作用按 $\alpha_2 = 0.1 \alpha_{\max}$ 采用，此时由地震作用引起的倾覆力矩：

$$M'_E = \frac{\alpha_2}{\alpha_1} \times M_E = \frac{0.1 \alpha_{\max}}{0.357 \alpha_{\max}} \times 38539 = 10795.2 \text{kN} \cdot \text{m}$$

$$N_{\max} = \frac{F_k + G_k}{n} + \frac{M_E y_{\max}}{\sum y_i^2} = \frac{79200}{330} + \frac{10795.2 \times 5}{2633}$$

$$= 260.5 \text{kN} < 1.2 R_E = 1.2 \times 273.4 = 328.1 \text{kN}，满足要求；$$

$$K_2 = \frac{328.1}{260.5} = 1.26 < K_1 = 1.785,$$

综合考虑，应按不利情况设计，取地震作用按水平地震影响系数最大值的 10% 采用。

【剖析】

(1) 上述解答仅进行偏心受压验算，读者可对轴心受压进行验算，均满足要求。

(2) 该例题为综合例题，涉及了两个规范的多个条款，包括了液化场地桩基验算、地震作用计算、水平地震影响系数最大值选取、单桩竖向抗震承载力特征值计算和承载力地震作用修正等方面的内容，值得仔细揣摩。

(3) 需要明确"应按哪种地震作用效应进行桩基设计"一问，即是指规范中的"按不利情况设计"，分两种，即：情况①"桩承受全部地震作用"和情况②"地震作用按水平地震影响系数最大值的 10% 采用"，需要两种情况都要计算，并需特别指出两者中的不利情况，并不是地震作用最小情况，也不是抗震承载力最小情况，而是两者的安全系数最小情况。

(4) 解题可先采用反推思路：

① 单桩竖向抗震承载力特征值←单桩竖向承载力特征值←单桩竖向抗震承载力标准值←极限侧阻力/端阻力标准值（需要液化影响折减系数修正）；

② 安全系数（两种情况）←地震基底最大压力（及平均压力）←地震倾覆力矩。

(5) 区分两种情况验算方法的差异，并注意情况②中地震倾覆力矩的计算方法，体会"地震作用按水平地震影响系数最大值的 10% 采用"的意思。

(6) 计算单桩竖向承载力时的情况②中，需要扣除液化土层的全部摩阻力及桩承台下 2m 深度范围内非液化土的桩周摩阻力。

思考题与习题

6-1 写出你出生地的地名,并查找下你的出生地所属的抗震设防烈度、设计地震分组和设计基本地震加速度值。

6-2 地表地震动在具有什么特点情况下,对上部结构的破坏最为明显?

6-3 某承台埋深1.5m,承台下为钢筋混凝土预制方桩,断面0.3m×0.3m,有效桩长12m,地层分布如图6-14所示,地下水位于地面下1m。在粉细砂和中粗砂层进行了标准贯入试验,结果如图。根据《建筑抗震设计规范》(GB 50011—2010),计算单桩极限承载力。

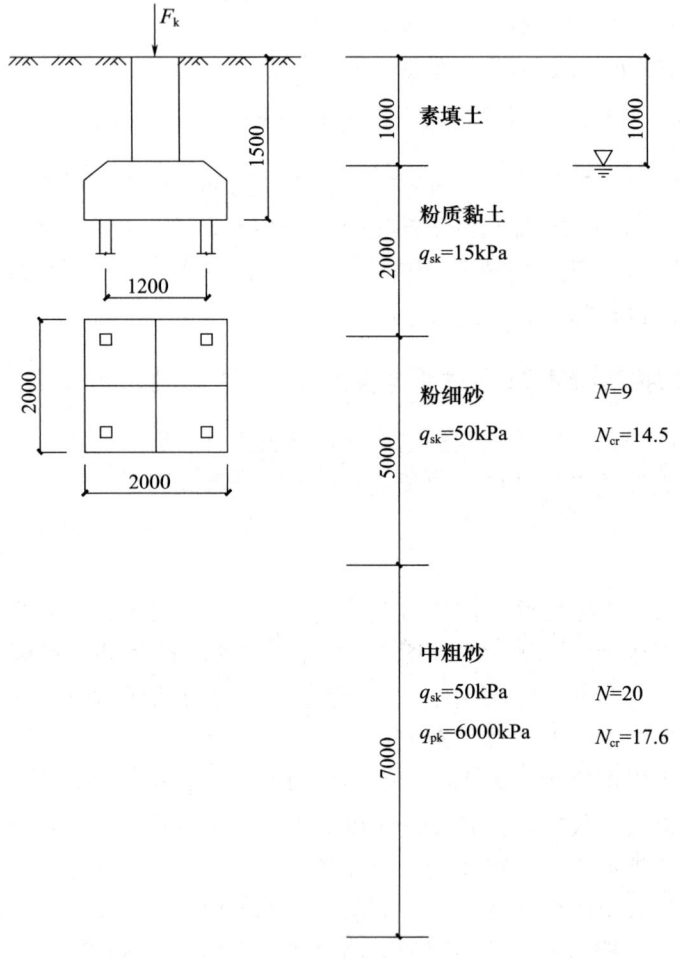

图6-14 基础及地层分布

附：

倾心培育　桃李成林——周福霖院士

周福霖，中国工程院院士、著名隔震减震控制专家、广州大学土木工程学科带头人。他曾兼任联合国工发组织隔震技术顾问，现担任国际隔震减震控制学会（ASSISI）副理事长，曾主持联合国、中国国家科学基金、美国国家科学基金等科技研发项目。他撰写的《工程结构减震控制》，是我国第一部把隔震、消能减震、被动控制、主动控制和混合控制等组成一个完整体系，并建立一套新概念、新理论、新技术方法的经典著作。

周福霖50余年在工程隔震、减震控制领域创造了许多奇迹。1993年，周福霖在广东省汕头市设计建成我国首幢"采用叠层橡胶支座"的隔震住宅楼，被联合国工发组织顾问评价为"世界隔震技术发展第三个里程碑"；他主持把隔震技术首次应用公路桥（石家庄石津渠中桥），使桥墩地震剪力降低30%～50%；1998年，他主持研究建成我国第一座铁路隔震桥（新疆布谷孜铁路桥）。该桥梁在2003年新疆伽师地震中完好无损，救灾物资顺利地通过南疆铁路和布谷孜铁路桥梁源源运抵灾区。周福霖先后主持设计建造成了3个世界面积最大的隔震建筑群，使我国隔震技术水平步入世界先进前列。

周福霖院士不仅在科研攻关上尽心竭力、付出毕生心血，在培育人才和吸引人才上更是犹如春蚕吐丝毫无保留，悉心栽培、倾心付出。他淡泊名利，对年轻教师充满关爱，2016年他获得广东省首届"南粤创新奖"个人奖荣誉，其所获得500万元奖金，全部交给中心技术团队，用于支持和鼓励中青年老师和研究生的科研工作。他说，他只是一个引路者，所有的成绩都是团队的。

周福霖的团队里有不少年轻人，在他的影响下，逐渐成为了发展隔震减震技术的主力军。周福霖院士的博士毕业生、现任抗震中心执行主任谭平博士在谈起周院士时感慨地说到："无论是做周院士的博士生，还是和周院士一起工作，学习到最多的就是周院士认真做事、低调做人、严于律己的精神，在周院士的指导带领下，自己在专业理论水平及实际应用工程不断地得到了提高和成果应用，在政治思想觉悟方面得到了提升。"如今的谭平，在抗震领域独当一面，身兼国际减震学会（ASSISI）副主席、国际橡胶与橡胶制品标准化技术委员会中国建筑学会减震防灾技术推广青年委员会主任委员、中国工程建设标准化协会建筑结构振动专业委员会委员等职务。

广州大学"福霖班"是以周福霖教授名字命名的拔尖创新人才实验班。"福霖班"由周福霖院士任总班主任和总导师，组织导师团队，全程负责学生的教育与培养。"福霖班"自成立以来，共招收学生103人，其中2016级福霖班就业率100%，在2020年学院获得国家奖学金的6名学生中，有3名来自福霖班。

周福霖十分关心"福霖班"的学习成长，定期举办师生见面会。师生互动交流，寄语同学们追求学术卓越，做一名对国家和社会有用的人。2020年7月，周福霖院士亲自为首届"福霖班"毕业生颁发毕业荣誉证书，更以自己从事隔震减震抗震事业的经历为例，给同学们分享了宝贵的人生经验，并对同学们提出了三点希望："一是要诚信做人,不管是从事任何职业,都要做一个品德高尚、对国家有用的人;二是要认真做事,在今后的工作岗位上充分发挥敬业精神,做有品质的工程和产品,将中国产品的质量推向世界第一;三是要刻苦钻研、以水滴石穿的精神做学问。"同学们纷纷表示,荣誉证书颁发仪式和周院士寄语触动很深,是人生一次难忘的经历,毕业是大学的结束,也是人生另一个阶段的开始,今后一定牢记周院士的嘱托,诚信做人,认真做事,以水滴石穿的精神做学问,继续书写"福霖班"学子的荣耀。

福霖精神就是"协作、开拓、精进、奉献",简短八字告诫福霖学子要诚信做人、认真做事、刻苦钻研做学问,启发他们要在实践中发现和总结国家需求,为国家发展贡献自己的力量,而这也是周院士自己的缩影。

首届"福霖班"学生、广州大学十佳学生陈益滨至今回忆起学习生活依然挺激动:"虽然四年里见到周院士的次数并不多,但是每次都印象深刻。周院士的学者气质深深地吸引了我,从他的言行举止可以看出他的朴素、踏实以及对自己所热爱的事业不懈追求的精神。"2018级"福霖班"学生、国家奖学金获得者罗荣玮说:"周院士是一个十分笃志的人。在过去,中国的科技并不发达,周院士毅然决然地选择归国,投入到祖国的科技事业中,并为之奋斗了50载。在福霖精神的感召下,"福霖班"的学习氛围很积极向上,同学们都热衷于讨论问题,做到不懂就问,无论是宿舍、自习教室还是课堂,都能感受到福霖班独特的学习魅力。"

为着实现"让中国成为地震时最安全的国家"这一宏愿,即使到了耄耋之年,周福霖院士依然辛勤地耕耘在隔震减震的技术天地里,期待周院士和他的团队再创佳话!

第 7 章 基坑围护工程

7.1 概述

在建造埋置深度较大的基础或地下工程时，往往需要进行较深的土方开挖。这个由地面向下开挖的地下空间称为基坑。从地表面开挖基坑，最简单的方法是放坡大开挖。这种方法既经济又方便，在空旷地区应优先采用。如果由于场地的局限性，在基槽平面以外没有足够的空间安全放坡，或者为了保证基坑周围的建筑物、构筑物以及地下管线不受损坏，又或者为了满足无水条件下施工，就需要设置挡土和截水的结构。这种结构称为围护结构。一般来说，围护结构应满足以下三个方面的要求：

（1）保证基坑周围未开挖土体的稳定，满足地下结构施工有足够空间的要求。这就要求围护结构要起挡土的作用。

（2）保证基坑周围相邻的建筑物、构筑物和地下管线在地下结构施工期间不受损害。这就要求围护结构能起控制土体变形的作用。

（3）保证施工作业面在地下水位以上。这就要求围护结构有截水作用，结合降水、排水等措施，将地下水位降到作业面以下。

总体说来，围护结构都要满足第一和第三个要求。第二个要求要视周围建筑物、构筑物和地下管线的位置、承受变形的能力、重要性和一旦损坏可能发生的后果等方面的因素来决定。

如果围护结构部分或全部作为主体结构的一部分，譬如将围护墙做成地下室的外墙，围护结构还应满足作为主体结构一部分的要求。围护结构是临时结构，而主体结构是永久结构，两者的要求并非一致。"两墙合一"后，围护结构应按永久结构的要求处理，在强度、变形和抗渗能力等方面的要求都要相应提高。

围护结构是临时结构，主体结构施工完成时，围护结构即完成任务。因此，围护结构的安全储备相应较小，因而具有较大的风险。在基坑开挖过程中应对围护结构进行监测，并应预先制定应急措施，一旦出现险情，可及时抢救。

基坑工程包括了围护体系的设置和土方开挖两个方面。土方开挖的施工组织是否合理对围护体系是否成功产生重要影响。不合理的土方开挖方式、步骤和速度有可能导致主体结构桩基础变位、围护结构变形过大，甚至引起围护体系失稳而导致破坏。同时，基坑开挖必然引起周围土体中的地下水位和应力场的变化，导致周围土体的变形，对相邻建筑物、构筑物和地下管线产生不利的影响，严重时有可能危及它们的安全和正常使用。

总体来说，基坑的开挖深度在基坑工程中是主导因素，基坑场地的地质条件和周围的环境决定围护方案，而基坑的开挖方式与基坑安全直接相关。

7.2 基坑围护结构形式

围护结构最早采用木桩，现在常用钢筋混凝土桩、地下连续墙、钢板桩以及通过地基处理方法采用水泥土挡墙、土钉墙等。钢筋混凝土桩设置方法有钻孔灌注桩、人工挖孔桩、沉管灌注桩和预制桩等。常用的基坑围护结构形式有：

（1）放坡开挖及简易围护；
（2）悬臂式围护结构；
（3）重力式围护结构；
（4）内撑式围护结构；
（5）拉锚式围护结构；
（6）土钉墙围护结构；
（7）其他形式围护结构，主要包括门架式围护结构、拱式组合型围护结构、喷锚网围护结构、沉井围护结构、加筋水泥土围护结构、冻结法围护结构等。

7.2.1 悬臂式围护结构

从广义的角度来讲，一切没有支撑和锚固的围护结构均可归属悬臂式围护结构，如图 7-1 所示。但本书特指没有支撑和锚固的板桩墙、排桩墙和地下连续墙等围护结构。悬臂式围护结构常采用钢筋混凝土排桩、木板桩、钢板桩、钢筋混凝土板桩、地下连续墙等形式。钢筋混凝土桩常采用钻孔灌注桩、人工挖孔桩、沉管灌注桩和预制桩等。悬臂式围护结构依靠足够的入土深度和结构的抗弯刚度来挡土和控制墙后土体及结构的变形。悬臂式围护结构对开挖深度十分敏感，容易产生大的变形，有可能对相邻建筑物产生不良的影响。这种结构适用于土质较好、开挖深度较小的基坑。

7.2.2 重力式围护结构

水泥土重力式围护结构示意图如图 7-2 所示。水泥土重力式围护结构通常由水泥搅拌桩组成，有时也采用高压喷射注浆法形成。当基坑开挖深度较大时，常采用格构体系。水泥土和它包围的天然土形成了重力式挡土墙，可以维持土体的稳定。深层搅拌水泥土桩重力式围护结构常用于软黏土地区开挖深度 7.0m 以内的基坑工程。水泥土重力式挡土墙的宽度较大，适用于较浅的、基坑周边场地较宽裕的、对变形控制要求不高的基坑工程。

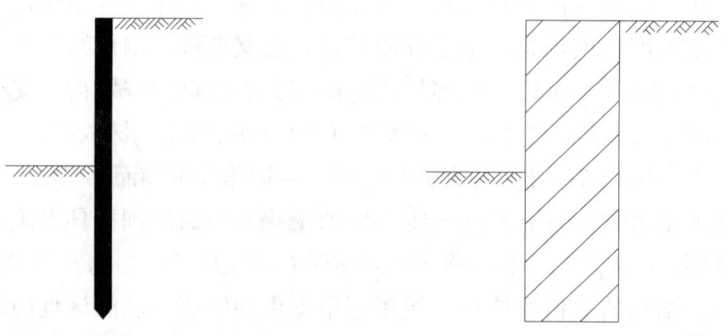

图 7-1 悬臂式围护结构示意图　　图 7-2 水泥土重力式围护结构示意图

7.2.3 内撑式围护结构

内撑式围护结构由挡土结构和支撑结构两部分组成。挡土结构常采用密排钢筋混凝土桩和地下连续墙。支撑结构有水平支撑和斜支撑两种。根据不同的开挖深度,可采用单层或多层水平支撑,如图 7-3(a)、(b)、(c) 所示。当基坑面积大而开挖深度不大时,可采用单层斜撑,如图 7-3(d) 所示。

内支撑常采用钢筋混凝土梁、钢管、型钢格构等形式。钢筋混凝土支撑的优点是刚度大、变形小,而钢支撑的优点是材料可回收,且施加预应力较方便。内撑式围护结构可适用于各种土层和基坑深度。

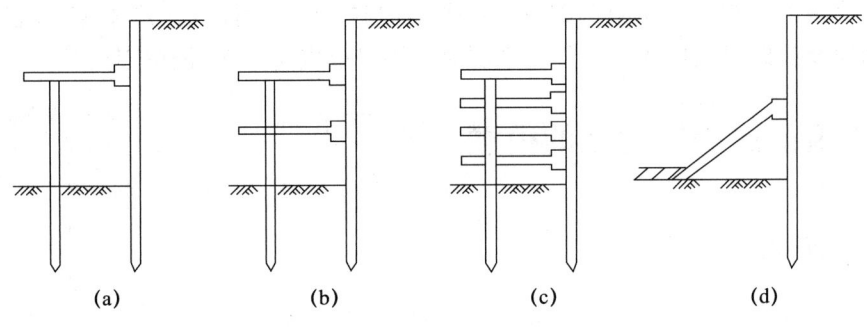

图 7-3 内支撑围护结构示意图

7.2.4 拉锚式围护结构

拉锚式围护结构由挡土结构和锚固部分组成。挡土结构除了采用与内撑式围护结构相同的结构形式外,还可采用钢板桩作为挡土结构。锚固结构有锚杆和地面拉锚两种。根据不同的开挖深度,可采用单层或多层锚杆,如图 7-4(a) 所示。当有足够的场地设置锚桩或其他锚固物时可采用地面拉锚,如图 7-4(b) 所示。

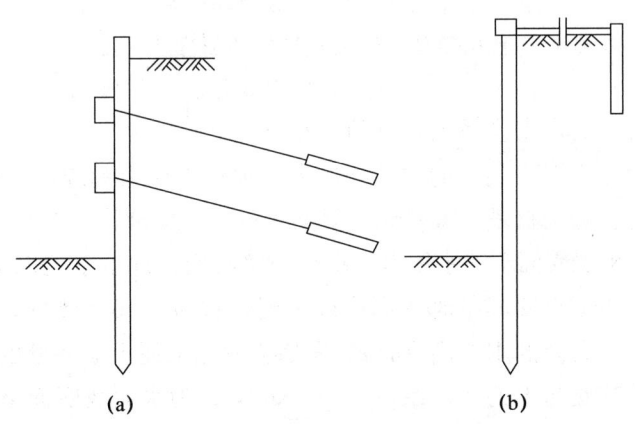

图 7-4 拉锚式围护结构示意图
(a) 双层拉锚式;(b) 地面拉锚式

采用锚杆结构需要地基土提供较大的锚固力,因而多用于砂土地基或黏土地基。

7.2.5 土钉墙围护结构

土钉墙围护结构的机理可理解为通过在基坑边坡中设置土钉，形成加筋土重力式挡土墙，如图 7-5 所示。土钉墙的施工过程为：边开挖基坑，边在土坡中设置土钉，在坡面上铺设钢筋网，并通过喷射混凝土形成混凝土面板，最终形成土钉墙。

土钉墙围护结构适用于地下水位以上或人工降水后的黏土、粉土、杂填土以及非松散砂土、碎石土等。在淤泥质土以及未经降水处理的地下水位以下的土层中采用土钉墙要谨慎。

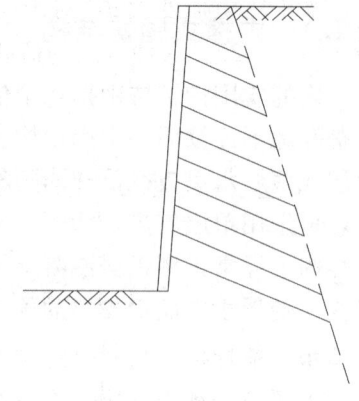

图 7-5 土钉墙围护结构示意图

7.3 作用于围护结构上的荷载

7.3.1 围护结构的荷载因素

计算作用在围护结构上的水平荷载时，应考虑下列因素：

(1) 基坑内外土的自重（包括地下水）。
(2) 基坑周边既有和在建的建（构）筑物荷载。
(3) 基坑周边施工材料和设备荷载。
(4) 基坑周边道路车辆荷载。
(5) 冻胀、温度变化等产生的作用。

上述各项荷载因素最终转化为水平荷载（土压力）作用于围护结构上，围护结构上的土压力是不易准确确定的荷载。土压力的大小及其分布规律是同围护结构的水平位移方向和大小、土的性质、围护结构的刚度及高度等因素有关（图 7-6）。

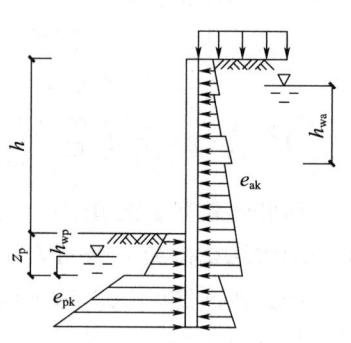

图 7-6 土压力计算

7.3.2 围护结构上的土压力

(1) 作用在围护结构外侧、内侧的主动土压力强度标准值、被动土压力强度标准值宜按图 7-6 所示土压力模式进行计算。

① 地下水位以上或水土合算的土层。

$$e_{ak}=\sigma_{ak}K_{a,i}-2c_i\sqrt{K_{a,i}} \tag{7-1}$$

$$e_{pk}=\sigma_{pk}K_{p,i}+2c_i\sqrt{K_{p,i}} \tag{7-2}$$

式中：e_{ak}——围护结构外侧，第 i 层土中计算点的主动土压力强度标准值，$e_{ak}<0$ 时，应取 $e_{ak}=0$；

e_{pk}——围护结构内侧，第 i 层土中计算点的被动土压力标准值；

σ_{ak}、σ_{pk}——围护结构外侧、内侧计算点的土中竖向应力标准值；

$K_{a,i}$、$K_{p,i}$——第 i 层土的主动土压力系数 $K_{a,i}=\tan^2\left(45°-\dfrac{\varphi_i}{2}\right)$、被动土压力系数 $K_{p,i}=\tan^2\left(45°+\dfrac{\varphi_i}{2}\right)$；

c_i、φ_i——第 i 层土的黏聚力、内摩擦角。

② 水土分算的土层。

$$e_{ak}=(\sigma_{ak}-u_a)K_{a,i}-2c_i\sqrt{K_{a,i}}+u_a \tag{7-3}$$

$$e_{pk}=(\sigma_{pk}-u_p)K_{p,i}+2c_i\sqrt{K_{p,i}}+u_p \tag{7-4}$$

式中：u_a、u_p——围护结构外侧、内侧计算点的水压力。

（2）对静止地下水，围护结构外侧、内侧的水平压力 u_a 和 u_p（图 7-6）：

$$u_a=\gamma_w h_{wa} \tag{7-5}$$

$$u_p=\gamma_w h_{wp} \tag{7-6}$$

式中：γ_w——地下水的重度，取 $\gamma_w=10\text{kN/m}^3$；

　　　h_{wa}——基坑外侧地下水位至主动土压力强度计算点的垂直距离，对承压水，地下水位取测压管水位，当有多个含水层时，应以计算点所在含水层的地下水位为准；

　　　h_{wp}——基坑内侧地下水位至被动土压力强度计算点的垂直距离，对承压水，地下水位取测压管水位。

（3）土中竖向应力标准值（σ_{ak}、σ_{pk}）应按下式计算。

$$\sigma_{ak}=\sigma_{ac}+\sum\Delta\sigma_{k,j} \tag{7-7}$$

$$\sigma_{pk}=\sigma_{pc} \tag{7-8}$$

式中：σ_{ac}——围护结构外侧计算点，由土的自重产生的竖向总应力；

　　　σ_{pc}——围护结构内侧计算点，由土的自重产生的竖向总应力；

　　　$\Delta\sigma_{k,j}$——围护结构外侧第 j 个附加荷载作用下计算点的土中附加竖向应力标准值，应根据附加荷载类型计算。

（4）均布竖向荷载作用下土中附加竖向应力标准值（图 7-7）：

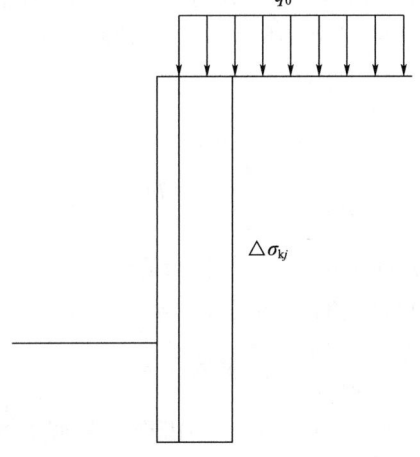

图 7-7 均布竖向荷载作用下土中附加竖向应力计算

$$\Delta\sigma_{k,j} = q_0 \tag{7-9}$$

式中：q_0——均布附加荷载标准值。

局部附加荷载作用下的土中附加竖向应力标准值。

① 条形基础下的附加荷载［图7-8（a）］：

当 $d+a/\tan\theta \leqslant z_a \leqslant d+(3a+b)/\tan\theta$ 时

$$\Delta\sigma_{k,j} = \frac{p_0 b}{b+2a} \tag{7-10}$$

式中：p_0——基础底面附加应力标准值，kPa；

　　　d——基础埋置深度，m；

　　　b——基础宽度，m；

　　　a——围护结构外边缘至基础的水平距离，m；

　　　θ——附加荷载的扩散角，宜取 $\theta=45°$；

　　　z_a——围护结构顶面至土中附加竖向应力计算点的竖向距离。

当 $z_a < d/\tan\theta$ 或 $z_a > d+(3a+b)/\tan\theta$ 时，取 $\Delta\sigma_{k,j}=0$。

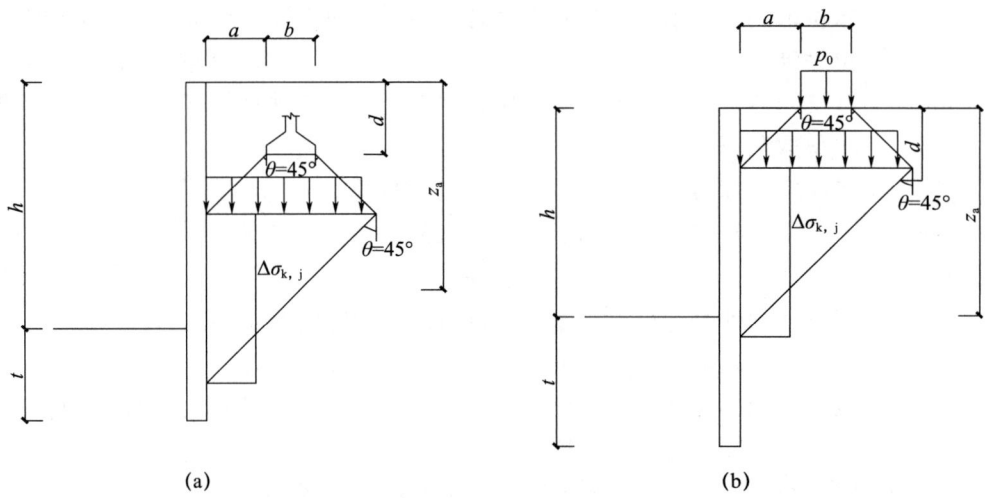

图 7-8 局部附加荷作用下土中附加应力计算
(a) 条形或矩形基础；(b) 作用在地面的条形或矩形附加荷载

② 矩形基础下的附加荷载［图7-8（a）］：

当 $d+a/\tan\theta \leqslant z_a \leqslant d+(3a+b)/\tan\theta$ 时

$$\Delta\sigma_{k,j} = \frac{p_0 bl}{(b+2a)(l+2a)} \tag{7-11}$$

式中：b——与基坑边垂直方向上的基础尺寸，m；

　　　l——与基坑边平行方向上的基础尺寸，m。

当 $z_a < d+\dfrac{a}{\tan\theta}$ 或 $z_a > d+\dfrac{3a+b}{\tan\theta}$ 时，取 $\Delta\sigma_{k,j}=0$。

取 $d=0$ 时，式（7-10）和式（7-11）适用于计算地面条形、矩形附加荷载作用下土中附加竖向应力标准值 $\Delta\sigma_{k,j}$［图7-8（b）］。

$$z_{\mathrm{a}}<\frac{a}{\tan\theta} \text{ 或 } z_{\mathrm{a}}>\frac{3a+b}{\tan\theta} \text{ 时，取 } \Delta\sigma_{\mathrm{k},j}=0。$$

7.3.3 土的抗剪强度指标选用

（1）对地下水位以上的各类土：土压力计算、土的滑动稳定性验算时，对黏性土、黏质粉土，土的抗剪强度指标应采用三轴固结不排水抗剪强度指标 c_{cu}、φ_{cu} 或直剪固结快剪强度指标 c_{cq}、φ_{cq}；对砂质粉土、砂土、碎石土，土的抗剪强度指标应采用有效应力强度指标 c'、φ'。

（2）对地下水位以下的黏性土、黏质粉土，可采用土压力、水压力合算方法，即土压力计算、土的滑动稳定性验算采用总应力法。此时，对正常固结和超固结土，土的抗剪强度指标应采用三轴固结不排水抗剪强度指标 c_{cu}、φ_{cu} 或直剪固结快剪强度指标 c_{cq}、φ_{cq}；对欠固结土，宜采用有效自重应力下预固结的三轴不固结不排水抗剪强度指标 c_{uu}、φ_{uu}。

（3）对地下水位以下的砂质粉土、砂土和碎石土，应采用土压力、水压力分算方法，即土压力计算土的滑动稳定性验算应采用有效应力法。此时，土的抗剪强度指标应采用有效应力强度指标 c'、φ'。对砂质粉土，缺少有效应力强度指标时，也可采用三轴固结不排水抗剪强度指标 c_{cu}、φ_{cu} 或直剪固结快剪强度指标 c_{cq}、φ_{cq} 代替。对砂土和碎石土，有效应力强度指标 φ' 可根据标准贯入试验实测击数和水下休止角等物理力学指标取值。

土压力、水压力采用分算方法时，水压力可按静水压力计算；当地下水渗流时，宜按渗流理论计算水压力和土的竖向有效应力；当存在多个含水层时，应分别计算各含水层的水压力。

（4）有可靠的地方经验时，土的抗剪强度指标尚可根据室内、原位试验得到的其他物理力学指标，按经验方法确定。

7.4 排桩围护

7.4.1 概述

对不能放坡或由于场地限制而不能采用水泥土墙围护的基坑，即可采用排桩围护。排桩围护可采用钻孔灌注桩、人工挖孔桩、预制钢筋混凝土板桩或钢板桩。

（1）排桩围护结构可分为：

① 柱列式排桩围护。当边坡土质尚好、地下水位较低时，可采用土拱作用，以稀疏钻孔灌注桩或挖孔排桩支挡土坡，如图 7-9（a）所示。

② 连续排桩围护，如图 7-9（b）所示。因软土中一般不能形成土拱，支护结构应该连续密排。密排的钻孔桩可互相搭接，或在桩身混凝土强度尚未形成时，在相邻桩之间做一根素混凝土树根桩将钻孔桩连接成排桩围护结构，如图 7-9（c）所示。也可采用钢板桩、钢筋混凝土板桩，如图 7-9（d）、（e）所示。

③ 组合式排桩围护。在地下水位较高的软土地区，可采用柱列式钻孔灌注排桩围护与水泥土桩防渗墙形成组合式排桩围护结构，如图7-9（f）所示。

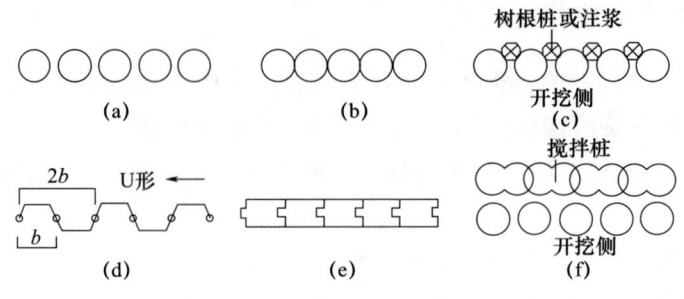

图7-9 排桩围护的类型

（2）按基坑开挖深度及支挡结构受力情况，排桩围护可分为：

① 无支撑（悬臂）围护结构。当基坑开挖深度不大时，即可利用悬臂作用挡住墙后土体。

② 单支撑围护结构。当基坑深度大至不能采用无支撑结构时，可以在围护结构顶部附近设置一道支撑（或拉锚）。

③ 多支撑围护结构。当基坑开挖深度较深时，可设置多道支撑，以减少挡墙的内力。

7.4.2 悬臂式排桩围护结构计算

悬臂式排桩围护静力平衡计算方法采用古典的板桩计算理论，如图7-10所示，悬臂桩围护结构在主动土压力作用下，将绕悬臂桩围护结构上的某一点 b 发生转动，导致桩的上部将向基坑内侧倾移，而下部则反方向变位，从而使围护桩上作用的土压力分布发生变化。b 点以上墙体向左移动，其左侧作用被动土压力，右侧作用主动土压力；点 b 以下则相反，其右侧作用被动土压力，左侧作用主动土压力。因此，作用在桩体上各点的净土压力强度为各点两侧的被动土压力强度和主动土压力强度之差，其沿桩身的分布情况如图7-10（b）所示。简化成线性分布后的悬臂桩计算模式如图7-10（c）所示。在此基础上，根据静力平衡条件，通过求解关于入土深度的四次方程得到悬臂桩的入土深度，并可进一步计算悬臂桩的内力。

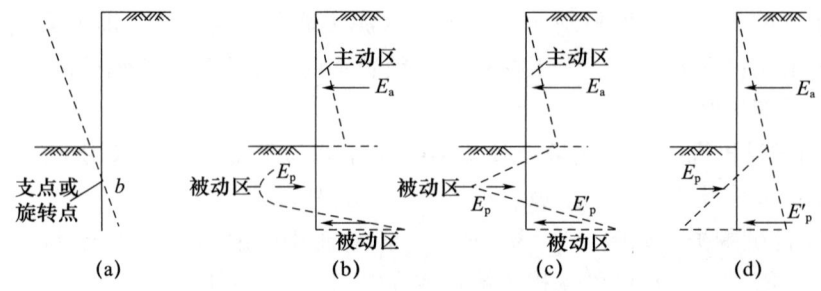

图7-10 悬臂板的变形及计算模式

(a) 变形示意图；(b) 土压力分布图；(c) 悬臂板桩计算模式；(d) Blum 计算模式

鉴于静力平衡法求解四次方程计算工作量大的缺点，为了简化计算，采用图 7-10（d）的简化计算模式求解悬臂桩的入土深度及内力。

1. 静力平衡法

图 7-10（c）表明作用在围护结构上的主动土压力强度及被动土压力强度随深度呈线性变化，随着悬臂桩入土深度的不同，作用在不同深度上各点的净土压力强度的分布也不同。当单位宽度悬臂桩墙两侧所受的净土压力相平衡时，板桩墙处于稳定状态条件，联合求解水平力平衡方程（$\sum H=0$）和对桩底截面的力矩平衡方程（$\sum M=0$）获得板桩最小入土深度。

（1）悬臂桩墙前后土压力分布。作用在悬臂桩墙的主动土压力强度和被动土压力强度可采用第 7.3 节式（7-1）和式（7-2）计算。

当墙后有地面荷载时，可折算成均布荷载进行计算：①繁重的起重机械：距板桩 1.5m 内按 60kN/m² 取值；距板桩 1.5～3.5m，按 40kN/m² 取值；②轻型公路：按 5kN/m²；③重型公路：按 10kN/m²；④铁道：按 20kN/m²。

主动土压力强度和被动土压力强度计算采用的土的黏聚力 c 和内摩擦角 φ 参数可按第 7.3 节给出的方法确定。当采用井点降低地下水水位、地面有排水和防渗措施时，土的内摩擦角 φ 值可酌情调整：①板桩墙外侧，在井点降水范围内，φ 值可乘以 1.1～1.3；②无桩基的板桩内侧，φ 值乘以 1.1～1.3；③有桩基的板桩墙内侧，在疏桩范围内乘以 1.0，在密集群桩深度范围内乘以 1.2～1.4；④在井点降水土体固结的条件下，可将土的黏聚力 c 值乘以 1.1～1.3。

（2）悬臂桩入土深度。静力平衡法悬臂板桩计算模式如图 7-11 所示，悬臂板桩入土深度计算步骤如下：

① 计算桩底墙后主动土压力强度 e_{a3} 及墙前被动土压力强度 e_{p3}，然后进行叠加求得第一个土压力强度为零的点 d，设该点离坑底距离为 u；

② 计算 d 点以上主动土压力 E_a 及 E_p 作用点至 d 点的距离 y；

③ 计算 d 点处墙前主动土压力强度 e_{a1} 及墙后被动土压力强度 e_{p1}；

④ 计算桩底墙前主动土压力强度 e_{a2} 和墙后被动土压力强度 e_{p2}；

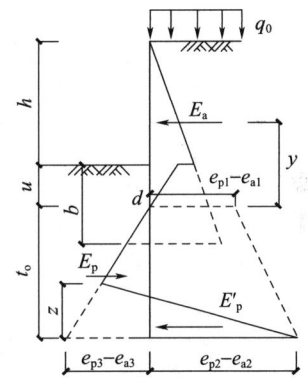

图 7-11 静力平衡法悬臂板桩计算模式

⑤ 根据作用在悬臂板桩结构上的水平力平衡条件和绕挡墙底部自由端力矩平衡条件可得：

$$\sum H=0 \quad E_a + [(e_{p3}-e_{a3}) + (e_{p2}-e_{a2})]\frac{z}{2} - (e_{p3}-e_{a3})\frac{t_0}{2} = 0 \quad (7\text{-}12)$$

$$\sum M=0 \quad E_a(t_0+y) + \frac{z}{2}[(e_{p3}-e_{a3}) + (e_{p2}-e_{a2})]\frac{z}{3} - (e_{p3}-e_{a3})\frac{t_0}{2}\frac{t_0}{3} = 0 \quad (7\text{-}13)$$

整理后可得 t_0 的四次方程式：

$$t_0^4 + \frac{e_{p1}-e_{a1}}{\beta}t_0^3 - \left[\frac{6E_a}{\beta^2}2y\beta + (e_{p1}-e_{a1})\right]t_0 - \frac{6E_a y(e_{p1}-e_{a1}) + 4E_a^2}{\beta^2} = 0 \quad (7\text{-}14)$$

式中：$\beta = \gamma_n [\tan^2(45°+\varphi_n/2) - \tan^2(45°-\varphi_n/2)]$，求解上述四次方程，即可得桩嵌入 d 点以下的深度 t_0 值。为安全起见，实际嵌入坑底面以下的入土深度可取为：

$$t = u + 1.2t_0 \quad (7\text{-}15)$$

（3）悬臂桩最大弯矩。悬臂桩最大弯矩的作用点，亦即围护结构断面剪力为零的点。例如对于均质的非黏性土，如图 7-11 所示，假设剪力为零的点在基坑底面以下深度 b 处，即有

$$\frac{b^2}{2}\gamma K_p - \frac{(h+b)^2}{2}\gamma K_a = 0 \quad (7\text{-}16)$$

式中：K_a、K_p——土的主动土压力系数、被动土压力系数；
γ——土的重度。

由式（7-16）解得 b 后，可求得最大弯矩：

$$M_{\max} = \frac{h+b}{3}\frac{(h+b)^2}{2}\gamma K_a - \frac{b}{3}\frac{b^2}{2}\gamma K_p = \frac{\gamma}{6}[(h+b)^3 K_a - b^3 K_p] \quad (7\text{-}17)$$

2. 布鲁姆（Blum）法

布鲁姆（H. Blum）建议采用图 7-10（d）计算模式进行悬臂板桩计算，即桩底出现的被动土压力以一个集中力 E'_p 代替，如图 7-12 所示。

如图 7-12（a）所示，为求悬臂桩插入深度，对桩底 c 点取矩，根据 $\sum M_c = 0$ 有：

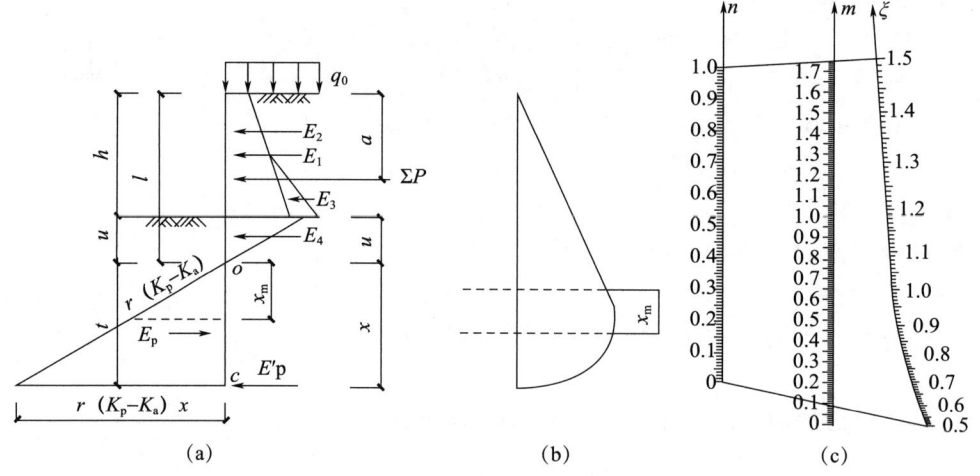

图 7-12 布鲁姆简化计算
(a) 计算模式；(b) 弯矩；(c) 布鲁姆理论计算曲线

$$\sum P(l+x-a) - E_p \frac{x}{3} = 0 \quad (7\text{-}18)$$

其中：$E_p = \gamma(K_p - K_a) x \frac{x}{2} = \frac{\gamma}{2}(K_p - K_a) x^2$

代入式（7-18）得：

$$\sum P(l+x-a) - \frac{\gamma}{6}(K_p - K_a) x^3 = 0 \quad (7\text{-}19)$$

化简后得：

$$x^3 - \frac{6\sum P}{\gamma(K_p - K_a)}x - \frac{6\sum P(l-a)}{\gamma(K_p - K_a)} = 0 \tag{7-20}$$

式中：$\sum P$——主动土压力、水压力的合力，kN/m；

a——$\sum P$ 合力距地面距离；

u——土压力强度为零处距坑底的距离。可根据桩前被动土压力强度和桩后主动土压力相等的关系求得：

$$u = \frac{K_a h}{K_p - K_a} \tag{7-21}$$

从式（7-20）的三次式计算出 x 值，板桩的插入深度：

$$t = u + 1.2x \tag{7-22}$$

为了方便求解式（7-20），布鲁姆（H. Blum）做了一个曲线图 [图 7-12（c）]，利用该图可方便求得 x。

令 $\xi = \frac{x}{l}$，代入式（7-20）得：

$$\xi^3 = \frac{6\sum P}{\gamma l^2 (K_p - K_a)}(\xi+1) - \frac{6a\sum P}{\lambda l^3 (K_p - K_a)} \tag{7-23}$$

再令

$$m = \frac{6\sum P}{\gamma l^2 (K_p - K_a)}, \quad n = \frac{6a\sum P}{\lambda l^3 (K_p - K_a)}$$

式（7-23）即变成：

$$\xi^3 = m(\xi+1) - n \tag{7-24}$$

式（7-24）中 m 及 n 值只与荷载及桩的长度有关，m 与 n 确定后，从图 7-12（c）中 n 曲线和 m 曲线上确定 n 和 m 值对应的点位，然后绘制 n 及 m 点位的连线并延长至 ξ 曲线求得对应的 ξ 值。同时根据 $x = \xi l$，可求得 x 值，则桩的入土深度：

$$t = u + 1.2x = u + 1.2\xi l \tag{7-25}$$

最大弯矩在剪力 $Q=0$ 处，设从 O 点往下 x_m 处 $Q=0$，则有：

$$\sum P - \frac{\gamma}{2}(K_p - K_a)x_m^2 = 0 \tag{7-26}$$

求解式（7-26）得：

$$x_m = \sqrt{\frac{2\sum P}{\gamma(K_p - K_a)}} \tag{7-27}$$

桩身最大弯矩为：

$$M_{max} = \sum P(l + xm - a) - \frac{\gamma(K_p - K_a)x_m^3}{6} \tag{7-28}$$

利用式（7-28）求得桩的最大弯矩后，即可对悬臂桩结构进行设计。

【例题 7-1】某基坑开挖深度 $h=4.5$m，土层重度 $\gamma=20$kN/m³，内摩擦角 $\varphi=20°$，黏聚力 $c=10$kPa，地面超载 $q_0=10$kPa，现拟采用悬臂式排桩围护，试确定桩的最小长度和最大弯矩。

【解】

沿围护墙长度方向取 1 延米进行计算

(1) 主动土压力系数：

$$K_a = \tan^2\left(45° - \frac{\varphi}{2}\right) = \tan^2\left(45° - \frac{20°}{2}\right) = 0.49$$

(2) 被动土压力系数：

$$K_p = \tan^2\left(45° + \frac{\varphi}{2}\right) = \tan^2\left(45° + \frac{20°}{2}\right) = 2.04$$

(3) 基坑开挖地面处土压力强度：

$$\begin{aligned} e_a &= (q_0 + \gamma h) K_a - 2c\sqrt{K_a} \\ &= (10 + 20 \times 4.5) \times 0.49 - 2 \times 10 \times \sqrt{0.49} \\ &= 35 \ (kN/m^2) \end{aligned}$$

(4) 土压力零点距开挖面的距离

$$u = \frac{e_a}{\gamma(K_p - K_a)} = \frac{35}{31} = 1.129 \ (m)$$

(5) 开挖面以上桩侧地面超载引起的土压力 E_{a1}：

$$E_{a1} = q_0 K_a h = 10 \times 0.49 \times 4.5 = 22.05 \ (kN/m)$$

其作用点距地面的距离 h_{a1}：

$$h_{a1} = \frac{1}{2} h = 0.5 \times 4.5 = 2.25 \ (m)$$

(6) 开挖面以上桩后侧主动土压力：

$$\begin{aligned} E_{a2} &= \frac{1}{2}(\gamma h K_a - 2c\sqrt{K_a})\left(h - \frac{2c}{\gamma\sqrt{K_a}}\right) = \frac{1}{2}\gamma h^2 K_a - 2ch\sqrt{K_a} + \frac{2c^2}{\gamma} \\ &= \frac{1}{2} \times 20 \times 4.5^2 \times 0.49 - 2 \times 10 \times 4.5 \times \sqrt{0.49} + \frac{2 \times 10^2}{20} = 46.225 \ (kN/m) \end{aligned}$$

其作用点距地面的距离 h_{a2}

$$h_{a2} = \frac{2}{3}\left(h - \frac{2c}{\gamma\sqrt{K_a}}\right) = \frac{2}{3} \times \left(4.5 - \frac{2 \times 10}{20 \times \sqrt{0.49}}\right) = 2.05 \ (m)$$

(7) 桩后侧开挖面至土压力零点净土压力 E_{a3}：

$$E_{a3} = \frac{1}{2} e_a u = \frac{1}{2} \times 35 \times 1.129 = 19.76 \ (kN/m)$$

其作用点距地面的距离 h_{a3}：

$$h_{a3} = h + \frac{1}{3} u = 4.5 + \frac{1}{3} \times 1.129 = 4.876 \ (m)$$

(8) 作用于桩后的土压力合力 $\sum E$：

$$\sum E = E_{a1} + E_{a2} + E_{a3} = 22.05 + 46.225 + 19.76 = 88.035 \ (kN/m)$$

其作用点距地面的距离 h_a：

$$\begin{aligned} h_a &= \frac{E_{a1} h_{a1} + E_{a2} h_{a2} + E_{a3} h_{a3}}{\sum E} \\ &= \frac{22.05 \times 2.25 + 46.225 \times 2.05 + 19.76 \times 4.876}{88.035} \\ &= 2.734 \ (m) \end{aligned}$$

(9) 将上面计算得到的 K_a、K_p、u、$\sum E$、h_a 值代入下式：

$$t^3 - \frac{6\sum E}{\gamma(K_p-K_a)}t - \frac{6\sum E(h+u-h_a)}{\gamma(K_p-K_a)} = 0$$

经整理得：

$$t^3 - 17.04t - 49.33 = 0$$

解得：

$$t = 5.16 \text{ (m)}$$

取增大系数为 1.3，则桩的最小长度为：

$$l_{min} = h + u + 1.3t = 4.5 + 1.129 + 1.3 \times 5.16 = 12.337 \text{ (m)}$$

最大弯矩点距土压力零点的距离为：

$$x_m = \sqrt{\frac{2\sum E}{(K_p-K_a)\gamma}} = \sqrt{\frac{2 \times 88.035}{(2.04-0.49) \times 20}} = 2.383 \text{ (m)}$$

(10) 最大弯矩为：

$$M_{max} = 88.035 \times (4.5+1.129+2.383-2.734) -$$
$$\frac{1}{2} \times 20 \times (2.04-0.49) \times 2.383 \times \frac{1}{3} \times 2.383 = 394.732 \text{ (kN·m)}$$

【剖析】至此计算完毕，接着可按最大弯矩选择适当的桩径、桩距和配筋。但尚应注意计算所得 M_{max} 是每延米桩排的弯矩值，应乘以桩距，并乘以荷载分项系数 1.25 之后，才是单桩弯矩设计值。

7.4.3 单支点排桩围护结构计算

顶端支撑（或锚系）的排桩围护结构与顶端自由（悬臂）的排桩围护结构在受力机理上不同。顶端支撑的围护结构，因顶端支撑而不能移动形成一铰接的简支点。鉴于桩埋入土中部分的长度，入土浅时为简支，入土深时则为嵌固。桩因入土深度不同而产生不同的工作性状。

(1) 围护桩入土深度较浅，围护桩前的被动土压力全部发挥，对支撑点的主动土压力的力矩和被动土压力的力矩相等[图 7-13 (a)]。此时墙体处于极限平衡状态，由此得出的跨间最大正弯矩 M_{max} 和最小入土深度 t_{min}。这时其墙前被动土压力全部被利用，墙的底端可能发生少许向左位移的现象。

(2) 围护桩入土深度大于 t_{min} 时[图 7-13 (b)]，则桩前的被动土压力得不到充分发挥与利用，这时桩底端仅在原位转动一角度而没有发生位移现象，这时桩底的土压力便等于零，未发挥的被动土压力可作为安全储备。

(3) 围护桩的入土深度继续增加，墙前墙后都出现被动土压力，围护桩在土中处于嵌固状态，相当于上端简支下端嵌固的超静定梁。围护桩的弯矩大大减小而出现正负两个方向的弯矩。其底端的嵌固弯矩 M_2 的绝对值略小于跨间弯矩 M_1 的数值，土压力强度零点与弯矩零点大约相吻合[图 7-13 (c)]。

(4) 围护桩的入土深度进一步增加[图 7-13 (d)]，因围护桩的入土深度过深，墙前墙后的被动土压力都不能充分发挥和利用。此时，围护桩入土深度的增加对跨间弯矩减小的作用明显减弱。

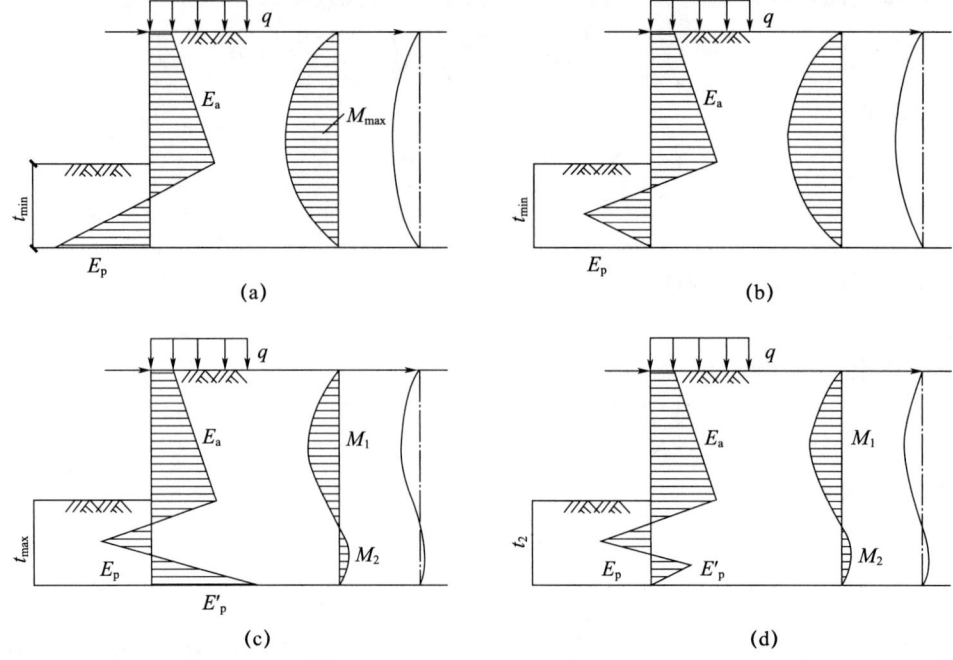

图 7-13　不同入土深度的板桩墙的土压力分布、弯矩及变形图

以上四种不同入土深度的围护桩工作状态，第四种因围护桩入土深度过深而不经济，所以设计时基本不采用。第三种是目前常采用的工作状态，一般使正弯矩为负弯矩的 110%～115% 作为设计依据，但也有采用正负弯矩相等作为设计依据的。该状态得出的桩的长度虽然较长，但因桩身弯矩较小，设计时可以选择较小的桩身断面，同时因入土较深，比较安全可靠。若按第一、第二种情况设计，可得较小的入土深度和较大的桩身弯矩，且第一种情况下，桩底可能出现位移。

1. 静力平衡法

图 7-14 是单支点排桩围护结构静力平衡法计算简图，桩的右侧作用主动土压力，左侧作用被动土压力。可采用下列方法确定桩的最小入土深度 t_{min} 和水平向每延米所需支点力（或锚固力）R。

取单位围护长度，对支撑点 A 取矩，令 $M_A=0$；同时保证水平向静力平衡，$\sum E=0$，则有：

$$M_{Ea1}+M_{Ea2}-M_{EP}=0 \tag{7-29}$$

$$R=E_{a1}+E_{a2}-E_P \tag{7-30}$$

式中：M_{Ea1}、M_{Ea2}——基坑底以上及以下主动土压力合力对 A 点的力矩；

M_{EP}——被动土压力合力对 A 点的力矩；

E_{a1}、E_{a2}——基坑底以上及以下主动土压力合力，kN/m；

E_P——被动土压力合力，kN/m。

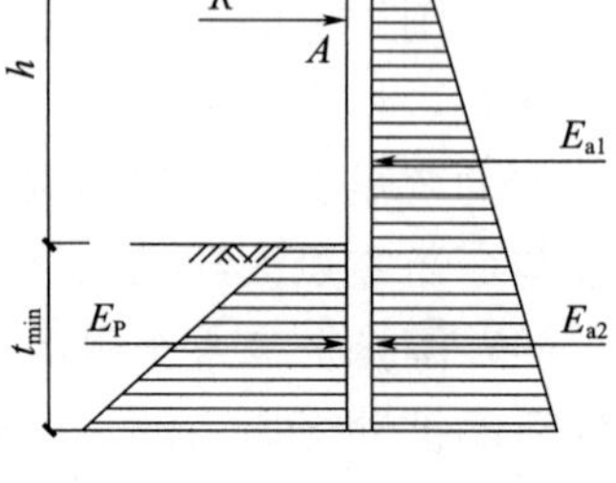

图 7-14　静力平衡计算简图

2. 等值梁法

等值梁法将桩当作一端弹性嵌固另一端简支的梁来研究。桩身两侧作用着主动土压力与被动土压力。由图 7-15 给出的计算模式计算桩的入土深度、支承反力及跨中最大弯矩。

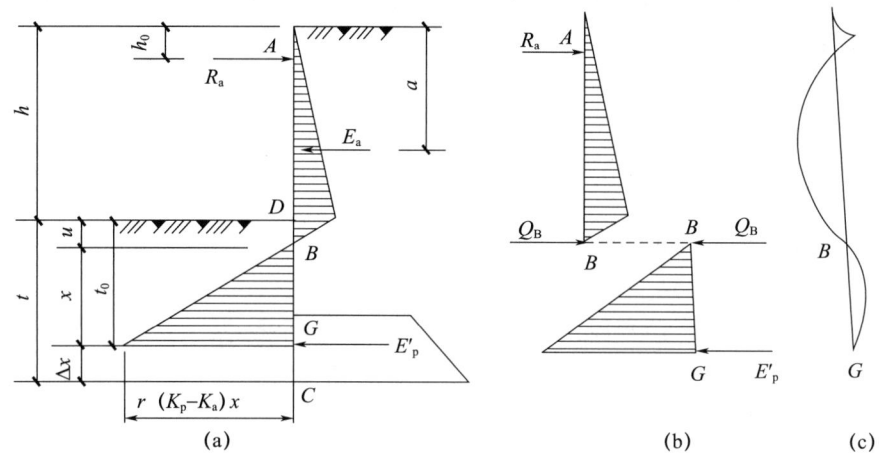

图 7-15 等值梁法计算模式

单支点排桩围护结构下端为弹性嵌固时，其弯矩图如图 7-15（c）所示。对于下端为弹性支撑的单支点排桩围护结构，其净土压力强度零点位置与弯矩零点位置十分接近，因此可在土压力强度零点处将桩分为两个相连的简支梁，这种简化计算法就称为等值梁法，其计算步骤如下。

（1）根据基坑深度和地基土勘察资料计算主动土压力强度与被动土压力强度，求出土压力强度为零点 B 的位置，按式（7-21）计算 B 点至坑底的距离 u 值。

（2）根据等值梁 AB 的力矩平衡方程计算支承反力 R_a 及 B 点剪力 Q_B：

$$R_a = \frac{E_a(h+u-a)}{h+u-h_0} \tag{7-31}$$

$$Q_B = \frac{E_a(a-h_0)}{h+u-h_0} \tag{7-32}$$

（3）由等值梁 BG 计算围护桩的入土深度，取 $\sum M_G = 0$，则：

$$Q_B x = \frac{1}{6}\left[K_p \gamma(u+x) - K_a \gamma(h+u+x)\right]x^2$$

由上式求得：

$$x = \sqrt{\frac{6Q_B}{\gamma(K_p - K_a)}} \tag{7-33}$$

由 x 即可求得桩的最小入土深度：

$$t_0 = u + x \tag{7-34}$$

如桩端的土质条件一般，为保证基坑工程的安全性，可乘以系数 1.1～1.2，即围护桩的入土深度：

$$t = (1.1\sim1.2)t_0 \tag{7-35}$$

(4) 求桩的最大弯矩 M_{max} 值。

在确定剪力零点位置的基础上，计算桩的最大弯矩 M_{max} 值。

【例题 7-2】 某基坑挖深 13m，场地土 $\gamma=19kN/m^3$，$\varphi=36°$，$c=0$。地面超载 $q=10kPa$。采用桩锚围护，一桩一锚，桩间距 1.5m，用一道锚杆，锚杆与水平面倾角 $\theta=15°$，位置在地面以下 4.5m。基坑侧壁安全等级为二级。试计算设计桩长、桩身最大弯矩设计值、锚杆拉力设计值。

【解】

(1) 参数计算：

$$K_a = \tan^2\left(45°-\frac{36°}{2}\right)=0.2596, \quad K_p=\tan^2\left(45°+\frac{36°}{2}\right)=3.8518$$

(2) 计算零弯点至坑底的距离：

由式 $(q+\gamma h)K_a = \gamma h_{c1} K_p$，得

$$h_{c1}=\frac{(q+\gamma h)K_a}{\gamma K_p}=\frac{(10+19\times 13)\times 0.2596}{19\times 3.8518}=0.91 \text{ (m)}$$

(3) 计算锚杆拉力设计值：

$E_{a1}=qK_a(h+h_{c1})=10\times 0.2596\times(13+0.91)=36.1104$ (kN/m)

$h_{a1}=\dfrac{h+h_{c1}}{2}=\dfrac{13+0.91}{2}=6.96$ (m)

$E_{a2}=\dfrac{1}{2}\gamma h^2 K_a=\dfrac{1}{2}\times 19\times 13^2\times 0.2596=416.7878$ (kN/m)

$h_{a2}=\dfrac{h}{3}+h_{c1}=\dfrac{13}{3}+0.91=5.24$ (m)

$E_{a3}=\gamma h K_a h_{c1}=19\times 13\times 0.2596\times 0.91=58.5033$ (kN/m)

$h_{a3}=\dfrac{h_{c1}}{2}=\dfrac{0.91}{2}=0.455$ (m)

$E_p=\dfrac{1}{2}\gamma h_{c1}^2 K_p=\dfrac{1}{2}\times 19\times 0.91^2\times 3.8518=30.3019$ (kN/m)

$h_p=\dfrac{h_{c1}}{3}=\dfrac{0.91}{3}=0.30$ (m)

$h_{T1}=13-4.5=8.5$ (m)

将以上数值代入下式：

$$T_{c1}=\frac{E_{a1}h_{a1}+E_{a2}h_{a2}+E_{a3}h_{a3}-E_p h_p}{h_{T1}+h_{c1}}, \text{ 得}$$

$$T_{c1}=\frac{36.1104\times 6.96+416.7878\times 5.24+58.3503\times 0.455-30.3019\times 0.30}{8.5+0.91}$$

$\qquad =260.6541$ (kN/m)

$T'_{c1}=dT_{c1}=1.5\times 260.6541=390.9812$ (kN)

$T_d=1.25\gamma_0 T'_{c1}=1.25\times 1\times 390.9812=488.73$ (kN)

因此，锚杆拉力设计值为

$$N_u=\frac{T_D}{\cos\theta}=\frac{488.73}{\cos 15°}=505.97=506 \text{ (kN)}$$

(4) 计算设计桩长（设入土深度为 h_d）：
$$h_p E_p + T_{cl}(h_{T1}+h_d) - 1.2\gamma_0 \sum h_{ai}E_{ai} \geq 0$$
$$\frac{h_d}{3} \times \frac{1}{2}\gamma h_d^2 K_p + T_{cl}(h_{T1}+h_{cl}) = 1.2\gamma_0\left[qK_a\frac{(h+h_d)^2}{2}+\frac{1}{2}\gamma h^2 K_a\left(\frac{h}{3}+h_d\right)+\gamma h K_a\frac{h_d^2}{2}\right]$$

代入数值，即

$$\frac{1}{6}\times 19\times 3.8518 h_d^3 + 260.6541\times(8.5+h_d)$$
$$= 1.2\times 1.0\times\left[10\times 0.2596\times\frac{(13+h_d)^2}{2}+\frac{1}{2}\times 19\times 13^2\times 0.2596\times\left(\frac{13}{3}+h_d\right)+\right.$$
$$\left.19\times 0.2596\times 13\times\frac{h_d^2}{2}\right]$$

化简后得：
$$12.1974 h_d^3 - 40.0303 h_d^2 - 279.9859 h_d - 214.971 = 0$$

或：$h_d^3 - 3.28 h_d^2 - 22.95 h_d - 17.62 = 0$

令：$f(h_d) = h_d^3 - 3.28 h_d^2 - 22.95 h_d - 17.62$
$$f(7) = 4.01,\ f(6.9) = -3.6268$$

因为 $0.3h = 4.33\text{m} < 6.9\text{m}$，所以取 $h_d = 6.9\text{m}$

得设计桩长 $l = h + h_d = 13 + 6.9 = 19.9$ (m)

(5) 求最大弯矩设计值
$$T_{cl} - qK_a x - \frac{1}{2}\gamma x^2 K_a = 0$$
$$260.6541 - 10\times 0.2596 x - \frac{1}{2}\times 19\times 0.2596 x^2 = 0$$

解得，$x = \dfrac{-1.0526\pm\sqrt{1.0526^2+4\times 105.6906}}{2} = 9.77$ (m)

$$M_{max} = 260.6541\times(9.77-4.5) - \frac{1}{6}\times 19\times 9.77^3\times 0.2596 - \frac{1}{2}\times 10\times 9.77^2\times 0.2596$$
$$= 1373.6471 - 766.6387 - 123.8979 = 483.11\ (\text{kN}\cdot\text{m})$$
$$M'_{max} = dM_{max} = 1.5\times 483.11 = 724.67\ (\text{kN}\cdot\text{m})$$
$$M_d = 1.25\gamma_0 M'_{max} = 1.25\times 1.0\times 724.67 = 905.84 \approx 906\ (\text{kN}\cdot\text{m})$$

7.4.4 多支点排桩围护结构计算

当基坑开挖深度较大，且场地土性质较差，单支点排桩围护结构不能满足基坑工程的强度和稳定性要求时，可以采用多层支撑的多支点排桩围护结构。支撑层数及位置应根据土质、基坑深度、围护结构、支撑结构和施工要求等因素确定。

目前对多支点围护结构的计算方法很多，一般有等值梁法、支撑荷载的 1/2 分担法、侧向弹性地基抗力法、有限元法等。下面主要介绍前两种计算方法。

1. 等值梁法

多支点围护结构的等值梁法计算原理与单支点的等值梁法的计算原理相同，一般可当作刚性支承的连续梁计算（即支座无位移），在假定下层挖土不影响上层支点的计算水平力基础上，根据分层挖土深度与每层支点设置的实际施工阶段，通过建立静力平衡计算体系，进行多支点排桩围护结构计算。如图 7-16 所示的多支点基坑围护系统，按以下各施工阶段的情况分别进行计算。

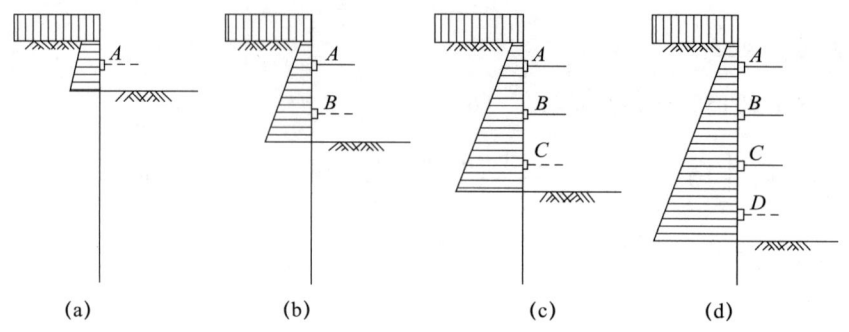

图 7-16　各施工阶段的计算简图

（1）设置支撑 A 以前的开挖阶段［图 7-16（a）］。可将围护桩作为一端嵌固在土中的悬臂桩。

（2）设置支撑 B 以前的开挖阶段［图 7-16（b）］。围护桩是两个支点的静定梁，两个支点分别是 A 及土中净土压力强度为零的点。

（3）设置支撑 C 以前的开挖阶段［图 7-16（c）］。围护桩是具有 3 个支点的连续梁，3 个支点分别为 A、B 及土中净土压力强度为零的点。

（4）浇筑底板以前的开挖阶段［图 7-16（d）］。围护桩是具有 4 个支点的三跨连续梁。

2. 支撑荷载的 1/2 分担法

支撑荷载的 1/2 分担法是多支点围护结构的一种简化计算方法，计算过程较为简便。

Terzaghi 和 Peck 根据柏林和芝加哥等地铁工程基坑挡土结构的支撑轴力测定结果，以及受力包络图为基础，以 1/2 分担法将支撑轴力转化为土压力，提出土压力分布图（图 7-17）。反之，如土压力分布图已确定（设计计算时必须确定土压力分布），则可以用 1/2 分担法来计算多支撑的受力，这种方法不考虑桩、墙体和支撑的变形，每道支撑承受的相邻上下两个半跨上作用的压力（土压力、水压力、地面超载等）。

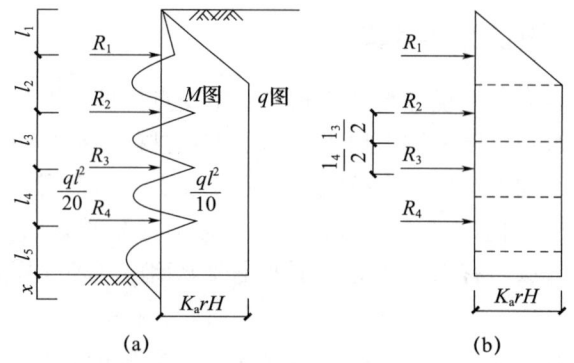

图 7-17　支撑荷载的 1/2 分担法

当土压力强度为 q，对于连续梁，最大支座弯矩为 $M=ql^2/10$，最大跨中支座弯矩为 $M=ql^2/20$。这种方法的荷载图式采用了由实测支撑轴力反算的经验包络图，所以具有一定的实用性，特别是对于估算支撑轴力有一定的参考价值。

7.5 重力式水泥土墙围护结构

7.5.1 重力式水泥土墙型式

水泥搅拌桩由具有一定刚性的脆性材料所构成，其抗拉强度比抗压强度小得多，在工程中要充分利用抗压强度高的优点，回避其抗拉强度低的缺点。"重力坝"式挡墙就是利用结构本身自重和抗压不抗拉的一种支挡结构形式。

重力式水泥土墙设计时应综合考虑下列因素：
（1）基坑的几何尺寸、形状、开挖深度。
（2）工程地质、水文地质条件：土层分布情况及其物理力学性质，地下水情况。
（3）围护结构所受的荷载及大小。
（4）基坑周围的环境、建筑、道路交通及地下管线情况。

重力式水泥搅拌桩围护结构就是将搅拌桩相互搭接而成，平面布置可采用壁状体，如图 7-18 所示。若壁状的挡墙宽度不够时，可加大宽度，做成格栅状围护结构，即在围护结构宽度内，不需对整个土体都进行搅拌加固，可按一定间距将土体加固形成相互平行的纵向壁，再沿纵向按一定间距加固肋体，用肋体将纵向壁连接起来，形成如图 7-19 所示的格栅状水泥土挡墙结构。这种挡土结构目前常采用双头搅拌机进行施工，单个搅拌头形成的桩体直径为 700mm，两个搅拌头间的轴距为 500mm，搅拌桩之间的搭接距离为 200mm。根据使用要求和受力特性，水泥土搅拌桩挡土结构的断面形式如图 7-20 所示。

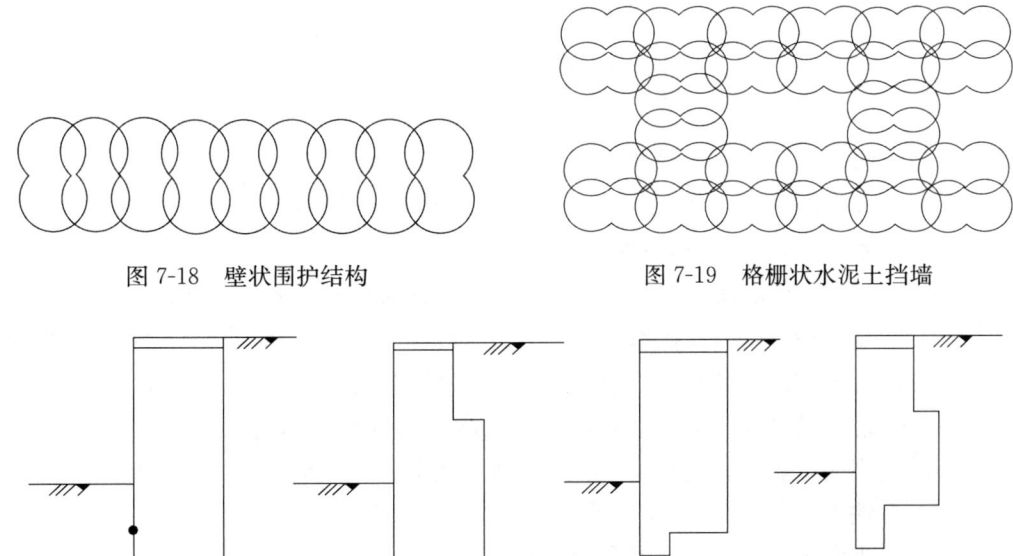

图 7-18 壁状围护结构　　　　图 7-19 格栅状水泥土挡墙

图 7-20 水泥土挡墙围护结构截面模式

7.5.2 重力式水泥土墙设计

1. 重力式水泥土墙的破坏形式

（1）倾覆破坏。如图 7-21（a）所示，由于墙身入土太浅或宽度不足，当地面堆载过多或重载车辆在坑边频繁行驶时，都可能导致倾覆破坏。

（2）地基整体破坏。如图 7-21（b）所示，当开挖深度较大，坑底土体又十分软弱时，特别是当地面存在大量堆载（堆土）时，地基土连同支挡结构一起滑动。地基整体破坏造成的危害严重，常伴随着地面下陷及坑底隆起，有可能造成坑内主体结构工程桩位移。

（3）墙趾外移破坏。如图 7-21（c）所示，当挡土结构插入深度不够、坑底土体太软或因管涌及流砂导致坑底土体强度削弱时，则可能发生墙趾外移破坏。

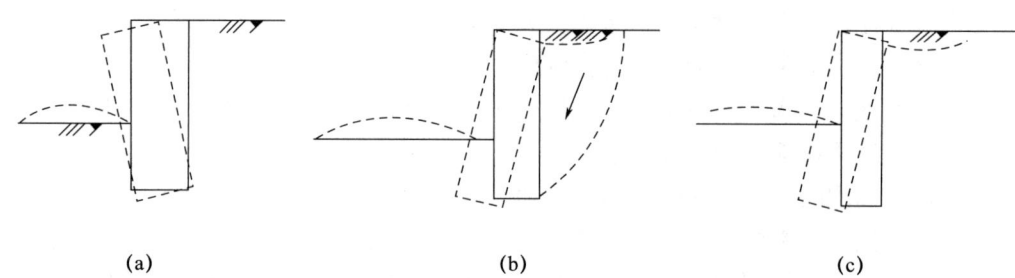

图 7-21 水泥土搅拌桩的破坏形式
（a）倾覆破坏；（b）地基整体破坏；（c）墙趾外移破坏

2. 重力式水泥土墙的计算

水泥土墙的计算内容包括抗滑移稳定性、抗倾覆稳定性及整体稳定性验算等。

（1）抗滑移稳定性验算。抗滑移稳定性计算模式如图 7-22 所示。重力式水泥土墙的抗滑移安全系数：

$$K_h = \frac{抗滑力}{滑动力} = \frac{E_{pk} + (G - u_m B)\mu + cB}{E_{ak}} \tag{7-36}$$

式中：K_h——抗滑移稳定安全系数，其值不小于 1.2；

E_{pk}、E_{ak}——作用在水泥土墙上的主动土压力、被动土压力标准值，kN/m；

G——水泥土墙的自重，kN/m；

u_m——水泥土墙底面上的水压力，水泥土墙底面在地下水位以下时，可取 $u_m = \gamma_w (h_{wa} + h_{wp})/2$，在地下水位以上时，取 $u_m = 0$，此处，h_{wa} 为基坑外侧水泥土墙底处的水头高度，h_{wp} 为基坑内侧水泥土墙底处的水头高度；

μ——墙体基底与土的摩擦系数，$\mu = \tan\varphi$，φ 为水泥墙底面下土层的内摩擦角，当无试验资料时，μ 可按照下列土类取值：淤泥质土 $\mu = 0.20 \sim 0.25$，黏性土 $\mu = 0.25 \sim 0.40$，砂土 $\mu = 0.40 \sim 0.50$；

c——水泥土墙底面土层的黏聚力；

B——水泥土墙的底面宽度。

(2) 抗倾覆稳定性验算。抗倾覆稳定性计算模式如图 7-23 所示。重力式水泥土墙的抗倾覆稳定安全系数：

$$K_0 = \frac{\text{抗倾覆力矩}}{\text{倾覆力矩}} = \frac{E_{pk} a_p + (G - u_m B) a_G}{E_{ak} a_a} \quad (7-37)$$

式中：K_0——抗倾覆稳定安全系数，其值不应小于 1.3；

a_a——水泥土墙外侧主动土压力合力作用点至墙趾的竖直距离；

a_p——水泥土墙外侧主、被动土压力合力作用点至墙趾的竖直距离；

a_G——水泥土墙自重与墙底水压力合力作用点至墙趾的水平距离。

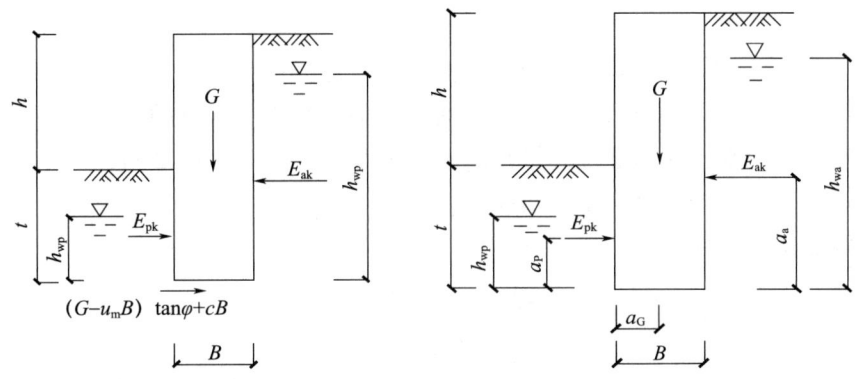

图 7-22 抗滑移稳定性验算　　　　图 7-23 抗倾覆稳定性验算

(3) 整体滑动稳定性验算。重力式水泥土墙整体滑动稳定性验算可采用圆弧滑动条分法验算（图 7-24），滑动稳定安全系数应满足：

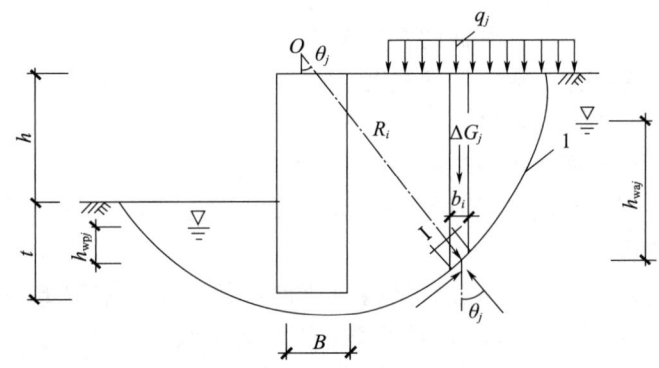

图 7-24 整体滑动稳定性验算

$$K_s = \frac{\sum \{c_j l_j + [(q_j b_j + \Delta G_j) \cos\theta_j - u_j l_j] \tan\varphi_j\}}{\sum (q_j b_j + \Delta G_j) \sin\theta_j} \quad (7-38)$$

式中：K_s——圆弧滑动稳定安全系数，其值不应小于 1.3；

c_j、φ_j——第 j 土条滑弧面处的黏聚力、内摩擦角；

b_j——第 j 土条的宽度；

q_j——作用在第 j 土条上的附加分布荷载标准值；

ΔG_j——第 j 土条的自重，按天然重度计算；分条时，水泥土墙可按土体考虑；

u_j——第j土条在滑弧面上的孔隙水压力（对于地下水位以下的砂土、碎石土、粉土，当地下水是静止的或渗流水梯度可忽略不计时，在基坑外侧可取$u_j=\gamma_m h_{wa,j}$，在基坑内侧可取$u_j=\gamma_m h_{wp,j}$；对于地下水位以上的各类土和地下水位以下的黏性土，可取$u_j=0$；其中：γ_w为地下水重度；$h_{wa,j}$为基坑外侧地下水位至第j土条在滑弧面中点的深度；$h_{wp,j}$为基坑内侧地下水位至第j土条在滑弧面中点的深度）；

θ_j——为第j土条在滑弧面中点处的法线与垂直面的夹角。

当墙底以下存在软弱下卧层时，稳定性验算的滑动面中尚应包括由圆弧与软弱下卧层层面组成的复合滑动面。

(4) 墙体正截面应力验算。重力式水泥土墙在侧向压力作用下，墙身产生弯矩，墙体偏心受压，应对墙体压应力、拉应力与剪应力进行验算。验算的计算截面应包括以下部位：基坑以下主动土压力强度与被动土压力强度相等处；基坑底面处；水泥土墙的截面突变处。

当边缘应力为拉应力时：

$$\frac{6M_i}{B^2}-\gamma_{cs}z\leqslant 0.15f_{cs} \tag{7-39}$$

压应力：

$$\gamma_0\gamma_F\gamma_{cs}z+\frac{6M_i}{B^2}\leqslant f_{cs} \tag{7-40}$$

剪应力：

$$\frac{E_{ak,i}-\mu G_i-E_{pk,i}}{B}\leqslant \frac{1}{6}f_{cs} \tag{7-41}$$

式中： M_i——水泥土墙验算截面的弯矩设计值，kN·m；

B——验算截面水泥土墙的宽度；

γ_{cs}——水泥土墙的重度；

z——验算截面至水泥土墙顶的垂直距离；

f_{cs}——水泥土开挖龄期时的轴心抗压强度设计值，应根据现场试验或工程经验确定；

γ_F、γ_0——荷载综合分项系数、结构重要性系数，作用基本组合的综合分项系数γ_F不应小于1.25，对于安全等级为一级、二级、三级的围护结构，其结构重要性系数（γ_0）分别不应小于1.1、1.0、0.9；

$E_{ak,i}$、$E_{pk,i}$——验算截面以上的主动压力标准值、被动土压力标准值，kN/m，验算截面在基底以上时，取$E_{pk,i}=0$；

G_i——验算截面以上的墙体自重，kN/m；

μ——墙体材料的抗剪断系数，取0.4~0.5。

(5) 水泥土墙水平位移计算。水泥土墙产生的水平位移直接影响周围建筑、道路和地下管线的安全。水平位移的计算可采用经验公式、弹性地基"m"法和非线性有限元法进行计算。

当水泥土墙的插入深度$D=(0.8\sim 1.2)H$（H为基坑开挖深度）、墙宽$B=(0.6\sim 1.0)H$

时，水泥土墙墙顶位移可采用经验公式进行估算：

$$\delta = \frac{H^2 L_{max} \xi}{1000 DB} \quad (7\text{-}42)$$

式中：δ——墙顶水平位移计算值，mm；

L_{max}——基坑的最大边长，m；

ξ——施工质量系数，取（0.8～1.5）；

H——基坑开挖深度，m；

D——墙体插入坑底以下的深度，m；

B——搅拌桩墙体宽度，m。

重力式水泥土墙水平位移计算采用弹性地基"m"法，假设地基为线弹性体，即把侧向受力的地基土用一个个单独的弹簧来模拟，如图 7-25 所示。弹簧之间互不影响，弹簧受力与其位移成比例，可以表示为：

$$p = K(z) y \quad (7\text{-}43)$$

式中：p——挡墙侧面的横向抗力；

$K(z)$——随深度变化的地基基床系数，kN/m³；

y——z 处的水平位移值。

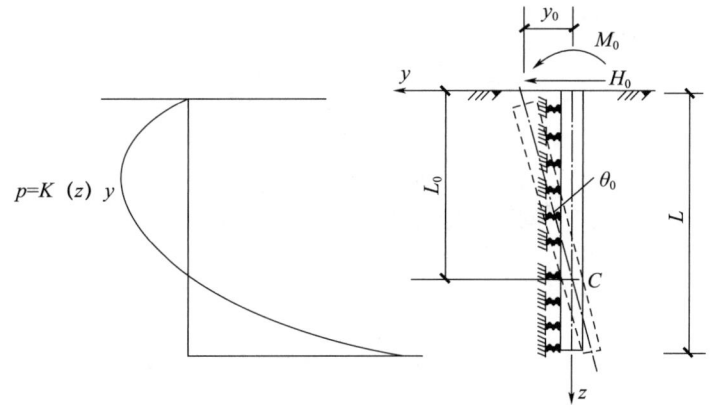

图 7-25 "m"法计算地基模型

地基基床系数 K 与地基土的类别、物理力学性质有关。"m"法决定 K 随深度正比增长，即：

$$K = mz \quad (7\text{-}44)$$

式中：m——地基基床系数的比例系数，kN/m⁴。

重力式挡墙刚度为无限大时，在墙后水土压力的作用下，将产生平移和转动，如图 7-26（a）所示。沿 $B\text{-}B'$ 截面把身截开，可以计算作用于 $B\text{-}B'$ 截面上的弯矩 M_0 和剪力 H_0。

取 $B\text{-}B'$ 截面以下的墙体为计算单元，如图 7-26（b）所示，由于假设墙体刚度为无限大，在外力作用下墙体以某一点 O 为中心做刚体转动，若转角为 θ_0、基坑底面处的水平位移为 y_0，则墙顶的水平位移可写为：

$$y = y_0 + \theta_0 H \quad (7\text{-}45)$$

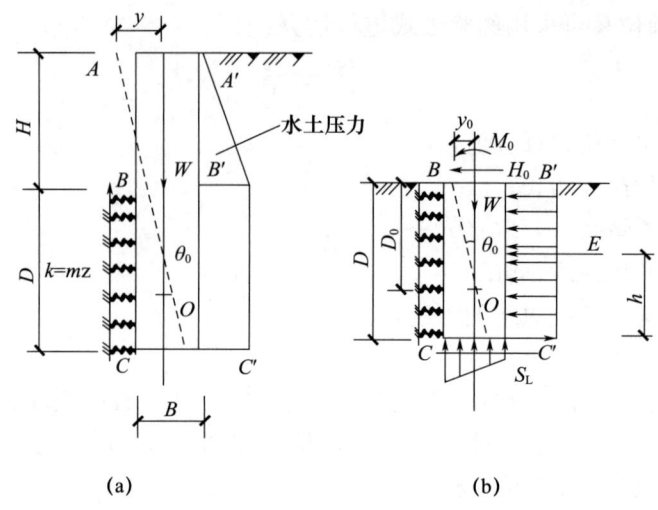

图 7-26 按"m"法计算顶墙位移

式中：θ_0——墙身转角；

y_0——B-B'断面处的水平位移；

H——基坑开挖深度。

y_0 及 θ_0 可按下式计算：

$$y_0 = \frac{24M'_0 - 8H_0 D}{mD^3 + 36mI_B} + \frac{2H''_0 D}{mD^2} \tag{7-46}$$

$$\theta_0 = \frac{36M'_0 - 12H'_0 D}{mD^4 + 36mDI_B} \tag{7-47}$$

其中：

$$M'_0 = M_0 + H_0 D + Eh - WB/2 \tag{7-48}$$

$$H'_0 = H_0 + E - S_L \tag{7-49}$$

$$S_L = Bc \tag{7-50}$$

$$I_B = \frac{1 \times B^3}{12} \tag{7-51}$$

式中：S_L——墙底土提供的摩擦阻力，kN/m；

c——土的黏聚力；

I_B——单位宽度的墙身截面惯性矩。

7.5.3 重力式水泥墙构造

重力式水泥土墙采用水泥土搅拌桩相互搭接形成的格栅状结构型式，也可采用水泥土墙搅拌桩相互搭接成实体的结构型式。搅拌桩的施工工艺宜采用喷浆搅拌法。

若基坑深度为 h，重力式水泥墙的嵌固深度，对于淤泥质土不宜小于 $1.2h$，对于淤泥不宜小于 $1.3h$；重力式水泥土墙的宽度（B），对于淤泥质土不宜小于 $0.7h$，对于淤泥不宜小于 $1.8h$。

重力式水泥土墙采用格栅形式时，每个格栅的土体面积应符合下式要求：

$$A \leqslant \delta \frac{cu}{\gamma_m} \tag{7-52}$$

式中：A——格栅内土体的截面面积；

δ——计算系数，对于黏性土取 $\delta=0.5$，对于砂土、粉土取 $\delta=0.7$；

u——计算周长，按图 7-27 计算；

γ_m——格栅内土的天然重度，对成层土，取水泥土墙深度范围内各土层按厚度加权的平均天然重度。

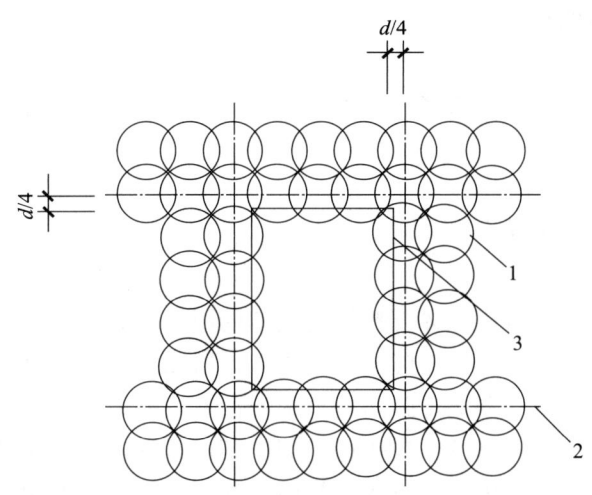

图 7-27 格栅式水泥土墙

1—水泥土桩；2—水泥土桩中心线；3—计算周长

水泥土的置换率，对于淤泥不宜小于 0.8，淤泥质土不宜小于 0.7，对于一般黏性土及砂土不宜小于 0.6，格栅长宽比不宜大于 2。

水泥土桩与桩之间的搭接宽度应根据挡土及截水要求确定，考虑截水作用时，桩的有效搭接宽度不宜小于 150mm；当不考虑截水作用时，搭接宽度不宜小于 100mm。水泥土墙体 28d 无侧限抗压强度不宜小于 0.8MPa。

当变形不能满足要求或需要增强墙身的抗拉性能时，可在水泥土桩内插入杆筋。杆筋可采用钢筋、钢管或毛竹。杆筋的插入深度宜大于基坑深度，杆筋应锚入面板内。宜采用基坑内侧土体加固或水泥土墙插筋加混凝土面板及加大嵌固深度等措施。

水泥土墙顶面宜设置混凝土连接面板，面板厚度不宜小于 150mm，混凝土强度等级不宜低于 C15。

7.5.4 施工与检测

水泥土墙应采用切割搭接法施工。应在前桩水泥土尚未固化时进行后序搭接桩施工。施工开始和结束的头尾搭接处，应采取加强措施，消除搭接勾缝。深层搅拌水泥土墙施工前，应进行成桩工艺及水泥掺入量或水泥浆的配合比实验，以确定相应的水泥掺入比或水泥浆水灰比，喷浆深层搅拌的水泥掺入量宜为被加固土重度的 15%～18%；粉喷深层搅拌的水泥掺入量宜为加固土重度的 13%～16%。高压喷射注浆施工前，应通过试喷试验，确定不同土层旋喷固结体的最小直径、高压喷射施工技术参数等。高压喷射水泥水灰比宜为 1.0～1.5。

深层搅拌桩和高压喷射桩水泥土墙的桩位偏差不应大于50mm，垂直度偏差不宜大于0.5%。当设置插筋时，桩身插筋应在桩顶搅拌完成后及时进行。插筋材料、插入长度和出露长度等应按计算和构造要求确定。高压喷射注浆应按试喷确定的技术参数施工，切割搭接宽度应符合下列规定：旋喷固结体不宜小于150mm；摆喷固结体不宜小于1500mm；定喷固结体不宜小于200mm。

重力式水泥土墙的质量检测应采用开挖的方法，检测水泥固结体的直径、搭接宽度、位置偏差。应采用钻芯法检测水泥土的单轴抗压强度及完整性、水泥土墙的深度。进行单轴抗压强度试验的芯样直径应不小于80mm。检测桩数不小于总桩数的1%，且不应少于6根。

7.6 基坑稳定性分析

在基坑开挖时，由于坑内土体开挖后使地基的应力场和变形场发生变化，可能导致地基的失稳。例如地基失稳、坑底隆起及涌砂等，所以基坑围护设计时，需要验算基坑的稳定性，必需时应采取必要的加强防范措施，使基坑的稳定性具有一定的安全度。

由于设计或施工不当，基坑会失去稳定而破坏，这种破坏可能是缓慢地发生，也可能是突然地发生。引起的原因有地下水、暴雨、外荷或其他的人为因素，主要是由于设计时安全度不够或施工不当造成的。

在放坡开挖的基坑中，边坡失稳主要由于土方开挖引起基坑内外压力差（包括水位差）。边坡的整体稳定性验算通常采用圆弧滑动法（如加条法）进行计算。

有围护结构基坑的整体稳定性分析，同样采取圆弧滑动法进行验算。分析中所用的地质资料要能反映基坑顶面以下至少2~3倍基坑开挖深度范围内的工程地质和水文地质条件。采用圆弧滑动法验算围护结构和地基的整体抗滑动稳定时，应该注意围护结构内支撑或外侧的锚拉结构与墙面垂直的特点，不同于边坡稳定验算的圆弧滑动，滑动面的圆心一般在挡土墙上方，靠坑内侧附近。一般通过试算确定最危险的滑动面和最小安全系数。考虑到内支撑作用时，通常不会发生整体稳定破坏。因此，对只设一道支撑的围护结构需验算整体滑动，对设置多道内支撑时可不做验算。

7.6.1 基坑的抗隆起稳定性验算

1. 太沙基-派克方法

设黏土的内摩擦角 $\varphi=0°$，滑动面由圆筒面与平面组成，如图 7-28 所示。太沙基认为，对于基坑底部的水平断面，基坑两侧的土就如作用在该断面上的均布超载，该超载会使坑底发生隆起现象。当考虑 dd_1 面上的黏聚力 c 后，c_1d_1 面上的全荷载 P 为：

$$P=\frac{B}{\sqrt{2}}\gamma H-cH \tag{7-53}$$

式中：γ——土的湿容重；

B——基坑宽度；

c——土的黏聚力；

H——基坑开挖深度。

其荷载强度 p_v 为：

$$p_v = \frac{P}{\dfrac{B}{\sqrt{2}}} = \gamma H - \frac{\sqrt{2}\,cH}{B} \tag{7-54}$$

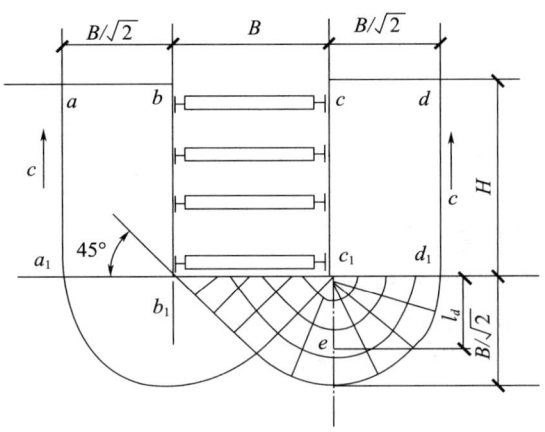

图 7-28 抗隆起计算的太沙基和派克法

太沙基认为，若荷载强度超过地基的极限承载力就会产生基坑坑底隆起。以黏聚力 c 表达的黏土地基极限承载力 q_d 为：

$$q_d = 5.7c \tag{7-55}$$

基坑坑底隆起安全系数 K 为：

$$K = \frac{q_d}{p_v} = \frac{5.7c}{\gamma H - \dfrac{\sqrt{2}\,cH}{B}} \tag{7-56}$$

太沙基建议 K 不小于 1.5。

太沙基和派克的方法适用于一般的基坑开挖过程。这种方法没有考虑刚度很大且有一定插入深度的地下连续墙对坑底隆起产生的有利作用。

2. 考虑 c、φ 的抗隆起计算法

在许多土体隆起稳定性计算的公式中，仅仅给出纯黏土（$\varphi=0$）或纯砂土（$c=0$）的公式，很少同时考虑 c 和 φ。显然对于一般的黏性土，在土体抗剪强度中应包括 c 和 φ 的因素。同济大学汪炳鉴等参照普朗特尔（Prandtl）及太沙基（Terzaghi）的地基承载力公式，并将墙底面的平面作为极限承载力的基准面，其滑动面线形状如图 7-29 所示，建议采用式（7-57）进行抗隆起稳定性验算：

$$K_L = \frac{\gamma_2 D N_q + c N_c}{\gamma_1 (H+D) + q} \tag{7-57}$$

式中：K_L——抗隆起安全系数；

D——墙体入土深度；

H——基坑开挖深度；

q——地面超载；

γ_1——坑外地表至墙底，各土层天然重度的加权平均值；

γ_2——坑内开挖面以下至墙底，各土层天然重度的加权平均值；

N_q、N_c——地基极限承载力的计算系数。

采用普朗特尔公式时，N_q、N_c 分别为

$$\left.\begin{aligned}N_{qp} &= \tan^2(45°+\varphi/2)\,e^{\pi\tan\varphi} \\ N_{cp} &= (N_{qp}-1)\cdot 1/\tan\varphi\end{aligned}\right\} \quad (7\text{-}58)$$

对于太沙基公式，则为：

$$\left.\begin{aligned}N_{qT} &= \frac{1}{2}\left[\frac{e^{(\frac{3}{4}\pi-\frac{\varphi}{2})\tan\varphi}}{\cos(45°+\varphi/2)}\right]^2 \\ N_{cT} &= (N_{qT}-1)\cdot 1/\tan\varphi\end{aligned}\right\} \quad (7\text{-}59)$$

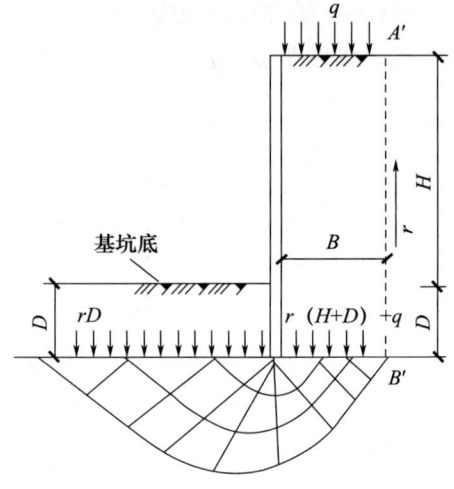

图 7-29 考虑 c、φ 的抗隆起计算示意图

对于安全等级为一级、二级、三级的锚拉式支挡结构和支撑式支挡结构，其抗隆起安全系数 K_L 应分别不小于 1.8、1.6、1.4。

【例题 7-3】 某高层建筑基坑开挖深度 6.0m，拟采用钢筋混凝土桩支护。地基土分为 2 层：第一层为黏质粉土，天然重度 $\gamma_1=16.8\text{kN/m}^3$，内摩擦角 $\varphi_1=25°$，黏聚力 $c_1=20\text{kPa}$，厚度 $h_1=3.0\text{m}$；第二层为黏土，天然重度 $\gamma_2=19.2\text{kN/m}^3$，内摩擦角 $\varphi_2=16°$，黏聚力 $c_2=10\text{kPa}$，厚度 $h_2=10.0\text{m}$。地面超载 $q=10\text{kPa}$。试对该基坑进行抗隆起验算。

【解】

$$\gamma_{m1}=\frac{16.8\times 3.0+19.2\times 7.0}{3.0+7.0}=18.48\ (\text{kN/m}^3)$$

$$N_q=e^{\pi\tan\varphi}\tan^2\left(45+\frac{\varphi}{2}\right)=e^{\pi\tan 16}\tan^2\left(45+\frac{16}{2}\right)=4.33$$

$$N_c=(N_q-1)/\tan\varphi=(4.33-1)/\tan 16=11.62$$

$$K_L=\frac{\gamma_{m2}DN_q+cN_c}{\gamma_{m1}(h+D)+q_0}=\frac{19.2\times 4\times 4.33+10\times 11.62}{18.48\times(3+7)+10}=2.30>1.6$$

所以该基坑满足抗基坑隆起要求。

7.6.2 基坑的抗渗稳定性验算

1. 抗流土稳定性验算

在含水饱和的土层中进行基坑开挖，需考虑地下水引起的水压力，为确保基坑稳定，有必要验算在渗流情况下地基土是否存在发生流砂的可能性。当地下水从基坑底面以下向基坑底面以上流动时，地基中的土颗粒就会受到渗透压力引起的浮托力，一旦出现过大的渗透压力，土颗粒就会在流动的水中呈悬浮状态，从而发生流土现象。

如图 7-30 所示的基坑，作用在流土范围 B 上的渗透压力 J 为：

$$J=\gamma_w iBD=\gamma_w\frac{h_w}{h_w+2D}BD \quad (7\text{-}60)$$

式中：h_w——在 B 范围内从墙底到基坑底面的水头损失；

γ_w——水的重度；

i——水力梯度；

B——流土发生的范围，根据实验结果，流土发生在离坑壁大约等于挡墙插入深度一半的范围内，即 $B \approx D/2$。

流土范围内土的有效重度为：

$$W = \gamma' DB \tag{7-61}$$

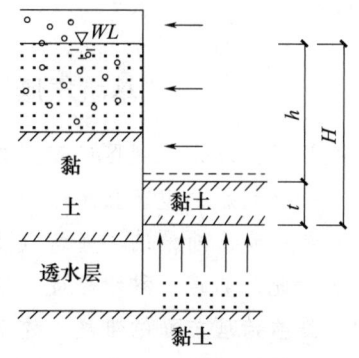

图 7-30 流土稳定性验算

式中：γ'——土的有效重度；

D——水力梯度；

若满足 $W>J$ 的条件，流土就不会发生。故流土稳定性安全系数为：

$$K_s = \frac{W}{J} = \frac{\gamma'}{\gamma_w \dfrac{h_w}{h_w+2D}} = \frac{\gamma'(h_w+2D)}{\gamma_w h_w} \tag{7-62}$$

若坑底以上土层为松散填土或透水性较好的土层，可忽略不计土层中的水头损失。此时水力梯度为：

$$i = \frac{h_w}{2D} \tag{7-63}$$

故流土稳定性安全系数为：

$$K_s = \frac{\gamma_w \dfrac{h_w}{2D}}{} = \frac{2\gamma' D}{\gamma_w h_w} \tag{7-64}$$

安全等级为一、二、三级的围护结构，K_s 值分别不应小于 1.6、1.5、1.4。

2. 抗承压水头稳定性验算

若坑底以下有水头高于坑底的承压水含水层，且未用截水帷幕完全隔断其基坑内外的水力联系时，基坑坑底在承压水作用下可能发生坑底突涌现象，如图 7-31 所示。

坑底土体的突涌稳定性按下式验算：

$$K_t = \frac{t\gamma}{(h+t)\gamma_w} \tag{7-65}$$

式中：K_t——突涌稳定性安全系数，K_t 不应小于 1.1；

t——承压含水层顶面至坑底的土层厚度；

γ——承压含水层顶面至坑底土层的天然重度，对成土层，取按土层厚加权的平均天然重度；

h——基坑内外的水头差；

γ_w——水的重度。

图 7-31 承压力引起坑底土突涌稳定性验算

【例题 7-4】 某基坑深度 8m，基坑底以下入土深度取 4m；地下水位于地表以下 1.5m 深。地下土壤为黏性土质，土壤在水中的 ρ_b 取 0.9kg/cm^3，水密度 ρ_w 取 1.0kg/cm^3，对该基坑进行抗流土稳定性验算。

【解】

$$K_s = \frac{\gamma'}{\gamma_w \dfrac{h_w}{2D}} = \frac{2\gamma' D}{\gamma_w h_w} = \frac{2\rho_b D}{\rho_w h_w} = \frac{2 \times 0.9 \times 4}{1.0 \times 6.5} = 1.11$$

$K_s < 2$，所以不满足安全性要求。

思考题与习题

思考题与习题
参考答案

7-1 基坑围护结构形式有哪些？

7-2 计算作用在围护结构上的水平荷载时，应考虑哪些因素？

7-3 计算作用在围护结构上的土压力时，土的抗剪强度指标如何选用？

7-4 按基坑开挖深度及支挡结构受力情况，排桩围护可分为哪几种情况？每种情况围护结构内力如何计算？

7-5 重力式水泥土墙的破坏形式有哪些？重力式水泥土墙应进行哪些稳定性验算？

7-6 简述基坑的抗隆起稳定性验算和抗渗稳定性验算。

7-7 某基坑开挖深度 9.0m。地基土分为 3 层：第一层为人工填土，$\gamma_1 = 19.5\text{kN/m}^3$，内摩擦角 $\varphi_1 = 20°$，黏聚力 $c_1 = 0\text{kPa}$，厚度为 2m；第二层为粉质黏土，$\gamma_2 = 19.8\text{kN/m}^3$，内摩擦角 $\varphi_2 = 20°$，黏聚力 $c_2 = 12\text{kPa}$，厚度 5.6m。第三层为粉细砂，$\gamma_3 = 9.4\text{kN/m}^3$，内摩擦角 $\varphi_3 = 32°$，黏聚力 $c_3 = 0\text{kPa}$，厚度为 4.4m。对该基坑进行抗隆起验算。

7-8 某基坑挖深 $h = 15\text{m}$，场地土重度 $\gamma_1 = 18\text{kN/m}^3$，$c_1 = 9.7\text{kPa}$，$\varphi_1 = 13.3°$；地面超载 $q = 10\text{kPa}$。用一道锚杆，锚杆与水平面倾角 $\theta = 13.3°$，位置在地面以下 4.5m，桩间距 1.5m，一桩一锚，基坑侧壁安全等级为二级。试计算设计桩长、桩身最大弯矩设计值、锚杆拉力设计值。

附：

"基坑气膜"——建筑工地防尘降噪的新尝试

近日，北京西城区广安门外的一个工地成为了城市建设的新焦点。这里正式投入使用了一项创新的建筑技术——"基坑气膜"，标志着城市建设在环保和智能化方面迈出了重要一步。所谓的"基坑气膜"建筑，其外观类似于巨大的热气球，但其实际功能远不止于此。它是一种大跨度、智能化、创新性的施工技术，旨在解决传统建筑工地在扬尘、噪声治理方面的难题。这项技术首次在北京三统碑综合大厦项目的施工现场得到应用，显著改善了工地周边的环境质量。

"基坑气膜"建筑的核心优势在于它的综合性能。它不仅具有良好的防尘效果，还能有效降低噪声污染，同时还具有节能、防火、智能化等特点。这种一举多得的效果，使得"基坑气膜"成为了未来城市建设中值得推广的绿色施工新工艺。

通过这种技术的应用，北京西城区的工地展示了如何将环保理念融入城市建设之中。在传统的观念里，建筑工地往往与扬尘、噪声紧密相关，给周边环境和居民生活带来不小的影响。然而，"基坑气膜"的应用，有效地解决了这些问题，为城市建设提供了一个更加环保、智能的解决方案。

此外，这一技术的引入也体现了北京在城市建设和环境保护方面的创新精神。在快速发展的今天，城市建设面临着诸多挑战，如何在保证建设速度和质量的同时，减少对环境的影响，是一个值得深思的问题。北京通过"基坑气膜"建筑的应用，为这一问题提供了一个可行的解决方案，也为其他城市的建设提供了宝贵的经验。

总之，"基坑气膜"建筑的成功应用，不仅为北京西城区的城市建设增添了一份绿色和智能，也为全国乃至全球的城市建设提供了新的参考和启示。它是城市发展与环境保护相结合的一个典范，展示了现代城市在追求发展的同时，如何有效地保护和改善环境。

在这个项目中，西城区住建委的相关负责人表示，"基坑气膜"建筑不仅仅是一个单纯的工程技术问题，更是一种对城市建设理念的更新。它展示了如何在城市快速发展的同时，有效地解决环境问题，提高居民的生活质量。

此外，值得一提的是，"基坑气膜"建筑在技术实现上的创新。它采用了智能化管理系统，可以根据环境变化自动调节内部空气质量和温度，保证施工现场的稳定性。这种智能化的特点，不仅提高了施工效率，也为工人提供了一个更加安全、舒适的工作环境。通过这一项目的实施，北京在城市建设和环境保护方面的努力得到了具体体现。这不仅是技术创新的胜利，更是城市发展理念转变的体现。在未来，我们有理由相信，类似的绿色、智能化建筑技术将在更多城市得到应用和推广，为城市建设带来新的变革。

在探索城市建设新路径的同时，这个项目还启发我们反思如何平衡经济发展和环境保护的关系。随着社会的进步和技术的发展，我们有更多机会去创新和探索，实现经济发展和环境保护的双赢。北京"基坑气膜"建筑的成功应用，为我们提供了一个宝贵的案例，展示了在城市建设中实现绿色发展的可能性。在这个故事中，我们看到了一个城市对未来的构想，一个对环境负责的态度，以及一个追求可持续发展的决心。这个项目不仅仅是一个建筑技术的应用，它更是一个城市和社会向前迈出的一大步。我们期待看到更多这样的项目在全国乃至全球范围内得到推广，为我们的城市带来更加美好的未来。在进一步考量这一创新技术的社会价值时，我们不难发现，"基坑气膜"建筑在环境保护和社会责任方面的深层次意义。北京此举不仅是技术革新的象征，更是对于可持续发展理念的一种实践和推广。

这项技术的应用，为解决城市建设过程中遇到的诸多环境问题提供了新的思路。传统的建筑工地常常因为扬尘、噪声等问题而对周边居民生活造成影响。而"基坑气膜"建筑的出现，有效减少了这些负面影响，提升了城市建设项目的社会接受度和环境友好性。

此外，这种创新技术的推广应用，也反映出北京在城市管理和建设中，越来越注重绿色生态和可持续发展的理念。这不仅对改善城市居民的生活环境产生积极影响，也为全国乃至全球的城市建设提供了可借鉴的经验。

北京"基坑气膜"建筑的成功应用，不仅是技术创新的成果，更是城市发展与环境保护相结合的生动案例。它告诉我们，在追求城市发展的同时，我们同样需要关注环境保护，努力实现经济发展和生态保持的和谐共生。这样的创新和实践，将为我们的城市建设和环境保护开辟新的路径，带来更加繁荣和可持续的未来。

第 8 章 特殊土基础工程

我国地域辽阔，从沿海到内陆，从山区到平原，广泛分布着各种各样的土类。某些土类，由于生成时不同的地理环境、气候条件、地质成因、历史过程和次生变化等原因，具有一些特殊的成分、结构和性质。当用作建筑物的地基时，如果不注意这些特殊性就可能引起工程事故。通常把这些具有特殊工程地质的土类称为特殊土。各种天然形成的特殊土的地理分布存在着一定的规律，表现出一定的区域性，故又称为区域性特殊土。

我国主要的区域性特殊土有湿陷性黄土、膨胀土、冻土、盐渍土、污染土、红黏土、风化岩与残积土等。此外，我国是一个多山的国家，山地的面积占全国陆地总面积的 1/3，广泛分布在我国西南等地区。山区地基与平原相比，其主要表现为地基的不均匀性和场地的不稳定性两方面，工程地质条件更为复杂，如岩溶、土洞及土岩组合地基等，对构筑物更具有直接和潜在的危险。为保证各类构筑物的安全和正常使用，应根据其工程特点和要求，因地制宜、综合治理。尤其是我国西部工程建设的高速发展，对该类地基的处治提出了更高的要求。

限于篇幅，本章主要介绍湿陷性黄土、膨胀土、冻土和盐渍土等各类特殊土地基的工程特征和评估指标，以及在这些地区从事工程建设时应采取的措施。

8.1 湿陷性黄土地基

8.1 湿陷性黄土地基

8.1.1 黄土的特征及分布

1. 黄土的主要特征

黄土具有以下一些主要特征：

（1）外观颜色呈黄色或褐黄色。

（2）颗粒组成以粉土颗粒为主，含量常占 60% 以上。表 8-1 为我国一些主要湿陷性黄土地区黄土的颗粒组成。

（3）孔隙比 e 较大，一般在 0.8~1.2，具有肉眼可见的大孔隙，且垂直节理发育。

（4）富含碳酸钙盐类。

2. 黄土的分布

黄土在世界上面积达 1300 万 km^2，约占陆地总面积的 9.3%。主要分布于中纬度干旱、半干旱地区。我国黄土分布非常广泛，面积约 64 万 km^2，其中湿陷性黄土约占四分之三。以黄河中游地区最为发育，多分布于甘肃、陕西、山西的大部分地区，河南西部和青海、宁夏、河北的部分地区。此外，新疆、内蒙古和山东、辽宁、黑龙江等省区也有分布，但不连续。在这些地区中，以黄河中游地区最为丰富，这里的黄土几乎整片覆盖于全区的地表，厚度大，可达100m以上，而湿陷性黄土的厚度也可达20～30m。

表8-1 湿陷性黄土的颗粒组成（%）

地区	粒径/mm		
	砂粒＞0.05	粉粒0.05～0.005	黏粒＜0.005
陇西	20～29	58～72	8～14
陕北	16～27	59～74	12～22
关中	11～25	52～64	19～24
山西	17～25	55～65	18～20
豫西	11～18	53～66	19～26
总体	11～29	52～74	8～26

注：陇—甘肃；关中—函谷关以西，今西安、咸阳一带；豫—河南。

我国《湿陷性黄土地区建筑标准》（GB 50025—2018），给出了我国湿陷性黄土工程地质分布略图。

8.1.2 影响黄土地基湿陷性的主要因素

1. 黄土的湿陷原因

黄土的湿陷现象是一个复杂的地质、物理、化学过程，对其湿陷性的原因和机理，国内外学者有各种不同的假说，如毛细管假说、溶盐假说、胶体不足假说、欠压密理论和结构学假说等。但至今尚未获得能够充分解释所有湿陷现象和本质的统一理论。以下仅简要介绍几种被公认为比较合理的假说。

（1）黄土的欠压密理论认为，在干旱、少雨气候下，黄土沉积过程中水分不断蒸发，土粒间盐类析出，胶体凝固，形成固化黏聚力，在土湿度不高时，上覆土层不足以克服土中形成的固化黏聚力，因而形成欠压密状态，一旦受水浸湿，固化黏聚力消失，则产生沉陷。

（2）溶盐假说认为，黄土湿陷是由于黄土中存在大量的易溶盐。黄土中含水量较低时，易溶盐处于微晶状态，附于颗粒表面，起胶结作用。而受水浸湿后，易溶盐溶解，胶结作用丧失，从而产生湿陷。但溶盐假说并不能解释所有黄土的湿陷现象，如我国湿陷性黄土中易溶盐含量就较少。

（3）结构学说认为，黄土湿陷的根本原因是其具有特殊的粒状架空结构体系。该结构体系是由集粒和碎屑组成的骨架颗粒相互联结形成（图8-1），含有大量架空孔隙。颗粒间的连接强度是在干旱、半干旱条件下形成，来源于

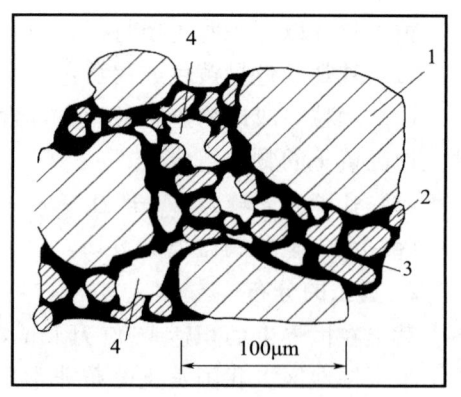

图8-1 黄土结构示意图
1—砂粒；2—粗粉粒；3—胶结物；4—大孔隙

上覆土重的压密，少量的水在粒间接触处形成毛细管压力、粒间电分子引力、粒间摩擦及少量胶凝物质的固化黏聚等。该结构体系在水和外荷载作用下，必然导致连接强度降低、连接点破坏，致使整个结构体系失去稳定。

尽管解释黄土湿陷原因的观点各异，但归纳起来可分为外因和内因两个方面。黄土受水浸湿和荷载作用是湿陷发生的外因，黄土的结构特征及物质成分是产生湿陷性的内在原因。

2. 影响黄土湿陷性的因素

（1）黄土的物质成分。黄土中的胶结物以及颗粒的组成和分布，对于黄土的结构特点和湿陷性的强弱有着重要的影响。胶结物含量高，可把骨架颗粒包围起来，则结构致密。黏粒含量特别是胶结能力较强的小于 0.001mm 的颗粒含量多时，均匀分布在骨架之间，起到胶结物的作用，使湿陷性降低并使力学性质得到改善。反之，粒径大于 0.05mm 的颗粒增多时，胶结物多呈薄膜状分布，骨架颗粒多数彼此直接接触，其结构疏松、强度降低而湿陷性增强。我国黄土湿陷性存在由西北向东南递减的趋势，与自西北向东南方向砂粒含量减少而黏粒含量增多是一致的。此外黄土中的盐类及其存在状态对湿陷性也有着直接的影响，如以较难溶解的碳酸钙为主而具有胶结作用时，湿陷性减弱，但石膏及其他碳酸盐、硫酸盐和氯化物等易溶盐的含量增高时，湿陷性增强。

（2）黄土的物理性质。黄土的湿陷性与其孔隙比和含水率等土的物理性质有关。天然孔隙比越大，或天然含水量越小，则湿陷性越强。饱和度 $S_r \geqslant 80\%$ 的黄土，称为饱和黄土，饱和黄土的湿陷性已退化。在天然含水率相同时，黄土的湿陷变形随湿度的增高而增强。

（3）外加压力。黄土的湿陷性还与外加压力有关。外加压力越大，湿陷量也显著增加，但当压力超过某一数值后，再增加压力，湿陷量反而减少。

8.1.3 黄土湿陷性评价

1. 黄土湿陷性判别

（1）湿陷系数。根据室内浸水试验结果，按式（8-1）计算：

$$\delta_s = \frac{h_p - h'_p}{h_0} \tag{8-1}$$

式中：h_p——保持天然湿度和结构的试样，加压至一定压力时下沉稳定后的高度，mm；

h'_p——上述加压稳定后的试样，在浸水（饱和）作用下，附加下沉稳定后的高度，mm；

h_0——试样的原始高度，mm。

（2）测定湿陷系数的压力。

① 应自基础底面算起，如基底标高不确定时，自地面下 1.5m 算起；

② 基底下 10m 以内的土层应用 200kPa，10m 以下至非湿陷性黄土层顶面，应用其上覆土的饱和自重压力（当压力大于 300kPa 时，仍应用 300kPa）；

③ 当基底压力大于 300kPa 时，宜用实际压力；

④ 对压缩性较高的新近堆积黄土，基底下 5m 以内的土层宜用 100~150kPa 压力，

5～10m和10m以下至非湿陷性黄土层顶面，应分别用200kPa和上覆土的饱和自重压力。

(3) 黄土湿陷性的判别标准。湿陷系数$\delta_s<0.015$，应定为非湿陷性黄土；湿陷系数$\delta_s \geqslant 0.015$，应定为湿陷性黄土。

2. 建筑场地的湿陷类型

(1) 实测自重湿陷量。自重湿陷量应根据现场试坑浸水试验确定。在新建地区，对甲、乙类建筑，宜采用试坑浸水试验。

(2) 计算自重湿陷量。

① 自重湿陷系数δ_{zs}。应根据室内浸水压缩试验，测定不同深度的土样在饱和土自重压力下的δ_{zs}，可按式 (8-2) 计算：

$$\delta_{zs} = \frac{h_z - h'_z}{h_0} \tag{8-2}$$

式中：h_z——保持天然湿度和结构的试样，加压至该试样上覆土的饱和自重压力时，下沉稳定后的高度，mm；

h'_z——上述加压稳定后的试样，在浸水（饱和）作用下，附加下沉稳定后的高度，mm；

h_0——试样的原始高度，mm。

② 计算自重湿陷量Δ_{zs}。Δ_{zs}应按式 (8-3) 计算：

$$\Delta_{zs} = \beta_0 \sum_{i=1}^{n} \delta_{zsi} h_i \tag{8-3}$$

式中：δ_{zsi}——第i层土的自重湿陷系数；

h_i——第i层土的厚度；

β_0——因地区土质而异的修正系数，对陇西地区可取1.5，对陇东陕北地区可取1.2，对关中地区可取0.9，对其他地区可取0.5。

计算自重湿陷量Δ_{zs}的累计，应自天然地面算起（当挖、填方的厚度和面积较大时，应自设计地面算起），至其下非湿陷性黄土层的顶面止，其中自重湿陷系数δ_{zs}值小于0.015的土层不累计。

(3) 建筑场地湿陷类型判别。

① 当实测自重湿陷量Δ'_{zs}或计算自重湿陷量$\Delta_{zs} \leqslant 70$mm时，应定为非自重湿陷性黄土场地；

② 当实测自重湿陷量Δ'_{zs}或计算自重湿陷量$\Delta_{zs} > 70$mm时，应定为自重湿陷性黄土场地。

3. 湿陷性黄土地基的湿陷等级

(1) 总湿陷量Δ_s。湿陷性黄土地基，受水浸湿饱和至下沉稳定为止的总湿陷量Δ_s，应按下式计算：

$$\Delta_s = \sum_{i=1}^{n} \beta \delta_{si} h_i \tag{8-4}$$

式中：δ_{si}——第i层土的湿陷系数；

h_i——第i层土的厚度；

β——考虑基底下地基土的受水浸湿可能性和侧向挤出等因素的修正系数，基底下 0~5m 深度内可取 1.5，基底下 5~10m 深度内可取 1.0，基底下 10m 以下至非湿陷性黄土层顶面，在自重湿陷性场地，可按式（8-3）中的 β_0 值取用。

总湿陷量 Δ_s 应自基础底面算起，当基础底面标高不确定时，自地面下 1.5m 算起。累计深度按场地与建筑类别不同区别对待如下：

① 非自重湿陷性黄土场地，累计至基底下 10m（或地基压缩层）深度止。

② 在自重湿陷性黄土场地，累计至非湿陷性黄土层的顶面止。其中湿陷系数 δ_s（10m 以下为 δ_{zs}）小于 0.015 的土层不累计。

（2）湿陷性黄土地基的湿陷等级。湿陷性黄土地基的湿陷等级，应根据基底下各土层累计的总湿陷量 Δ_s 和计算自重湿陷量 Δ_{zs} 的大小和场地湿陷类型，判定为 Ⅰ、Ⅱ、Ⅲ、Ⅳ 四级，详见表 8-2。

表 8-2 湿陷性黄土的湿陷等级

计算自重湿陷量/mm	非自重湿陷性场地	自重湿陷性场地	
	$\Delta_{zs} \leqslant 70$mm	70mm$<\Delta_{zs} \leqslant$350mm	$\Delta_{zs}>$350mm
$\Delta_s \leqslant 300$	Ⅰ（轻微）	Ⅱ（中等）	
$300<\Delta_s \leqslant 700$	Ⅱ（中等）	*Ⅲ（中等）或Ⅲ（严重）	Ⅲ（严重）
$\Delta_s>700$	Ⅱ（中等）	Ⅲ（严重）	Ⅳ（很严重）

注：1. 当湿陷量的计算值 $\Delta_s>$600mm、自重湿陷量的计算值 $\Delta_{zs}>$300mm 时，可判为 Ⅲ 级；
2. 其他情况可判为 Ⅱ 级。

【例题 8-1】陕北地区某建筑场地，工程地质勘查中探坑每隔 1m 取土样，测得各土样 δ_{zsi} 和 δ_{si}，如例表 8-1 所示。试确定该场地的湿陷类型和地基的湿陷等级。

例表 8-1 土样 δ_{zsi} 和 δ_{si} 的值

取土深度/m	1	2	3	4	5	6	7	8	9	10
δ_{zsi}	0.002	0.014	0.020	0.013	0.026	0.056	0.045	0.014	0.001	0.020
δ_{si}	0.070	0.060	0.073	0.025	0.088	0.084	0.071	0.037	0.002	0.039
备注	δ_{zsi} 或 $\delta_{si}<$0.015，属非湿陷性土层									

【解】

（1）场地湿陷类型判别

首先计算自重湿陷量 Δ_{zs}，自天然地面算起至其下全部湿陷性黄土层为止，陕北地区可取 $\beta_0=1.2$，由式（8-3）可得

$$\Delta_{zs} = \beta_0 \sum_{i=1}^{n} \delta_{zsi} h_i$$
$$= 1.2 \times (0.020+0.026+0.056+0.020+0.045) \times 1000$$
$$= 200.4(\text{mm}) > 70(\text{mm})$$

故该场地应判定为自重湿陷性黄土场地。

（2）黄土地基湿陷等级判别

由式（8-4）计算黄土地基的总湿陷量 Δ_s，且取 $\beta=\beta_0$，则

$$\Delta_{zs} = \sum_{i=1}^{n} \beta \delta_{si} h_i$$
$$=1.2\times(0.070+0.060+0.073+0.025+0.088$$
$$+0.084+0.071+0.037+0.039)\times 1000$$
$$=656.4\text{（mm）}>600\text{（mm）}$$

根据表 8-2，该湿陷性黄土地基的湿陷等级可判定为Ⅲ级（严重）。

8.1.4 湿陷性黄土地基的工程措施

湿陷性黄土地基的设计和施工，应满足承载力、湿陷变形、压缩变形及稳定性要求。并针对黄土地基湿陷性特点和工程要求，因地制宜地以地基处理为主采取如下措施防止地基湿陷，确保建筑物安全和正常使用。

1. 地基处理

地基处理的目的在于破坏湿陷性黄土的大孔结构，以便全部或者部分消除地基的湿陷性，从根本上避免或削弱湿陷现象的发生。常用的地基处理方法见表 8-3。

表 8-3 湿陷性黄土地基常用的处理方法

名称		适用范围	一般可处理（或穿透）基底下的湿陷性土层厚度/m
垫层法		地下水位以上，局部整片处理	1~3
夯实法	强夯	$S_r<60\%$ 的湿陷性黄土，局部或整片处理	3~6
	重夯		1~2
挤密法		地下水位以上，局部或整片处理	5~15
桩基础		基础荷载大，有可靠的持力层	≤30
预浸水法		Ⅲ、Ⅳ级自重湿陷性黄土场地，6m 以上尚应采用垫层等方法处理	可消除地面下 6m 以下全部土层的湿陷性
单液硅化或碱液加固法		一般用于加固地下水位以上的已有建筑物地基	≤10 单液硅化加固的最大深度可达 20

注：在雨季、冬季选择垫层法、夯实法和挤密法处理地基时，施工期间应采用防雨、防冻措施，并应防止地面水流入已处理和未处理的基坑或基槽内。

估算非自重湿陷性黄土地基的单桩承载力时，桩端阻力和桩侧摩阻力均应按饱和状态下的土性指标确定。计算自重湿陷性黄土地基的单桩承载力时，不计湿陷性土层范围内桩侧摩阻力，并应扣除桩侧负摩阻力。桩侧负摩阻力的计算深度，应自桩基承台底面算起至湿陷性土层顶面为止。

2. 防水措施

设置防水措施的目的是消除黄土发生湿陷变形的外因。要求做好建筑物在施工及长期使用期间的防水、排水工作，防止地基土受水浸湿。其基本防水措施包括：做好场地

平整和防水系统,防止地面积水;压实建筑物四周地表土层,做好散水,防止雨水直接渗入地基;给排水管和建筑物之间留有一定防护距离;提高防水地面、排水沟、检漏管沟和井等设施的设计标准,避免漏水浸泡局部地基土体等。

3. **结构措施**

从地基基础和上部结构相互作用的概念出发,在建筑结构设计中采取适当措施,以减小建筑物的不均匀沉降或使结构能适应地基的湿陷变形。如选取适宜的结构体系和基础形式、加强上部结构整体刚度、预留沉降净空等。

4. **施工措施及使用维护**

湿陷性黄土地基的建筑物施工,应根据地基土的特性和设计要求合理安排施工程序,防止施工用水和场地雨水流入建筑物地基引起湿陷。在使用期间,对建筑物和管道应经常进行维护和检修,确保防水措施的有效发挥,防止地基浸水湿陷。

在上述措施中,地基处理是主要的工程措施。防水、结构措施的采用,应根据地基处理的程度不同而有所差别。若通过地基处理消除了全部地基土的湿陷性,就不必再考虑其他措施;若只是消除了地基主要部分湿陷量,则设计还应辅以防水和结构措施。

8.2 膨胀土地基

8.2.1 膨胀土的特征

膨胀土一般系指黏粒成分主要由亲水性矿物(黏土矿物)组成,同时具有显著的吸水膨胀和失水收缩两种变形特性的黏性土,一般强度较高,压缩性低,易被误认为是建筑性能较好的地基土。通常黏性土都具有膨胀和收缩特性,但胀缩量不大,对工程无太多影响;而膨胀土的膨胀—收缩—再膨胀的周期性变化特性非常显著,常给工程带来危害。因此需将其与一般黏性土区别,作为特殊土处理。膨胀土亦可称为胀缩性土。

1. **膨胀土的特征及分布**

我国膨胀土除少数形成于全新世(Q_4)外,其地质年代多属第四纪晚更新世(Q_3)或更早些,具有黄、红、灰白等色,常呈斑状,并含有铁锰质或钙质结核,具有如下一些工程特征:

(1)多出露于二级及二级以上的河谷阶地、山前和盆地边缘及丘陵地带。地形坡度平缓,一般坡度小于12度,无明显的天然陡坎。膨胀土在结构上多呈坚硬-硬塑状态,结构致密,呈棱形土块者常具有胀缩性,且棱形土块越小,胀缩性越强。

(2)裂隙发育是膨胀土的一个重要特征,常见光滑面或擦痕。裂隙有竖向、斜交和水平三种。裂隙间常充填灰绿、灰白色黏土。竖向裂隙常出露地表,裂隙宽度随深度的增加而逐渐尖灭;斜交剪切缝隙越发育,胀缩性越严重。此外,膨胀土地区旱季常出现地裂,上宽下窄,长可达数十米至百米,深数米,壁面陡立而粗糙,雨季则闭合。

(3)膨胀土的黏粒含量一般很高,粒径小于0.002mm的胶体颗粒含量一般超过20%。液限大于40%,塑性指数大于17,且多在22~35之间。自由膨胀率一般超过40%(红黏土除外)。其天然含水量接近或略小于塑限,液性指数常小于零,压缩性小,多属低压缩性土。

（4）膨胀土的含水量变化易产生胀缩变形。初始含水量与胀后含水量越接近，土的膨胀就越小，收缩的可能性和收缩值就越大。膨胀土地区多为上层滞水或裂隙水，水位随季节性变化，常引起地基的不均匀胀缩变形。

膨胀土在我国分布广泛，且常呈岛状分布，以黄河以南地区较多，广西、云南、湖北、河南、安徽、四川、河北、山东、陕西、江苏、贵州和广东等地均有不同范围的分布。国外也一样，美国50个州中有膨胀土的占40个州。此外在印度、澳大利亚、南美洲、非洲和中东广大地区，也常有不同程度的分布。目前，世界上已有40多个国家发现膨胀土造成的危害，据报道，每年给工程建设带来的经济损失已超过百亿美元，比洪水、飓风和地震所造成的损失总和的两倍还多。膨胀土的工程问题已成为世界性的研究课题。我国在总结大量勘察、设计、施工和维护等方面的成套经验基础上，已制定出《膨胀土地区建筑技术规范》（GB 50112—2013）（以下简称《膨胀土规范》）。

2. 膨胀土的危害性

膨胀土具有显著的吸水膨胀和失水收缩的变形特性，使建造在其上的构筑物随季节性气候的变化而反复不断地产生不均匀的升降，致使房屋开裂、倾斜，公路路基发生破坏，堤岸、路堑产生滑坡，涵洞、桥梁等刚性结构物产生不均匀沉降等，造成巨大损失。其破坏具有如下特征和规律：

（1）建筑物的开裂破坏具有地区性成群出现的特点，建筑物裂缝随气候变化不停地张开和闭合。由于低层轻型、砖混结构质量轻、整体性较差，且基础埋置浅，地基土易受外界环境变化的影响而产生胀缩变形，其损坏最为严重。

（2）因建筑物在垂直和水平方向受弯扭，故转角处首先开裂，墙上常出现对称或不对称的八字形、X形交叉裂缝，外纵墙基础因受到地基膨胀过程中产生的竖向切力和侧向水平推力作用而产生水平裂缝和位移，室内地坪和楼板则发生纵向隆起开裂。

（3）膨胀土边坡不稳定，易产生水平滑坡，引起房屋和构筑物开裂，且损坏比平地上更为严重。

8.2.2 影响膨胀土胀缩变形的主要因素

膨胀土的胀缩变形特性主要取决于膨胀土的矿物成分与含量、微观结构等内在机制（内因），但同时受到气候、地形地貌等外部环境（外因）的影响。

1. 影响膨胀土胀缩变形的内因

（1）矿物成分。膨胀土中黏土矿物主要是蒙脱石和伊利石。蒙脱石矿物亲水性强，具有既易吸水又易失水的强烈活动性。伊利石亲水性比蒙脱石低，但也有较高的活动性。两种矿物含量的高低直接决定了土的膨胀性的大小。此外，蒙脱石矿物吸附外来阳离子的类型对土的胀缩性也有影响，如吸附钠离子（钠蒙脱石）时就具有特别强烈的胀缩性。

（2）微观结构。膨胀土中黏土矿物多呈晶状片，颗粒彼此叠聚成一种微集聚体结构单元，其微观结构为颗粒彼此面面叠聚形成的分散结构，该结构具有很大的吸水膨胀和失水收缩的能力。故膨胀土的胀缩性还取决于其矿物在空间分布上的结构特征。

(3) 黏粒含量。由于黏土颗粒细小、比面积大，因而具有很高的表面能，对水分子和水中阳离子的吸附能力强。因此土中黏粒含量（粒径小于 $2\mu m$）越高，则土的胀缩性越强。

(4) 干密度。土的胀缩表现于土的体积变化。土的密度越大，则孔隙比越小，浸水膨胀越强烈，失水收缩越小；反之，孔隙比越大，浸水膨胀越小，失水收缩越大。

(5) 初始含水率。土的初始含水率与胀后含水率的差值影响土的胀缩变形，初始含水率与胀后含水率相差越大，则遇水后土的膨胀越大，失水后土的收缩越小。

(6) 土的结构强度。结构强度越高，土体限制胀缩变形的能力也越强。当土的结构受到破坏以后，土的胀缩性随之增强。

2. 影响膨胀土胀缩变形的外因

(1) 气候条件。一般膨胀土分布地区降雨量集中，旱季较长。若建筑场地潜水位较低，则表层膨胀土受大气影响，土中水分处于剧烈变动之中，对室外土层影响较大，故基础室内外土的胀缩变形存在明显差异，甚至外缩内胀，使建筑物受到往复不均匀变形的影响，导致建筑物开裂。实测资料表明，季节性气候变化对地基土中水分的影响随深度的增加而递减。

(2) 地形地貌。高地临空面大，地基中水分蒸发条件好，故含水率变化幅度大，地基土的胀缩变形也较剧烈。因此一般低地的膨胀土地基较高地的同类地基的胀缩变形要小得多；在边坡地带，坡脚地段比坡肩地段的同类地基的胀缩性又要小得多。

(3) 日照环境。日照的时间与强度也不可忽视。通常房屋向阳面开裂较多，背阳面（即北面）开裂较少。此外，建筑物周围树木（尤其是不落叶的阔叶树）对胀缩变形也将造成不利影响（树根吸水，减少土中含水率，加剧地基的干缩变形）；建筑物内外的局部水源补给，也会增加胀缩变形的差异。

8.2.3 膨胀土的工程特性指标和膨胀土地基的评价

1. 膨胀土的工程特征指标

(1) 自由膨胀率。自由膨胀率 δ_{ef} 为人工制备的烘干土，在水中增加的体积与原体积之比，按下式计算：

$$\delta_{ef}=\frac{V_w-V_0}{V_0}\times 100\% \tag{8-5}$$

式中：V_w——土样在水中膨胀稳定后的体积，mL；

V_0——土样原始体积，mL。

(2) 膨胀率。膨胀率 δ_{ep} 为在一定的压力下，浸水膨胀稳定后，试样增加的高度与原高度之比，按下式计算：

$$\delta_{ep}=\frac{h_w-h_0}{h_0}\times 100\% \tag{8-6}$$

式中：h_w——土样浸水膨胀稳定后的高度，mm；

h_0——土样的原始高度，mm。

(3) 收缩系数。收缩系数 λ_s 为原状土样在直线收缩阶段，含水率减少1%时的竖向线缩率，按下式计算：

$$\lambda_s = \frac{\Delta\delta_s}{\Delta w} \tag{8-7}$$

式中：$\Delta\delta_s$——收缩过程中两点含水率之差对应的竖向线缩率之差，%；

Δw——收缩过程中直线变化阶段两点含水率之差，%。

（4）膨胀力。膨胀力 p_e 为原状土样在体积不变时由于浸水膨胀产生的最大内应力，由膨胀力试验确定。

2. 膨胀土地基的评价

（1）膨胀土的判别。膨胀土的判别是膨胀土地基勘察、设计的首要问题。其主要依据是工程地质特征与自由膨胀率 δ_{ef}。凡 $\delta_{ef} \geq 40\%$，且具有上述膨胀土野外特征和建筑物开裂破坏特征，胀缩性的黏性土，应判定为膨胀土。

（2）膨胀土的膨胀潜势。不同胀缩性能的膨胀土对建筑物的危害程度明显不同。故判定为膨胀土后，还要进一步确定膨胀土的胀缩性能，即胀缩强弱。研究表明：δ_{ef} 较小的膨胀土，膨胀潜势较弱，建筑物损坏轻微；δ_{ef} 较大的膨胀土，膨胀潜势较强，建筑物损坏严重。因此《膨胀土规范》按 δ_{ef} 大小划分土的膨胀潜势强弱，见表 8-4，以判别土的胀缩性高低。

表 8-4　膨胀土的膨胀潜势分类

自由膨胀率 δ_{ef}/%	膨胀潜势
$40 \leq \delta_{ef} < 65$	弱
$65 \leq \delta_{ef} < 90$	中
$\delta_{ef} \geq 90$	强

（3）膨胀土地基的胀缩等级。评价膨胀土地基，应根据其膨胀、收缩变形对低层砖混结构的影响程度进行。《膨胀土规范》规定以 50kPa 压力下（相当于一层砖混结构的基底压力）测定土的膨胀率，计算地基分级变形量 s_e，计算方法见式（8-8）。由此作为划分膨胀土地基胀缩等级的标准，见表 8-5。

表 8-5　膨胀土地基的胀缩等级

地基分级变形量 s_e/mm	级别
$15 \leq s_e < 35$	Ⅰ
$35 \leq s_e < 70$	Ⅱ
$s_e \geq 70$	Ⅲ

【例题 8-2】 某地基试样原始体积 V_0 为 25mL，膨胀稳定后的体积 V_w 为 40mL，该土样原始高度 h_0 为 30mm，在压力 100kPa 作用下膨胀稳定后的高度 h_w 为 35mm。试计算该土样的自由膨胀率 δ_{ef} 和膨胀率 δ_{ep}，判断是否为膨胀土，如果是确定其膨胀潜势。

【解】

自由膨胀率 $\delta_{ef} = \frac{V_w - V_0}{V_0} = 60\%$，$\delta_{ep} = \frac{h_w - h_0}{h_0} = 16.6\%$。$\delta_{ef}$ 大于 40%，所以是膨胀土。由表 8-4 得，$40\% \leq \delta_{ef} < 65$，膨胀潜势为弱势。

8.2.4 膨胀土地基计算及工程措施

1. 膨胀土地基计算

根据场地的地形、地貌条件，可将膨胀土建筑场地分为：①平坦场地：地形坡度＜5°；或地形坡度为5°～14°，且距坡肩水平距离大于10m的坡顶地带。②坡地场地：地形坡度≥5°；或地形坡度＜5°，但同一建筑物范围内局部地形高差大于1m。

膨胀土地基的胀缩变形量 s_e 可按下式计算：

$$s_e = \phi_e \sum_{i=1}^{n}(\delta_{epi} + \lambda_{si}\Delta w_i)h_i \tag{8-8}$$

式中：ϕ_e——计算胀缩变形量的经验系数，可取0.7；

δ_{epi}——基础底面下第 i 层在压力 p_i（该层土平均自重应力与附加应力之和）作用下的膨胀率，由室内试验确定；

λ_{si}——第 i 层土的垂直收缩系数；

Δw_i——第 i 层土在收缩过程中可能发生的含水率变化的平均值（小数表示），按《膨胀土规范》公式计算；

h_i——第 i 层土的计算厚度，一般为基底宽度的0.4倍，cm；

n——自基底至计算深度内所划分的土层数，计算深度可取大气影响深度，有浸水可能时，可按浸水影响深度确定。

位于平坦场地的建筑物地基，承载力可由现场浸水载荷试验、饱和三轴不排水试验或《膨胀土规范》承载力表确定，变形则按胀缩变形量控制。而位于斜坡场地的建筑物地基，除上述计算控制外，尚应进行地基的稳定性计算。

2. 膨胀土地基的工程措施

膨胀土地基的工程建设，应根据当地的气候条件、地基胀缩等级、场地工程地质和水文地质条件，结合当地建筑施工经验，因地制宜采取综合措施，一般可从以下两方面考虑：

（1）设计措施。选择场地时应避开地质条件不良地段，如浅层滑坡、地裂发育、地下水位剧烈等地段，尽量布置在地形条件比较简单、地质较均匀、胀缩性较弱的场地。坡地建筑应避免大开挖，依山就势布置，同时应利用和保护天然排水系统，并设置必要的排洪、截流和导流等排水措施，加强隔水、排水，防止局部浸水和渗漏现象。

建筑上力求体型简单，建筑物不宜过长，在地基土不均匀、建筑平面转折、高差较大及建筑结构类型不同处，应设置沉降缝。一般地坪可采用预制块铺砌，块体间嵌柔性材料，大面积地面做分格变形缝；对有特殊要求的地坪可采用地面配筋或地面架空等措施，尽量与墙体脱开。民用建筑层数宜多于2层，以加大基底压力，防止膨胀变形。并应合理确定建筑物与周围树木间距离，避免选用吸水量大、蒸发量大的树种绿化。

结构上应加强建筑物的整体刚度，承重墙体宜采用拉结较好的实心砖墙，不得采用空斗墙、砌块墙或无砂混凝土砌体，避免采用对变形敏感的砖拱结构、无砂大孔混凝土和无筋中型砌块等。基础顶部和房屋顶层宜设置圈梁，其他层隔层设置或层层设置。建筑物的角段和内外墙的连接处，必要时可增设水平钢筋。

加大基础埋深，且不应小于1m。当以基础埋深为主要防治措施时，基底埋置宜超过大气影响深度或通过变形验算确定。较均匀的膨胀土地基，可采用条基；基础埋深较大或条基基底压力较小时，宜采用墩基。

可采用地基处理方法减小或消除地基胀缩对建筑物的危害，常用的方法有换土垫层、土性改良、深基础等。换土应采用非膨胀性黏土、砂石或灰土等材料，厚度应通过变形计算确定，垫层宽度应大于基底宽度。土性改良可通过在膨胀土中掺入一定量的石灰来提高土的强度，也可采用压力灌浆将石灰浆液灌注入膨胀土的裂缝中起加固作用。当大气影响深度较深、膨胀土层较厚、选用地基加固或墩式基础施工困难时，可选用桩基础穿越。

(2) 施工措施。在施工中应尽量减少地基中含水率的变化。基槽开挖施工宜分段快速作业，避免基坑岩土体受到暴晒或浸泡。雨期施工应采取防水措施。当基槽开挖接近基底设计标高时，宜预留150～300mm厚土层，待下一工序开始前挖除；基槽验槽后应及时封闭坑底和坑壁；基坑施工完毕后，应及时分层回填夯实。

由于膨胀土坡地具有多向失水性和不稳定性，坡地建筑比平坦场地的破坏严重，故应尽量避免在坡坎上兴建建筑。若无法避开，首先应采取排水措施，设置支挡和护坡进行治坡，整治环境，再开始兴建建筑。

8.3 冻土地区基础工程

8.3.1 冻土的特征

温度≤0℃，含有冰，且与土颗粒呈胶结状态的各类土称为冻土。根据冻土的冻结延续时间可分为季节性冻土和多年冻土两大类。我国2011年修订了行业标准《冻土地区建筑地基基础设计规范》(JGJ 118—2011)，简称《冻土规范》。现行《公路桥涵地基与基础设计规范》(JTG D63—2019)也包含冻土分类、冻土地基设计计算有关规定。

季节性冻土是指地壳表层冬季冻结而在夏季又全部融化的土。我国华北、西北和东北广大地区均有分布。因其周期性的冻结、融化，对地基的稳定性影响较大。

多年冻土是指冻结状态持续2年或2年以上的土。多年冻土常存在于地面以下的一定深度，每年寒季冻结，暖季融化，其年平均地温大于和小于0℃的地壳表层分别称为季节冻结层和季节融化层。前者其下卧层为非冻结层或不衔接多年冻土层；后者其下卧层为多年冻土层，多年冻土层的顶面称为多年冻土上限。多年冻土主要分布在黑龙江的大小兴安岭一带，内蒙古纬度较大地区，青藏高原和甘肃、新疆的高山区，其厚度从不足1m至几十米。

作为建筑地基的冻土，根据多年冻土所含盐类与有机物的不同可分为盐渍化冻土与冻结泥炭化土；根据冻土的变形特性可分为坚硬冻土、塑性冻土与松散冻土；根据多年冻土的融沉性和季节性冻土与多年冻土季节融化层土的冻胀性，细分为若干亚类。有关冻土地基设计计算详见《冻土规范》和《公路桥涵地基与基础设计规范》。

8.3.2 冻土的物理力学性质

冻土是由土的颗粒、水、冰、气体等组成的多相成分的复杂体系。其物理力学性质与未冻土有着共同性，但因冻结时水相变及其对结构和物理力学性质的影响，冻土将具有独特的特性，如冻结过程中水的迁移、冰的析出、冻胀和融沉等，都将给建筑物带来危害。

1. 土的起始冻结温度和未冻水含量

土的起始冻结温度因土类而异，砂土、砾石土约为0℃，可塑粉土为$-0.2 \sim -0.5$℃，坚硬黏土和粉质黏土为$-0.6 \sim -1.2$℃。同一种土，含水量越小，起始冻结温度就越低。土温度低于起始冻结温度时，部分孔隙水就开始冻结，随着温度继续降低，土中未冻水含量逐渐减少，但无论温度多低，土中未冻水总是存在的，冻土中未冻水的质量与干土质量之比称为未冻水含量。对于一定的土，未冻水含量仅与温度有关，而与土的含水率无关。土中未冻水含量越少，其压缩性越小，强度越高，当未冻水含量很少时，荷载作用下土体表现为脆性破坏。

2. 冻土的融陷性

在无外荷条件下，冻土融化过程中所产生的沉降称为融陷。冻土的融陷性是评价多年冻土工程性质的重要指标，可由实验测定出的平均融沉系数 δ_0 表示。

$$\delta_0 = \frac{h_1 - h_2}{h_1} = \frac{e_1 - e_2}{1 + e_1} \times 100\% \tag{8-9}$$

式中：h_1、e_1——冻土试样融化前的厚度和孔隙比；

h_2、e_2——冻土试样融化后的厚度和孔隙比。

3. 冻土的含冰量与冻胀性

因冻土中存在未冻水，故冻土的含冰量并不等于冻土融化时的含水量。冻土中含冰量可用质量含冰量、体积含冰量和相对含冰量来衡量。

土的冻胀性是土冻结过程中体积增大的现象。土的冻胀性是以平均冻胀率 η（单位冻结深度的冻胀量）来衡量。

$$\eta = \frac{\Delta z}{z_d} \times 100\% \tag{8-10}$$

式中：Δz——地面冻胀量，mm；

z_d——设计冻结深度，mm，$z_d = h - \Delta z$，h 为冻层厚度。

4. 冻结强度与冻土抗剪强度

冻土与基础表面通过冰晶胶结在一起，基础侧面与冻土间的胶结力称为冻结强度，在实际使用和量测中通常以该胶结的抗剪强度来衡量。

冻土的抗剪强度是指外力作用下冻土抵抗剪切滑动的极限强度。由于冰的胶结作用，冻土的抗剪强度比未冻土高许多，且随温度的降低、含水量的增加而增高（含水量越大，起胶结作用的冰越多），但在长期荷载作用下，其强度比瞬时荷载下低得多。此外，由于冻土的内摩擦角不大，可近似地将其视为理想黏滞体，即 $\varphi = 0$，冻土融化后强度显著降低，当含冰量很大时，融化后的内聚力约为冻结时的1/10。

5. 土的变形性质

短期荷载下，冻土的压缩性很低，其变形可忽略不计。但长期荷载下变形增大，特别是温度为$-0.5\sim-0.1$℃的塑性冻土，其压缩性相当强，此时必须考虑冻土地基的变形。

冻土融化时，土的结构破坏，往往变成高压缩性和稀释土体，产生剧烈变形，即为产生地基融沉的原因。冻土的融沉变形由两部分组成，一部分与压力无关，另一部分与压力有关。

8.3.3 冻土的地基评价与工程措施

1. 季节冻土（含多年冻土季节融化层土）

如前所述，冻土在冻结状态时强度较高、压缩性较低；融化后承载力急剧下降，压缩性提高，使地基产生融沉；而在冻结过程中产生冻胀，均对地基不利。冻土的冻胀和融沉与土的颗粒大小及含水率有关，一般颗粒越粗、含水率越小，土的冻胀和融沉性越小；反之亦然。

根据冻土的冻胀率可将季节性冻土分为五类：

Ⅰ类：不冻胀土，$\eta\leqslant1\%$，冻结时基本无水分迁移，冻胀量很小，对基础无危害。

Ⅱ类：弱冻胀土，$1\%<\eta\leqslant3.5\%$，冻结时水分迁移很少，地表无明显冻胀隆起，对一般浅基础也无危害。

Ⅲ类：冻胀土，$3.5\%<\eta\leqslant6\%$，冻结时水分有较多迁移，形成冰夹层，若建筑物自重轻、基础埋深过浅，将产生较大冻胀变形，冻深大时还会由于切向冻胀力使基础上拔。

Ⅳ类：强冻胀土，$6\%<\eta\leqslant12\%$，冻结时水分大量迁移，形成较厚冰夹层，冻胀严重，即使基础埋深超过冻结线，也可能因切向冻胀力而上拔。

Ⅴ类：特强冻胀土，$\eta>12\%$，冻胀量很大，是使基础冻胀上拔破坏的主要原因。

对季节性冻土，工程上应尽量减小其冻胀力和改善其周围冻土的冻胀性，可采取如下措施：

（1）采用较纯净的砂、砂砾石等粗颗粒土换填基础四周冻土并夯实；

（2）做好排水措施，避免基础堵水而造成冻害；

（3）在基础侧涂刷工业凡士林、渣油等改善表面平滑度，减小切向冻结力；

（4）设置钢筋混凝土圈梁和基础梁，控制建筑物长宽比，增强建筑物整体刚度；

（5）改善基础断面形状，利用冻胀反力的自锚作用增加基础抗冻拔能力。

2. 多年冻土

多年冻土的融陷性与土的类别、含水率及融化后的潮湿程度有关。根据冻土的平均融沉系数δ_0可将其分为五级：

Ⅰ级土：不融沉，$\delta_0\leqslant1$，除基岩之外为最好的地基土，一般不需考虑冻融问题。

Ⅱ级土：弱融沉，$1<\delta_0\leqslant3$，为多年冻土中较好的地基土，可直接作为建筑物地基，若基底最大融深控制在3m以内，建筑物不会遭受明显融沉破坏。

Ⅲ级土：融沉，$3<\delta_0\leqslant10$，具有较大的融化下沉量，且冬天回冻时有较大冻胀量。一般基底融深不得大于1m，并需采取专门措施，如深基或保温防止地基融化等。

Ⅳ级土：强融沉，$10<\delta_0\leqslant25$，融化下沉量很大，往往造成建筑物破坏，设计时应

保持冻土不融或采用桩基础等。

Ⅴ级土：融陷，$\delta_0>25$，为含土冰层，融化后呈流动、饱和状态，不能直接作为建筑物地基，应进行专门处理。

对于多年冻土地基，在工程中应根据建筑物特点和冻土的性质，选用融化原则或保持冻结原则进行设计处理。融化原则即容许基底以下的多年冻土在施工和使用期间处于融化状态，因此可根据具体情况在施工前采用人工融化压密或换填碎、卵、砾石等进行处理，换填深度可达季节融化深度或受压层深度。保持冻结原则即保持多年冻土地基在施工和使用期间处于冻结状态，宜用于冻层较厚、多年地温较低和多年冻土相对稳定的地带，或用于按融化原则处理有困难时。施工时宜选在冬季，并注意保护地表植被，或地表铺盖保温性能较好的材料，减少热渗入等。

此外，尚需选择好基础形式，如适当增大基底面积、减小基底压力或加大基础埋深、采用深基础等。

【例题 8-3】某季节性冻土层厚度为 1.8m，地表冻胀量为 140mm，计算该土层的平均冻胀率。

【解】

设计冻深 $z_d=h-\Delta z=1800-140=1660$（mm）

平均冻胀率 $\eta=\dfrac{\Delta z}{z_d}\times 100\%=140\div 1660=8.4\%$

8.4 盐渍土地区地基

8.4.1 盐渍土的形成和分布

盐渍土是指含有较多易溶盐（含量>0.3%），且具有溶陷、盐胀、腐蚀等工程特性的土。

盐渍土分布很广，一般分布在地势较低且地下水位较高的地段，如内陆洼地、盐湖和河流两岸的漫滩、低阶地、牛轭湖以及三角洲洼地、山间洼地等。我国西北地区如青海、新疆有大面积的内陆盐渍土，沿海各省则有滨海盐渍土。此外，在俄罗斯、美国、伊拉克、埃及、沙特阿拉伯、阿尔及利亚、印度以及非洲、欧洲等许多国家和地区均有分布。盐渍土厚度一般不大，自地表向下约 1.5～4.0m，其厚度与地下水埋深、土的毛细作用上升高度以及蒸发作用影响深度（蒸发强度）等有关。其形成受如下因素影响：①干旱半干旱地区因蒸发量大、降雨量小、毛细作用强，极利于盐分在表面聚集；②内陆盆地因地势低洼、周围封闭排水不畅、地下水位高，利于水分蒸发、盐类聚集；③农田洗盐、压盐、灌溉退水、渠道渗漏等进入某土层也将促使盐渍化。

8.4.2 盐渍土的工程特征

影响盐渍土基本性质的主要因素是土中易溶盐的含量。土中易溶盐主要有氯化物盐类、硫酸盐类和碳酸盐类三种。

1. 氯盐渍土

氯盐渍土分布最广，地表常有盐霜与盐壳特征。因氯盐类富吸湿性，结晶时体积不膨胀，具脱水作用，故土的最佳含水率低，且长期维持在最佳含水率附近，使土易于压实。氯盐含量越高、氯越大，则土的液限、塑限、塑限指数及可塑性越低，强度越高。此外，含有氯盐的土，一般天然孔隙比较低，密度较高，并具有一定的腐蚀性。当氯盐含量大于4%时，将对混凝土、钢铁、木材、砖等建筑材料具有不同程度的腐蚀性。

2. 硫酸盐渍土

硫酸盐渍土分布较广，地表常覆盖一层松软的粉状、雪状盐晶。随硫酸盐（Na_2SO_4）含量增高，体积变大，且随温度升降变化而胀缩，如此不断循环，使土体松胀。松胀现象一般出现在地表以下大约0.3m处。由于硫酸盐渍土具有松胀和膨胀性，与氯盐渍土相比，其总含盐量对土的强度影响恰好相反，随总含盐量的增加而降低。当总含盐量约为12%时，可使强度降低到不含盐时的一半左右。此外，硫酸盐渍土具有较强的腐蚀性，当硫酸盐含量超过1%时，对混凝土产生有害影响，对其他建筑材料也具有不同程度的腐蚀作用。

3. 碳酸盐渍土

碳酸盐渍土中存在大量的吸附性钠离子，其与土中胶体颗粒互相作用，形成结合水膜，使颗粒间的联结力减弱，土体体积增大，遇水时产生强烈膨胀，使土的透水性减弱、密度降低，导致地基稳定性及强度降低、边坡坍滑等。当碳酸盐渍土中Na_2CO_3含量超过0.5%时，即产生明显的膨胀，密度随之降低，其液塑限也随含盐量增高而增高。此外，碳酸盐渍土中的Na_2CO_3、$NaHCO_3$能加强土的亲水性，使沥青乳化，对各种建筑材料存在不同程度的腐蚀性。

8.4.3　盐渍土的工程评价及防护措施

盐渍土的岩土工程评价应包括下列内容：

（1）根据地区的气象、水文、地形、地貌、场地积水、地下水位、管道渗漏、地下洞室等环境条件变化，对场地建筑适宜性作出评价。

（2）评价岩土中含盐类型、含盐量及主要含盐矿物对岩土工程性能的影响。

（3）盐渍土地基的承载力宜采用载荷试验确定，当采用其他原位测试方法，如标准贯入、静力触探及旁压试验等时，应与荷载试验结果进行对比。确定盐渍岩地基承载力时，应考虑盐渍岩的水溶性影响。

（4）盐渍岩边坡的坡度宜比非盐渍岩的软质岩石边坡适当放缓，对软弱夹层、破碎带及中强风化带应部分或全部加以防护。

（5）盐渍土的含盐类型、含盐量及主要含盐矿物对金属及非金属建筑材料的腐蚀性评价。

此外，对具有松胀性及湿陷性盐渍土评价时，尚应按照有关膨胀土及湿陷性土等专业规范的规定，作出相应评价。

在盐渍土上兴建建筑时，尚应根据建筑物的重要性和承受不均匀沉降的能力、地基的溶陷等级以及浸水的可能性等，采取相应的设计和施工措施：

（1）防水措施。包括场地排水，地面防水，地下管道、沟和集水井的敷设，检漏井、检漏沟设置以及地基隔水层设置等。

（2）防腐措施。包括砖墙勒脚防腐、混凝土防腐和钢筋阻锈等。

（3）地基处理措施。因地制宜地选取消除或减小溶陷性的各种地基处理方法或穿透溶陷性盐渍土层，以及隔断盐渍土中毛细水上升的各种方法，如浸水预溶、强夯、振动水冲、换土及桩基础等。

（4）施工时间和顺序。适当选取施工时间，避免在冬季或雨季施工；合理安排施工顺序，消除各种不利因素的影响。

思考题与习题

8-1 湿陷性黄土主要分布在我国的哪些地区？具有哪些主要的特征？

8-2 什么叫黄土的湿陷性？黄土为什么具有湿陷性？是不是所有的黄土都具有湿陷性？

8-3 黄土的湿陷性用什么指标判定？这个指标是如何测得的？判定的标准是什么？

8-4 什么叫自重湿陷性黄土和非自重湿陷性黄土？如何区分？

8-5 如何计算场地的自重湿陷量和判定场地是否为自重湿陷场地？

8-6 对于湿陷性黄土地基，可以采取哪些措施以消除其湿陷性或减少其湿陷性？

8-7 某黄土试样的原始高度为20mm，加压至200 kPa，下沉稳定后的土样高度为19.40mm，然后浸水，下沉稳定后的高度为19.25mm。试判断该土是否为湿陷性黄土。

8-8 某黄土地区一建筑工程工地，施工前钻孔取土样，测得各土样 δ_{si} 和 δ_{zsi}，见表8-6。试确定该场地的湿陷类型和地基的湿陷等级。

表8-6　土样 δ_{si} 和 δ_{zsi} 实测值

取土深度/m	1	2	3	4	5	6	7	8	9	10
δ_{zsi}	0.017	0.022	0.022	0.022	0.026	0.039	0.043	0.029	0.014	0.012
δ_{si}	0.086	0.074	0.077	0.078	0.087	0.094	0.076	0.049	0.012	0.002
备注	δ_{zsi} 或 δ_{si}<0.015，属非湿陷性土层									

8-9 膨胀土具有哪些工程特征？影响膨胀土胀缩变形的主要因素有哪些？

8-10 什么是自由膨胀率？如何评价膨胀土地基的胀缩等级？

8-11 某膨胀土地基试样原始体积 $V_0=10$mL，膨胀稳定后的体积 $V_w=15$mL，该土样原始高度 $h_0=20$mm，在压力100kPa作用下膨胀稳定后的高度 $h_w=21$mm。试计算该土样的自由膨胀率 δ_{ef} 和膨胀率 δ_{ep}，并确定其膨胀潜势。

8-12 何谓季节性冻土和多年冻土地基？工程上如何划分和处理？

8-13 某季节性冻土层厚度为1.9m，地表冻胀量为150mm，计算该土层的平均冻胀率。

8-14 多年冻土场地，冻土层为粉土，厚度5m，勘察中测得其自重作用下融化下沉量为30cm，确定该场地的融沉性分级。

8-15 什么是盐渍土地基？其具有何工程特征？

附：

敢向盐碱地要高产——胡树文多学科人才方阵

我国有约15亿亩盐碱地，其中约5亿亩具有开发利用潜力。守住18亿亩耕地红线的同时，如果能唤醒这一巨大的"沉睡"后备耕地资源，对保障中国粮仓、端牢中国饭碗具有重要战略意义。新时代以来，我国农业科技人员大胆创新攻关，在改良盐碱地方面取得了显著成效。

从东北松嫩平原苏打盐碱地，到内蒙古巴彦淖尔河套灌区，到山东东营海水倒灌区，再到甘肃酒泉内陆盐碱区，都有胡树文率领的中国农业大学盐碱土改良团队将盐碱荒地改造成生态良田的成功实践。

众所周知，盐碱地有"土地顽症"之称，其改良治理是世界性难题。敢向盐碱地要高产，胡树文团队的底气从何而来？

北京时间2023年6月6日，意大利首都罗马，联合国粮农组织总部会议报告厅，灯火通明，气氛热烈。胡树文应邀在现场做了关于"盐渍化土壤的生态修复"的专题演讲，深入浅出地介绍了盐碱地生态治理的中国理念、中国技术、中国模式。演讲在线上全球直播，赢得业界高度关注和赞誉。

2006年，怀揣科技报国的理想，胡树文从美国回国效力，到中国农业大学从事教学、科研工作。当时，胡树文研究的方向是功能性肥料。2008年前后，他在科研中发现，盐碱地对控释肥料特别敏感，施用得法可以带来明显增产效果。土为本，万物生。"如果能用科技力量改造盐碱地，岂不是利国利民、利在千秋的好事？"胡树文在认真考量之后，决定将研究重心从功能性肥料全面转向土壤改良。年届不惑，重新出发，显然是一个巨大的挑战。胡树文却坚持自己的选择，锚定盐碱地改良这一攻关方向。

白城所在的松嫩平原，有约300万公顷的苏打盐碱地，是世界公认的最难治理的盐碱地类型。在很多人的记忆里，这里的盐碱滩寸草不生，飞鸟不落。"让这块'不毛地'变成'米粮仓'，仅靠一个学科专业的人才，是不可能实现的。"胡树文说，"我们的制胜法宝，是拥有一支横跨土壤学、微生物、育种、栽培、水利等十几个学科的农业科技人才方阵。"

"做科研，就要解决真问题。"胡树文介绍，团队开始钻研盐碱地改良之初，就把目标锁定为最难啃的"硬骨头"——松嫩平原的苏打盐碱地。

当时，经过实地调研、实验分析，胡树文发现这里的盐碱地pH（酸碱）值和含盐量非常高，土壤质地黏重、透水性差。"这已超越了我的专业范畴，寻求合作是唯一的道路。"胡树文毫不犹豫，力邀研究土壤学的黄元仿加入团队，共同开展科研攻关。

组建跨学科团队的工作，由此一发不可收。针对土壤板结、微生物不分解的问题，把研究土壤微生物的青年教师汪杰拉入团队；针对盐碱地上作物育种栽培的难题，请来了中国农业大学园艺学院副教授刘兴旺；针对机械控制地下水位难题，邀来了中国农业大学工学院教授王伟……几年时间里，团队迅速发展成为一个多学科交叉、老中青结合的高水平农业科技人才方阵。

创新之道,唯在得人。有了强大的人才支撑,胡树文就有了向盐碱地宣战的底气。针对盐碱地综合开发利用的诸多难题,他和团队成员协同攻关、对症下药、各个击破。2015年,团队就在白城实现了"当年修复、当年种植、当年高产",水稻平均亩产1000多斤。此后,在吉林松原、黑龙江大庆等苏打盐碱荒地,均实现了水稻当年修复、当年高产。改良后的盐碱地交给当地农民种植后,也保持了连年高产。

近几年,团队再接再厉,一边持续改进技术、完善方案,一边在我国多个盐碱地分布区推广生态修复盐碱地工程技术模式。据不完全统计,目前,已累计将超过10万亩重度盐碱荒地垦造成良田,并改良了超过160万亩盐碱化中低产田,年新增粮食产能达4亿斤以上。

风正帆悬,征鼓催人。"做好盐碱地特色农业大文章,需要坚持问题导向、久久为功。"胡树文话语铿锵,"我和团队将坚持把最好的论文写在田野大地上,以实际行动为实现高水平农业科技自立自强作出新的贡献。"

第9章 工程地质勘察

9.1 工程地质勘察的目的和任务

9.1.1 工程地质勘察的目的

工程地质勘察是查明并评价工程场地岩土技术条件和它们与工程之间相互作用的关系，其具体目的为：

(1) 借助于各种勘察手段和方法，通过调查了解、研究分析，正确评价建筑场地工程地质的稳定性、适宜性。

(2) 提供整个建筑场地的土性指标，进行技术方案论证，并为工程设计、施工提供所需的工程地质资料。

(3) 解决和处理工程中涉及的场地利用、选用、整治和改造。

(4) 为大型工程的可行性研究提供技术资料。

9.1.2 工程地质勘察的任务

工程勘察的内容包括：工程地质测绘与调查、勘探与取样、室内试验与原位测试、检验与监测、分析与评价、编写勘察报告等，以保证工程的稳定、经济和正常使用。其主要任务有：

(1) 通过工程地质测绘与调查、勘探、室内试验、现场测试与观测等方法，查明场地的工程地质条件。其具体内容：

① 调查场地的地形地貌，包括地形地貌的形态特征、地貌的成因类型及单元的划分。

② 查明场地的地层条件，包括岩土性质、成因类型、年代、分布规律及埋藏条件。对岩层尚应查明风化程度、场地特殊土的分布范围及其工程特性。

③ 调查场地的地质构造，包括主要断裂层的情况。

④ 查明场地的水文地质条件，包括地下水的类型、埋藏深度、水位变化情况、有无侵蚀性、岩土渗透性、有无流砂层等。

⑤ 确定有无不良地质现象，如滑坡、土洞、泥石流、地震、砂土液化。如有，查明其成因、分布、形态、规模及发育程度，对工程可能造成的危害。

⑥ 测定岩土的物理力学性质指标，并提出可靠、适用的岩土参数。

(2) 根据场地的工程地质条件并结合工程的具体特点和要求，进行岩土工程分析评价，提出基础工程、整治工程和土方工程等的设计方案和措施。岩土工程分析评价包括下列工作：

① 整编测绘、勘探、测试和搜集到的各种资料，编制各种图件；
② 统计和选定岩土计算参数；
③ 进行咨询性的岩土工程设计；
④ 预测或研究岩土工程施工和运营中可能发生或已经发生的问题，提出预防或处理方案；
⑤ 编制岩土工程勘探报告书。

在进行岩土工程分析评价时，不仅要考虑地质条件的因素，而且还应考虑建筑类型、结构特点、施工环境、施工技术、工期及资金等因素对岩土工程的要求或制约，作出定性分析和定量评价，并进行不同工程方案的技术经济分析论证。岩土工程分析评价不仅仅是描述地质条件和提供岩土性质指标，提出几条泛泛的建议，还要负责提出解决岩土工程问题的具体方法。因此，岩土工程分析评价在勘察报告中占有重要的位置。

（3）对于重要工程或复杂岩土工程问题，在施工阶段或使用期间须进行现场检验或监测。必要时，根据监测资料对设计、施工方案作出适当调整或采取补救措施，以保证工程质量、安全和总结经验。

9.2　岩土工程勘察分级

根据工程规模、特征，场地复杂程度，地基复杂程度三方面的因素，对岩土工程难度和复杂性进行等级划分，以利对工程的勘察、设计和施工控制作出技术性和管理性的规定。通常分为三级，划分的具体条件如下所述。

9.2.1　工程重要性等级

根据工程的规模和特征，以及由于岩土问题造成工程破坏或影响正常使用的后果，分为三个工程重要性等级：
（1）一级工程，重要工程，破坏后果很严重；
（2）二级工程，一般工程，破坏后果严重；
（3）三级工程，次要工程，破坏后果不严重。

9.2.2　建筑场地等级

根据场地复杂程度，分为三个工程重要性等级：
（1）符合下列条件之一者为一级场地（复杂场地）：
① 对建筑抗震危险的地段；
② 不良地质作用强烈发育，指泥石流、崩塌、土洞、塌陷、岸边冲刷、地下潜蚀等极不稳定的场地；
③ 地质环境已经或可能受到强烈破坏，指对工程安全已构成直接威胁，如浅层地下采空、地面沉降盆地的边缘地带、横跨地裂缝、因蓄水而沼泽化等；
④ 地形地貌复杂；
⑤ 有影响工程的多层地下水、岩溶裂隙水或其他水文地质条件复杂、需专门研究

的场地。

(2) 符合下列条件之一者为二级场地：
① 对建筑抗震不利的地段；
② 不良地质作用一般发育，指虽有不良地质现象但并不十分强烈，对工程安全影响不严重；
③ 地质环境已经或可能受到一般破坏，指已有或将有地质环境问题，但不强烈，对工程安全影响不严重；
④ 地形地貌较复杂；
⑤ 基础位于地下水位以下的场地。

(3) 符合下列条件者为三级场地（简单场地）：
① 抗震设防烈度等于或小于 6 度，或对建筑抗震有利的地段；
② 不良地质作用不发育；
③ 地质环境基本未受破坏；
④ 地形地貌简单；
⑤ 地下水对工程无影响。

在确定场地复杂程度的等级时，从一级开始，向二级、三级推定，以最先满足者为准。下面确定地基复杂程序等级时，也按本方法推定。

9.2.3 建筑地基等级

根据地基复杂程度，分为三个工程重要性等级：

(1) 符合下列条件之一者为一级地基（复杂地基）：
① 岩土种类多，很不均匀，性质变化大，需特殊处理；
② 严重湿陷、膨胀、盐渍、污染的特殊性岩土，以及其他情况复杂，需做专门处理的岩土。

(2) 符合下列条件之一者为二级地基（中等复杂地基）：
① 岩土种类较多，不均匀，性质变化不大；
② 除上述（1）②以外的特殊性岩土。

(3) 符合下列条件者为三级地基（简单地基）：
① 岩土种类单一、均匀，性质变化不大；
② 无特殊性岩土。

9.2.4 岩土工程勘察等级

根据工程重要性等级、场地复杂性等级和地基复杂性等级，按下列条件划分勘察等级：

(1) 甲级：在工程重要性、场地复杂程度和地基复杂程度等级中，有一项或多项为一级；
(2) 乙级：除勘察等级为甲级和丙级以外的勘察项目；
(3) 丙级：工程重要性、场地复杂程度和地基复杂程度等级均为三级。

9.3　不同阶段勘察的内容与要求

岩土工程勘察的内容和要求取决于工程的规模和技术要求、建筑场地地质和水文地质条件的复杂程度、地基岩土层的分布性质的优劣。通常勘察工作都是由浅入深，由表及里，随着工程的不同阶段逐步深化。岩土工程勘察工作阶段可划分为可行性研究勘察（选择场地勘察）、初步勘察和详细勘察三个阶段，对于地质条件复杂、有特殊要求的重大建筑物地基，尚应进行施工勘察（施工阶段进行）。反之，对地质条件简单、面积不大的场地，如无特殊要求，其勘察阶段可以适当简化。各勘察阶段所对应的建筑设计阶段见表 9-1。

表 9-1　勘察阶段所对应的建筑设计阶段

序号	勘察阶段	建筑设计阶段	备注
1	选择场地阶段	方案设计阶段	
2	初步勘察阶段	初步设计阶段	
3	详细勘察阶段	施工图设计阶段	

9.3.1　可行性研究勘察

可行性研究勘察又称为选择场地勘察，主要针对大型工程。

1. 目的

对拟选场址的稳定性和适宜性作出工程地质评价。

2. 主要任务

(1) 搜集区域地质、地形地貌、地震、矿产和附近地区的工程地质岩土资料及当地的建筑经验。

(2) 了解场地的地层分布、构造、成因与年代和岩土性质、不良地质作用及地下水的水位、水质情况。

(3) 对各方面条件较好且倾向于选取的场地，如已有资料不充分，应进行必要的工程地质测绘和勘探工作。

(4) 当有两个或两个以上拟选场地时，应进行比选分析。

3. 不宜选为场址的地区、地段

(1) 不良地质现象发育且对场地稳定性有直接危害或潜在威胁的地区，如泥石流、崩塌、滑坡、塌陷和地下侵蚀等地。

(2) 地基土性质不良的场地。

(3) 对建筑物抗震危险的地段。

(4) 洪水或地下水对建筑场地有严重不良影响的地段。

(5) 地下有尚未开发的有价值矿藏或未稳定的地下采空区。

9.3.2　初步勘察

初步勘察一般在场址选定批准后进行。

1. 勘察目的

（1）对场地内各建筑地段的稳定性作出岩土工程评价。
（2）为确保建筑物总体平面布置提供依据。
（3）为确保主要建筑物的地基基础方案提供资料。
（4）对不良地质现象的防治提供资料和建议。

2. 主要任务

（1）搜集与分析可行性研究阶段岩土工程勘察报告。
（2）通过现场勘探与测试，初步查明地层分布、构造、岩土物理力学性质、地下水埋藏条件及冻结深度。
（3）通过工程地质测绘和调查，查明场地不良地质现象的成因、分布、对场地稳定性的影响及发展趋势。
（4）对抗震设防烈度大于或等于6度的场地，应判断场地和地基的地震效应。
（5）初步测定水和土对建筑材料的腐蚀性。
（6）对高层建筑可能采取的地基基础类型、基坑开挖和支护、工程降水方案进行初步分析评价。

9.3.3 详细勘察

详细勘察应根据技术设计或施工图设计阶段的要求进行。

1. 勘察目的

（1）按不同建筑物或建筑群，提出详细的岩土工程资料和设计所需的岩土技术资料。
（2）对建筑地基作出岩土工程分析评价，例如：建筑地基良好，可以采用天然地基；若地基软弱，采用深基础或进行地基加固处理。
（3）对基础设计方案作出论证和建议，例如：地基良好，可以建议浅基础；上部荷载大，地基浅层土不良，深层土坚实，可建议采用深基础。
（4）对地基处理、基坑支护、工程降水等方案作出论证和建议，例如：对深层淤泥质地基作为海港码头，可以建议采用真空预压法进行地基处理。
（5）对不良地质作用的防治作出论证和建议。

2. 主要任务

（1）搜集附有坐标及地形的建筑总平面布置图，各建筑物的地面整平标高，建筑物的性质、规模、结构特点，可能采取的基础型式、尺寸、预计埋置深度，对地基基础设计的特殊要求等。
（2）查明不良地质作用成因、类型、分布范围、发展趋势及危害程度，提出评价与整治所需的岩土技术参数和整治方案建议。
（3）查明建筑物范围各层岩土的类别、结构、厚度、坡度、工程特性、计算和评价地基的稳定性、均匀性和承载力。
（4）对需进行沉降计算的建筑物，应取原状土进行固结试验，提供地基变形计算的参数 e-p 曲线。预测建筑物的沉降、沉降差或整体倾斜。

(5) 对抗震设防烈度大于或等于6度的场地，应划分场地土类型和场地类别；划分对抗震有利、不利或危险的地段，分析预测地震效应，判定饱和砂土与粉土的地震液化，并计算液化指数，判定液化等级。

(6) 查明地下水的埋藏条件和侵蚀性。必要时还应查明地层的渗透性、水位变化幅度规律。例如，高层建筑深基坑，在地下水位以下开挖时就需要这些资料。

(7) 查明埋藏的河道、沟浜、墓穴、防空洞、孤石等对工程不利的埋藏物。

(8) 在季节性冻土地区，提供场地土的标准冻结深度。

(9) 对深基坑开挖尚应提供稳定计算和支护设计所需的岩土技术参数值，论证和评价基坑开挖、降水等对邻近工程的影响。

(10) 若可能采用桩基，则需提供桩基设计所需的岩土技术参数，并确定单桩承载力；提出桩的类型、长度和施工方法等建议。

(11) 判定地基土及地下水在建筑物施工和使用期间可能产生的变化，及其对工程的影响，提出防治措施及建议。

9.3.4 施工勘察

1. 需要施工勘察的情况

(1) 对高层或多层建筑，均需进行施工验槽。发现异常问题需进行施工勘察。

(2) 在基坑开挖后遇局部古井、水沟、坟墓等软弱部位，要求换土处理时，需进行换土压实后干密度测试检验。

(3) 深基础的设计与施工，需进行有关检测工作。

(4) 当软弱地基处理时，需进行施工设计和检验工作。

(5) 若地基中存在岩溶或土洞，需进一步查明分布范围及处理。

(6) 施工中出现基槽边失稳滑动，则需进行勘测与处理。

2. 验槽

(1) 验槽的目的。验槽是建筑物施工第一阶段基槽开挖后的重要工序，也是一般岩土工程勘察工作最后一个环节。当施工单位挖完基槽后，由建设单位会同设计单位、勘察单位、监理单位和施工单位，共同到施工工地验槽。其目的：

① 检验勘察成果是否符合实际。

② 解决遗留问题和发现新问题。

③ 当发现基槽平面土质显著不均匀，或局部存在河流、暗塘、古墓等，可用钎探查明其平面范围与深度。

④ 桩基工程检查桩的平面位置、标高、桩顶质量。

(2) 验槽的内容：

① 校核基槽开挖的平面位置与槽底标高是否符合勘察、设计要求。

② 检验槽底持力层土质与勘察报告是否相同。参加验槽的几方负责人下到槽底，依次逐段检验，发现可疑之处或不符之处共同商量。

③ 桩基工程检查桩的平面位置、标高，桩顶质量。

（3）验槽注意事项：
① 验槽前全面检查，提供验槽完整的定量资料和数据。
② 验槽时间要抓紧，基槽挖好后，立即进行验槽，夏季避免下雨泡槽，冬季要防冻槽。
③ 槽底设计标高若位于地下水位以下较深时，必须做好基槽防水。
④ 验槽结果应填写验槽记录，并签字长期保存。

9.3.5 勘察任务书

勘察工作开始之前，设计或建设单位或监理单位按工程要求把"地基勘察任务书"提交受委托的勘察单位，以便制定勘察工作计划。

1. 任务书的内容

说明工程意图、设计阶段、要求提交勘察成果（即勘察报告书）的内容和目的、提出勘探技术要求等，并提供勘察工作所必需的各种图表资料。

2. 具体要求

工程类别、规模、建筑面积及建筑物的特殊要求，主要建筑物名称、最大荷载、最大高度，基础的最大埋深和最大设备等有关资料。并有带有坐标的比例为 1∶1000～1∶2000 的地形图且标明范围。

9.4 工程地质勘探及土样取样

9.4 钻探

9.4.1 勘探

勘探包括掘探和钻探两种。

1. 掘探

掘探是在建筑场地地基基坑内挖掘探坑、探槽、探井（图9-1）。同时利用这种井或坑进行原位取样或测试。适用于大型边坡、大型地下工程。探坑、探井采用直径为0.8～1.0m的圆形断面或1.0m×1.2m的矩形断面。深度为0～20m。

(a)   (b)

图 9-1 掘探
(a) 探槽；(b) 探井

在掘进过程中应详细记录，如编号、位置、标高、尺寸、深度等，描述岩土形状及地质界限，在指定深度取样。

2. 钻探

钻探是用钻机在地面上打钻孔获取地下地质资料的勘探方法。在地面上用钻机钻孔，钻至规定位置（需要获取原状土资料），提出钻头，再用上提式取土器放入钻孔中取土，如图9-2所示。

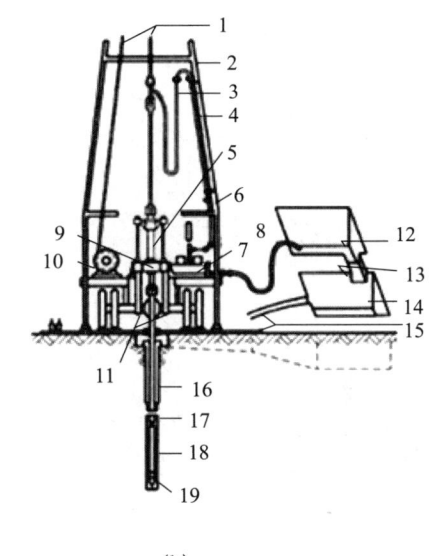

(a) (b)

图 9-2 钻探图

（a）钻探；（b）回旋式钻机示意图

1—钢板；2—塔架；3—旋转软管；4—立管；5—驱动杆；6—立式软管；7—泥浆泵；8—吸管；
9—回转驱动器；10—滑轮；11—液压缸；12—主泥浆槽；13—溢流槽；14—沉淀槽；15—回流槽；
16—套管；17—钻杆；18—钻进套管；19—钻头，取样时换成取样匙

9.4.2 土样取样

土样取样分为原状土样（不扰动土样）和扰动土样。原状土样是指土的原位应力状态虽已改变，但其结构、密度、含水量变化很小的土样。扰动土样是指原状土样的结构已被破坏，只能用来测定土样的颗粒成分、含水量、可塑性及定名。

1. 探坑（井）中取土样

在探坑（井）中取原状土样，先在坑底指定深度挖一土柱，其尺寸稍大于铁皮取土筒。将取土筒压入，直到筒完全套入土柱后，切断土柱，削平筒两端土体并盖上筒盖，如图9-3所示，用布包裹，贴上标签（注明土样上下位置），用熔蜡全密封，妥善装箱送实验室。土样尺寸：圆柱体的直径10～15cm，长度一般是直径的2～2.5倍；立方体的边长为10～20cm，少数为30cm。

2. 钻孔中取土样

取样时，应先清孔，孔底残留浮土厚度不应大于取土器废土段长度（活塞取土器除

外）。将取土器接在钻杆或加重杆上，放入孔内时不得冲击孔底。采用快速静力连续压入法将取土器送入土中。当取土器（图 9-4）盛满土样后，提断或扭断试样底端，然后提出钻具。在地面细心将土样连同容器（薄壁管或衬管）卸下，量测土样长度，计算回收率。如回收率小于 0.95 或大于 0.8 时，应分析原因，如确系土样受扰动应降级或废弃不用。筒两端多余土削去后，盖上筒盖，贴上标签，随即蜡封（取Ⅰ、Ⅱ、Ⅲ级土试样皆应妥善密封）。

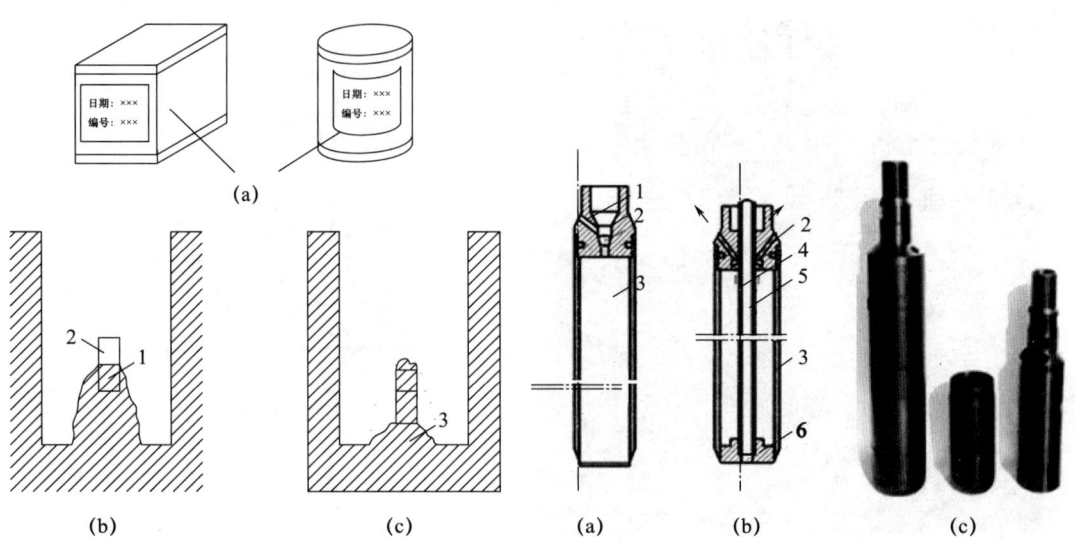

图 9-3 探坑（井）中取黏性土不扰动土样
(a) 立方体和圆柱体不扰动土样；(b)、(c) 探坑
1—土柱；2—套入取筒；3—切断

图 9-4 原状土取样器
(a) 敞口薄壁取样器；(b) 固定活塞薄壁取样器；
(c) 取样器图
1—球阀；2—固定螺钉；3—薄壁取样管；
4—消除真空管；5—活塞杆；6—固定活塞

9.5 工程地质原位测试

原位测试是指在原位或基本上原位状态和应力条件下，对岩土性质进行的测试。当遇到难以采取不扰动试样或试样代表性差的岩土层，如砂土、碎石土、软土、淤泥、软弱夹层、风化岩等；重大工程项目，必须取得大体积的具宏观结构的岩土体的资料；需快速并直接地了解土层在剖面上的连续变化；室内难以进行的试验，如岩土应力测试等时，需要进行原位测试。

9.5.1 静力触探

静力触探是将圆锥形的金属探头以静力方式按一定的速率均匀压入土中，量测其贯入阻力值借以间接判断土的物理力学性质的试验。静力触探和动力触探均属于触探，是根据探头的不同入土方式而划分的。

静力触探试验适用于黏性土、粉土和砂土，主要用于划分土层、估算地基土的物理力学指标参数、评定地基土的承载力、估算单桩承载力及判定砂土地基的液化等级等。

静力触探试验的设备分为贯入设备、探头和量测记录仪器。贯入设备分为加压装置和反力装置。加压装置的作用是将探头压入土层中，按加压方式可分为以下几种：手摇式轻型静力触探；齿轮机械式静力触探；全液压传动静力触探（分单缸和双缸两种）。反力装置有三种形式：地锚；重物；触探车辆自重。静力触探的探头有单桥探头、双桥探头，如图9-5所示。单桥探头可测定比贯入阻力 p_s；双桥探头可同时测定锥尖阻力 q_c 和侧壁摩阻力 f_s。

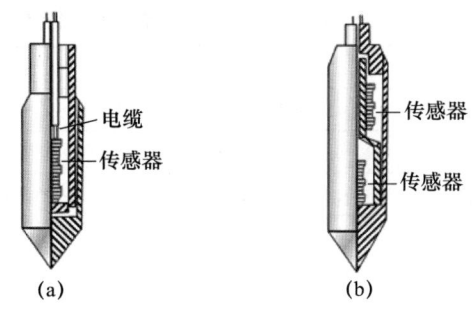

图 9-5 静力触探探头
(a) 单桥探头；(b) 双桥探头

9.5.2 圆锥动力触探

圆锥动力触探为动力触探的一种，是用标准质量的重锤，以一定高度的自由落距，将标准规格的圆锥形探头贯入土中，根据打入土中一定距离所需的锤击数，判定土的力学特性，具有勘探和测试双重功能。适用于检测地基土或加固土增强体的均匀性，判定地基处理效果。圆锥动力触探试验根据锤击能量分为轻型、重型和超重型三种，如图9-6所示，其规格见表9-2。

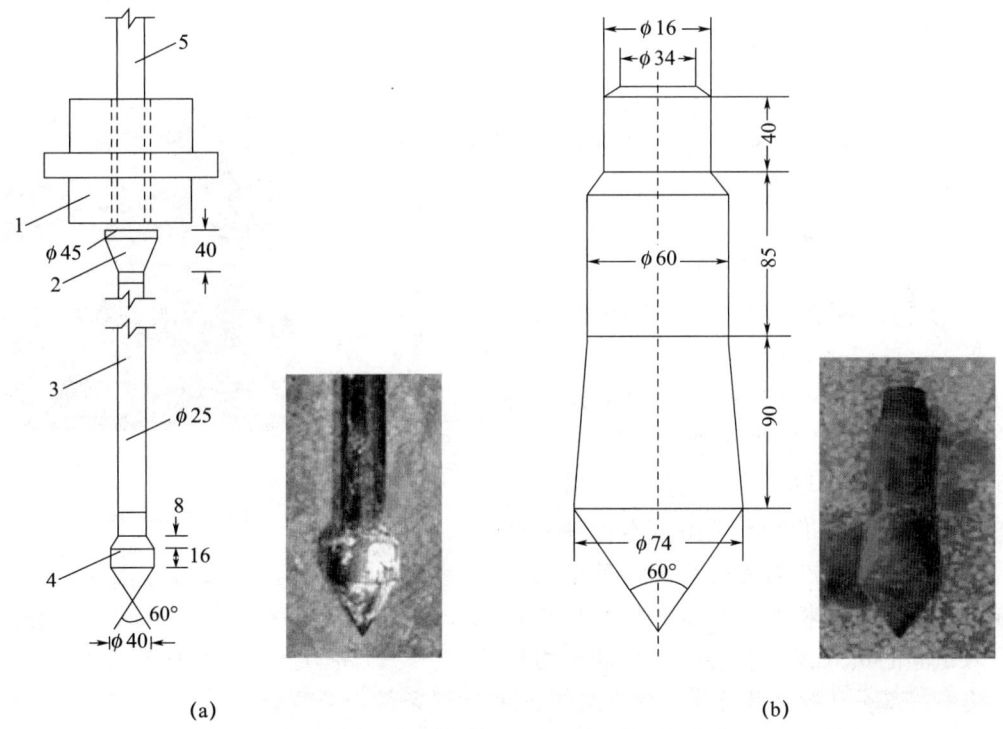

图 9-6 圆锥动力触探（单位：mm）
(a) 轻型动力触探仪；(b) 重型、超重型动力触探探头
1—穿心锤；2—钢砧与锤垫；3—触探杆；4—圆锥探头；5—导向杆

表 9-2　圆锥动力触探试验设备规格

类型		轻型	重型	超重型
落锤	锤的质量/kg	10	63.5	120
	落距/cm	50	76	100
探头	直径/mm	40	74	74
	锥角/°	60	60	60
探杆直径/mm		25	42，50	50～60
指标		贯入30cm的锤击数 N_{10}	贯入10cm的锤击数 $N_{63.5}$	贯入10cm的锤击数 N_{120}

注：重型和超重型动力触探探头直径的最大允许磨损尺寸为 2mm；探头尖端的最大允许磨损尺寸为 5mm。

轻型动力触探适用于浅部的填土、砂土、粉土、黏性土等原状岩土以及采用粉质黏土、灰土、粉煤灰、砂土的垫层和水泥土搅拌桩、单液硅化法加固地基；

重型动力触探适用于砂土、中密以下的碎石土、极软岩等原状岩土以及采用矿渣、砂石的垫层和强夯处理地基，不加填料振冲处理砂土地基，碎石桩振冲法、砂石桩、石灰桩、冲扩桩、单液硅化法加固地基；

超重型动力触探适用于密实和很密的碎石土、软岩、极软岩等原状岩土，以及强夯处理地基、不加填料振冲处理砂土地基、砂石桩、石灰桩。

9.5.3　标准贯入试验

标准贯入试验（standard penetration test，SPT）为动力触探的一种，是在现场用 63.5kg 的穿心锤，以 76cm 的落距自由落下，将一定规格的带有小型取土筒的标准贯入器打入土中，记录打入 30cm 的锤击数（即标准贯入击数 N），并以此评价土的工程性质的原位试验。标准贯入试验设备如图 9-7 所示。其试验原理与动力触探试验十分相似。适用土层：砂性土、黏性土，不适用于碎石类土及岩层。

标准贯入试验与圆锥动力触探在贯入器上的差别，决定了标准贯入试验基本原理的独特性，标准贯入试验在贯入过程中，整个贯入器对端部和周围土体将产生挤压和剪切作用，标准贯入试验的贯入器是空心的，在冲击力作用下，将有一部分土挤入贯入器，其工作状态和边界条件十分复杂。

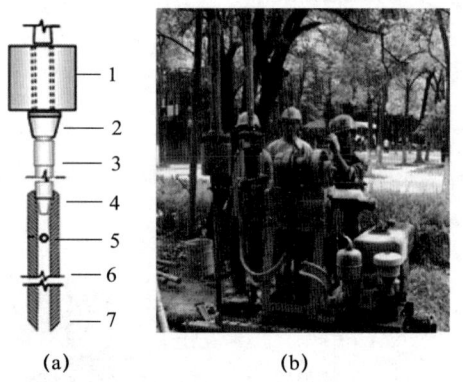

图 9-7　标准贯入试验
（a）标准贯入试验设备组成示意图；
（b）标准贯入试验现场操作图
1—穿心锤；2—锤垫；3—触探杆；4—贯入器头；
5—出水孔；6—贯入器身；7—贯入器靴

标准贯入试验优点：操作简单、使用方便，地层适用性较广。标准贯入试验缺点：试验数据离散性较大、精度较低，对于饱和软黏土，远不及十字板剪切试验及静力触探等方法精度高。标准贯入试验成果可运用于评定地基承载力、评定土的密实状态、评定土的强度指标、评定土的变形指标、估算单桩极限承载力。

9.5.4 十字板剪切实验

十字板剪切试验（vane shear test）是一种通过对插入地基土中的规定形状和尺寸的十字板头施加扭矩，使十字板头在土体中等速扭转形成圆柱状破坏面，通过换算、评定地基土不排水抗剪强度的现场试验。十字板剪切试验可分为机械式和电测式，主要设备由十字板头、记录仪、探杆与贯入设备等组成（图9-8）。十字板剪切试验被沿海软土地区广泛使用，适用于灵敏度 S_t 不大于0、固结系数 c_v 不大于 $100 m^2/a$ 的均质饱和软黏土。该试验所测得的抗剪强度值，相当于试验深度处天然土层在原位压力下固结的不排水抗剪强度，由于十字板剪切试验不需要采取土样，避免了土样扰动及天然应力状态的改变，是一种有效的现场测试方法。十字板剪切试验主要用于测定饱水软黏土的不排水抗剪强度。

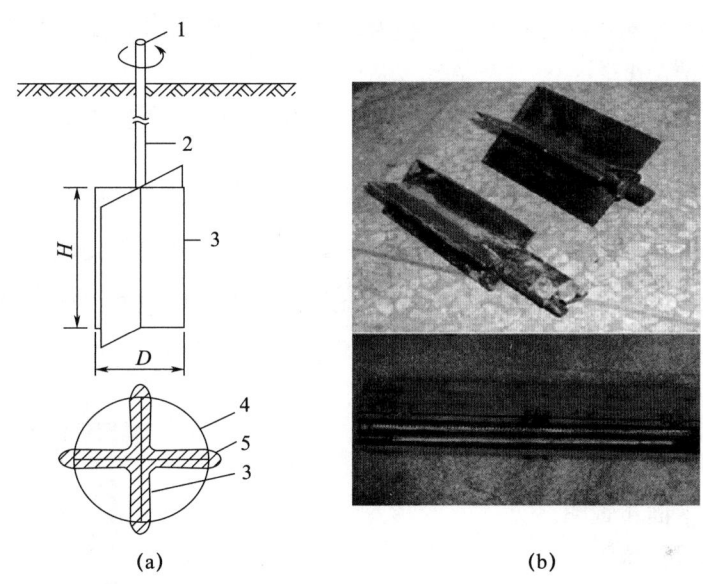

图 9-8　十字板剪切试验
（a）十字板剪切试验示意图；（b）十字板剪切试验仪器配件
1—扭矩 T；2—轴杆；3—十字板；4—土破坏圈；5—扰动土

十字板剪切试验的优点：①不用取样，特别是对难以取样的灵敏度高的黏性土，可以在现场对基本上处于天然应力状态下的土层进行扭剪。所求软土抗剪强度指标比其他方法都可靠。②野外测试设备轻便，操作容易。③测试速度较快，效率高，成果整理简单。

十字板剪切试验的缺点：仅适用于江河湖海的沿岸地带的软土，适应范围有限，对硬塑黏性土和含有砾石杂物的土不宜采用，否则会损伤十字板头。

9.6 岩土工程勘察报告

对岩土工程勘察报告所依据的原始资料应进行整理、检查分析，确认无误后方可使用。岩土工程勘察报告应资料完整、真实准确、数据无误、图表清晰、结论有据、建议合理、便于使用和适宜长期保存，并应因地制宜，重点突出，有明确的工程针对性。

岩土工程勘察报告一般包括文字和图表两部分。

9.6.1 文字部分

(1) 拟建工程概况，包括名称、规模、用途。

(2) 岩土工程勘察目的、任务要求和依据的技术标准。

(3) 勘察方法、勘察工作布置与完成的工作量。

(4) 建筑场地位置、地形地貌、地质构造、岩土工程性质、场地的地层分布、结构、岩土的颜色、密度、湿度、稠度、均匀性、层厚。

(5) 各项岩土性质指标、岩土的强度参数、变形参数等各土层的物理力学性质，以及地基承载力的建议值。

(6) 地下水的埋藏情况、类型、水位及其变化，土和水与建筑材料的腐蚀性，水质侵蚀性及当地冻结深度。

(7) 可能影响工程稳定的不良地质作用的描述和对工程危害程度的评价及地震基本烈度。

(8) 建筑场地稳定性与适宜性的评价。

(9) 结论与建议：根据拟建工程的特点，结合场地的岩土性质，提出地基与基础方案设计的建议。推荐地基持力层的最佳方案，如为软弱地基或不良地基，建议采用何种加固处理方案。对工程施工和使用期间可能发生的岩土工程问题，提出预测、监控和预防措施的建议。

9.6.2 图表部分

岩土工程勘察成果报告应附以下图件：

(1) 勘探点平面布置图。

(2) 工程地质柱状图。

(3) 工程地质剖面图。

(4) 原位测试成果图表。

(5) 室内试验成果图表。

当需要时，尚可附综合工程地质图、综合地质柱状图、地下水等水位线图、素描、照片、综合分析图表，以及岩土利用、整治和改造方案的有关图表，岩土工程计算简图及计算成果图表等。

思考题与习题

思考题与习题
参考答案

9-1 岩土工程勘察一般分为哪几个阶段？

9-2 简述岩土工程勘察分级的方法。

9-3 何谓原位测试？进行地基原位测试的方法有哪些？

9-4 岩土工程勘察报告的内容有哪些？

附：

"钻"出来的大国工匠

近日，中国能源化学地质工会全国委员会隆重发布第八季"大国工匠"名单，全国共有 80 名高技能人才光荣入选。其中，来自中国地质调查局西安矿产资源调查中心的高级工程师华伶俐榜上有名。

华伶俐是西安矿产中心工程勘查室钻探机长、高级工程师，参加工作 29 年来，他始终奋战在钻探一线，默默坚守、执着追求，为国家地质事业作出了重要贡献。在部队，他是中国武警"十大忠诚卫士"，荣立一等功 1 次、三等功 3 次；在地方，他荣获"全国五一劳动奖章"，获得首届全国钻探职业技能大赛冠军，被授予"全国技术能手"……在荣誉等身的背后，是他几十年如一日的艰辛付出和对地质事业的赤胆忠心。

钻探工作看似简单，实际上学问很深，仅凭一股子热情和蛮劲是不够的，必须得有扎实的理论知识和实践技能。自参加工作以来，华伶俐始终坚守献身使命的信念，坚持"干一行、爱一行、钻一行"，克服艰苦环境、利用点滴时间、珍惜学习机会，一边认真研读《钻探工艺学》《钻探常见事故预防和处理》等专业书籍，一边在工作实践中刻苦钻研钻探技术，从最基础的工作做起，从简单的技能练起，不断钻研新地层的施工方法，不断实验新的工艺，不断总结各类施工经验教训，攻克了一个又一个难关，创造了一个又一个第一，打破了一个又一个纪录，坚定信念、矢志不移，真正做到了"操作规程烂记于心，技能运用娴熟自如，处理井故科学严谨，钻探技术精湛过硬"。

钻探工作繁重艰辛，对于从业者的身体素质有着极高的要求。工作者时常面临着艰巨的任务和重重的困难，必须具备坚毅的品格和顽强的斗志。华伶俐始终秉持着"冲锋当刀尖，上阵当排头"的信念，24 年的军旅生涯也铸就了他"见第一就争，见红旗就扛"的不屈不挠军人品格。他不畏艰辛、敢于担当、勇上一线、勇挑重担，20 余年来奋斗的足迹遍布青藏高原、巍巍秦岭、大别山区、西部戈壁……每有重大任务他总是冲锋在前，每有施工技术难题他总是深钻细研，每有辛劳的工作他总是走在最前，这种无言的榜样作用，感染和带动了身边的每一位同志，也带领大家战胜了一个又一个困难，夺取了一个又一个胜利。

20 年来，华伶俐先后南下大别山、西上祁连山，主动请缨参加阳山百吨金矿和南坪万吨钼矿会战，累计钻进 4 万余米，为各个工作区开出"金色花朵"立下了汗马功劳。2010 年，他带领机台组织施工的河南南坪矿区 ZK5507 孔，是当时设计最深、难度最大的钻孔。面对前所未有的挑战，他根据钻头和孔深关系，经过 50 多次试验，最终确定了合理的钻进参数，大胆使用"122 绳索取芯工艺"，使钻进效率提高了 3 倍，所带机台创造了 1560.52 米的深孔钻进纪录，南坪矿区累计提交金资源量 35 吨、钼资源量 30 万吨，为驻地经济发展作出了巨大贡献。

华伶俐也深知，只有不断创新技术，才能适应不同任务的需要，及时处理钻进中的各种难题。他在工作中注重思考研究、积累经验、革新方法，每次处理完井故，都会认真反思事故发生的原因和预防方法，在不同区域、不同地层积累了大量宝贵的经验。他先后摸索出复杂地层"五级成孔、套管护壁、注重异常、慢提慢下"和"两看一听一查"钻探法,均被广泛推广使用,井故发生率降低到1‰以下,井故处理成功率提高到98%以上。参加工作的近30年来,他先后革新技术成果20多项,并据此排除钻孔故障300多次;由他撰写的《常见井内事故预防及处理》一书,在原黄金部队迅速推广,为全系统提供了有益借鉴。"一枝独秀不是春,万紫千红春满园"。华伶俐在不断提升自身能力素质的同时,也一直在思考:怎么才能把自己的技术留在单位,为中心培养更多的钻探人才?为此,他也积极开展"传帮带",毫不吝啬地把自己学到的、悟通的、摸索的钻探技能理论拿来与同事分享交流,并且对他们严格要求、精益求精。担任机长20余年来,先后培养出100余名技术骨干,其中5人当上了机长,3人考上了高校。

  谈到本次获得的"大国工匠"荣誉,华伶俐说:"我只是在本职岗位上做了应该做的事情,可党和国家给了我这么高的荣誉,我只能感恩组织、再接再厉。新一轮找矿突破战略行动的冲锋号已经吹响,我一定会将这个荣誉作为鼓励,大力弘扬'执着专注、精益求精、一丝不苟、追求卓越'的工匠精神,努力为组织培养更多的钻探技能人才,为全力支撑国家能源资源安全保障、经济社会高质量发展贡献自己的全部力量。"

参考文献

[1] 曹志军，也宏伟．基础工程［M］．成都：西南交通大学出版社，2017．

[2] 舒志乐，刘保县．基础工程［M］．重庆：重庆大学出版社，2017．

[3] 赵明华．基础工程［M］．3 版．北京：高等教育出版社，2017．

[4] 白建光．基础工程［M］．北京：北京理工大学出版社，2016．

[5] 朱艳丽，苏强．基础工程施工［M］．2 版．北京：北京理工大学出版社，2016．

[6] 周景星，李广信，张建红，等．基础工程［M］．3 版．北京：清华大学出版社，2015．

[7] 韩建刚．土力学与基础工程［M］．重庆：重庆大学出版社，2014．

[8] 薛玉宝．地基基础工程施工技巧与常见问题分析处理［M］．长沙：湖南法学出版社，2013．

[9] 黄熙龄，钱力航．建筑地基与基础工程［M］．北京：中国建筑工业出版社，2016．

[10] 陈晓平．土力学与基础工程［M］．北京：中国水利水电出版社，2016．

[11] 中国建筑科学研究院．建筑地基基础设计规范：GB 50007—2011［S］．北京：中国建筑工业出版社，2012．

[12] 中国建筑科学研究院．建筑桩基技术规范：JGJ 94—2008［S］．北京：中国建筑工业出版社，2008．

[13] 张文波．市政工程中桥梁桩基施工技术的具体应用［J］．科技视界，2022（20）：66-68．

[14] 冯强，刘炜炜．基础工程［M］．北京：冶金工业出版社，2022．

[15] 张永涛，杨钊，李德杰，等．桥梁大型沉井基础建造技术发展与展望［J］．桥梁建设，2023，53（02）：17-26．

[16] 赖海英，杨静．旋挖钻施工技术在桥梁桩基工程中的应用［J］．交通建设与管理，2021（01）：64-65．

[17] 贺建清，雷勇，等．地基处理［M］．北京：机械工业出版社，2014．

[18] 蒋建平，史旦达，等．桩基工程［M］．上海：上海交通大学出版社，2016．

[19] 刘明维．桩基工程［M］．北京：中国水利水电出版社，2015．

[20] 王银献．地下连续墙设计施工与案例［M］．北京：中国建筑工业出版社，2014．

[21] 袁聚云，楼晓明，等．基础工程设计原理［M］．北京：人民交通出版社，2011．

[22] 中华人民共和国建设部．冻土地区建筑地基基础设计规范：JGJ 118—2011［S］．北京：中国建筑工业出版社，2011．

[23] 李宏男，陈国兴．地震工程学［M］．北京：机械工业出版社，2013．

[24] 谢定义．土动力学［M］．北京：高等教育出版社，2011．

[25] 汤爱平．岩土地震工程［M］．哈尔滨：哈尔滨工业大学出版社，2021．

[26] 吕西林．建筑结构抗震设计理论与实例［M］．上海：同济大学出版社，2015．

[27] 白国良，马建勋．建筑结构抗震设计［M］．北京：科学出版社，2013．

[28] 李静静．建筑工程中深基坑支护施工方法分析［J］．北方建筑，2021，6（04）：61-64．

[29] 徐富宁．预应力管桩与水泥搅拌桩组合技术在深基坑支护中的应用研究［J］．低碳世界，2021，11（07）138-139．

[30] 姜晶．老旧城区建筑抗震加固改造技术研究［J］．四川建材，2022，48（09）：36-37＋39．

［31］孙秀娟．浅谈东营市建筑抗震标准实施情况［J］．建筑安全，2022，37（06）：56-60．

［32］张谨，王慧，等．组合减震技术在建筑抗震韧性提升中的应用［J］．建筑结构，2022，52（20）：1-8．

［33］徐建，岳清瑞，等．工业建筑抗震关键技术研究［J］．土木工程学报，2018，5（11）：1-7．

［34］李晓梅．建筑抗震对施工质量的要求探析［J］．中国标准化，2018（08）：50-51．

［35］李静静．建筑工程中深基坑支护施工方法分析［J］．北方建筑，2021，6（04）：61-64．

［36］徐富宁．预应力管桩与水泥搅拌桩组合技术在深基坑支护中的应用研究［J］．低碳世界，2021，11（07）：138-139．

［37］陈晓平．土力学地基基础［M］．新1版．武汉：武汉理工大学出版社，2019．

［38］江苏省建设工程质量监督总站．建筑地基基础检测规程：DGJ32/TJ 142—2012［S］．南京：江苏省住房与城乡建设厅，2012．

［39］中华人民共和国住房和城乡建设部．建筑地基检测技术规范：JGJ 340—2015［S］．北京：中国建筑工业出版社，2015．

［40］李晓梅．建筑抗震对施工质量的要求探析［J］．中国标准化，2018．

［41］向伟明．地下工程设计与施工［M］．北京：中国建筑工业出版社，2013．

［42］郭正兴等．土木工程施工［M］．南京：东南大学出版社，2012．

［43］齐永正等．岩土工程施工技术［M］．北京：中国建材工业出版社，2018．

［44］中华人民共和国住房和城乡建设部．建筑基桩检测技术规范：JGJ 106—2014［S］．北京：中国建筑工业出版社，2014．

［45］张四平等．基础工程［M］．北京：中国建筑工业出版社，2016．

［46］鹿键．基础工程［M］．北京：合肥工业大学出版社，2021．

［47］布雷杰 M. 达斯（Braja M. Das）．基础工程（Foundation Engineering）［M］．北京：机械工业出版社，2016．

［48］中华人民共和国住房和城乡建设部．建筑基桩检测技术规范：JGJ 106—2014［S］．北京：中国建筑工业出版社出版，2014．